魅力·实践·发现

SQL Server 2005 教程

郑阿奇　主　编

電子工業出版社
Publishing House of Electronics Industry
北京·BEIJING

内 容 简 介

SQL Server 2005 教程以 Microsoft SQL Server 2005 为平台，在数据库基础和认识 SQL Server 2005 环境的基础上，系统介绍数据库、表、查询和视图、T-SQL 语言、索引与数据完整性、存储过程和触发器、备份恢复与导入/导出、系统安全管理等。教程和实验互相补充，又各自形成系统。采用本教程教学，教和学都比较容易。

本书可作为 SQL Server 2005 学习或参考，也可作为高等学校 SQL Server 课程教材。

图书在版编目（CIP）数据

SQL Server 2005 教程 / 郑阿奇主编. —北京：电子工业出版社，2011.2
魅力·实践·发现
ISBN 978-7-121-12764-9

Ⅰ. ①S…　Ⅱ. ①郑…　Ⅲ. ①关系数据库－数据库管理系统，SQL Server 2005－高等学校：技术学校－教材
Ⅳ. ①TP311.138

中国版本图书馆 CIP 数据核字（2011）第 004287 号

策划编辑：郝黎明
责任编辑：张云怡
印　　刷：涿州市京南印刷厂
装　　订：涿州市桃园装订有限公司
出版发行：电子工业出版社
　　　　　北京市海淀区万寿路 173 信箱　邮编 100036
开　　本：787×1092　1/16　印张：22.75　字数：580 千字
印　　次：2011 年 2 月第 1 次印刷
印　　数：4000 册　定价：43.00 元

凡所购买电子工业出版社图书有缺损问题，请向购买书店调换。若书店售缺，请与本社发行部联系，联系及邮购电话：（010）88254888。

质量投诉请发邮件至 zlts@phei.com.cn，盗版侵权举报请发邮件至 dbqq@phei.com.cn。

服务热线：（010）88258888。

前　言

1988 年，SQL Server 问世，由微软与 Sybase 共同开发。比较流行的版本如下：

1993 年，SQL Server 4.2 发布；

1995 年，SQL Server 6.05 发布；

1996 年，SQL Server 6.5 发布；

1998 年，SQL Server 7.0 发布；

2000 年，SQL Server 2000 发布；

2005 年，SQL Server 2005 发布，由于引入了.NET Framework，允许构建.NET SQL Server 专有对象，从而使 SQL Server 具有灵活的功能。

Microsoft SQL Server 2005 是目前最流行的大中型关系型数据库管理系统（DBMS），我国高校的许多专业都开设介绍 SQL Server 数据库的课程。

本书以 Microsoft SQL Server 2005 为平台，先介绍数据库基础，然后在介绍 SQL Server 2005 系统环境基础上，系统介绍数据库创建、表数据操作、数据库的查询和视图、T-SQL 语言、索引与数据完整性、存储过程和触发器、备份恢复与导入/导出、系统安全管理等内容。

本教程主要特点如下：

（1）为更好地学习 SQL Server 2005，增强了数据库基础的内容。

（2）既突出基本内容，又考虑系统性。

（3）命令格式汉化，命令参数容易理解。运行结果屏幕化，一般不会出现命令错误。

（4）教程数据库表字段采用汉字，使教程的命令实例清晰直观，方便阅读。上机练习数据库表字段采用代号，实验过程命令输入简洁，贴近实际应用。

本书配有教学课件，需要者请到华信教育资源网（www.hxedu.com.cn）免费下载。

本书由南京师范大学郑阿奇主编，参加本书编写的还有郑进、陶卫冬、邓拼搏、严大牛、韩翠青、王海娇、刘博宇、孙德荣、吴明祥、周何骏、徐斌、孙承龙、陈超、毛风伟等。

由于编者水平有限，书中错误在所难免，敬请广大读者批评指正。

意见、建议邮箱：easybooks@163.com

编　者

2010 年 11 月

目　录

第 1 章

数据库的基本概念

为了更好地学习 SQL Server 2005，首先需要介绍一下数据库的基本概念和 SQL Server 2005 的操作环境。

1.1 数据库基本概念

1.1.1 数据库与数据库管理系统

1. 数据库

数据库（DB）是存放数据的仓库，只不过这些数据存在一定的关联，并按一定的格式存放在计算机上。从广义上讲，数据不仅包含数字，还包括了文本、图像、音频、视频等。

例如，把一个学校的学生、课程、学生成绩等数据有序地组织并存放在计算机内，就可以构成一个数据库。因此，数据库是由一些持久的相互关联数据的集合组成，并以一定的组织形式存放在计算机的存储介质中。数据库是事务处理、信息管理等应用系统的基础。

2. 数据库管理系统

数据库管理系统（DBMS）是管理数据库的系统，它按一定的数据模型组织数据。DBMS 应提供如下功能：

(1) 数据定义功能：定义数据库中的数据对象；

(2) 数据操纵功能：对数据库表进行基本操作，如：插入、删除、修改、查询等；

(3) 数据的完整性检查功能：保证用户输入的数据应满足相应的约束条件；

(4) 数据库的安全保护功能：保证只有赋予权限的用户才能访问数据库中的数据；

(5) 数据库的并发控制功能：多个应用程序可在同一时刻并发地访问数据库的数据；

(6) 数据库系统的故障恢复功能：数据库运行出现故障时恢复数据库，保证数据库可靠运行；

(7) 在网络环境下访问数据库的功能；

(8) 方便、有效地存取数据库信息的接口和工具，编程人员通过程序开发工具与数据库的接口编写数据库应用程序，数据库管理员（DBA，DataBase Administrator）通过提供的工具对数据库进行管理。

数据、数据库、数据库管理系统与操作数据库的应用程序，加上支撑它们的硬件平台、软件平台和与数据库有关的人员一起构成了一个完整的数据库系统。图 1.1 描述了数据库系统的构成。

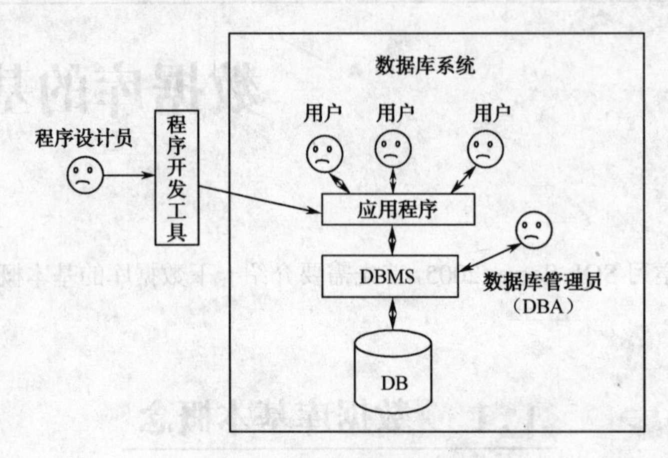

图 1.1　数据库系统的构成

自 20 世纪 70 年代提出关系模型后，商用数据库系统迅速采用了这种模型，涌现出很多性能优良的关系数据库管理系统（RDBMS）。

目前，商品化的数据库管理系统以关系型数据库为主导产品，技术比较成熟。主流的关系型数据库管理系统包括 Oracle、SQL Server、DB2、Sybase、Informix 和 Ingers 等，小型的关系型数据库管理系统包括 MySQL、Access、Visual FoxPro 等。

SQL Server 是由 Microsoft 公司开发和推广的在 Windows 平台上最为流行的大中型关系数据库管理系统。本书主要介绍的是 SQL Server 2005 版。

1.1.2　数据模型

数据模型是指数据库管理系统中数据的存储结构，数据库管理系统根据数据模型对数据进行存储和管理，常见的数据模型有：层次模型、网状模型和关系模型。

1. 层次模型

层次模型是最早用于商品数据库管理系统的数据模型，它以树状层次结构组织数据。树形结构的每个节点表示一个记录类型，记录之间的联系是一对多的联系。位于树形结构顶部的节点称为根节点，层次模型有且仅有一个根节点。根节点以外的其他节点有且仅有一个父节点。图 1.2 所示为某学校按层次模型组织的数据示例。

层次模型结构简单，容易实现，对于某些特定的应用系统效率很高，但如果需要动态访问数据（如增加或修改记录类型）时，效率并不高。另外，对于一些非层次性结构（如多对多联系），层次模型表达起来比较烦琐，不直观。

2. 网状模型

网状模型可以看作是层次模型的一种扩展。它采用网状结构组织数据，每个节点表示一个记录类型，记录之间的联系是一对多的联系。一个节点可以有一个或多个父节点和子节点，这样，数据库中的所有数据节点就构成了一个复杂的网络。图 1.3 所示为按网状模型组织的数据示例。

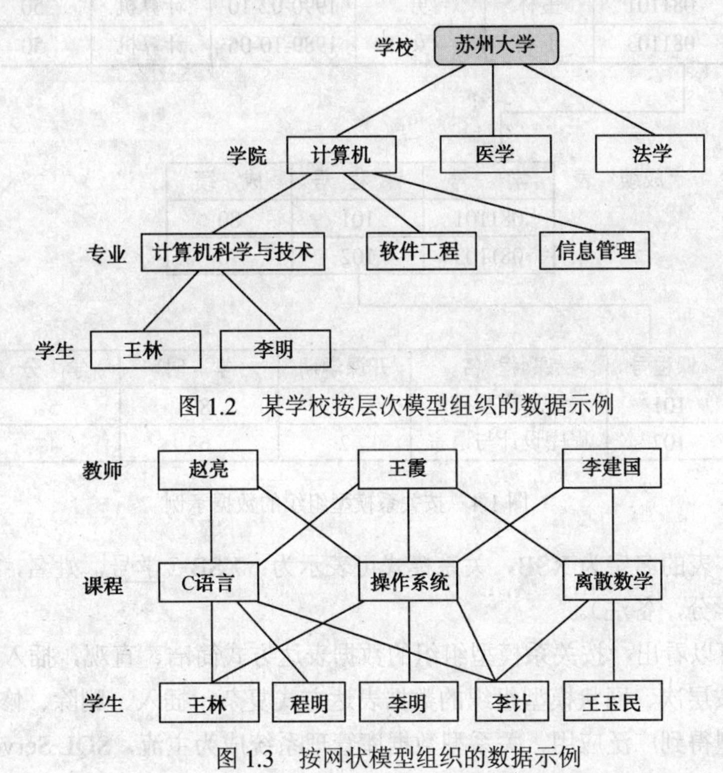

图 1.2　某学校按层次模型组织的数据示例

图 1.3　按网状模型组织的数据示例

与层次模型相比，网状模型具有更大的灵活性，更直接地描述现实世界，性能和效率也较好。网状模型的缺点是结构复杂，用户不易掌握。

3. 关系模型

关系模型是目前应用最多、最为重要的一种数据模型。关系模型建立在严格的数学概念基础上，以二维表格（关系表）的形式组织数据库中的数据，二维表由行和列组成。从用户观点看，关系模型是由一组关系组成的，关系之间通过公共属性产生联系。每个关系的数据结构是一个规范化的二维表，所以一个关系数据库就是由若干个表组成的。图 1.4 所示为按关系模型组织的数据示例。

在图 1.4 所示的关系模型中，描述学生信息时使用的“学生”表，涉及的主要信息有：学号、姓名、性别、出生时间、专业、总学分及备注。

表格中的一行称为一个记录，一列称为一个字段，每列的标题称为字段名。如果给关系表取一个名字，则有 n 个字段的关系表的结构可表示为：关系表名（字段名 1，…，字段名 n），通常把关系表的结构称为关系模式。

在关系表中，如果一个字段或几个字段组合的值可唯一标识其对应记录，则称该字段或字段组合为码。例如：学生的“学号”可唯一标识每一个学生，则“学号”字段为“学生”表的码。有时一个表可能有多个码，对于每一个关系表通常可指定一个码为“主码”，在关系模式中，一般用下横线标出主码。

"学生"表

学　号	姓　名	性　别	出生时间	专　业	总 学 分	备　注
081101	王林	男	1990-02-10	计算机	50	三好生
081103	王燕	女	1989-10-06	计算机	50	三好生

"成绩"表

学　号	课 程 号	成　绩
081101	101	80
081103	102	70

"课程"表

课程号	课 程 名	开课学期	学　时	学　分
101	计算机基础	1	80	5
102	程序设计与语言	2	68	4

图 1.4　按关系模型组织的数据示例

设"学生"表的名字为 XSB，关系模式可表示为：XSB（学号，姓名，性别，出生时间，专业，总学分，备注）。

从图 1.4 可以看出，按关系模型组织的数据表达方式简洁、直观，插入、删除、修改操作方便，而按层次、网状模型组织的数据表达方式复杂，插入、删除、修改操作复杂。因此，关系模型得到广泛应用，关系型数据库管理系统成为主流，SQL Server 是支持关系数据模型的数据库管理系统。

1.1.3　关系型数据库语言

关系数据库的标准语言是 SQL（Structured Query Language，结构化查询语言）。SQL 语言是用于关系数据库查询的结构化语言，最早由 Boyce 和 Chambedin 于 1974 年提出，称为 SEQUEL 语言。1976 年，IBM 公司的 San Jose 研究所在研制关系数据库管理系统 System R 时修改为 SEQUEL2，即目前的 SQL 语言。1976 年，SQL 开始在商品化关系数据库管理系统中应用。1982 年美国国家标准化组织 ANSI 确认 SQL 为数据库系统的工业标准。SQL 是一种介于关系代数和关系演算之间的语言，具有丰富的查询功能，同时具有数据定义和数据控制功能，是集数据定义、数据查询和数据控制于一体的关系数据语言。目前，许多关系型数据库管理系统支持 SQL 语言，如：SQL Server、Access、Oracle、Sybase、MySQL、DB2 等。

SQL 语言的功能包括数据查询、数据操纵、数据定义和数据控制等部分。SQL 语言简洁、方便实用，为完成其核心功能只需 6 个动词：SELECT、CREATE、INSERT、UPDATE、DELETE、GRANT（REVOKE）。目前 SQL 语言已成为应用最广的关系数据库语言，作为关系数据库的标准语言，它已被众多商用数据库管理系统产品所采用。不过，不同的数据库管理系统在其实践过程中都对 SQL 规范做了某些编改和扩充。所以，实际上不同数据库管理系统之间的 SQL 语言不是完全相互通用的。例如，微软公司的 SQL Server 数据库系统支持的是 Transact-SQL（简称 T-SQL），而甲骨文公司的 Oracle 数据库所使用的 SQL 语言则是 PL-SQL。

1.2 数据库设计

数据库设计是将业务对象转换为表等数据库对象的过程。数据库设计是数据库应用系统开发过程中首要的和基本的内容。

按照规范设计的方法，考虑数据库及其应用系统开发全过程，将关系型数据库的设计分为 6 个阶段：需求分析、概念结构设计、逻辑结构设计、物理结构设计、数据库实施、数据库运行与维护。其中需求分析是通过详细调查现实世界要处理的对象，明确用户的各种需求，在此基础上确定系统的功能。数据库实施、运行与维护的任务是在数据库的结构设计完成后由数据库管理员在 DBMS 上实现设计结果。这里将具体介绍数据库设计中的概念结构设计、逻辑结构设计和物理结构设计。

1.2.1 概念结构设计

通常，把每一类数据对象的个体称为“实体”，而每一类对象个体的集合称为“实体集”。例如，在管理学生所选课程的成绩时，主要涉及“学生”和“课程”两个实体集。

其他非主要的实体可以很多，例如：班级、班长、任课教师、辅导员等。把每个实体集涉及的信息项称为属性。就“学生”实体集而言，它的属性有：学号、姓名、性别、出生时间、专业、总学分、备注；“课程”实体集的属性有：课程号、课程名、开课学期、学时和学分。

实体集“学生”和实体集“课程”之间存在“选课”的关系，通常把这类关系称为“联系”，将实体集及实体集联系的图称为 E-R 模型。E-R 模型的表示方法为：

(1) 实体集采用矩形框表示，框内为实体名；

(2) 实体的属性采用椭圆框表示，框内为属性名，并用无向边与其相应实体集连接；

(3) 实体间的联系采用菱形框表示，联系以适当的含义命名，名字写在菱形框中，用无向边将参加联系的实体矩形框分别与菱形框相连，并在连线上标明联系的类型，即 1—1、1—*n* 或 *m*—*n*；

(4) 如果一个联系有属性，则这些属性也应采用无向边与该联系相连接起来。

因此，E-R 模型也称为 E-R 图。关系数据库的设计者通常使用 E-R 图来对信息世界建模。从分析用户项目涉及的数据对象及数据对象之间的联系出发，到获取 E-R 图的这一过程就称为概念结构设计。

两个实体集 A 和 B 之间的联系可能是以下 3 种情况之一。

1．一对一的联系（1∶1）

A 中的一个实体至多与 B 中的一个实体相联系，B 中的一个实体也至多与 A 中的一个实体相联系。例如：“班级”与“正班长”这两个实体集之间的联系是一对一的联系，因为一个班只有一个正班长，反过来，一个正班长只属于一个班。“班级”与“正班长”两个实体集的 E-R 模型如图 1.5 所示。

2．一对多的联系（1∶*n*）

A 中的一个实体可以与 B 中的多个实体相联系，而 B 中的一个实体至多与 A 中的一个实体相联系。例如：“班级”与“学生”这两个实体集之间的联系是一对多的联系，因为，一个班可有若干学生，反过来，一个学生只能属于一个班。“班级”与“学生”两个实体集的 E-R 模型如图 1.6 所示。

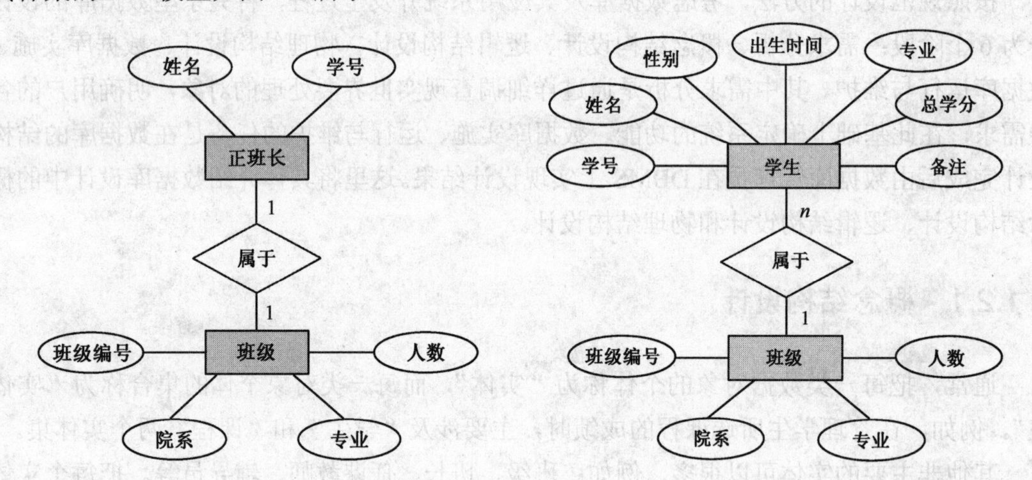

图 1.5 “班级”与“正班长”两个实体集 E-R 模型　图 1.6 “学生”与“班级”两个实体集的 E-R 模型

3．多对多的联系（*m*∶*n*）

A 中的一个实体可以与 B 中的多个实体相联系，而 B 中的一个实体也可与 A 中的多个实体相联系。例如：“学生”与“课程”这两个实体集之间的联系是多对多的联系，因为，一个学生可选多门课程，反过来，一门课程可被多个学生选修，每个学生选修了一门课后都有一个成绩。则“学生”与“课程”两个实体集的 E-R 模型如图 1.7 所示。

1.2.2 逻辑结构设计

用 E-R 图描述学生成绩管理系统中实体集与实体集之间的联系，目的是以 E-R 图为工具，设计出关系模式，即确定应用系统所使用的数据库应包含的表和表的结构。通常这一设计过程就称为逻辑结构设计。

1．（1∶1）联系的 E-R 图到关系模式的转换

对于（1∶1）的联系既可单独对应一个关系模式，也可以不单独对应一个关系模式。

(1) 联系单独对应一个关系模式，则由联系属性、参与联系的各实体集的主码属性构成关系模式，其主码可选参与联系的实体集的任一方的主码。

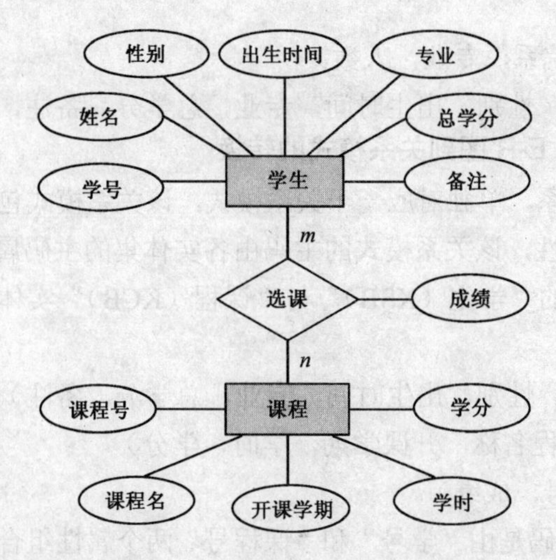

图 1.7　“学生”与“课程”两个实体集的 E-R 模型

例如，图 1.5 描述的“班级（BJB）”与“正班长（BZB）”实体集通过“属于（SYB）”联系的 E-R 模型可设计如下关系模式（下画线“__”表示该字段为主码）：

BJB（班级编号，院系，专业，人数）

BZB（学号，姓名）

SYB（学号，班级编号）

(2) 联系不单独对应一个关系模式，联系的属性及一方的主码加入另一方实体集对应的关系模式中。

例如，图 1.5 的 E-R 模型可设计如下关系模式：

BJB（班级编号，院系，专业，人数）

BZB（学号，姓名，班级编号）

或者

BJB（班级编号，院系，专业，人数，学号）

BZB（学号，姓名）

2.（1 : *n*）联系的 E-R 图到关系模式的转换

对于（1 : *n*）的联系既可单独对应一个关系模式，也可以不单独对应一个关系模式。

(1) 联系单独对应一个关系模式，则由联系的属性、参与联系的各实体集的主码属性构成关系模式，*n* 端的主码作为该关系模式的主码。

例如，图 1.6 描述的“班级（BJB）”与“学生（XSB）”实体集的 E-R 模型可设计如下关系模式：

BJB（班级编号，院系，专业，人数）

XSB（学号，姓名，性别，出生时间，专业，总学分，备注）

SYB（学号，班级编号）

(2) 联系不单独对应一个关系模式，则将联系的属性及 1 端的主码加入 *n* 端实体集对应的关系模式中，主码仍为 *n* 端的主码。

例如，图 1.6“班级（BJB）”与“学生（XSB）”实体集 E-R 模型可设计如下关系模式：

BJB（班级编号，院系，专业，人数）

XSB（学号，姓名，性别，出生时间，专业，总学分，备注，班级编号）

3.（m:n）联系的 E-R 图到关系模式的转换

对于（m:n）的联系，单独对应一个关系模式，该关系模式包括联系的属性、参与联系的各实体集的主码属性，该关系模式的主码由各实体集的主码属性共同组成。

例如，图 1.7 描述的“学生（XSB）”与“课程（KCB）”实体集之间的联系可设计如下关系模式：

XSB（学号，姓名，性别，出生时间，专业，总学分，备注）

KCB（课程号，课程名称，开课学期，学时，学分）

CJB（学号，课程号，成绩）

关系模式 CJB 的主码是由“学号”和“课程号”两个属性组合构成的，一个关系模式只能有一个主码。

1.2.3 数据库物理设计

数据库在物理设备上的存储结构与存取方法称为数据库的物理结构，它依赖于给定的计算机系统。为一个给定的逻辑数据模型选取一个最适合应用环境的物理结构的过程，就是数据库的物理结构设计。

数据库的物理结构设计通常分为 2 步：

(1) 确定数据库的物理结构，在关系数据库中主要指存取方法和存储结构；

(2) 对物理结构进行评价，评价的重点是时间和空间效率。

1.3 数据库应用系统

1.3.1 数据库的连接方式

客户端应用程序或应用服务器向数据库服务器请求服务时，必须首先和数据库建立连接。虽然不同的 RDBMS 都遵循 SQL 标准，但不同厂家开发的 RDBMS 有差异。例如，存在适应性和可移植性等方面的问题。因此，人们开始研究和开发连接不同 RDBMS 的通用方法、技术和软件。

1. ODBC 数据库接口

ODBC 即开放式数据库互连（Open DataBase Connectivity），是微软公司推出的一种实现应用程序和关系数据库之间通信的接口标准。符合标准的数据库可通过 SQL 语言编写的命令对数据库进行操作，但只针对关系数据库。目前所有的关系数据库（如 SQL Server、Oracle、Access、Excel 等）都符合该标准规范。

ODBC 本质上是一组数据库访问 API（应用程序编程接口），是由一组函数调用组成，其核心是 SQL 语句，结构如图 1.8 所示。

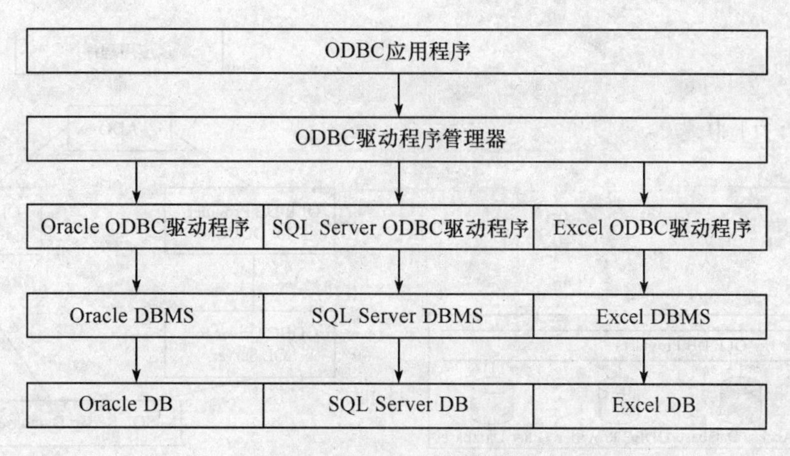

图 1.8　ODBC 数据库接口

在具体操作时，首先必须用 ODBC 管理器注册一个数据源，管理器根据数据源提供的数据库位置、数据库类型及 ODBC 驱动程序等信息，建立 ODBC 与具体数据库的联系。这样，只要应用程序将数据源名提供给 ODBC，ODBC 就能建立与相应数据库的连接。

2．OLE DB 数据库接口

OLE DB 即数据库链接和嵌入对象（Object Linking and Embedding DataBase）。OLE DB 是微软公司提出的基于 COM 思想且面向对象的一种技术标准，目的是提供一种统一的数据访问接口访问各种数据源。

这里所说的“数据”，除了标准的关系型数据库中的数据之外，还包括邮件数据、Web 上的文本或图形、目录服务（Directory Services）以及主机系统中的文件、地理数据和自定义业务对象等。

OLE DB 标准的核心内容就是提供一种相同的访问接口，使得数据的使用者（应用程序）可以使用同样的方法访问各种数据，而不用考虑数据的具体存储地点、格式或类型，其结构图如图 1.9 所示。

3．ADO 数据库接口

ADO（ActiveX Data Objects）是微软公司开发的基于 COM 的数据库应用程序接口。通过 ADO 连接数据库，可以灵活地操作数据库中的数据。

图 1.10 展示了应用程序通过 ADO 访问 SQL Server 数据库接口。从图中可以看出，使用 ADO 访问 SQL Server 数据库有两种途径：一种是通过 ODBC 驱动程序，另一种是通过 SQL Server 专用的 OLE DB Provider，后者的访问效率较高。

随着网络技术的发展，网络数据库以及相关的操作技术越来越多地应用到实际中，而数据库操作技术也在不断完善。ADO 对象模型进一步发展成 ADO.NET。ADO.NET 是.NET FrameWork SDK 中用于操作数据库的类库总称，ADO.NET 相对于 ADO 的最大优势在于对数据的更新修改可在与数据源完全断开连接的情况下进行，然后再把数据更新的结果和状态传回到数据源，这样大大减少了由于连接过多对数据库服务器资源的占用。

4．ADO.NET 数据库接口

ASP.NET 使用 ADO.NET 数据模型。该模型从 ADO 发展而来，它不是对 ADO 的改进，而是采用一种全新的技术，主要表现在以下几个方面：

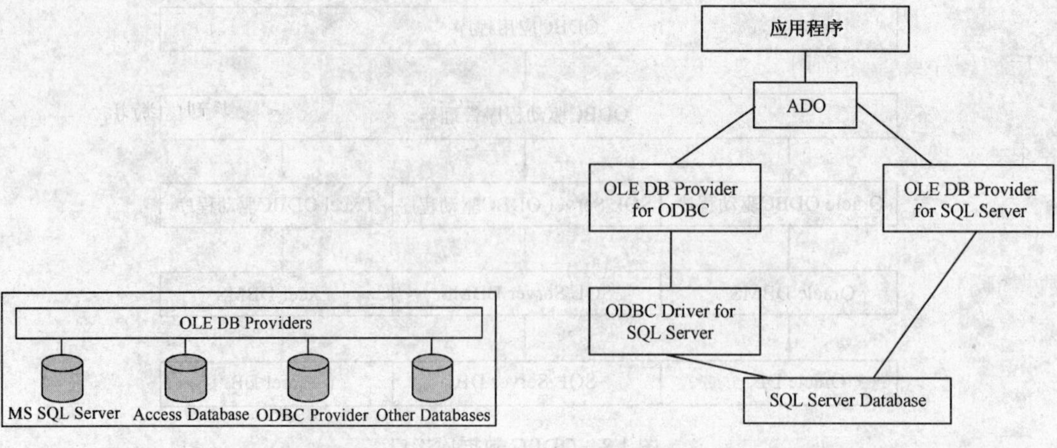

图 1.9　OLE DB 数据库接口　　　　图 1.10　ADO 访问 SQL Server 的接口

(1) ADO.NET 不是采用 ActiveX 技术，而是与.NET 框架紧密结合的产物。

(2) ADO.NET 包含对 XML 标准的完全支持，这对于跨平台交换数据具有重要的意义。

(3) ADO.NET 既能在与数据源连接的环境下工作，又能在断开与数据源连接的条件下工作。特别是后者，非常适合于网络应用的需要。因为在网络环境下，保持与数据源连接不符合网站的要求，不仅效率低，付出的代价高，而且常常会引发由于多个用户同时访问时带来的冲突。因此 ADO.NET 系统集中主要精力用于解决在断开与数据源连接的条件下数据处理的问题。

ADO.NET 提供了面向对象的数据库视图，并且在 ADO.NET 对象中封装了许多数据库属性和关系。最重要的是，ADO.NET 通过很多方式封装和隐藏了很多数据库访问的细节。可以完全不知道对象在与 ADO.NET 对象交互，也不用担心数据移动到另外一个数据库或者从另一个数据库获得数据的细节问题。图 1.11 显示了 ADO.NET 架构总览。

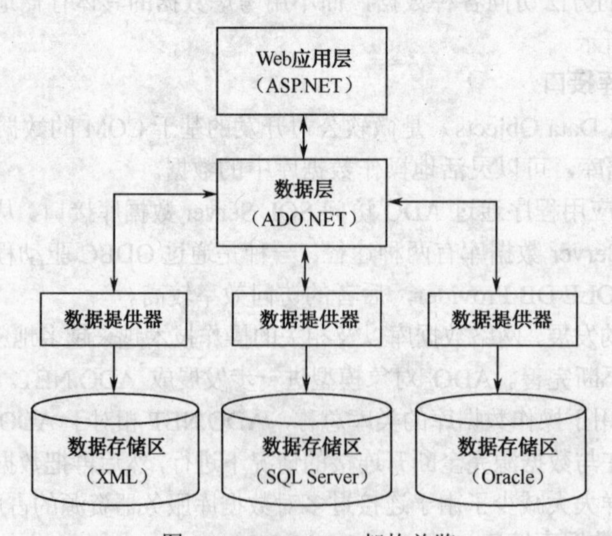

图 1.11　ADO.NET 架构总览

数据集是实现 ADO.NET 断开式连接的核心，从数据源读取的数据先缓存到数据集中，然后被程序或控件调用。这里的数据源可以是数据库或者 XML 数据。

数据提供器用于建立数据源与数据集之间的联系，它能连接各种类型的数据，并能按要求将数据源中的数据提供给数据集，或者从数据集向数据源返回处理后的数据。

5．JDBC 数据库接口

JDBC（Java DataBase Connectivity）是 Java Soft 公司开发的一组 Java 语言编写的用于数据库连接和操作的类和接口，可为多种 RDBMS 提供统一的访问方式。通过 JDBC 对数据库的访问包括 4 个主要组件：Java 应用程序、JDBC 驱动器管理器、驱动器和数据源。

在 JDBC API 中有两层接口：应用程序层和驱动程序层，前者使开发人员可以通过 SQL 调用数据库和取得结果，后者处理与具体数据库驱动程序相关的所有通信。

使用 JDBC 接口对数据库操作有如下优点：

(1) JDBC API 与 ODBC 十分相似，有利于用户理解。

(2) 使编程人员从复杂的驱动器调用命令和函数中解脱出来，而致力于应用程序功能的实现。

(3) JDBC 支持不同的关系数据库，增强了程序的可移植性。

使用 JDBC 的主要缺点：访问数据记录的速度会受到一定影响，此外，由于 JDBC 结构中包含了不同厂家的产品，这给数据源的更改带来了较大麻烦。

6．数据库连接池技术

对于网络环境下的数据库应用，由于用户众多，使用传统的 JDBC 方式进行数据库连接，系统资源开销过大成为制约大型企业级应用效率的瓶颈。采用数据库连接池技术对数据库连接进行管理，可以大大提高系统的效率和稳定性。

1.3.2　客户/服务器（C/S）模式应用系统

微软公司开发的 SQL Server 数据库管理系统是当前最流行的数据库管理系统。数据库管理系统通过命令和适合专业人员的界面两种方式操作数据库。

对于 SQL Server 2005 数据库管理系统，用户只需要在 SQL Server 2005 的 SQL Server Management Studio 管理工具中输入 SQL 命令，系统执行的结果就会返回到该工具上显示。用户还可以直接通过该工具以界面方式操作数据库。

对于一般的数据库应用系统，除了数据库管理系统外，需要设计适合普通人员操作数据库的界面。目前，流行的开发数据库界面的工具主要包括 Visual Basic、Visual C++、Visual FoxPro、Delphi、PowerBuilder 等。数据库应用程序与数据库、数据库管理系统之间的关系如图 1.12 所示。

从图 1.12 中可看出，当应用程序需要处理数据库中的数据时，首先向数据库管理系统发送一个数据处理请求。数据库管理系统接收到这一请求后，对其进行分析，然后执行数据操作，并把操作结果返回给应用程序。

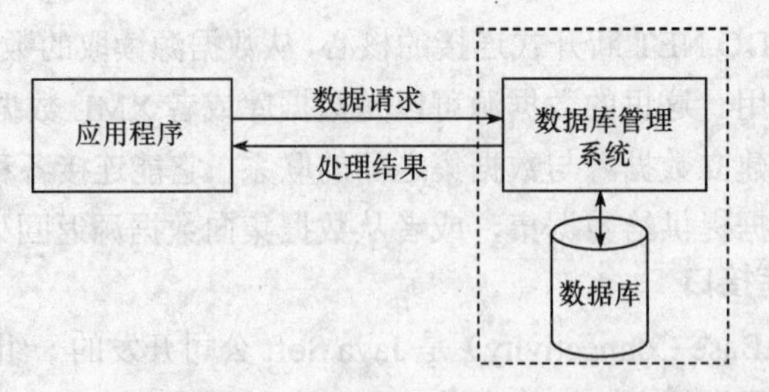

图 1.12 数据库应用程序与数据库、数据库管理系统之间的关系

由于应用程序直接与用户打交道，而数据库管理系统不直接与用户打交道，所以应用程序被称为“前台”，而数据库管理系统被称为“后台”。由于应用程序是向数据库管理系统提出服务请求，通常称为客户程序（Client），而数据库管理系统是为其他应用程序提供服务，通常称为服务器程序（Server），所以又将这种操作数据库模式称为客户/服务器（C/S）模式。

应用程序和数据库管理系统可以运行在同一台计算机上（单机方式），也可以运行在网络方式下。在网络方式下，数据库管理系统在网络上的一台主机上运行，应用程序可以在网络上的多台主机上运行，即一对多的方式。例如，用 Visual Basic 开发的客户/服务器（C/S）模式的学生成绩管理系统学生信息输入界面如图 1.13 所示。

图 1.13 C/S 模式的学生成绩管理系统界面

1.3.3 三层客户/服务器（B/S）模式应用系统

基于 Web 的数据库应用采用三层客户/服务器模式，也称 B/S 结构。其中，第一层为浏览器，第二层为 Web 服务器，第三层为数据库服务器。浏览器是用户输入数据和显示结

果的交互界面，用户在浏览器表单中输入数据，然后将表单中的数据提交并发送到 Web 服务器；Web 服务器应用程序接收并处理用户的数据，通过数据库服务器，从数据库中查询需要的数据（或把数据录入数据库）返回给 Web 服务器；Web 服务器再把返回的结果插入 HTML 页面，传送到客户端，在浏览器中显示出来，如图 1.14 所示。

图 1.14　三层客户/服务器结构

例如，用 ASP.NET 开发的三层客户/服务器（B/S）模式的学生成绩管理系统学生信息更新页面如图 1.15 所示。

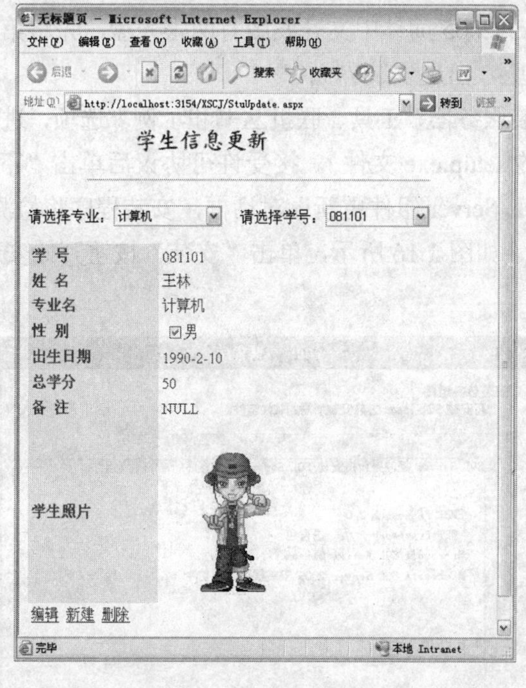

图 1.15　B/S 模式的学生成绩管理系统页面

1.4　SQL Server 2005 环境

SQL Server 2005 是微软公司在 2005 年正式发布的一个 SQL Server 版本。SQL Server 2005 是一个重大的产品版本，它推出了许多新的特性和关键的改进。本书将详细介绍 SQL Server 2005 及其应用。

1.4.1　SQL Server 2005 的安装

在安装 SQL Server 2005 前，系统可能需要安装 IIS，安装方法如下：

插入 Windows XP 安装光盘→打开“控制面板”→双击“添加/删除程序”→在添加或删除程序窗口左边单击“添加/删除 Windows 组件”→在 Windows 组建向导界面中的“Internet 信息服务（IIS）”前面打勾，单击“下一步”按钮→安装成功。IIS 安装完成后就可以进行 SQL Server 2005 的安装了。

SQL Server 2005 设计了 5 个不同的版本：企业版、标准版、开发版、工作组版和精简版，每个版本对操作系统的要求不尽相同，用户可以根据不同的需求选择合适的版本进行安装。其中，企业版只能运行在 Windows Server 系列的操作系统之上。

这里以 Windows XP Professional Edition SP2 操作系统作为工作平台（其他操作系统与本书介绍的内容差别不大），SQL Server 2005 简体中文开发版（其他版本类似）的安装步骤如下：

第 1 步：SQL Server 2005 简体中文开发版有两张光盘，先将第一张光盘放入光驱，让光驱自动运行或双击光驱，出现安装界面。

第 2 步：选择“安装服务器、工具、联机丛书和示例”选项，进入阅读许可协议的窗口（也可直接双击光盘里的 setup.exe 文件）。接受许可协议后单击“下一步”按钮。

第 3 步：进入“SQL Server 组件更新”对话框，安装程序将检测安装 SQL Server 2005 安装程序所必需的组件。如图 1.16 所示，单击“安装”按钮开始安装，完成之后单击“下一步”按钮。

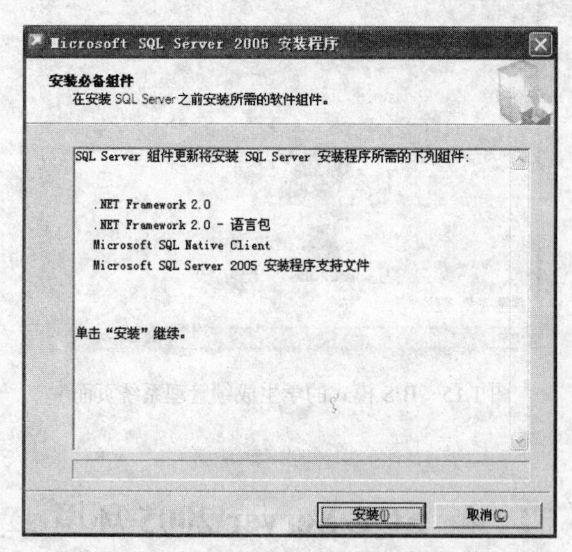

图 1.16　安装程序所需组件

第 4 步：安装程序所需组件安装完后进入 SQL Server 安装向导，单击“下一步”按钮。

第 5 步：进入“系统配置检查”对话框，将扫描安装计算机，看看是否存在可能阻止安装程序运行的情况。完成“系统配置检查”扫描之后，如果检查后的状态为成功，则单击“下一步”按钮继续安装，如图 1.17 所示。

图 1.17　系统配置检查

第 6 步：在“注册信息”对话框的“姓名”和“公司”文本框中输入相应的信息，单击“下一步”按钮。

第 7 步：在“要安装的组件”对话框中选择要安装的组件。这里选中所有组件，单击“下一步”按钮，如图 1.18 所示（用户也可以通过单击“高级”按钮自定义要安装的组件和路径）。

第 8 步：进入“实例名”对话框，为安装的软件选择默认实例或已命名的实例，如图 1.19 所示。如果是第一次安装，既可以使用默认的安装，也可以自行指定实例名称。如果当前服务器上已经安装了一个默认的实例，则再次安装时必须指定一个实例名称。自定义实例名的方法为：选择“命名实例”单选按钮，在下面的文本框中输入用户自定义的实例名称，例如 SQL 2005。本书所示环境是第一次安装 SQL Server 2005，所以这里选择“默认实例”。

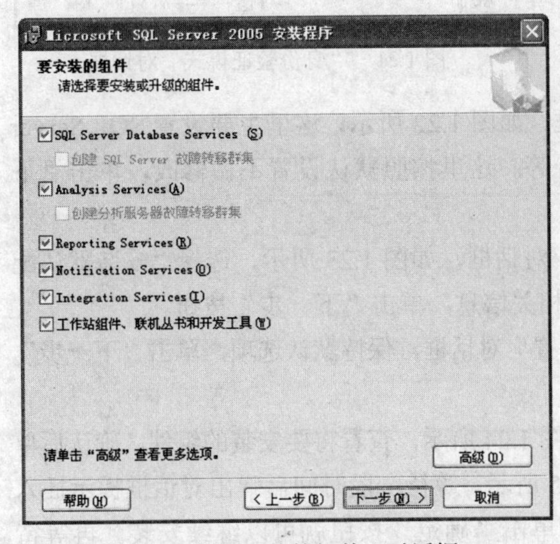

图 1.18　“要安装的组件”对话框

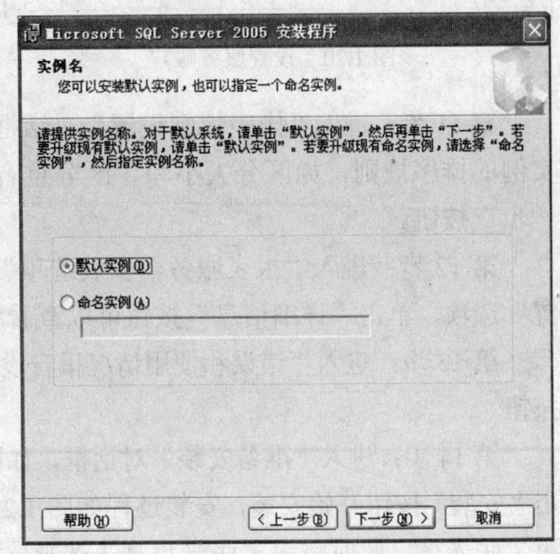

图 1.19　添加命名实例

第 9 步：进入“服务账户”对话框，如果勾选“为每个服务账户进行自定义”复选框，可以为 5 个服务设置启动账户，包括 SQL Server、SQL Server Agent、Analysis Services、Reporting Services、SQL Browser。如果不选择该选项则默认为这些服务设置一个共用账户，本书使用共用账户。服务账户这里选择“使用内置系统账户”，内置系统账户又分为本地系统和网络服务，这里选择“本地系统”，其他保持默认设置，如图 1.20 所示，单击“下一步”按钮。

第 10 步：进入“身份验证模式”对话框，身份验证模式是一种安全模式，用于验证客户端与服务器的连接，有两个选项：Windows 身份验证模式和混合模式。Windows 身份验证模式中用户通过 Windows 账户连接时，使用 Windows 操作系统中的信息验证账户名和密码；混合模式中允许用户使用 Windows 身份验证或 SQL Server 身份验证进行连接。而建立连接后系统的安全机制对于两种连接是一样的。本书选择“混合模式”，并为“sa”用户设置密码，为了便于介绍，这里密码设为“123456”，如图 1.21 所示。在实际过程中，密码要尽量复杂以提高安全性。

图 1.20　设置服务账户

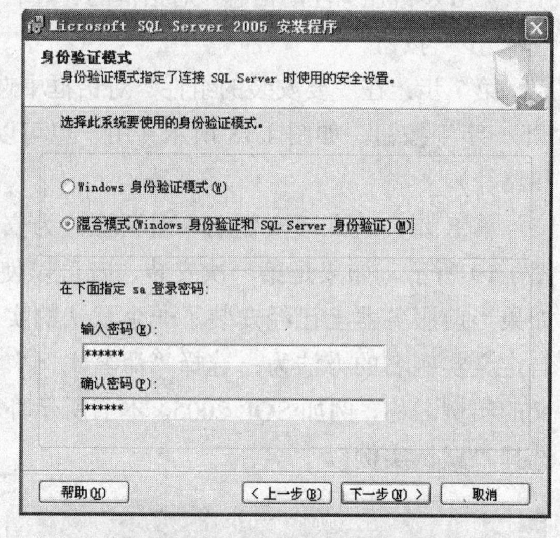

图 1.21　“身份验证模式”对话框

第 11 步：进入“排序规则设置”对话框，如图 1.22 所示，这里主要设置 SQL Server 实例的排序规则，如区分大小写、区分重音等。这里按照默认设置不做修改，单击“下一步”按钮。

第 12 步：进入“报表服务器安装选项”对话框，如图 1.23 所示，选择“安装默认配置”选项，单击“详细信息”按钮可以查看相关信息，单击“下一步”按钮。

第 13 步：进入“错误和使用情况报告设置”对话框，保持默认选项，单击“下一步”按钮。

第 14 步：进入“准备安装”对话框，如图 1.24 所示，查看将要安装的组件。确认后单击“安装”按钮开始安装，安装过程如图 1.25 所示。等待一段时间后弹出对话框提示插入第二张光盘，此时将第二张光盘插入光驱，单击“确定”按钮就可以继续安装。再等待一段时间后安装完成，单击“下一步”按钮，进入“完成安装”对话框，单击“完成”

按钮即可结束安装。

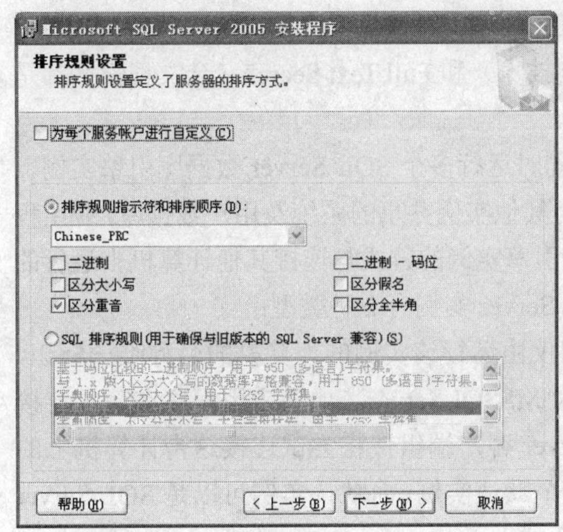

图 1.22 “排序规则设置”对话框

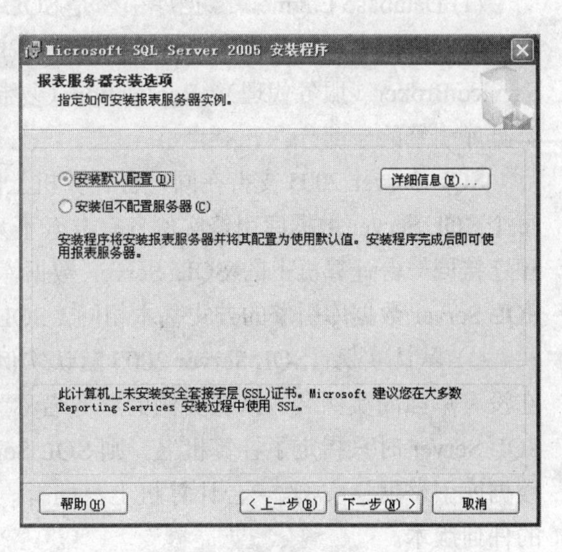

图 1.23 “报表服务器安装选项”对话框

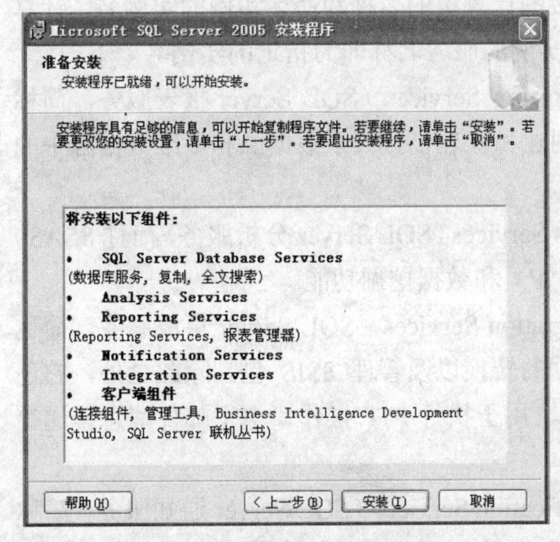

图 1.24 “准备安装”对话框

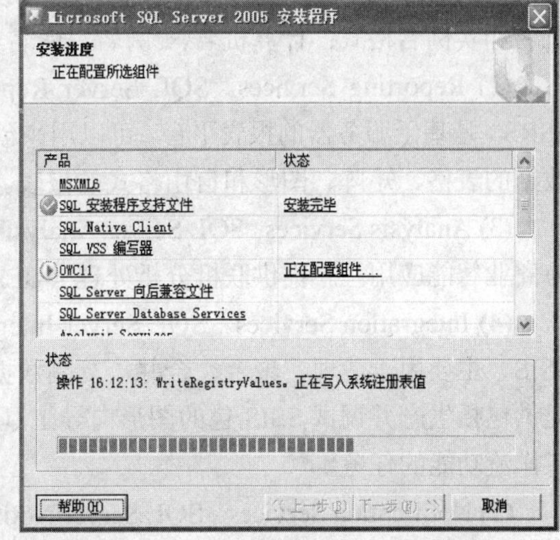

图 1.25 “安装进度”对话框

注意：在安装过程中不能重启计算机，否则将导致安装失败。

1.4.2　SQL Server 2005 服务器组件

SQL Server 2005 是一个功能全面整合的数据平台，它包含了数据库引擎（Database Engine）、Reporting Services、Analysis Services、Integration Services 和 Notification Services 这五大组件。由于 SQL Server 2005 的版本不同，提供的组件可能也不相同。

SQL Server 2005 服务器组件可由 SQL Server 配置管理器启动、停止和暂停。这些组件在 Windows NT、Windows 2000、Windows 2003 上作为服务运行。

(1) Database Engine。数据库引擎是 SQL Server 2005 用于存储、处理和保护数据的核心服务。数据库引擎提供了受控访问和快速事务处理，还提供了大量支持以保持可用性。Service Broker（服务代理）、Replication（复制技术）和 Full Text Search（全文搜索）都是数据库引擎的一部分。

SQL Server 2005 支持在同一台计算机上同时运行多个 SQL Server 数据库引擎实例。每个 SQL Server 数据库引擎实例各有一套不为其他实例共享的系统及用户数据库，应用程序连接同一台计算机上的 SQL Server 数据库引擎实例的方式与连接其他计算机上运行的 SQL Server 数据库引擎的方式基本相同。SQL Server 实例有 2 种类型：

① 默认实例：SQL Server 2005 默认实例仅由运行该实例的计算机的名称唯一标识，它没有单独的实例名，默认实例的服务名称为 MSSQLServer。如果应用程序在请求连接 SQL Server 时只指定了计算机名，则 SQL Server 客户端组件将尝试连接这台计算机上的数据库引擎默认实例。一台计算机上只能有一个默认实例，而默认实例可以是 SQL Server 的任何版本。

② 命名实例：除默认实例外，所有数据库引擎实例都可以由安装该实例的过程中指定的实例名标识。应用程序必须提供准备连接的计算机的名称和命名实例的实例名。计算机名和实例名格式：计算机名\实例名，命名实例的服务名称即为指定的实例名。

(2) Reporting Services。SQL Server Reporting Services（SQL Server 报表服务，简称 SSRS）是基于服务器的报表平台，可以用来创建和管理包含关系数据源和多维数据源中的数据的表格、矩阵、图形和自由格式的报表。

(3) Analysis Services。SQL Server Analysis Services（SQL Server 分析服务，简称 SSAS）为商业智能应用程序提供联机分析处理（OLAP）和数据挖掘功能。

(4) Integration Services。SQL Server Integration Services（SQL Server 集成服务，简称 SSIS）主要用于清理、聚合、合并、复制数据的转换以及管理 SSIS 包。除此之外，它还提供包括生产并调试 SSIS 包的图形向导工具、用于执行 FTP 操作、电子邮件消息传递等工作流功能的任务。

(5) Notification Services。SQL Server Notification Services（SQL Server 通知服务，简称 SSNS）是用于开发和部署那些生成并发送通知的应用程序的环境，使用通知服务可以生成个性化消息，并发送给其他人或设备。

1.4.3 SQL Server 2005 管理和开发工具

1. SQL Server 2005 管理工具

安装 Microsoft SQL Server 2005 后，可在“开始”菜单中查看安装了哪些工具。另外，还可以使用这些图形化工具和命令实用工具进一步配置 SQL Server。表 1.1 列举了用来管理 SQL Server 2005 实例的工具。

这里对表 1.1 中的“SQL Server Configuration Manager”进行补充说明：

SQL Server Configuration Manager（SQL Server 配置管理器）用于管理与 SQL Server

2005 相关的服务。尽管其中许多任务可以使用 Microsoft Windows 服务对话框来完成，但值得注意的是 SQL Server 配置管理器还可以对其管理的服务执行更多的操作。例如，在服务账户更改后应用正确的权限。

表 1.1　SQL Server 管理工具

管 理 工 具	说　明
SQL Server Management Studio	用于编辑和执行查询，并用于启动标准向导任务
SQL Server Profiler	提供用于监视 SQL Server 数据库引擎实例或 Analysis Services 实例的图形用户界面
数据库引擎优化顾问	可以协助创建索引、索引视图和分区的最佳组合
SQL Server Business Intelligence Development Studio	用于 Analysis Services 和 Integration Services 解决方案的集成开发环境
Notification Services 命令提示	从命令提示符管理 SQL Server 对象
SQL Server Configuration Manager	SQL Server 配置管理器，管理服务器和客户端网络配置设置
SQL Server 外围应用配置器	包括服务和连接的外围应用配置器和功能的外围应用配置器。使用 SQL Server 外围应用配置器，可以启用、禁用、开始或停止 SQL Server 2005 安装的一些功能、服务和远程连接。可以在本地和远程服务器中使用 SQL Server 外围应用配置器
Import and Export Data	提供一套用于移动、复制及转换数据的图形化工具和可编程对象
SQL Server 安装程序	安装、升级到或更改 SQL Server 2005 实例中的组件

单击“开始”→“所有程序”→“Microsoft SQL Server 2005”→“配置工具”→“SQL Server Configuration Manager”，在弹出窗口的左边菜单栏中选择“SQL Server 2005 服务”即可在出现的服务列表中对各个服务进行操作，如图 1.26 所示。

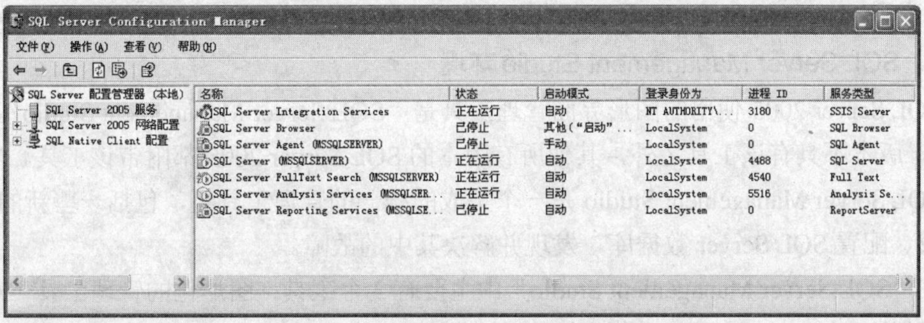

图 1.26　SQL Server 配置管理器

使用 SQL Server 配置管理器可以完成下列服务任务：

(1) 启动、停止和暂停服务，双击图 1.26 服务列表中的某个服务即可进行操作。

(2) 将服务配置为自动启动或手动启动，禁用服务或者更改其他服务设置。

(3) 更改 SQL Server 服务所使用的账户的密码。

(4) 查看服务的属性。

(5) 启用或禁用 SQL Server 网络协议。

(6) 配置 SQL Server 网络协议。

对表 1.1 中的“SQL Server 外围应用配置器”做如下补充说明：

(1) 功能的外围应用配置器工具提供一个单一界面，用于启用或禁用多个数据库引擎、Analysis Services 和 Reporting Services 功能。禁用未使用的功能可减少 SQL Server 外围应用，这有助于保护 Microsoft SQL Server 安装。

(2) 服务和连接的外围应用配置器工具提供了一个单一界面，在其中可以启用或禁用 Microsoft SQL Server 2005 服务以及用于远程连接的网络协议。禁用未使用的服务和连接类型可减少 SQL Server 外围应用，有助于保护 SQL Server 安装。

SQL Server 2005 新实例的默认配置禁用某些功能和组件，以减少此产品易受攻击的外围应用。默认情况下，禁用下列组件和功能：

Integration Services（SSIS）：集成服务主要用于清理、聚合、合并、复制数据的转换以及管理 SSIS 包。

SQL Server Agent（代理）：SQL Server Agent 是一种 Windows 服务，主要用于执行作业、监视 SQL Server、激发警报以及允许自动执行某些管理任务。SQL Server 代理的配置信息主要存放在系统数据库 msdb 的表中。在 SQL Server 2005 中，必须将 SQL Server 代理配置成具有 sysadmin 固定服务器角色的用户才可以执行其自动化功能。而且该账户必须拥有诸如：服务登录、批处理作业登录、以操作系统方式登录等 Windows 权限。

SQL Server Brower（浏览器）：此服务将命名管道和 TCP 端口信息返回给客户端应用程序。在用户希望远程连接 SQL Server 2005 时，如果用户是通过使用实例名称来运行 SQL Server 2005，并且在连接字符串中没有使用特定的 TCP/IP 端口号，则必须启用 SQL Server Browser 服务以允许远程连接。

Full Text Search（全文搜索）：用于快速构建结构化或半结构化数据的内容和属性的全文索引，以允许对数据进行快速的语言搜索。

2. SQL Server Management Studio 环境

SQL Server 2005 使用的图形界面管理工具是“SQL Server Management Studio”。除了 Express 版本不具有该工具之外，其他所有版本的 SQL Server 2005 都附带该工具。

SQL Server Management Studio 是一个集成的统一的管理工具组，包括一些新的功能，以开发、配置 SQL Server 数据库，发现并解决其中的故障。

在“SQL Server Management Studio”中主要有 2 个工具：图形化的管理工具（对象资源管理器）和 Transact SQL 编辑器（查询分析器）。此外还拥有解决方案资源管理器、模板资源管理器和注册服务器等。

(1) “对象资源管理器”与“查询分析器”

如图 1.27 所示，在“SQL Server Management Studio”中，把 SQL Server 2000 的 Enterprise Manager（企业管理器）和 Query Analyzer（查询分析器）这两个工具结合在一个界面上，可以在对服务器进行图形化管理的同时编写 Transact SQL 脚本，且用户可以直接通过 SQL Server 2005 的“对象资源管理器”窗口来操作数据库。

Transact SQL（简称为 T-SQL）是一种 SQL 语言，与其他各种类型的 SQL 语言一样，使用 Transact SQL 语言可以实现从查询到对象建立所有的任务。编写 Transact SQL 脚本的方法很简单，只需要用户在“SQL Server Management Studio”界面中单击“新建查询”按钮，在“查询分析器”窗口中输入相应的 SQL 命令，单击“执行”按钮，系统执行该命令后会将结果自动返回到“SQL Server Management Studio”的结果窗口中显示。

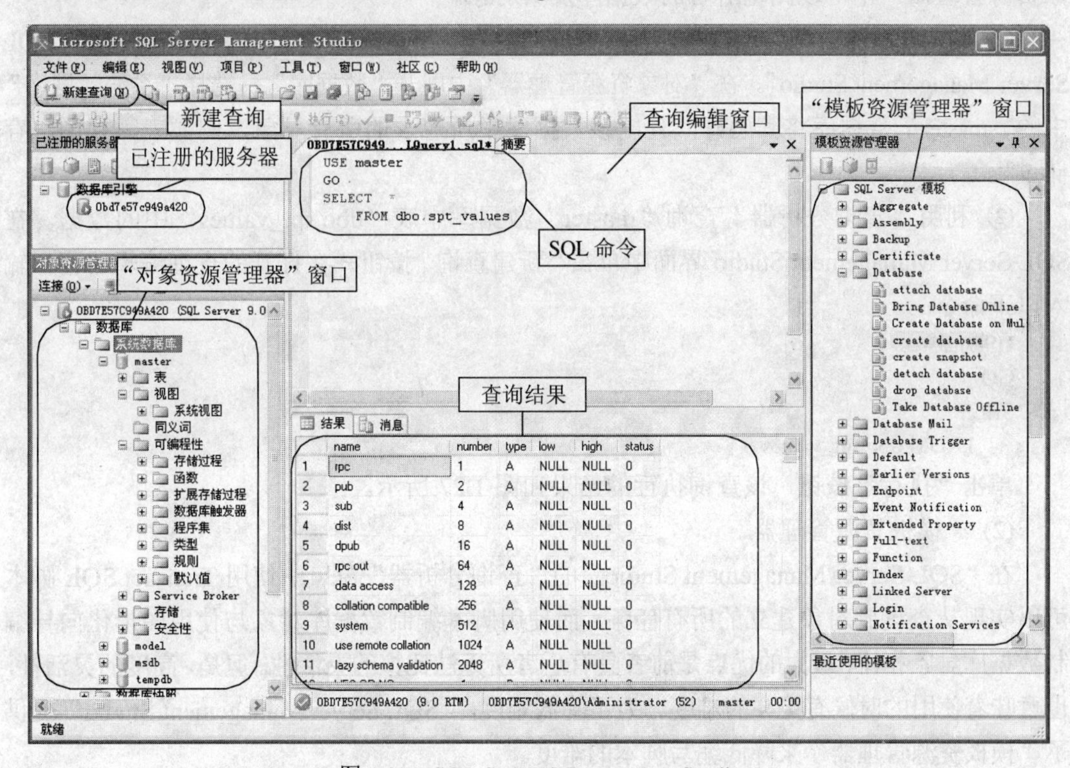

图 1.27　SQL Server Management Studio

打开“SQL Server Management Studio”的方法如下：

在桌面上单击“开始”→“所有程序”→“SQL Server 2005”→“SQL Server Management Studio”，在出现的“连接到服务器”对话框中单击“连接”按钮，如图 1.28 所示，就可以以 Windows 身份验证模式启动“SQL Server Management Studio”，并以计算机系统管理员身份连接到 SQL Server 服务器。

图 1.28　服务器连接对话框

观察“SQL Server Management Studio”中的“对象资源管理器”窗口可以发现，在“对象资源管理器”中可以浏览所有的数据库及其对象。

① 利用“对象资源管理器”查看数据库对象。以 Windows 身份验证模式登录到“SQL Server Management Studio”。在“对象资源管理器”中展开“数据库”→选择“系统数据库”中的“master”数据库将其展开，列出该数据库中所包含的所有对象，例如表、视图、存储过程等。

② 利用“查询分析器”查询“master”数据库中表“dbo.spt_values”中的数据。在 SQL Server Management Studio 界面中单击“新建查询”按钮→在打开的查询编辑器窗口输入以下命令：

```
USE master
GO
SELECT   *
    FROM dbo.spt_values
```

单击“执行”按钮，该查询执行的结果如图 1.27 所示。

(2) “模板资源管理器”

在“SQL Server Management Studio”的“查询分析器”窗口中使用 Transact SQL 脚本可以实现从查询到对象建立的所有任务。而使用脚本编制数据库对象与使用图形化向导编制数据库对象相比，最大的优点是前者具有后者所无法比拟的灵活性。但是，高度的灵活性，也意味着使用的时候有更高的难度。为了降低难度，“SQL Server Management Studio”提供了“模板资源管理器”来降低编写脚本的难度。

在“SQL Server Management Studio”的菜单栏中单击“视图”→选择“模板资源管理器”，界面右侧将出现模板资源管理器窗口（图 1.27）。在“模板资源管理器”中除了可以找到超过 100 个对象以及 Transact SQL 任务的模板之外，还包括有备份和恢复数据库等管理任务。例如，在图 1.27 中可以双击“create_database”图标，打开创建数据库的脚本模板。

(3) “已注册的服务器”

“SQL Server Management Studio”界面有一个单独可以同时处理多台服务器的“已注册的服务器”窗口。可以用 IP 地址进行注册数据库服务器，也可以用比较容易分辨的名称为服务器命名，甚至还可以为服务器添加描述。名称和描述会在“已注册的服务器”窗口显示。

如果想要知道现在正在使用的是哪台服务器，只需要单击“SQL Server Management Studio”菜单栏的“视图”→选择“已注册的服务器”菜单项，即可打开“已注册的服务器”窗口（图 1.27）。

通过“SQL Server Management Studio”注册服务器，可以保存实例连接信息、连接和分组实例、察看实例运行状态。

为了通过在“SQL Server Management Studio”的已注册的服务器组件中注册服务器，保存经常访问的服务器的连接信息，可以在连接之前注册服务器，也可以在“对象资源管理器”中进行连接时注册服务器。

① 连接之前注册服务器。如图 1.28 所示，在连接服务器之前，单击右下角的“选项”按钮，即可打开“登录配置”窗口，在该窗口中可以对要注册的服务器进行相应配置。

② 在“对象资源管理器”中连接时注册服务器。在“对象资源管理器”中进行连接时注册服务器的主要步骤为：启动“SQL Server Management Studio”→在菜单中选择“视图”→在弹出的子菜单中选择“已注册的服务器”→右击“数据库引擎”，在弹出的快捷菜单中指向“新建”→选择“服务器注册”，打开“新建服务器注册”窗口。在窗口中单击“常规”选项卡。在“服务器名称”文本框中输入要注册的服务器名称，如图 1.29 所示。在“连接属性”选项卡中，可以指定要连接到的数据库名称和使用的网络协议等其他信息。

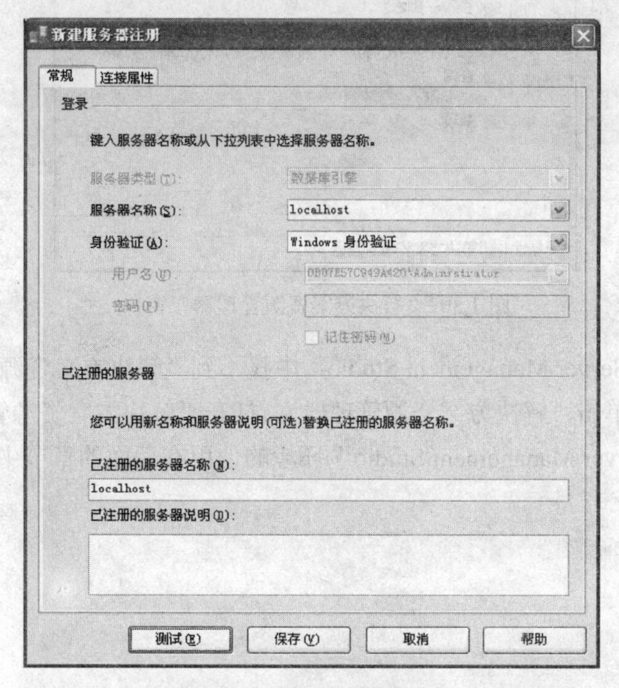

图 1.29 “新建服务器注册”窗口

这里服务器名称应该填要注册的 SQL Server 服务器所在的计算机名或者是 SQL Server 服务器所在计算机的 IP 地址。在“身份验证”选项上，“身份验证模式”可以选择接受默认设置“Windows 身份验证”，或单击“SQL Server 身份验证”并填写“用户名”框和“密码”框。设置完成后单击“测试”按钮，测试连接若成功，则单击“保存”按钮，完成新建服务器注册的设置。此时，在“已注册的服务器”窗口就可以看到注册的服务器图标。

(4) “解决方案资源管理器”

在“SQL Server Management Studio”中，“解决方案资源管理器”是用来管理项目方案资源的有效工具。如果读者使用过微软的 Visual Studio 集成开发环境，那么用户对项目和方案的概念就不会感到陌生。在“解决方案资源管理器”中，项目可以将一组文件结合作为组进行访问。创建新项目的步骤如下：

第 1 步：单击菜单栏中“文件”→在弹出的子菜单中选择“新建”→单击“项目”，

选择所要创建的项目的类型。主要类型有“SQL Server 脚本”、“Analysis Services 脚本（分析服务脚本）”或者“SQL Mobile 脚本（SQL 移动脚本）”，然后为创建的项目或方案命名，并选择文件的存储路径，单击“确定”按钮，完成项目的创建过程。

第 2 步：为该项目创建一个或多个（如果所创建的项目接触的数据库不只一个）数据库连接或者添加已经存在的项目文件，如图 1.30 所示，只需要在“解决方案资源管理器”内的“SQL Server 脚本 2”上右击鼠标，在弹出的快捷菜单中选择要添加的项目即可。

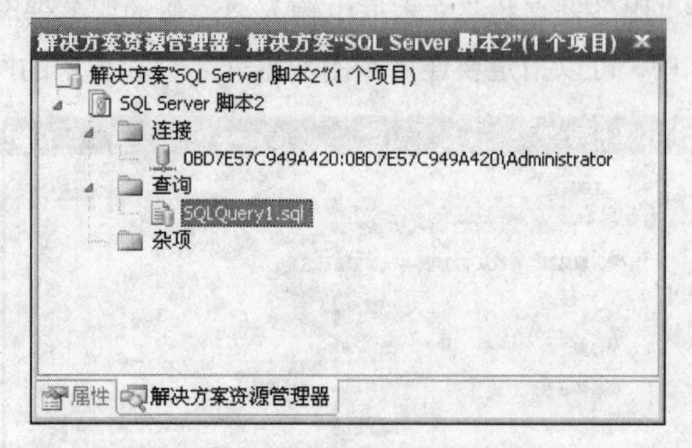

图 1.30 “解决方案资源管理器”窗口

如果在“SQL Server Management Studio”中找不到“解决方案资源管理器”窗口，可以单击“视图”→单击“解决方案资源管理器”，打开“解决方案资源管理器”窗口。

有关“SQL Server Management Studio”环境的使用在后面的章节中还会有相关介绍。

第 2 章

数据库创建

创建数据库是对数据库进行操作的前提。在 SQL Server 2005 环境下，创建数据库有两种方式：一种是通过界面方式创建数据库，另一种是通过命令方式创建数据库。在创建数据库之前，首先介绍一下 SQL Server 2005 数据库的基本概念，为创建数据库及其操作做好准备。

2.1 SQL Server 数据库基本概念

对 SQL Server 的数据库有两种观点，即用户观点和数据库管理员观点。观点不同，对数据库的看法也不同。用户观点下，数据库属于逻辑数据库；数据库管理员观点下，数据库属于物理数据库。

2.1.1 逻辑数据库

SQL Server 数据库是存储数据的容器，是一个存放数据的表和支持这些数据的存储、检索、安全性和完整性的逻辑成分所组成的集合。用户观点将数据库称为逻辑数据库，组成数据库的逻辑成分称为数据库对象。SQL Server 2005 的数据库对象主要包括表、视图、索引、存储过程、触发器和约束等。

用户经常需要在 T-SQL 中引用 SQL Server 对象对其进行操作，如对数据库表进行查询、数据更新等，在其所使用的 T-SQL 语句中需要给出对象的名称。用户可以给出两种对象名，即完全限定名和部分限定名。

(1) 完全限定名。在 SQL Server 2005 中，完全限定名是对象的全名，包括 4 部分：服务器名、数据库名、数据库架构名和对象名，其格式为：

```
server.database.scheme.object
```

在 SQL Server 2005 上创建的每个对象都必须有一个唯一的完全限定名。

说明：在 SQL Server 2000 中用户和架构的概念是相同的，而在 SQL Server 2005 中用户和架构已经明确地分离开来。从 SQL Server 2005 开始，每个对象都属于一个数据库架构。数据库架构是一个独立于数据库用户的非重复命名空间。一般可以将架构视为对象的容器。可以在数据库中创建和更改架构，并且可以授予用户访问架构的权限。任何用户都可以拥有架构，并且架构所有权可以转移。一个架构只能有一个所有者，所有者可以是用户、数据库角色、应用程序角色。同一个用户可以被授权访问多个架构。多个数据库用户可以共享单个默认架构。由于架构与用户独立，删除用户不会删除架构中的对象。

(2) 部分限定名。在使用 T-SQL 编程时，使用全名往往比较烦琐且没有必要，所以常省略全名中的某些部分，对象全名的 4 个部分中的前 3 个部分均可以被省略，当省略中间的部分时，圆点符“.”不可省略。把只包含对象完全限定名中的一部分的对象名称为部分限定名。当用户使用对象的部分限定名时，SQL Server 可以根据系统的当前工作环境确定对象名称中省略的部分。

在部分限定名中，未指出的部分使用以下默认值：

服务器：默认为本地服务器。

数据库：默认为当前数据库。

数据库架构名：默认为 dbo。

例如，以下是一些正确的对象部分限定名：

```
server.database...object          /*省略架构名*/
server.. scheme.object            /*省略数据库名*/
database. scheme.object           /*省略服务器名*/
server…object                     /*省略架构名和数据库名*/
scheme.object                     /*省略服务器名和数据库名*/
object                            /*省略服务器名、数据库名和架构名*/
```

说明：用户所使用的 SQL Server 对象名是逻辑名，其命名遵循 T-SQL 常规标识符命名规则，最长为 30 个字符，且区分大小写。

下面大致介绍一下 SQL Server 2005 中所包含的常用的数据库对象，有关数据库对象的具体内容将在后面的章节中一一介绍。

- **表**：表是 SQL Server 中最主要的数据库对象，它是用来存储和操作数据的一种逻辑结构。表由行和列组成，因此也称之为二维表。表是在日常工作和生活中经常使用的一种表示数据及其关系的形式。
- **视图**：“视图”是从一个或多个基本表中引出的表，数据库中只存放视图的定义而不存放视图对应的数据，这些数据仍存放在导出视图的基本表中。由于视图本身并不存储实际数据，因此也可以称之为虚表。视图中的数据来自定义视图的查询所引用的基本表，并在引用时动态生成数据。当基本表中的数据发生变化时，从视图中查询出来的数据也随之改变。视图一经定义，就可以像基本表一样被查询、修改、删除和更新。
- **索引**：索引是一种不用扫描整个数据表就可以对表中的数据实现快速访问的途径，它是对数据表中的一列或者多列的数据进行排序的一种结构。表中的记录通常按其输入的时间顺序存放，这种顺序称为记录的**物理顺序**。为了实现对表记录的快速查询，可以对表的记录按某个和某些属性进行排序，这种顺序称为**逻辑顺序**。索引是根据索引表达式的值进行逻辑排序的一组指针，它可以实现对数据的快速访问。索引是关系数据库的内部实现技术，它被存放在存储文件中。

- **约束**：约束机制保障了 SQL Server 2005 中数据的一致性与完整性，具有代表性的约束就是主键和外键。主键约束当前表记录的唯一性，外键约束当前表记录与其他表的关系。
- **存储过程**：存储过程是一组为了完成特定功能的 SQL 语句集合。这个语句集合经过编译后存储在数据库中，存储过程具有接受参数、输出参数，返回单个或多个结果以及返回值的功能。存储过程独立于表存在。存储过程有与函数类似的地方，但它又有不同于函数的地方。例如，它不返回取代其名称的值，也不能直接在表达式中使用。
- **触发器**：触发器与表紧密关联。它可以实现更加复杂的数据操作，有效保障数据库系统中数据的完整性和一致性。触发器基于一个表创建，可对多个表进行操作。
- **默认值**：默认值是在用户没有给出具体数据时，系统自动生成的数值。它是 SQL Server 2005 系统确保数据一致性和完整性的方法。
- **用户和角色**：用户是对数据库有存取权限的使用者；角色是指一组数据库用户的集合。这两个概念类似于 Windows XP 的本地用户和组的概念。
- **规则**：规则用来限制表字段的数据范围。
- **类型**：用户可以根据需要在给定的系统类型之上定义自己的数据类型。
- **函数**：用户可以根据需要在 SQL Server 2005 上定义自己的函数。

2.1.2 物理数据库

从数据库管理员观点看，数据库是存储逻辑数据库的各种对象的实体。这种观点将数据库称为物理数据库。SQL Server 2005 的物理数据库构架主要内容包括文件及文件组，还有页和盘区等，它们描述了 SQL Server 2005 如何为数据库分配空间。创建数据库时，了解 SQL Server 2005 如何存储数据也是很重要的，这有助于规划和分配给数据库的磁盘容量。

1. 页和区

SQL Server 2005 中有两个主要的数据存储单位：页和区。

“页”是 SQL Server 2005 中用于数据存储的最基本单位。每个页的大小是 8KB，也就是说，SQL Server 2005 每 1MB 的数据文件可以容纳 128 页。每页的开头是 96 字节的标头，用于存储有关页的系统信息，紧接着标头存放的是数据行，数据行是按顺序排列的。数据库表中的每一行数据都不能跨页存储，即表中的每一行数据字节数不能超过 8192 个。页的末尾是行偏移表，对于页中的每一行在偏移表中都有一个对应的条目。每个条目记录着对应行的第一个字节与页首部的距离。

“区”是用于管理空间的基本单位。每 8 个连接的页组成一个区，大小为 64KB，即每 1MB 的数据库就有 16 个区。区用于控制表和索引的存储。

2. 数据库文件

SQL Server 2005 所使用的文件包括 3 类：

(1) 主数据文件。主数据文件简称主文件，该文件是数据库的关键文件，包含了数据库的启动信息，并且存储数据。每个数据库必须有且仅能有一个主文件，其默认扩展名为.mdf。

(2) 辅助数据文件。辅助数据文件简称辅（助）文件，用于存储未包括在主文件内的其他数据。辅助文件的默认扩展名为.ndf。辅助文件是可选的，根据具体情况，可以创建多个辅助文件，也可以不使用辅助文件。一般当数据库很大时，有可能需要创建多个辅助文件。而数据库较小时，则只要创建主文件而不需要辅助文件。

(3) 日志文件。日志文件用于保存恢复数据库所需的事务日志信息。每个数据库至少有一个日志文件，也可以有多个，日志文件的扩展名为.ldf。日志文件的存储与数据文件不同，它包含一系列记录，这些记录的存储不以页为存储单位。

说明： SQL Server 2005 允许创建数据库时不使用上述.mdf、.ndf 和.ldf 做文件扩展名，但使用默认的扩展名有助于识别文件。

创建一个数据库后，该数据库至少包含上述的主文件和日志文件。这些文件的名字是操作系统文件名，它们不是由用户直接使用的，而是由系统使用的，不同于数据库的逻辑名。

3. 文件组

文件组是由多个文件组成，为了管理和分配数据而将它们组织在一起。通常可以为一个磁盘驱动器创建一个文件组，然后将特定的表、索引等与该文件组相关联，那么对这些表的存储、查询和修改等操作都在该文件组中。

使用文件组可以提高表中数据的查询性能。在 SQL Server 2005 中有两类文件组：

(1) 主文件组。主文件组包含主要数据文件和任何没有明确指派给其他文件组的其他文件。管理数据库的系统表的所有页均分配在主文件组中。

(2) 用户定义文件组。用户定义文件组是指“CREATE DATABASE”或“ALTER DATABASE”语句中使用“FILEGROUP”关键字指定的文件组。

每个数据库中都有一个文件组作为默认文件组运行。若在 SQL Server 2005 中创建表或索引时没有为其指定文件组，那么将从默认文件组中进行存储页分配、查询等操作。用户可以指定默认文件组，如果没有指定默认文件组，则主文件组是默认文件组。

注意： 若不指定用户定义文件组，则所有数据文件都包含在主文件组中。

设计文件和文件组时，一个文件只能属于一个文件组。只有数据文件才能作为文件组的成员，日志文件不能作为文件组成员。

2.1.3 系统数据库和用户数据库

在 SQL Server 2005 中有两类数据库：系统数据库和用户数据库。

系统数据库存储有关 SQL Server 的系统信息，它们是 SQL Server 2005 管理数据库的依据。如果系统数据库遭到破坏，SQL Server 将不能正常启动。在安装 SQL Server 2005

时，系统将创建 4 个可见的系统数据库：master、model、msdb 和 tempdb。

(1) master 数据库包含了 SQL Server 诸如登录账号、系统配置、数据库位置及数据库错误信息等，用于控制用户数据库和 SQL Server 的运行。

(2) model 数据库为新创建的数据库提供模板。

(3) msdb 数据库为“SQL Server Agent”调度信息和作业记录提供存储空间。

(4) tempdb 数据库为临时表和临时存储过程提供存储空间，所有与系统连接的用户的临时表和临时存储过程都存储于该数据库中。

每个系统数据库都包含主数据文件和主日志文件，扩展名分别为.mdf 和.ldf。例如，master 数据库的两个文件分别为 master.mdf 和 master.ldf。

用户数据库是用户创建的数据库。两类数据库在结构上相同，文件的扩展名也相同。本书中创建的都是用户数据库。

2.2 界面方式创建数据库

通过 SQL Server 2005 界面方式创建数据库主要通过“SQL Server Management Studio”窗口中所提供的图形化向导进行。

2.2.1 数据库的创建

首先要明确，能够创建数据库的用户必须是系统管理员，或是被授权使用“CREATE DATABASE”语句的用户。

创建数据库必须要确定数据库名、所有者（创建数据库的用户）、数据库大小（初始大小、最大的大小、是否允许增长及增长方式）和存储数据库的文件。

对于新创建的数据库，系统对数据文件的默认值为：初始大小为 3MB；最大大小不限制，而实际上仅受硬盘空间的限制；允许数据库自动增长，增量为 1MB。

对日志文件的默认值为：初始大小为 1MB；最大不限制，而实际上也仅受硬盘空间的限制；允许日志文件自动增长，增长方式按 10%比例增长。

下面以创建学生成绩管理系统的数据库（命名为 PXSCJ）为例说明使用“SQL Server Management Studio”窗口图形化向导创建数据库的过程。

【例 2.1】 创建数据库 PXSCJ，数据文件和日志文件的属性按默认值设置。

创建该数据库的主要过程为：

第 1 步：以系统管理员身份登录计算机，在桌面上单击“开始”→“所有程序”→“Microsoft SQL Server 2005”→选择并启动“SQL Server Management Studio”。如图 2.1 所示，使用默认的系统配置连接到数据库服务器。

图 2.1　连接到服务器

注意:

① 这里的服务器类型可选择的有数据库引擎、分析服务、报表服务、移动数据库、集成服务，默认的选择类型为数据库引擎类型。

② 服务器名称就是“计算机名”。当然，使用计算机的 IP 地址也可以。

第 2 步：选择“对象资源管理器”中的“数据库”，右击鼠标，在弹出的快捷菜单中选择“新建数据库”菜单项，打开“新建数据库”窗口。

第 3 步：“新建数据库”窗口的左上方共有三个选项卡：“常规”、“选项”和“文件组”。这里只配置“常规”选项卡，其他选项卡使用系统默认设置。

在“新建数据库”窗口的左上方选择“常规”选项卡，在“数据库名称”文本框中填写要创建的数据库名称“PXSCJ”，也可以在“所有者”文本框中指定数据库的所有者如 sa，这里使用默认值，其他属性也按默认值设置，如图 2.2 所示。

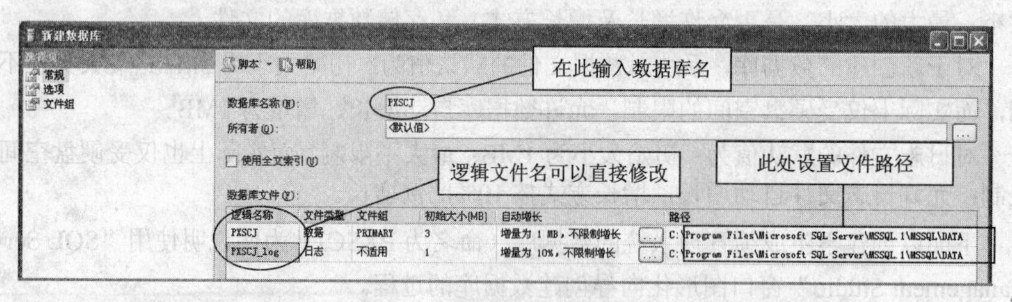

图 2.2 “新建数据库”窗口

另外，可以通过单击“自动增长”标签栏下面的...按钮，出现如图 2.3 所示的对话框，在该对话框中可以设置数据库是否自动增长、增长方式、数据库文件最大文件大小。数据日志文件的自动增长设置对话框与数据文件类似。

配置路径的方式与配置自动增长方式相类似，可以通过单击“路径”标签栏下面的...按钮来自定义路径，默认路径为“C:\Program Files\Microsoft SQL Server\MSSQL.1\MSSQL\ Data”。数据库文件大小、增长方式和路径在这里都使用默认值，确认后单击“确定”按钮。

到这里数据库 PXSCJ 已经创建完成了。此时，可以在“对象资源管理器”窗口的“数据库”目录下找到该数据库所对应的图标，如图 2.4 所示。

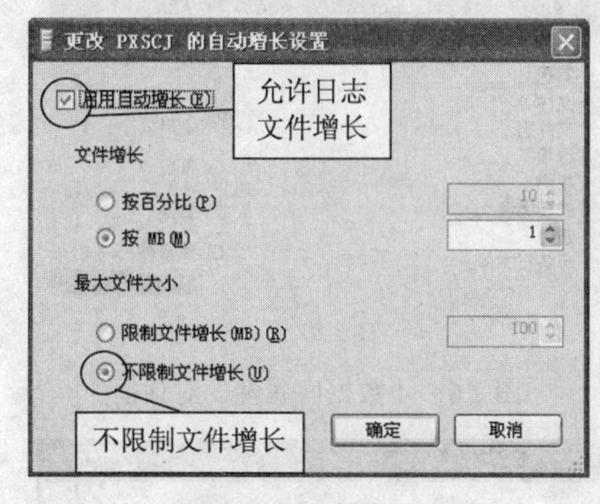

图 2.3 自动增长设置

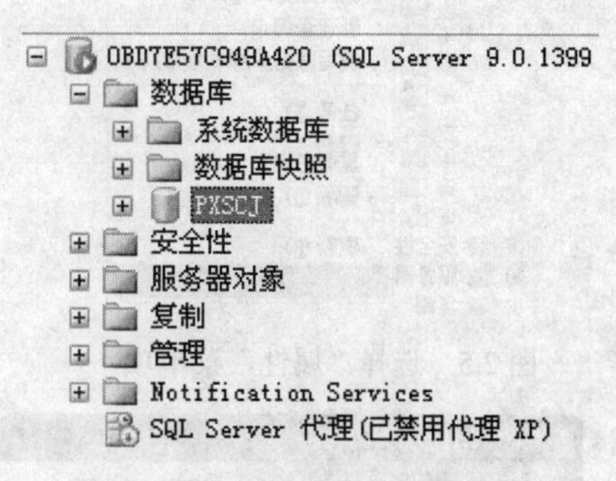

图 2.4 创建后的 PXSCJ 数据库

2.2.2 数据库的修改和删除

1. 数据库的修改

数据库创建后，数据文件名和日志文件名就不能改变。对已存在的数据库可以进行的修改包括：

- 增加或删除数据文件；
- 改变数据文件的大小和增长方式；
- 改变日志文件的大小和增长方式；
- 增加或删除日志文件；
- 增加或删除文件组；
- 数据库的重命名。

下面以对数据库 PXSCJ 的修改为例，说明在“SQL Server Management Studio”中对数据库的定义进行修改的操作方法。

在进行任何界面操作以前，都要启动“SQL Server Management Studio”，以后启动“SQL Server Management Studio”的步骤将被省略，只介绍其主要的操作步骤。

第 1 步：选择需要进行修改的数据库 PXSCJ，单击鼠标右键，在出现的快捷菜单中选择“属性”菜单项，如图 2.5 所示。

第 2 步：选择“属性”菜单项后，出现如图 2.6 所示的“数据库属性-PXSCJ”窗口。从图中的“选择页”列表中可以看出，它包括 8 个选项卡。

通过选择列表中的这些选项卡，可以查看数据库系统的各种属性和状态。

下面详细介绍对已经存在的数据库可以进行的修改操作。

(1) 改变数据文件的大小和增长方式。在如图 2.6 所示的“数据库属性-PXSCJ”窗口中的“选择卡”列表中选择“文件”→在窗口右边的“初始大小”列中输入要修改的数据，如图 2.7 所示。

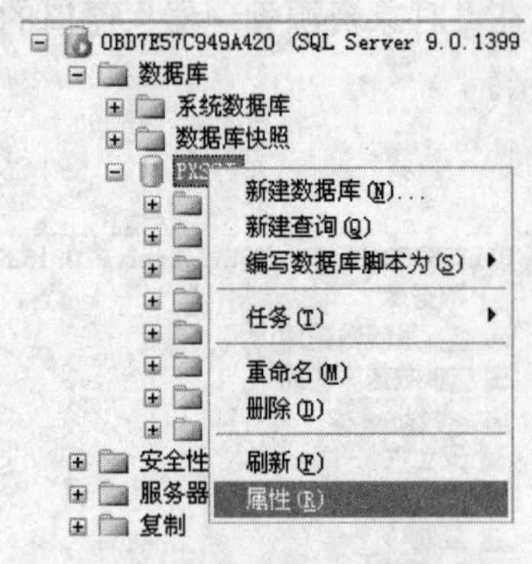

图 2.5 选择“属性”菜单项

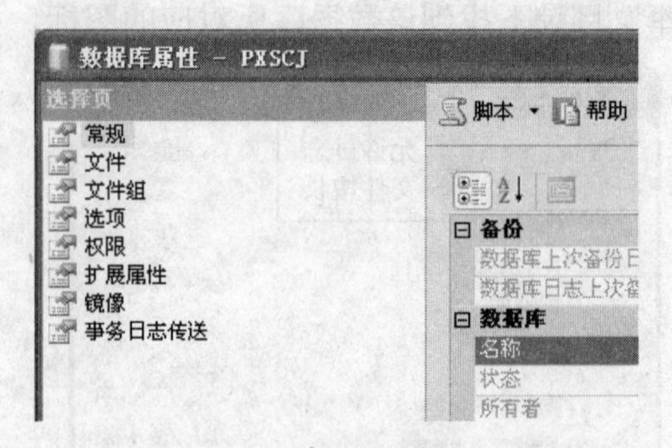

图 2.6 “数据库属性”对话框

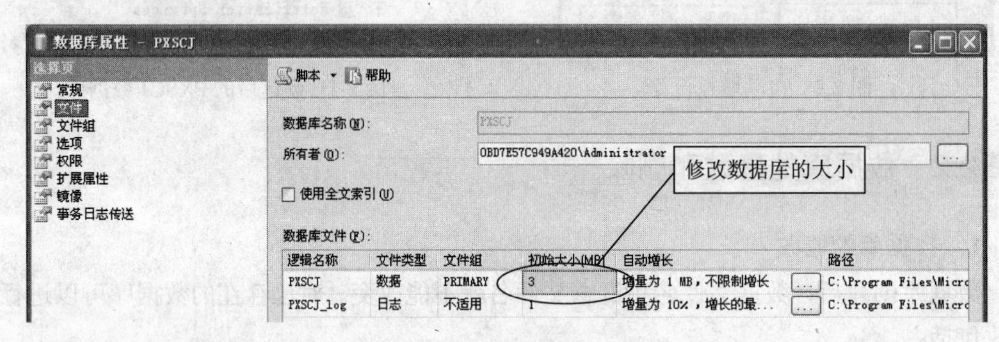

图 2.7 修改数据库的大小

改变日志文件的大小和增长方式的方法与数据文件相类似，这里不再一一赘述。

(2) 增加或删除数据文件。当原有数据库的存储空间不够时，除了采用扩大原有数据文件的存储量的方法之外，还可以增加新的数据文件。或者，从系统管理的需求出发，采用多个数据文件来存储数据，以避免数据文件过大。此时，会用到向数据库中增加数据文件的操作。

【例 2.2】 在 PXSCJ 数据库中增加数据文件 PXSCJ_2，其属性均取系统默认值。

操作方法：打开“数据库属性-PXSCJ”窗口，在“选择页”列表中选择“文件”选项卡，单击右下角的“添加”按钮，会在数据库文件下方新增加一行文件项，如图 2.8 所示。

数据库名称(N): PXSCJ

所有者(O): 0BD7E57C949A420\Administrator

☐ 使用全文索引(U)

数据库文件(F):

逻辑名称	文件类型	文件组	初始大小(MB)	自动增长	路径	文件名
PXSCJ	数据	PRIMARY	3	增量为 1 MB，不限制增长	C:\Program Files\Microsoft SQL Server\MSSQL.1\MSSQL\DATA	PXSCJ.mdf
PXSCJ_log	日志	不适用	1	增量为 10%，增长的最...	C:\Program Files\Microsoft SQL Server\MSSQL.1\MSSQL\DATA	PXSCJ_log.ldf
	数据	PRIMARY	3	增量为 1 MB，不限制增长	C:\Program Files\Microsoft SQL Server\MSSQL.1\MSSQL\DATA	

图 2.8 增加数据文件

在“逻辑名称”一栏中输入数据文件名 PXSCJ_2，并可设置文件的初始大小和增长属性，单击“确定”按钮，完成数据文件的添加。

说明：增加的文件是辅助数据文件，文件扩展名为.ndf。

增加或删除日志文件的方法与数据文件相类似，这里就不再一一赘述了。

当数据库中的某些数据文件不再需要时，应及时将其删除。在 SQL Server 2005 中，只能删除辅助数据文件，而不能删除主数据文件。其理由是很显然的，因为在主数据文件中存放着数据库的启动信息，若将其删除，数据库将无法启动。

而删除辅助数据文件的操作方法为：

打开“数据库属性”窗口，选择“文件”选项卡。选中需删除的辅助数据文件 PXSCJ_2，单击对话框右下角的“删除”按钮，再单击“确定”按钮即可删除。

(3) 增加或删除文件组。数据库管理员（DBA）从系统管理策略角度出发，有时可能需要增加或删除文件组。这里以示例说明操作方法。

【例 2.3】　设要在数据库 PXSCJ 中增加一个名为 FGroup 的文件组。

操作方法为：打开“数据库属性”窗口，选择“文件组”选项卡。单击右下角的“添加”按钮，这时在“PRIMARY”行的下面会出现新的一行。在这行的“名称”列输入“FGroup”，单击“确定”按钮，如图 2.9 所示。

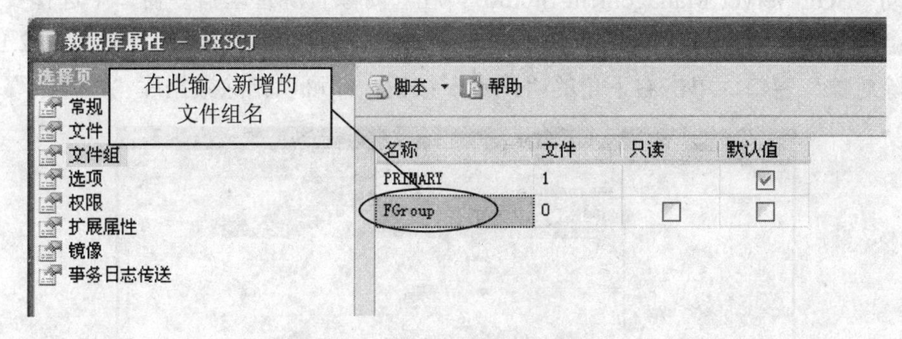

图 2.9　输入新增的文件组名

当增加了文件组后，就可以在新增文件组中加入数据文件。

例如，要在 PXSCJ 数据库新增的文件组 FGroup 中增加数据文件 PXSCJ2。其操作方法为：选择“文件”选项卡，按增加数据文件的操作方法添加数据文件。在文件组下拉框中选择“FGroup”，如图 2.10 所示，单击“确定”按钮。

删除文件组的操作方法为：选择“文件组”选项卡。选中需删除的文件组，单击对话框右下角的“删除”按钮，再单击“确定”按钮即可删除。

注意： 可以删除用户定义的文件组，但不能删除主文件组（PRIMARY）。删除用户定义的文件组后，该文件组中所有的文件都将被删除。

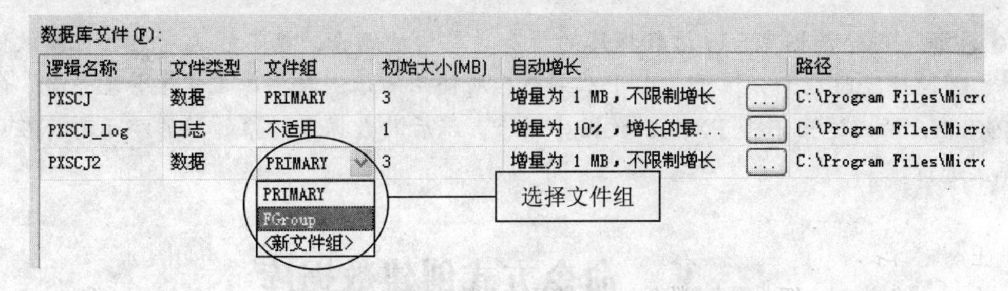

图 2.10　将数据文件加入新增的文件组中

(4) 数据库的重命名。使用图形界面修改数据库的名称的方法是：启动“SQL Server Management Studio”，在“对象资源管理器”窗口中展开“数据库”，选择要重命名的数据库，右击鼠标，在弹出的快捷菜单中选择“重命名”菜单项，输入新的数据库名称即可更改数据库的名称。一般情况下，不建议用户更改已经创建好的数据库名称，因为许多应用程序可能已经使用了该名称，在更改了数据库名称之后，还需要修改相应的应用程序。

2. 数据库系统的删除

数据库系统在长时间使用之后，系统的资源消耗加剧，导致运行效率下降，因此 DBA 需要适时地对数据库系统进行一定的调整。

通常的做法是把一些不需要的数据库删除，以释放被其占用的系统空间和消耗。用户可以利用界面方式很轻松地完成数据库系统的删除工作。

【例 2.4】 删除 PXSCJ 数据库。

启动“SQL Server Management Studio”，在“对象资源管理器”窗口中选择要删除的数据库“PXSCJ”，右击鼠标，在弹出的窗口中选择“删除”菜单项，打开如图 2.11 所示的“删除对象”窗口，单击右下角的“确定”按钮，即可以删除数据库“PXSCJ”。

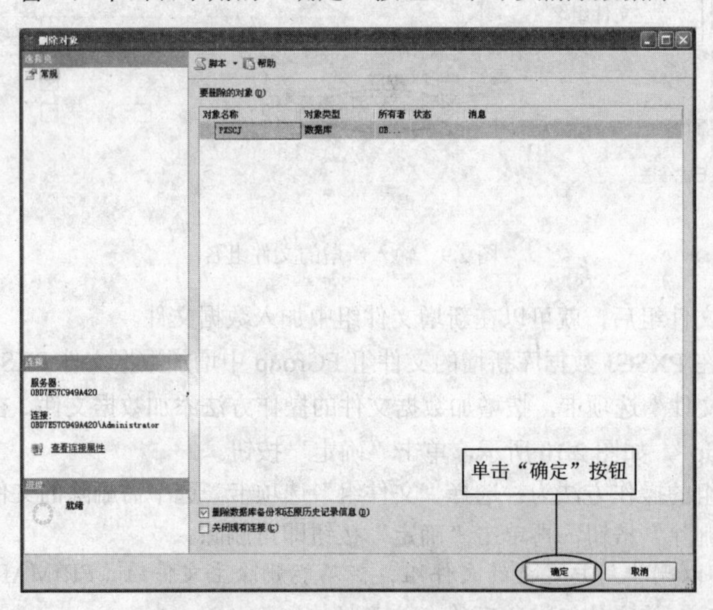

图 2.11 “删除对象”对话框

注意： 删除数据库后，该数据库的所有对象均被删除，将不能再对该数据库做任何操作，因此删除时应十分慎重。由于本书前后所使用的示例数据库“学生管理系统”命名为 PXSCJ，所以这里不将 PXSCJ 数据库删除，以后的数据库对象的操作演示都将在该数据库上进行。

2.3 命令方式创建数据库

除了可以通过“SQL Server Management Studio”的图形界面方式创建数据库外，还可以使用 Transact-SQL 命令（称为命令方式）来创建数据库。与界面方式创建数据库相比，命令方式更为常用，使用也更为灵活。

2.3.1　创建数据库

使用“CREATE DATABASE”命令创建数据库，创建前要确保用户具有创建数据库的权限。

语法格式：

```
CREATE DATABASE <数据库名>
    [ ON                                            /*指定数据库文件和文件组属性*/
        [ PRIMARY ] [ <文件> [ ,...n ] ]
        [ , <文件组> [ ,...n ] ]
    ]
    [ LOG ON { <文件> [ ,...n ] } ]                 /*指定日志文件属性*/
    [ COLLATE <排序规则> ]
[;]
```

其中，*<文件>*和*<文件组>*的定义格式如下：

```
<文件> ::=                                          /*指定数据库文件的属性*/
{
  (
    NAME = <逻辑文件名> ,
    FILENAME = '<操作系统文件名>'
    [ , SIZE = <初始容量>[ KB | MB | GB | TB ] ]
    [ , MAXSIZE = {<最大容量> [ KB | MB | GB | TB ] | UNLIMITED } ]
    [ , FILEGROWTH = <增量> [ KB | MB | GB | TB | % ] ]
  ) [ ,...n ]
}
<文件组> ::=                                        /*指定数据库文件组的属性*/
{
    FILEGROUP <文件组名> [ DEFAULT ]
    <文件> [ ,...n ]
}
```

说明：在解释语法格式之前，应先了解本书 Transact-SQL 语法格式使用的约定。如表 2.1 所示，表 2.1 对 Transact-SQL 语法格式的约定进行了说明。这些约定在本书中介绍 T-SQL 语法格式时都适用。

表 2.1　本书 Transact-SQL 语法的约定和说明

约　定	用　于
UPPERCASE（大写）	Transact-SQL 关键字
|	分隔括号或大括号中的语法项，只能选择其中一项
[ ]	可选语法项，不要输入方括号
{ }	必选语法项，不要输入大括号
[,...n]	指示前面的项可以重复 *n* 次，每一项由逗号分隔

续表

约　定	用　于
[...n]	指示前面的项可以重复 *n* 次，每一项由空格分隔
[;]	可选的 Transact-SQL 语句终止符，不要输入方括号
<label>	编写 T-SQL 语句时设置的值
<label>（斜体，下画线）	语法块的名称，此约定用于对可在语句中的多个位置使用的过长语法段或语法单元进行分组和标记，可使用的语法块的每个位置由括在尖括号内的标签指示：<label>

下面对“CREATE DABASE”命令的语法格式进行说明：

- <数据库名>：数据库的命名须遵循 SQL Server 2005 的命名规则，最大长度为 128 个字符。
- ON 子句：指定数据库的数据文件和文件组，其中 PRIMARY 用来指定主文件。若不指定主文件，则各数据文件中的第一个文件将成为主文件。
- ***<文件>***：指定数据库文件的属性，主要给出文件的逻辑名、存储路径、大小及增长等特性。这些特性可以与界面创建数据库时对数据库特征的设置相联系。下面对这些特性进行说明：

(1) NAME：逻辑文件名，是指数据库创建后在所有 T-SQL 语句中引用文件时使用的名称。

(2) FILENAME：操作系统文件名，是指操作系统在创建物理文件时使用的路径和文件名。

(3) SIZE：数据文件的初始容量大小。对于主数据文件，若不指出大小，则默认为 model 数据库主数据文件的大小。对于辅助数据文件，自动设置为 1MB。UNLIMITED 关键字表示指定文件将增长到磁盘已满。

(4) MAXSIZE：指定文件的最大容量。UNLIMITED 关键字指出文件大小不限，但实际上受磁盘可用空间限制。

(5) FILEGROWTH：文件每次的增量，有百分比和空间值两种格式，前者如 10%，即每次增长是在原来空间大小的基础上增加 10%；后者如 5MB，即每次增长 5MB，而不管原来空间是多少。但要注意，FILEGROWTH 的值不能超过 MAXSIZE 的值。

- ***<文件组>***：定义文件组的属性。FILEGROUP 关键字用于定义文件组的名称，DEFAULT 关键字指定命名文件组为数据库中的默认文件组。在文件组中还可以使用***<文件>***指定属于该文件组的文件。文件组中各文件的描述和数据文件描述相同。
- LOG ON 子句：指定数据库事务日志文件的属性，其定义格式与数据文件的格式相同。如果没有指定该子句，将自动创建一个日志文件。
- COLLATE 子句：指定数据库的默认排序规则。排序规则名称可以是 Windows 排序规则名称或 SQL 排序规则名称。如果没有指定排序规则，则使用 SQL Server 实例的默认排序规则。

由语法格式可知，最简单的一句创建数据库的语句为：

```
CREATE DATABASE <数据库名>
```

【例 2.5】 创建一个名为 TEST1 的数据库，其初始大小为 5MB，最大不限制，允许数据库自动增长，增长方式是按 10%比例增长。日志文件初始为 2MB，最大可增长到 5MB，按 1MB 增长。假设 SQL Server 服务已启动，并以系统管理员身份登录计算机。

在“SQL Server Management Studio”窗口中单击“新建查询”按钮新建一个查询窗口，如图 2.12 所示。

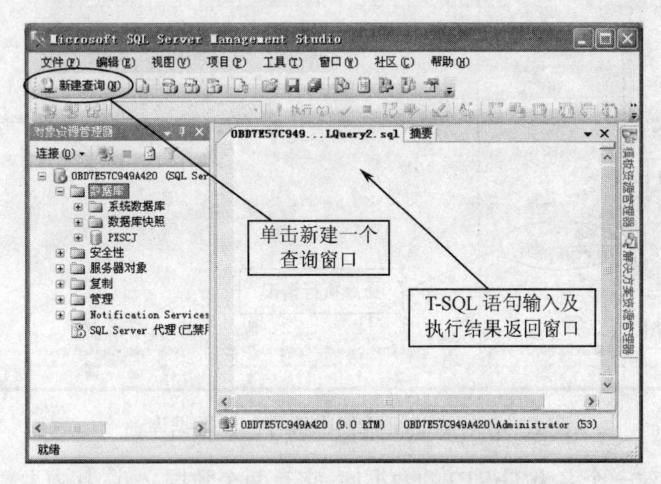

图 2.12 SQL Server 2005“查询分析器”界面

在“查询分析器”窗口中输入如下 Transact-SQL 语句：

```
CREATE DATABASE TEST1
    ON
    (
        NAME= 'TEST1_DATA',
        FILENAME='C:\Program Files\Microsoft SQL Server\MSSQL.1\MSSQL\Data\TEST1.mdf',
        SIZE=5MB,
        FILEGROWTH=10%
    )
    LOG ON
    (
        NAME='TEST1_log',
        FILENAME='C:\Program Files\Microsoft SQL Server\MSSQL.1\MSSQL\Data\TEST1.ldf',
        SIZE=2MB,
        MAXSIZE=5MB,
        FILEGROWTH=1MB
    )
```

输入完毕后，单击“执行”按钮。如图 2.13 所示，CREATE DATABASE 命令执行时，在结果窗口中将显示命令执行的进展情况。

当命令成功执行后，在“对象资源管理器”中展开“数据库”可以看到，新建的数据库“TEST1”就显示于其中。如果没有发现“TEST1”，则选择“数据库”，单击鼠标右键，在弹出的快捷菜单中选择“刷新”菜单项即可。通过数据库属性对话框，可以看到新建立的 TEST1 数据库的各项属性，完全符合预定的要求。

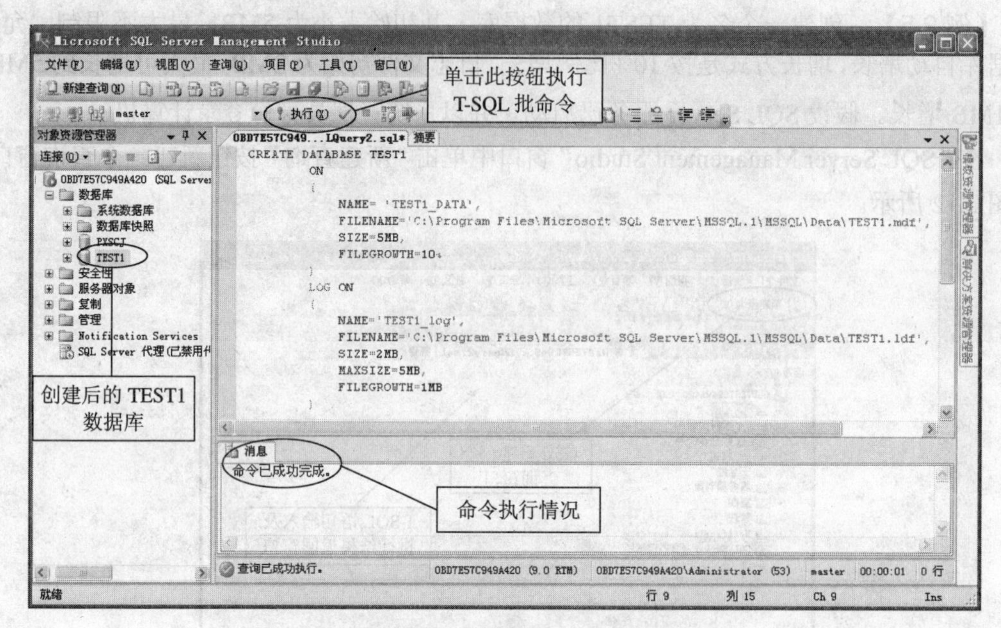

图 2.13　在查询分析器中执行创建数据库命令

【例 2.6】　创建一个名为 TEST2 的数据库，它有两个数据文件，其中主数据文件为 20MB，不限制增长，按 10%增长。1 个辅助数据文件为 20MB，最大不限，按 10%增长；有 1 个日志文件，大小为 50MB，最大为 100MB，按 10MB 增长。

在“查询分析器”窗口中输入如下 Transact-SQL 语句并执行：

```
CREATE DATABASE TEST2
    ON
    PRIMARY
    (
        NAME = 'TEST2_data1',
        FILENAME = 'C:\test2_data1.mdf',
        SIZE = 20MB,
        MAXSIZE = UNLIMITED,
        FILEGROWTH = 10%
    ),
    (
        NAME = 'TEST2_data2',
        FILENAME = 'C:\test2_data2.ndf',
        SIZE = 20MB,
        MAXSIZE = UNLIMITED,
        FILEGROWTH = 10%
    )
    LOG ON
    (
        NAME = 'TEST2_log1',
        FILENAME = 'C:\test2_log1.ldf',
        SIZE = 50MB,
        MAXSIZE = 100MB,
        FILEGROWTH = 10MB
```

```
);
```

说明：本例用 PRIMARY 关键字显式地指出了主数据文件。注意在 FILENAME 中使用的文件扩展名，.mdf 用于主数据文件，.ndf 用于辅数据文件，.ldf 用于日志文件。

【例 2.7】 创建一个具有 2 个文件组的数据库 TEST3。要求：

(1) 主文件组包括文件 TEST3_dat1，文件初始大小为 20MB，最大为 60MB，按 5MB 增长；

(2) 有 1 个文件组名为 TEST3Group1，包括文件 TEST3_dat2，文件初始大小为 10MB，最大为 30MB，按 10%增长；

(3) 数据库只有一个日志文件，初始大小为 20MB，最大为 50MB，按 5MB 增长。

新建一个查询，在“查询分析器”窗口中输入如下 Transact-SQL 语句并执行：

```
CREATE DATABASE TEST3
    ON
    PRIMARY
    (
        NAME = 'TEST3_dat1',
        FILENAME = 'C:\TEST3_dat1.mdf',
        SIZE = 20MB,
        MAXSIZE = 60MB,
        FILEGROWTH = 5MB
    ),
    FILEGROUP TEST3Group1
    (
        NAME = 'TEST3_dat2',
        FILENAME = 'C:\TEST3_dat2.ndf',
        SIZE = 10MB,
        MAXSIZE = 30MB,
        FILEGROWTH = 10%
    )
    LOG ON
    (
        NAME = 'TEST3_log',
        FILENAME = 'C:\TEST3_log.ldf',
        SIZE = 20MB,
        MAXSIZE = 50MB,
        FILEGROWTH = 5MB
    )
```

2.3.2 修改数据库

使用“ALTER DATABASE”命令可以对数据库进行修改。语法格式：

```
ALTER DATABASE <数据库名>
{    ADD FILE <文件>[,…n][ TO FILEGROUP <文件组名> ]          /*在文件组中增加数据文件*/
     | ADD LOG FILE <文件> [,…n]                              /*增加日志文件*/
     | REMOVE FILE <逻辑文件名>                               /*删除数据文件*/
     | ADD FILEGROUP <文件组名>                               /*增加文件组*/
```

```
    | REMOVE FILEGROUP <文件组名>                          /*删除文件组*/
    | MODIFY FILE <文件>                                   /*更改文件属性*/
    | MODIFY NAME = <新数据库名>                            /*数据库更名*/
    | MODIFY FILEGROUP <文件组名> NAME = <新文件组名>}       /*修改文件组*/
    | SET <选项> [ ,...n ]                                  /*设置数据库属性*/
    | COLLATE <排序规则 >                                   /*指定数据库排序规则*/
}[;]
```

说明：

- ADD FILE 子句：向数据库添加数据文件，文件的属性由***<文件>***给出，构成见 CREATE DATABASE 语法说明。关键字 TO FILEGROUP 指出了添加的数据文件所在的文件组，若缺省，则为主文件组。
- ADD LOG FILE 子句：向数据库添加日志文件。
- REMOVE FILE 子句：删除数据文件，当删除一个数据文件时，逻辑文件与物理文件全部被删除。
- ADD FILEGROUP 子句：向数据库中添加文件组。
- REMOVE FILEGROUP 子句：删除文件组。
- MODIFY FILE 子句：修改数据文件的属性，被修改文件的逻辑名由***<文件>***的 NAME 参数给出，可以修改的文件属性包括 FILENAME、SIZE、MAXSIZE 和 FILEGROWTH。但要注意，一次只能修改一个文件。修改文件大小时，修改后的文件大小不能小于当前文件的大小。
- MODIFY NAME 子句：更改数据库名。
- MODIFY FILEGROUP 子句：用于修改文件组的名称。
- SET 子句：设置数据库的属性，<选项>中指定了要修改的属性，例如设为 READ_ONLY 时用户可以从数据库读取数据，但不能修改数据库。

【例 2.8】 假设已经创建了例 2.5 中的数据库 TEST1，它只有一个主数据文件，其逻辑文件名为 TEST1_DATA，大小为 5MB，最大为 50MB，增长方式为按 10%增长。

要求：修改数据库 TEST1 现有数据文件的属性，将主数据文件的最大改为 100MB，增长方式改为按每次 5MB 增长。

在“查询分析器”窗口中输入如下 Transact-SQL 语句：

```
ALTER DATABASE TEST1
    MODIFY FILE
    (
        NAME = TEST1_DATA,
        MAXSIZE =100MB,                  /*将主数据文件的最大大小改为 100MB*/
        FILEGROWTH = 5MB                 /*将主数据文件的增长方式改为按 5MB 增长*/
    )
GO
```

单击“执行”按钮执行输入的 T-SQL 语句，右击“对象资源管理器”中的“数据库”，选择“刷新”菜单项，之后右击数据库 TEST1 的图标，选择“属性”菜单项，在“文件”页上查看修改后的数据文件。

说明：GO 命令不是 Transact-SQL 语句，但它是 SQL Server Management Studio 代码编辑器识别的命令。SQL Server 实用工具将 GO 命令解释为应该向 SQL Server 实例发送当前批 Transact-SQL 语句的信号。当前批语句由上一个 GO 命令后输入的所有语句组成，如果是第一条 GO 命令，则由会话或脚本开始后输入的所有语句组成。

注意：GO 命令和 Transact-SQL 语句不能在同一行中，否则运行时会发生错误。

【例 2.9】　首先为数据库 TEST1 增加数据文件 TEST1BAK，然后删除该数据文件。

在“查询分析器”窗口中输入如下 Transact-SQL 语句并执行：

```
ALTER DATABASE TEST1
    ADD FILE
    (
        NAME = 'TEST1BAK',
        FILENAME = 'E:\TEST1BAK.ndf',
        SIZE = 10MB,
        MAXSIZE = 50MB,
        FILEGROWTH = 5%
    )
```

通过查看数据库属性对话框中的文件属性来观察数据库“TEST1”是否增加数据文件 TEST1BAK。

删除数据文件 TEST1BAK 的命令如下：

```
ALTER DATABASE TEST1
    REMOVE FILE TEST1BAK
GO
```

【例 2.10】　为数据库 TEST1 添加文件组 FGROUP，并为此文件组添加两个大小均为 10MB 的数据文件。

在“查询分析器”窗口中输入如下 Transact-SQL 语句并执行：

```
ALTER DATABASE TEST1
    ADD FILEGROUP FGROUP
GO
ALTER DATABASE TEST1
    ADD FILE
    (
        NAME = 'TEST1_DATA2',
        FILENAME = 'C:\TEST1_Data2.ndf',
        SIZE = 10MB,
        MAXSIZE = 30MB,
        FILEGROWTH = 5MB
    ),
    (
        NAME = 'TEST1_DATA3',
        FILENAME = 'C:\TEST1_Data3.ndf',
        SIZE = 10MB,
        MAXSIZE = 30MB,
        FILEGROWTH = 5MB
    )
    TO FILEGROUP FGROUP
```

```
GO
```

【例 2.11】 从数据库中删除文件组，将例 2.10 中添加到 TEST1 数据库中的文件组 FGROUP 删除。

注意：被删除的文件组中的数据文件必须先删除，且不能删除主文件组。

在“查询分析器”窗口中输入如下 Transact-SQL 语句并执行：

```
ALTER DATABASE TEST1
    REMOVE FILE TEST1_DATA2
GO
ALTER DATABASE TEST1
    REMOVE FILE TEST1_DATA3
GO
ALTER DATABASE TEST1
    REMOVE FILEGROUP FGROUP
GO
```

【例 2.12】 为数据库 TEST1 添加一个日志文件。

在“查询分析器”窗口中输入如下 Transact-SQL 语句并执行：

```
ALTER DATABASE TEST1
    ADD LOG FILE
    (
        NAME = 'TEST1_LOG2',
        FILENAME = 'C:\TEST1_Log2.ldf',
        SIZE = 5MB,
        MAXSIZE =10 MB,
        FILEGROWTH = 1MB
    )
GO
```

【例 2.13】 从数据库 TEST1 中删除一个日志文件，将日志文件 TEST1_LOG2 删除。

注意：不能删除主日志文件。

将数据库 TEST1 的名改为 JUST_TEST，进行此操作时必须保证该数据库不被其他任何用户使用。

在“查询分析器”窗口中输入如下 Transact-SQL 语句并执行：

```
ALTER DATABASE TEST1
    REMOVE FILE TEST1_LOG2
GO
ALTER DATABASE TEST1
    MODIFY NAME = JUST_TEST
GO
```

2.3.3 删除数据库

删除数据库使用“DROP DATABASE”命令。语法格式：

```
DROP DATABASE <数据库名>[,…n][;]
```

其中，database_name 是要删除的数据库名。例如，要删除数据库 TEST2，使用命令：

```
DROP DATABASE TEST2
```

注意：使用“DROP DATABASE”语句不会出现确认信息，要小心使用。另外，不能删除系统数据库，否则将导致服务器无法使用。

2.3.4 数据库快照

数据库快照（Database Snapshot）是 SQL Server 2005 新增的功能，目前只能在 Microsoft SQL Server 2005 Enterprise Edition 版本及相近版本中使用，而且只能用 T-SQL 语句来创建。这里只做简单介绍。

数据库快照就是指数据库在某一指定时刻的情况，可提供源数据库在创建快照时刻的只读、静态视图。虽然数据库在不断变化，但数据库快照一旦创建就不会改变了。多个快照可以位于一个源数据库中，并且可以作为数据库始终驻留在同一服务器实例上。创建快照时，每个数据库快照在事务上与源数据库一致。在被数据库所有者显式删除之前，快照始终存在。

数据库快照可用于报表。另外，如果源数据库出现用户错误，还可将源数据库恢复到创建快照时的状态。丢失的数据仅限于创建快照后数据库更新的数据。

创建数据库快照也使用“CREATE DATABASE”命令，语法格式如下：

```
CREATE DATABASE <快照名>
    ON
    (
        NAME = <逻辑文件名>,
        FILENAME = '<操作系统文件名>'
    ) [ ,...n ]
    AS SNAPSHOT OF <数据库名>
[;]
```

说明：

- ON 子句：若要创建数据库快照，要在源数据库中指定文件列表。若要使数据库快照工作，必须分别指定所有数据文件。日志文件不允许用于数据库快照。
- AS SNAPSHOT OF 子句：指定要创建的快照为指定的源数据库的数据库快照。

注意：创建了数据库快照后，快照的源数据库就会存在一些限制——不能对数据库删除、分离或还原；源数据库性能也会受到影响；不能从源数据库或其他快照上删除文件；源数据库必须处于在线状态。

【例 2.14】 创建 PXSCJ 数据库的快照 PXSCJ_01。

```
CREATE DATABASE PXSCJ_01
    ON
    (
        NAME=PXSCJ,
        FILENAME='C:\ProgramFiles\MicrosoftSQL Server\MSSQL.1\MSSQL\Data\PXSCJ_01.mdf'
    )
    AS SNAPSHOT OF PXSCJ
GO
```

命令执行成功之后，在“对象资源管理器”窗口中刷新“数据库”菜单栏，在“数据库”中展开“数据库快照”，就可以看见所创建的数据库快照 PXSCJ_01。

删除数据库快照的方法和删除数据库的方法完全相同，可以使用界面方式删除，也可以使用命令方式删除，例如：

```
DROP DATABASE PXSCJ_01;
```

第 3 章

表与表数据操作

创建数据库之后，下一步就需要建立数据库表。表是数据库中最基本的数据对象，用于存放数据库中的数据。对表中数据的操作包括添加、修改、删除、查询等。

3.1 表结构和数据类型

3.1.1 表和表结构

每个数据库包含了若干个表。表是 SQL Server 中最主要的数据库对象，它是用来存储数据的一种逻辑结构。表由行和列组成，因此也称为二维表。表是在日常工作和生活中经常使用的一种表示数据及其关系的形式，表 3.1 就是用来表示学生情况的一个“学生”表。

表 3.1 “学生”表

学 号	姓 名	性 别	出生时间	专 业	总 学 分	备 注
081101	王林	男	1990-02-10	计算机	50	
081103	王燕	女	1989-10-06	计算机	50	
081108	林一帆	男	1989-08-05	计算机	52	已提前修完一门课
081202	王林	男	1989-01-29	通信工程	40	有一门课不及格，待补考
081204	马琳琳	女	1989-02-10	通信工程	42	

每个表都有一个名字，以标识该表。表 3.1 的名字是“学生”，它共有 7 列，每一列也都有一个名字称为列名（一般就用标题作为列名），描述了学生的某一方面属性。每个表由若干行组成，表的第一行为各列标题，其余各行都是数据。

下面简单介绍与表有关的几个概念：

(1) 表结构。组成表的各列的名称及数据类型，统称为表结构。

(2) 记录。每个表包含了若干行数据，它们是表的“值”，表中的一行称为一个记录。因此，表是记录的有限集合。

(3) 字段。每个记录由若干个数据项构成，将构成记录的每个数据项称为字段。例如表 3.1 中，表结构为（学号，姓名，性别，出生时间，专业，总学分，备注），包含 7 个字段，由5个记录组成。

(4) 空值。空值（NULL）通常表示未知、不可用或将在以后添加的数据。若一个列允许为空值，则向表中输入记录值时可不为该列给出具体值。而一个列若不允许为空值，则在输入时必须给出具体值。

(5) 关键字。若表中记录的某一字段或字段组合能唯一标识记录，则称该字段或字段组合为候选关键字（Candidate key）。若一个表有多个候选关键字，则选定其中一个为主关键字（Primary key），也称为主键。当一个表仅有唯一的一个候选关键字时，该候选关键字就是主关键字。

这里的主关键字与第1章中介绍的主码所起的作用是相同的，都用来唯一标识记录行。

例如，在“学生”表中，两个及其以上的记录的“姓名”、“性别”、“出生时间”、“专业”、“总学分”和“备注”这6个字段的值有可能相同，但是“学号”字段的值对表中所有记录来说一定不同，即通过“学号”字段可以将表中的不同记录区分开来。所以，“学号”字段是唯一的候选关键字，“学号”就是主关键字。

又例如，“学生成绩”表记录的候选关键字是（学号，课程号）字段组合，它也是唯一的候选关键字。

注意：表的关键字不允许为空值。空值不能与数值数据 0 或字符类型的空字符混为一谈。任意两个空值都不相等。

3.1.2 数据类型

设计数据库表结构，除了表属性外，主要就是设计列属性。在表中创建列时，必须为其指定数据类型，列的数据类型决定了数据的取值、范围和存储格式。

列的数据类型可以是 SQL Server 提供的系统数据类型，也可以是用户定义的数据类型。SQL Server 2005 提供了丰富的系统数据类型，将其列于表3.2中。

表3.2 系统数据类型表

数据类型	符号标识	数据类型	符号标识
整数型	bigint，int，smallint，tinyint	文本型	text，ntext
精确数值型	decimal，numeric	二进制型	binary，varbinary、varbinary(MAX)
浮点型	float，real	日期时间类型	datetime，smalldatetime
货币型	money，smallmoney	时间戳型	timestamp
位型	bit	图像型	image
字符型	char，varchar、varchar(MAX)	其他	cursor，sql_variant，table，uniqueidentifier，xml
Unicode 字符型	nchar，nvarchar、nvarchar(MAX)		

在讨论数据类型时，使用了精度、小数位数和长度3个概念，前两个概念是针对数值型数据的，它们的含义是：

(1) 精度。指数值数据中所存储的十进制数据的总位数。

(2) 小数位数。指数值数据中小数点右边可以有的数字位数的最大值。例如，数值数据3890.587的精度是7，小数位数是3。

(3) 长度。指存储数据所使用的字节数。

下面分别说明常用的系统数据类型。

1．整数型

整数包括 bigint、int、smallint 和 tinyint，从标识符的含义就可以看出，它们的表示数范围逐渐缩小。

- bigint：大整数，数范围为-2^{63}～$2^{63}-1$，其精度为 19，小数位数为 0，长度 8。
- int：整数，数范围为-2^{31}～$2^{31}-1$，其精度为 10，小数位数为 0，长度 4。
- smallint：短整数，数范围为-2^{15}～$2^{15}-1$，其精度为 5，小数位数为 0，长度 2。
- tinyint：微短整数，数范围为 0～255，其精度为 3，小数位数为 0，长度为 1。

2．精确数值型

精确数值型数据由整数部分和小数部分构成，其所有的数字都是有效位，能够以完整的精度存储十进制数。精确数值型包括 decimal 和 numeric 两类。从功能上说两者完全等价，两者的唯一区别在于 decimal 不能用于带有 identity 关键字的列。

声明精确数值型数据的格式是 numeric | decimal (*p*[,*s*])，其中 *p* 为精度，*s* 为小数位数，*s* 的默认值为 0。例如指定某列为精确数值型，精度为 6，小数位数为 3，即 decimal(6,3)，那么若向某记录的该列赋值 56.342689 时，该列实际存储的是 56.3427。

decimal 和 numeric 可存储从-1038+1 到 1038-1 的固定精度和小数位的数字数据，它们的存储长度随精度变化而变化，最少为 5 字节，最多为 17 字节。精度为 1～9 时，存储字节长度为 5；精度为 10～19 时，存储字节长度为 9；精度为 20～28 时，存储字节长度为 13；精度为 29～38 时，存储字节长度为 17。

例如，若有声明 numeric(8,3)，则存储该类型数据需 5 字节；而若有声明 numeric(22,5)，则存储该类型数据需 13 字节。

注意：声明精确数值型数据时，其小数位数必须小于精度。在给精确数值型数据赋值时，必须使所赋数据的整数部分位数不大于列的整数部分的长度。

3．浮点型

浮点型也称近似数值型，顾名思义，这种类型不能提供精确表示数据的精度。使用这种类型来存储某些数值时，有可能会损失一些精度，所以它可用于处理取值范围非常大且对精确度要求不是十分高的数值量，如一些统计量。

有 2 种近似数值数据类型：float[(*n*)]和 real。二者通常都使用科学计数法表示数据，即形为：尾数 E 阶数，如 5.6432E20、-2.98E10、1.287659E-9 等。

- real：使用 4 字节存储数据，范围为-3.40E+38～3.40E+38，精度为 7。
- float[(*n*)]：范围为-1.79E+308～1.79E+308。*n* 取值范围是 1～53，用于指示其精度和存储大小。当 *n* 在 1～24 之间时，实际上是定义了一个 real 型数据，长度为 4，精度为 7。当 *n* 在 25～53 之间时，长度为 8，精度为 15。当缺省 *n* 时，代表 *n* 在 25～53 之间。

4．货币型

SQL Server 提供了两个专门用于处理货币的数据类型：money 和 smallmoney，它们用十进制数表示货币值。

- money：范围为-2^{63}～$2^{63}-1$，其精度为 19，小数位数为 4，长度为 8。money 的数的范围与 bigint 相同，不同的只是 money 型有 4 位小数。
- smallmoney：范围为-2^{31}～$2^{31}-1$，其精度为 10，小数位数为 4，长度为 4。

当向表中插入 money 或 smallmoney 类型的值时，必须在数据前面加上货币表示符号（$），并且数据中间不能有逗号（,）；若货币值为负数，需要在符号$的后面加上负号（-）。例如，$15000.32、$680、$-20000.9088 都是正确的货币数据表示形式。

5．位型

SQL Server 中的位（bit）型数据相当于其他语言中的逻辑型数据，它只存储 0 和 1，长度为 1。当为 bit 类型数据赋 0 时，其值为 0，而赋非 0（如 100）时，其值为 1。

字符串值 TRUE 和 FALSE 可以转换为以下 bit 值：TRUE 转换为 1，FALSE 转换为 0。

6．字符型

字符型数据用于存储字符串，字符串中可包括字母、数字和其他特殊符号（如#、@、&等）。在输入字符串时，需将串中的符号用单引号或双引号括起来，如'abc'、"Abc<Cde"。

SQL Server 字符型包括两类：固定长度（char）或可变长度（varchar）字符数据类型。

- char[(*n*)]：定长字符数据类型，其中 *n* 定义字符型数据的长度，*n* 在 1 到 8000 之间，默认为 1。当表中的列定义为 char(*n*)类型时，若实际要存储的串长度不足 *n* 时，则在串的尾部添加空格以达到长度 *n*，所以 char(*n*)的长度为 *n*。例如，某列的数据类型为 char(20)，而输入的字符串为"ahjm1922"，则存储的是字符 ahjm1922 和 12 个空格。若输入的字符个数超出了 *n*，则超出的部分被截断。
- varchar[(*n*)]：变长字符数据类型，其中 *n* 的规定与定长字符型 char 中 *n* 完全相同，但这里 *n* 表示的是字符串可达到的最大长度。varchar(*n*)的长度为输入的字符串的实际字符个数，而不一定是 *n*。例如，表中某列的数据类型为 varchar(100)，而输入的字符串为"ahjm1922"，则存储的就是字符 ahjm1922，其长度为 8 字节。当列中的字符数据值长度接近一致时，例如姓名，此时可使用 char。而当列中的数据值长度显著不同时，使用 varchar 较为恰当，可以节省存储空间。

7．Unicode 字符型

Unicode 是“统一字符编码标准”，用于支持国际上非英语语种的字符数据的存储和处理。SQL Server 的 Unicode 字符型可以存储 Unicode 标准字符集定义的各种字符。

Unicode 字符型包括 nchar[(*n*)]和 nvarchar[(*n*)]两类。nchar 是固定长度 Unicode 数据的数据类型，nvarchar 是可变长度 Unicode 数据的数据类型，二者均使用 UNICODE UCS-2 字符集。

- nchar[(*n*)]：nchar[(*n*)]为包含 *n* 个字符的固定长度 Unicode 字符型数据，*n* 的值在 1 与 4000 之间，默认为 1，长度 2*n* 字节。若输入的字符串长度不足 *n*，将以空白字符补足。

- nvarchar[(*n*)]：nvarchar[(*n*)]为最多包含 *n* 个字符的可变长度 Unicode 字符型数据，*n* 的值在 1 与 4000 之间，默认为 1。长度是所输入字符个数的 2 倍。

实际上，nchar、nvarchar 与 char、varchar 的使用非常相似，只是字符集不同（前者使用 Unicode 字符集，后者使用 ASCII 字符集）。

8．文本型

当需要存储大量的字符数据，如较长的备注、日志信息等，字符型数据的最长 8000 个字符的限制可能使它们不能满足这种应用需求，此时可使用文本型数据。

文本型包括 text 和 ntext 两类，分别对应 ASCII 字符和 Unicode 字符。text 类型表示最大长度为 2^{31}-1 个字符，其数据的存储长度为实际字符数个字节；ntext 类型表示最大长度为 2^{30}-1 个 Unicode 字符，其数据的存储长度是实际字符个数的两倍（以字节为单位）。

9．二进制型

二进制数据类型表示的是位数据流，包括 binary（固定长度）和 varbinary（可变长度）。

- binary [(*n*)]：固定长度的 *n* 个字节二进制数据。*n* 取值范围为 1～8000，默认为 1。binary(*n*)数据的存储长度为 *n*+4 字节。若输入的数据长度小于 *n*，则不足部分用 0 填充；若输入的数据长度大于 *n*，则多余部分被截断。
- varbinary[(*n*)]：*n* 个字节变长二进制数据。*n* 取值范围为 1～8000，默认为 1。varbinary(*n*)数据的存储长度为实际输入数据长度加 4 个字节。

10．日期时间类型

日期时间类型数据用于存储日期和时间信息，包括 datetime 和 smalldatetime 两类。

- datetime：datetime 类型可表示的日期范围从 1753 年 1 月 1 日到 9999 年 12 月 31 日的日期和时间数据，精确度为 3%s（3.33ms 或 0.00333s），例如 1～3ms 的值都表示为 0ms，4～6ms 的值都表示为 4ms。

datetime 类型数据长度为 8 字节，日期和时间分别使用 4 个字节存储。前 4 字节用于存储 datetime 类型数据中距 1900 年 1 月 1 日的天数，为正数表示日期在 1900 年 1 月 1 日之后，为负数则表示日期在 1900 年 1 月 1 日之前；后 4 个字节用于存储 datetime 类型数据中距 12:00（24 小时制）的毫秒数。

用户以字符串形式输入 datetime 类型数据，系统也以字符串形式输出 datetime 类型数据。通常将用户输入到系统以及系统输出的 datetime 类型数据的字符串形式称为 datetime 类型数据的“外部形式”，而将 datetime 在系统内的存储形式称为“内部形式”。SQL Server 负责 datetime 类型数据的两种表现形式之间的转换，包括合法性检查。

用户给出 datetime 类型数据值时，分别给出日期部分和时间部分。日期部分的表示形式常用的格式如下：

年 月 日	2001 Jan 20、2001 Janary 20
年 日 月	2001 20 Jan
月 日[,]年	Jan 20 2001、Jan 20,2001、Jan 20,01
月 年 日	Jan 2001 20
日 月[,]年	20 Jan 2001、20 Jan,2001

日 年 月	20 2001 Jan
年（4 位数）	2001 表示 2001 年 1 月 1 日
年月日	20010120、010120
月/日/年	01/20/01、1/20/01、01/20/2001、1/20/2001
月-日-年	01-20-01、1-20-01、01-20-2001、1-20-2001
月.日.年	01.20.01、1.20.01、01.20.2001、1.20.2001

说明：年可用 4 位或 2 位表示，月和日可用 1 位或 2 位表示。

而时间部分常用的表示格式如下：

时:分	10:20、08:05
时:分:秒	20:15:18、20:15:18.2
时:分:秒:毫秒	20:15:18:200
时:分 AM|PM	10:10AM、10:10PM

- smalldatetime：smalldatetime 类型数据可表示从 1900 年 1 月 1 日到 2079 年 6 月 6 日的日期和时间，数据精确到分钟。即 29.998s 或更低的值向下舍入为最接近的分钟，29.999s 或更高的值向上舍入为最接近的分钟。

smalldatetime 类型数据的存储长度为 4 字节，前 2 个字节用来存储 smalldatetime 类型数据中日期部分距 1900 年 1 月 1 日之后的天数；后 2 个字节用来存储 smalldatetime 类型数据中时间部分距中午 12 点的分钟数。

用户输入 smalldatetime 类型数据的格式与 datetime 类型数据完全相同，只是它们的内部存储可能不相同。

11．时间戳型

标识符是 timestamp。若创建表时定义一个列的数据类型为时间戳类型，那么每当对该表加入新行或修改已有行时，都由系统自动将一个计数器值加到该列，即将原来的时间戳值加上一个增量。

记录 timestamp 列的值实际上反映了系统对该记录修改的相对（相对于其他记录）顺序。一个表只能有一个 timestamp 列。timestamp 类型数据的值实际上是二进制格式数据，其长度为 8 字节。

12．图像数据类型

标识符是 image，它用于存储图片、照片等。实际存储的是可变长度二进制数据，介于 0 与 $2^{31}-1$（2147483647）字节之间。在 SQL Server 2005 中该类型是为了向下兼容而保留的数据类型。微软推荐用户使用 varbinary(MAX)数据类型来替代 image 类型。

13．其他数据类型

除了上面所介绍的常用数据类型外，SQL Server 2005 还提供了其他几种数据类型：cursor、sql_variant、table 和 uniqueidentifier。

- cursor：是游标数据类型，用于创建游标变量或定义存储过程的输出参数。
- sql_variant：是一种存储 SQL Server 支持的各种数据类型（除 text、ntext、image、timestamp 和 sql_variant 外）值的数据类型。sql_variant 的最大长度可达 8016 字节；

- table：是用于存储结果集的数据类型，结果集可以供后续处理。
- uniqueidentifier：是唯一标识符类型。系统将为这种类型的数据产生唯一标识值；它是一个16字节长的二进制数据。
- xml：是用来在数据库中保存xml文档和片段的一种类型，但是此种类型的文件大小不能超过2GB。

varchar、nvarchar、varbinary这3种数据类型可以使用MAX关键字，如varchar(MAX)、nvarchar(MAX)、varbinary(MAX)，加了MAX关键字的这几种数据类型最多可存放2^{31}-1个字节的数据，分别用来替换text、ntext和image数据类型。

3.1.3 表结构设计

创建表的实质就是定义表结构，设置表和列的属性。创建表之前，先要确定表的名称、表的属性，同时确定表所包含的列名、列的数据类型、长度、是否可为空值、约束条件、默认值设置、规则以及所需索引、哪些列是主键、哪些列是外键等，这些属性构成表结构。

这里以本书所使用到的学生管理系统的3个表：学生表（表名为XSB）、课程表（表名为KCB）和成绩表（表名为CJB）为例介绍如何设计表的结构。

本书基础部分使用的学生表XSB包含的属性有学号、姓名、性别、出生时间、专业、总学分、备注。为了便于理解，基础部分使用中文属性名来表示列名（在实际开发中，应该使用英文字母表示列名）。

其中，“学号”列的数据是学生的学号，学号值有一定的意义，例如“081101”中“08”表示学生的年级，“11”表示所属班级，“01”表示学生在班级中的序号，所以“学号”列的数据类型可以是6位的定长字符型数据；“姓名”列记录学生的姓名，姓名一般不超过4个中文字符，所以可以是8位定长字符型数据；“性别”列只有“男”、“女”两种值，所以可以使用bit型数据，值1表示“男”，值0表示“女”，默认是1；“出生时间”是日期时间类型数据，列类型定为datetime；“专业”列为12位定长字符型数据；“总学分”列是整数型数据，值在0到160之间，列类型定为int，默认是0；“备注”列需要存放学生的备注信息，备注信息的内容在0到500个字之间，所以应该使用varchar类型。在XSB表中，只有“学号”列能唯一标识一个学生，所以将“学号”列设为该表的主键。最后设计的XSB的表结构如表3.3所示。

表3.3 XSB的表结构

列 名	数据类型	长 度	是否可空	默 认 值	说 明
学号	定长字符型（char）	6	×	无	主键，前2位年级，中间2位班级号，后2位序号
姓名	定长字符型（char）	8	×	无	
性别	位型（bit）	1	√	1	1：男；0：女
出生时间	日期型（datetime）	系统默认	√	无	
专业	定长字符型（char）	12	√	无	

续表

列 名	数据类型	长 度	是否可空	默认值	说 明
总学分	整数型（int）	4	√	0	0≤总学分<160
备注	不定长字符型（varchar）	500	√	无	

当然，如果要包含学生的“照片”列，可以使用 image 或 varbinary(MAX)数据类型；要包含学生的“联系方式”列，可以使用 xml 数据类型。

参照 XSB 表结构的设计方法，同样可以设计出其他两个表的结构，如表 3.4 所示的是 KCB 的表结构，如表 3.5 所示的是 CJB 的表结构。

表 3.4 KCB 的表结构

列 名	数据类型	长 度	可 空	默认值	说 明
课程号	定长字符型（char）	3	×	无	主键
课程名	定长字符型（char）	16	×	无	
开课学期	整数型（tinyint）	1	√	1	只能为 1～8
学时	整数型（tinyint）	1	√	0	
学分	整数型（tinyint）	1	×	0	

表 3.5 CJB 的表结构

列 名	数据类型	长 度	可 空	默认值	说 明
学号	定长字符型（char）	6	×	无	主键
课程号	定长字符型（char）	3	×	无	主键
成绩	整数型（int）	默认值	√	0	

表结构设计完后，就可以开始在数据库中创建表，本书所使用到的学生管理系统的表都在 PXSCJ 数据库中创建。创建和操作数据库中的表既可以通过“SQL Server Management Studio”中的界面方式进行，又可以通过 T-SQL 命令方式进行。

3.2 界面方式操作表

3.2.1 创建表

以下是通过“对象资源管理器”创建表 XSB 的操作步骤：

第 1 步：启动“SQL Server Management Studio”→在“对象资源管理器”中展开“数据库”→右击“PXSCJ”数据库目录下的“表”选项，在弹出的快捷菜单中选择“新建表”菜单项，打开如图 3.1 所示的“表设计器”窗口。

第 2 步：在“表设计器”窗口中，根据已经设计好的 XSB 的表结构分别输入或选择各列的名称、数据类型、是否允许为空值等属性。根据需要，可以在列属性表格中填入相应的内容。

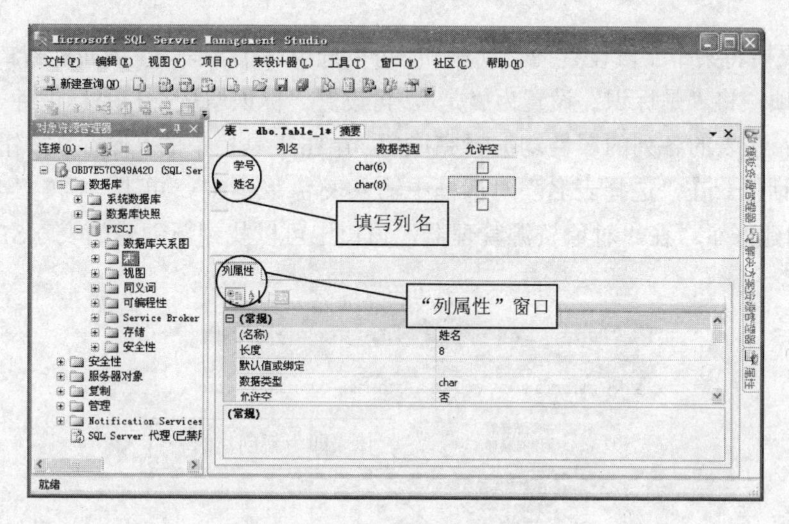

图 3.1 "表设计器"窗口

第 3 步：在"学号"列上右击鼠标，选择"设置主键"菜单项，选择"设为主键"选项，如图 3.2 所示。在列属性窗口中的"默认值和绑定"和"说明"项中分别填写各列的默认值和说明。学生情况表结构设计完成后的结果如图 3.3 所示。

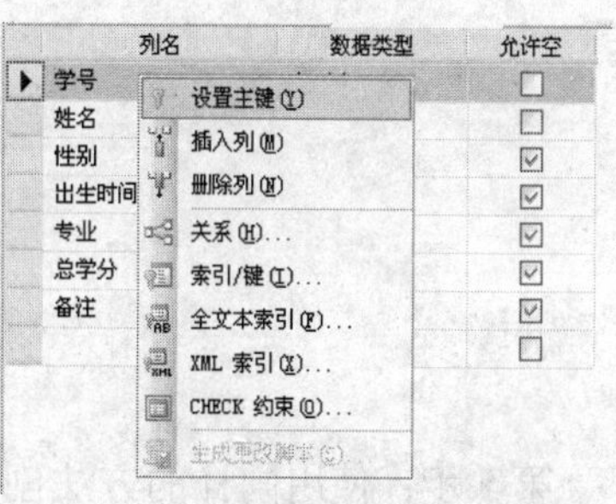

图 3.2 设置 XSB 表的主键

说明："列属性"窗口中有个"标识规范"用于对表创建系统所生成序号值的一个标识列，该序号值唯一标识表中的一行，可以作为键值。每个表只能有一个列设置为标识属性，该列只能是 decimal、int、numeric、smallint、bigint 或 tinyint 数据类型。定义标识属性时，可指定其种子（即起始）值、增量值，二者的默认值均为 1。系统自动更新标识列值，标识列不允许为空值。对应需要系统帮助维护既保证唯一性、又保证增量方向性时可以选用

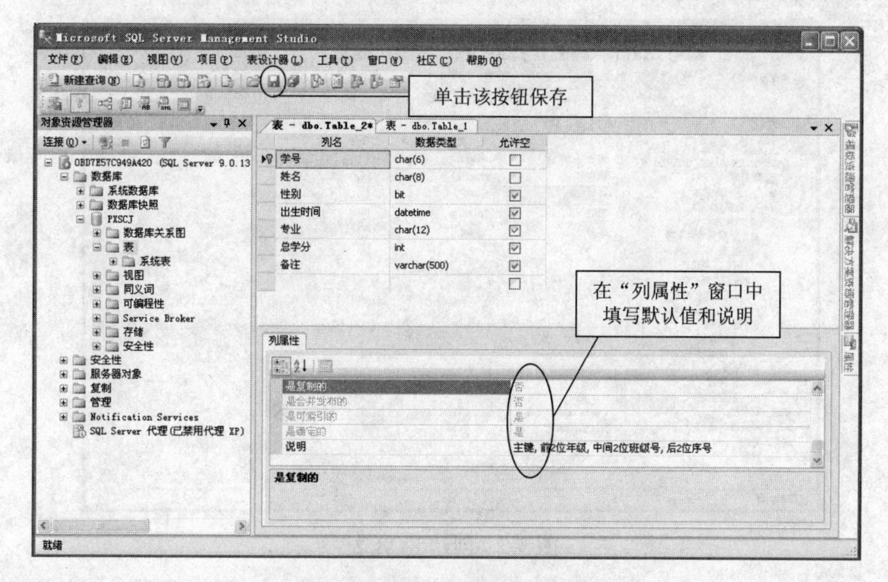

图 3.3 表属性编辑完成结果

该属性。如果要将某个字段设置为自动增加，可以选中这个字段，在列属性窗口中展开“标识规范”选项，将“是标识”设置为“是”，再设置“标识增量”和“标识种子”的值。

第 4 步：在表的各列的属性均编辑完成后，单击工具栏中的“保存”按钮，出现“选择表名”对话框。在“选择表名”对话框中输入表名“XSB”，单击“确定”按钮，这样 XSB 表就创建好了。在“对象资源管理器”窗口中可以找到新创建的表 XSB，如图 3.4 所示。

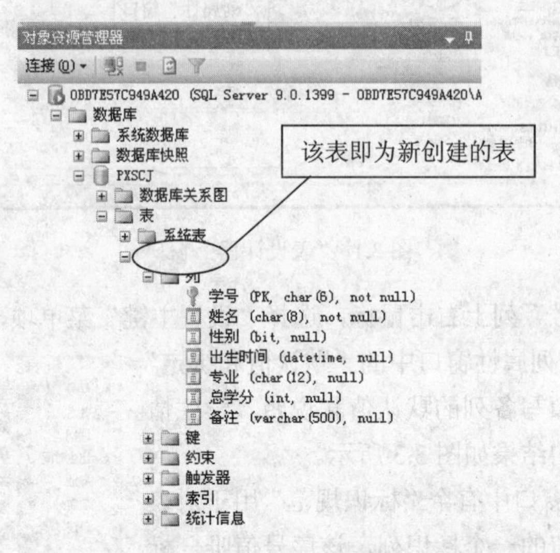

图 3.4 新创建的 XSB 表

第 5 步：使用同样的方法创建课程表，名称为 KCB；创建成绩表，名称为 CJB。KCB 表创建后的界面如图 3.5 所示，CJB 创建后的界面如图 3.6 所示。

说明：在创建表时，如果遇到主键是由两个或两个以上的列组成时，在设置主键时需要按住 Ctrl 键选择多个列，然后右击选择“设置主键”菜单项，将多个列设置为表的主键。

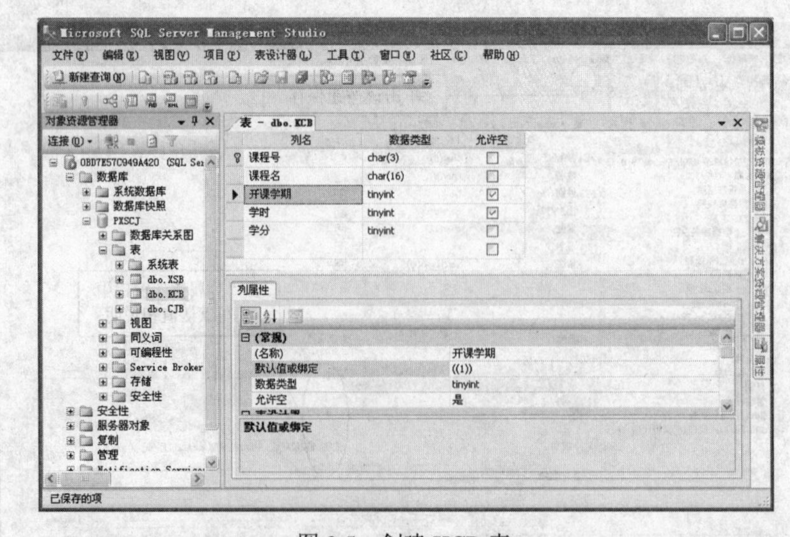

图 3.5 创建 KCB 表

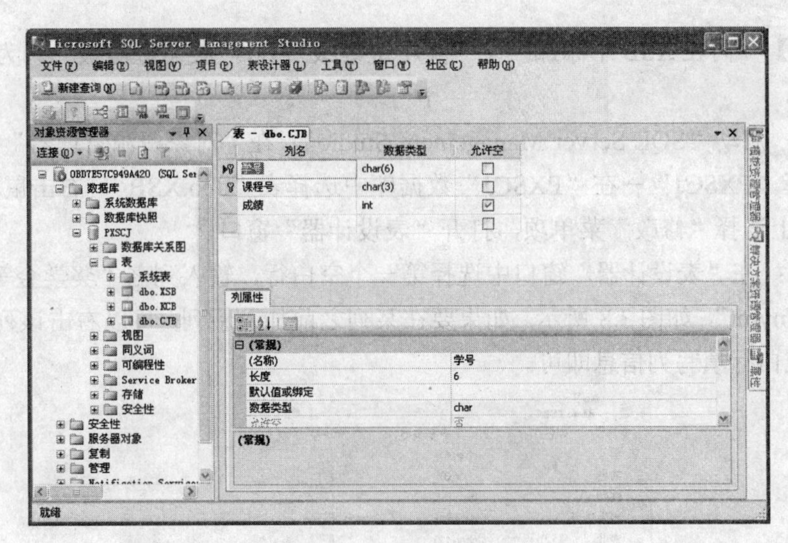

图 3.6　创建 CJB 表

3.2.2　修改表结构

在创建了一个表之后，使用过程中可能需要对表结构进行修改。对一个已存在的表可以进行的修改操作包括：更改表名、增加列、删除列、修改已有列的属性（列名、数据类型、是否为空值等）。这里介绍使用界面方式修改表结构。

1．更改表名

SQL Server 2005 中允许改变一个表的名字，但当表名改变后，与此相关的某些对象如视图以及通过表名与表相关的存储过程将无效。因此，建议一般不要更改一个已有的表名，特别是在其上定义了视图或建立了相关的表。

【例 3.1】　将 XSB 表的表名改为 student。

在“对象资源管理器”中选择需要更名的表 XSB，右击鼠标，在弹出的快捷菜单上选择“重命名”菜单项，如图 3.7 所示，输入新的表名 student，按下回车键即可更改表名。

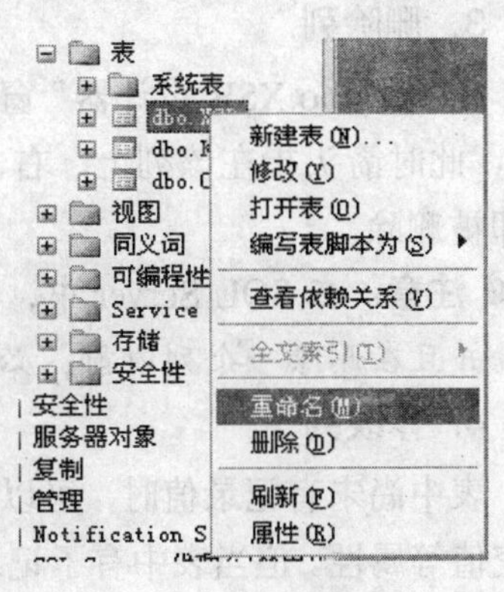

图 3.7　修改表名

说明：如果系统弹出“重命名”对话框，提示用户若更改了表名，那么将导致引用该表的存储过程、视图或触发器无效，要求用户对更名操作予以确认，单击“是”按钮可以确认该操作。

注意：根据本书举例的需要，按照表更名的操作过程将表 student 仍更名为 XSB。

2．增加列

当原来所创建的表中需要增加项目时，就要向表中增加列。例如，若在表 XSB 中需要登记其籍贯、获奖情况等，就要用到增加列的操作。同样，已经存在的列可能需要修改或删除。

【例 3.2】 向表 XSB 中添加一个“奖学金等级”列，“奖学金等级”列为“tinyint”，允许为空值。

第 1 步：启动“SQL Server Management Studio”，在“对象资源管理器”中展开“数据库”，选择“PXSCJ”→在“PXSCJ”数据库中选择表“dbo.XSB”，右击鼠标，在弹出的快捷菜单上选择“修改”菜单项，打开“表设计器”窗口。

第 2 步：在“表设计器”窗口中选择第一个空白行，输入列名“奖学金等级”，选择数据类型“tinyint”，如图 3.8 所示。如果要在某列之前加入新列，可以右击该列，选择“插入列”，在空白行填写列信息即可。

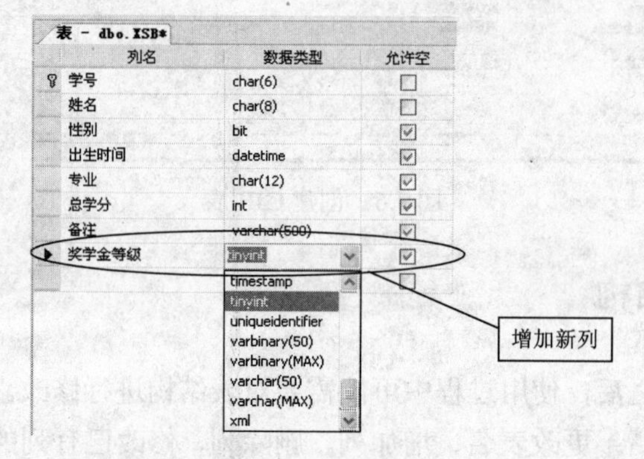

图 3.8 增加新列

第 3 步：当需向表中添加的列均输入完毕后，关闭该窗口，此时将弹出一个“确认”对话框，单击“是”按钮，保存修改后的表。

3. 删除列

在“表 dbo.XSB 设计器”窗口中选择需删除的列（例如 XSB 表中删除“奖学金等级”列），此时箭头指在该列上，右击鼠标，在弹出的快捷菜单上选择“删除列”菜单项，该列即被删除。

注意：在 SQL Server 中，被删除的列是不可恢复的，所以在删除列之前需要慎重考虑。并且在删除一个列以前，必须保证基于该列的所有索引和约束都已被删除。

4. 修改列

表中尚未有记录值时，可以修改表结构，如更改列名、列的数据类型、长度和是否允许空值等属性。但当表中有了记录后，建议不要轻易改变表结构，特别不要改变数据类型，以免产生错误。

(1) 具有以下特性的列不能被修改：

- 具有 text、ntext、image 或 timestamp 数据类型的列；
- 计算列；
- 全局标识符列；
- 复制列；
- 用于索引的列（但若用于索引的列为 varchar、nvarchar 或 varbinary 数据类型时，可以增加列的长度）；

- 用于由“CREATE STATISTICS”生成统计的列。若需修改这样的列，必须先用“DROP STATISTICS”语句删除统计；
- 用于主键或外键约束的列；
- 用于 CHECK 或 UNIQUE 约束的列；
- 关联有默认值的列。

(2) 当改变列的数据类型时，要求满足下列条件：

- 原数据类型必须能够转换为新数据类型；
- 新类型不能为 timestamp 类型；
- 如果被修改列属性中有“标识规范”，则新数据类型必须是有效的“标识规范”数据类型。

【例 3.3】 在 XSB 表中，将“姓名”列名改为“name”，数据长度由 8 改为 10，允许为空值。将“出生时间”列名改为“birthday”，数据类型由“datetime”改为“smalldatetime”。

因尚未输入记录值，所以可以改变 XSB 表的结构。右击需要修改的 XSB 表，选择“修改”选项进入表 XSB 的设计窗口，单击需要修改的列，修改相应的属性。修改完后保存。

注意：根据本书举例的需要，按照上述操作过程将刚才对表 XSB 的“姓名”列和“出生时间”列属性仍恢复为其原来的状态。

3.2.3 删除表

删除一个表时，表的定义、表中的所有数据以及表的索引、触发器、约束等均被删除。

注意：不能删除系统表和有外键约束所参照的表。

【例 3.4】 使用界面方式删除表 XSB。

启动“SQL Server Management Studio”，在“对象资源管理器”中展开“数据库”→“PXSCJ”→“表”→选择要删除的表 XSB，右击鼠标，在弹出的快捷菜单上选择“删除”菜单项。系统弹出“删除对象”窗口。单击“确定”按钮，即可删除选 XSB 表。

3.3 命令方式操作表

3.3.1 创建表

创建表使用“CREATE TABLE”语句。语法格式：

```
CREATE TABLE <表名>
(
    {
     <列名 1> <数据类型> [<列选项>],                                   /*定义列*/
     <列名 2> <数据类型> [<列选项>],
     [ <计算列列名> AS <计算表达式> [PERSISTED [NOT NULL]] ]           /*定义计算列*/
     [,…n]
    }
```

```
    [ <表约束> ] [ ,...n ]
)
[ ON { <分区方案名> ( <分区列> ) | <文件组名> } ]                /*创建分区表*/
[;]
```

说明：

- <表名>：在定义表名时可以指定表所属的数据库和架构，格式如下：

```
[ <数据库名> . [<架构名>] . | <架构名> . ] <表名>
```

定义的表名必须符合 SQL Server 对象命名规则。如果省略数据库名则默认在当前数据库中创建表，如果省略架构名，则默认是“dbo”。

- ***<列选项>***：列选项用于定义列的相关属性，主要有以下几种：

```
[ NULL | NOT NULL ]                                 /*指定是否为空*/
[ DEFAULT <默认值> ]                                 /*指定默认值*/
[ IDENTITY [(<起始值> ,<增量值> ) ] ]                  /*指定列为标识列*/
[ <列约束> [ ...n ] ]                                /*指定列的完整性约束*/
```

① NULL | NOT NULL：NULL 表示列可取空值，NOT NULL 表示列不可取空值。如果不指定，则默认为 NULL。

② DEFAULT：为所在列指定默认值，默认值必须是一个常量值、标量函数或 NULL 值。

③ IDENTITY：指出该列为标识列，为该列提供一个唯一的、递增的值。

④ ***<列约束>***：指定主键、替代键、外键等。例如指定该列为主键可以使用 PRIMARY KEY 关键字。一个表只能定义一个主键，主键必须为 NOT NULL。

- ***<表约束>***：表的完整性约束，有关列约束和表约束将在第 6 章中介绍。
- 定义计算列：计算列是由同一表中的其他列通过表达式计算得到。计算表达式可以是非计算列的列名、常量、函数、变量，也可以是一个或多个运算符连接的上述元素的任意组合。系统不将计算列中的数据进行物理存储，该列只是一个虚拟列。如果需要将该列的数据物理化，需要使用 PERSISTED 关键字。
- ON 子句：如果指定了<文件组名>，则表将存储在指定的文件组中。另外还可以通过指定分区方案来创建分区表，有关分区表的内容见 3.2.2 节。

【例 3.5】 设已经创建了数据库 PXSCJ，现在该数据库中需创建学生情况表 XSB，该表的结构见表 3.3。创建表 XSB 的 T-SQL 语句如下：

```
USE PXSCJ
GO
CREATE TABLE XSB
(
    学号        char(6)       NOT NULL       PRIMARY KEY,
    姓名        char(8)       NOT NULL,
    性别        bit           NULL           DEFAULT 1,
    出生时间    datetime      NULL,
    专业        char(12)      NULL,
    总学分      int           NULL,
    备注        varchar(500)      NULL
)
GO
```

分析：首先使用“USE PXSCJ”将数据库 PXSCJ 指定为当前数据库，然后使用“CREATE TABLE”语句在数据库 PXSCJ 中创建表 XSB。

【例 3.6】 创建一个带计算列的表，表中包含课程的课程号、总成绩和学习该课程的人数以及课程的平均成绩。

创建表的 T-SQL 语句如下：

```
CREATE TABLE PJCJ
(
    课程号    char(3)    PRIMARY KEY,
    总成绩    real       NOT NULL,
    人数      int        NOT NULL,
    平均成绩  AS 总成绩/人数 PERSISTED
)
GO
```

说明：如果没有使用 PERSISTED 关键字，则在计算列上不能添加如 PRIMARY KEY、UNIQUE、DEFAULT 等约束条件。由于计算列上的值是通过服务器计算得到的，所以在插入或修改数据时不能对计算列赋值。

SQL Server 中创建的表通常称为持久表，在数据库中持久表一旦创建将一直存在，多个用户或者多个应用程序可以同时使用持久表。有时需要临时存放数据，例如，临时存储复杂的 SELECT 语句的结果。此后，可能要重复地使用这个结果，但这个结果又不需要永久保存。这时，可以使用临时表。用户可以像操作持久表一样操作临时表。只不过临时表的生命周期较短，当断开与该数据库的连接时，服务器会自动删除它们。

在表名称前添加“#”或“##”符号，创建的表就是临时表。添加“#”符号表示创建的是本地临时表，只能由创建者使用；添加“##”表示创建的是全局临时表，可以由所有的用户使用。

3.3.2 创建分区表

当表中存储了大量数据，而且这些数据经常被不同的使用方式访问，处理时势必会降低数据库的效率，这时就需要将表建成分区表。分区表是将数据分成多个单元的表，这些单元可以分散到数据库中的多个文件组中，实现对单元中数据的并行访问，从而实现了对数据库的优化，提高了查询效率。

在以前的 SQL Server 版本中，通过动态创建表、删除表及修改联合视图，可以实现功能性分区策略。SQL Server 2005 提供了更完善的解决方案，简化了分区数据集的管理、设计或开发。

在 SQL Server 2005 中创建分区表的步骤包括：创建分区函数，指定如何分区；创建分区方案，定义分区函数在文件组上的位置；使用分区方案。

创建分区函数使用“CREATE PARTITION FUNCTION”命令，语法格式如下：

```
CREATE PARTITION FUNCTION <分区函数名> ( <分区列数据类型> )
    AS RANGE [ LEFT | RIGHT ]
    FOR VALUES ( [ <边界值> [ ,...n ] ] )
```

```
[ ; ]
```

说明：

- LEFT | RIGHT：指定当间隔值由数据库引擎按升序从左到右排序时，<边界值>属于每个边界值间隔的哪一侧（左侧还是右侧）。如果未指定，则默认值为 LEFT。
- FOR VALUES 子句：为使用分区函数的已分区表或索引的每个分区指定边界值。如果为空，则分区函数将整个表或索引映射到单个分区。边界值必须与分区列数据类型相匹配或者可隐式转换为该数据类型。

【例 3.7】 针对 int 类型的列创建一个名为 NumberPF 的分区函数，该函数把 int 类型的列中数据分成 5 个区。分为小于或等于 50 的区、大于 50 且小于或等于 500 的区、大于 500 且小于或等于 1000 的区、大于 1000 且小于或等于 2000 的区、大于 2000 的区。

使用如下 T-SQL 语句：

```
CREATE PARTITION FUNCTION NumberPF(int)
    AS RANGE LEFT FOR VALUES(50,500,1000,2000)
GO
```

分区函数创建完后可以使用“CREATE PARTITION SCHEME”命令创建分区方案。由于在创建分区方案时需要根据分区函数的参数定义映射分区的文件组，所以需要有文件组来容纳分区数。文件组可以由一个或多个文件构成，而每个分区必须映射到一个文件组。一个文件组可以由多个分区使用。一般情况下，文件组数最好与分区数相同，并且这些文件组通常位于不同的磁盘上。一个分区方案只可以使用一个分区函数，而一个分区函数可以用于多个分区方案中。

“CREATE PARTITION SCHEME”命令的语法格式如下：

```
CREATE PARTITION SCHEME <分区方案名>
    AS PARTITION <分区函数名>
    [ ALL ] TO ( {<文件组名> | [ PRIMARY ] } [ ,...n ] )
[ ; ]
```

说明：

- <分区方案名>：在创建表时使用该方案就可以创建分区表。
- <分区函数名>：分区函数所创建的分区将映射到在分区方案中指定的文件组。
- ALL：指定所有分区都映射到在指定的文件组中，或映射到主文件组（如果指定[PRIMARY]）。如果指定了 ALL，则只能指定一个文件组。
- <文件组名>：分区分配到文件组的顺序是从分区 1 开始，按文件组在[,...n]中列出的顺序进行分配。在[,...n]中，可以多次指定同一个文件组。

【例 3.8】 假设文件组 Fgroup1、Fgroup2、Fgroup3、Fgroup4、Fgroup5 已经在数据库 PXSCJ 中存在。根据例 3.7 中定义的分区函数创建一个分区方案，将分区函数中的 5 个分区分别存放在这 5 个文件组中。

使用如下 T-SQL 语句：

```
CREATE PARTITION SCHEME NumberPS
    AS PARTITION NumberPF
    TO(Fgroup1, Fgroup2, Fgroup3, Fgroup4, Fgroup5)
GO
```

分区函数和分区方案创建以后就可以创建分区表。创建分区表使用“CREATE TABLE”语句，只要在ON关键字后指定分区方案和分区列即可。

【例3.9】 在数据库PXSCJ中创建分区表，表中包含编号（值可以是1～5000）、名称两列，要求使用例3.8中的分区方案。

使用如下T-SQL语句：

```
USE PXSCJ
CREATE TABLE sample
(
    编号 int NOT NULL PRIMARY KEY,
    名称 char(8) NOT NULL
)
ON NumberPS(编号)
GO
```

说明：已分区表的分区列在数据类型、长度、精度与分区方案索引用的分区函数使用的数据类型、长度、精度要一致。

虽然分区可以带来众多好处，但也增加了实现对象的管理操作和复杂性。所以，可能不需要为较小的表或目前满足性能和维护要求的表分区。本书用到的表都是较小的表，所以不必要建分区表。

3.3.3 修改表结构

修改表结构可以使用“ALTER TABLE”语句。其语法格式：

```
ALTER TABLE <表名>
    ALTER COLUMN <列名> <新数据类型> [NULL | NOT NULL]          /*修改已有列的属性*/
   | ADD
   {      <列名> <数据类型> <列选项>                            /*添加列*/
       | <计算列列名> AS <计算表达式> [PERSISTED [NOT NULL]     /*添加计算列*/
       | <表的约束>                                             /*添加表的约束*/
   }[ ,...n ]
   | DROP
   {
        COLUMN <列名>                                           /*删除列*/
       | [CONSTRAINT]<约束名>                                   /*删除约束*/
   }
   | 其他
```

说明：

- ALTER COLUMN子句：修改表中指定列的属性。“NULL|NOT NULL”表示将列设置为是否可为空，设置成NOT NULL时要注意表中该列是否有空数据。
- ADD子句：向表中增加新列，新列的定义方法与“CREATE TABLE”语句中定义列的方法相同。
- DROP子句：从表中删除列或约束，可以指定要删除的列名或约束名。

【例3.10】 设已经在数据库PXSCJ中创建了表XSB。先在表XSB中增加1个新列——奖学金等级，然后在表XSB中删除名为“奖学金等级”的列。

在“SQL Server Management Studio”中新建一个查询，并输入脚本如下：

```
USE PXSCJ
GO
ALTER TABLE XSB
    ADD 奖学金等级 tinyint  NULL
GO
```

输入完成后执行该脚本，然后可以在“对象资源管理器”展开“PXSCJ”中表dbo.XSB的结构查看运行结果。

说明：如果原表中已经存在和添加列同名的列，则语句运行将出错。

下面的脚本是用于在表XSB中删除名为“奖学金等级”的列。

```
USE PXSCJ
GO
ALTER TABLE XSB
    DROP COLUMN 奖学金等级
GO
```

注意：*在删除一个列以前，必须先删除基于该列的所有索引和约束。*

使用“ALTER TABLE”语句一次还可以添加多个列，中间用逗号隔开。例如，向XSB表中添加奖学金等级1、奖学金等级2新的两列：

```
ALTER TABLE XSB
    ADD 奖学金等级 1 tinyint  NULL,
        奖学金等级 2 tinyint  NULL
```

【例3.11】 修改表XSB中已有列的属性：将名为“姓名”的列长度由原来的8改为10；将名为“出生时间”的列的数据类型由原来的datetime改为smalldatetime。

新建一个查询，在“查询分析器”中输入并执行如下脚本：

```
USE PXSCJ
GO
ALTER TABLE XSB
    ALTER COLUMN 姓名 char(10)
GO
ALTER TABLE XSB
    ALTER COLUMN 出生时间 smalldatetime
```

注意：*在“ALTER TABLE”语句中，一次只能包含ALTER COLUMN、ADD、DROP子句中的一条，而且使用“ALTER COLUMN”子句时一次只能修改一个列的属性，所以这里需要使用两条“ALTER TABLE”语句。*

若表中该列所存数据的数据类型与将要修改的列类型冲突，则发生错误。例如，原来char类型的列要修改成int类型，而原来列值中有字符型数据“a”，则无法修改。

3.3.4 删除表

语法格式：

```
DROP TABLE <表名>
```

例如，要删除表 XSB，使用的 T-SQL 语句为：

```
USE PXSCJ
GO
DROP TABLE XSB
GO
```

说明：为了便于后续操作，修改本书所使用的例表（XSB、KCB、CJB）的表结构后，请将其恢复到原来的状态。如无特殊说明，本书所有举例都采用最初设计的表结构。

3.4　界面方式操作表数据

与创建数据库和表一样，把不直接使用 T-SQL 语句对表数据的操作称为界面操作表数据。界面操作表数据主要在“SQL Server Management Studio”中进行。

下面以对在前面所创建的 PXSCJ 数据库中的 XSB 表进行记录的插入、修改和删除操作为例说明通过“SQL Server Management Studio”中操作表数据的方法。

通过“SQL Server Management Studio”操作表数据的方法如下：

启动“SQL Server Management Studio”→在“对象资源管理器”中展开“数据库 PXSCJ”→选择要进行操作的表 XSB，右击鼠标，在弹出的快捷菜单上选择“打开表”菜单项，打开如图 3.9 所示的表数据窗口。

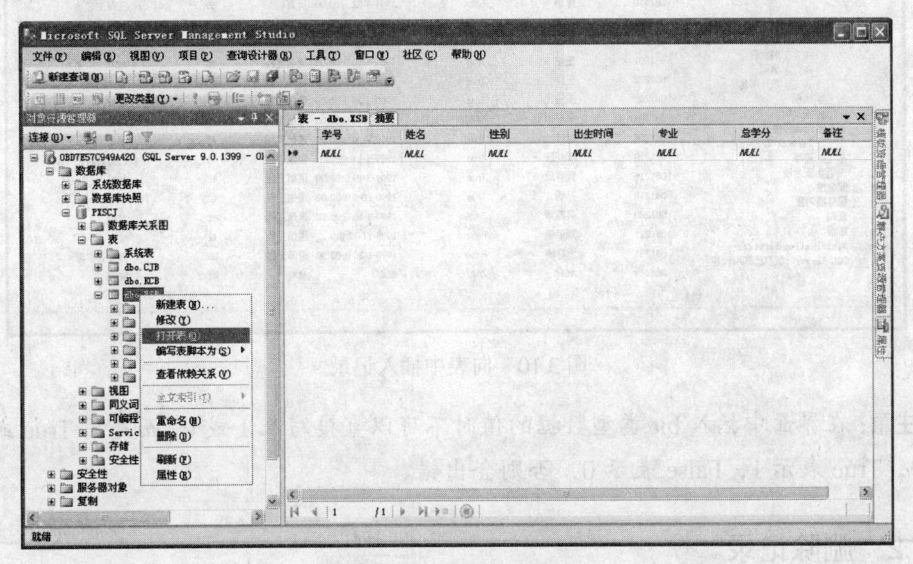

图 3.9　操作表数据窗口

在此窗口中，表中的记录将按行显示，每个记录占一行。可以看到，此时表中还没有数据。可向表中插入记录，之后可以删除和修改记录。

3.4.1　插入记录

插入记录将新记录添加在表尾，向表中插入多条记录。插入记录的操作方法是：

将光标定位到当前表尾的下一行，然后逐列输入列的值。每输入完一列的值，按回车键，光标将自动跳到下一列，便可编辑该列。若当前列是表的最后一列，则该列编辑完后按下回车键，光标将自动跳到下一行的第一列，此时上一行输入的数据已经保存，可以增加下一行。

若表的某列不允许为空值，则必须为该列输入值，例如表 XSB 的“学号”、“姓名”列。

若列允许为空值，那么，不输入该列值，则在表格中将显示<NULL>字样，如 XSB 表的“备注”列。

用户可以自己根据需要向表中插入数据，插入的数据要符合列的约束条件，例如，不可以向非空的列插入 NULL 值，也可参考本书附录 A 中的数据样本表，本书后面内容用到的数据就是附录 A 中的样本数据。如图 3.10 所示是插入数据后的 XSB 表。

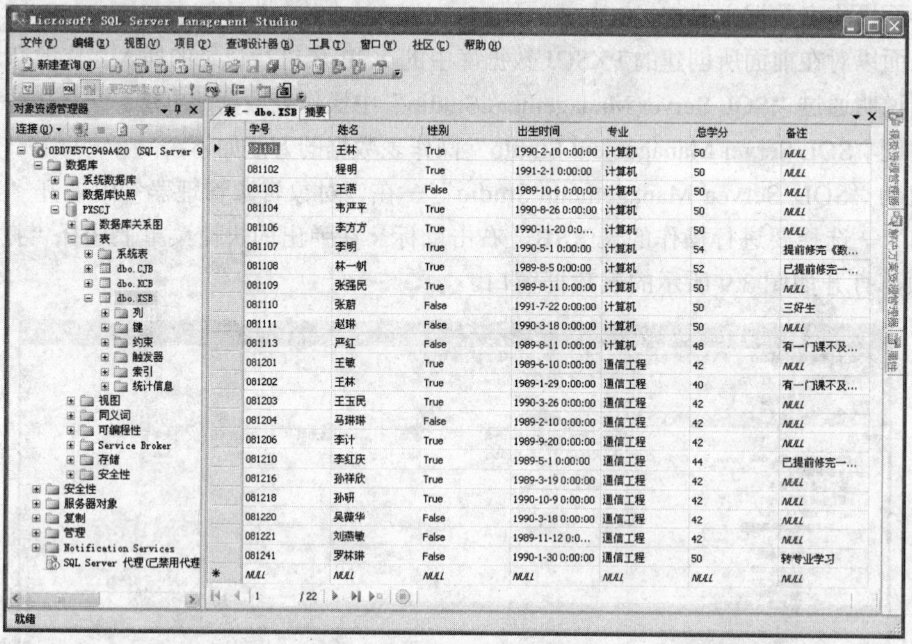

图 3.10　向表中插入记录

注意： *在界面中插入 bit 类型数据的值时不可以直接写入 1 或 0，而是用 True 或 False 来代替，True 表示 1，False 表示 0，否则会出错。*

3.4.2　删除记录

当不再需要表中的某些记录时，应将其删除。在“对象资源管理器”中删除记录的方法是：在表数据窗口中定位需被删除的记录行，单击该行最前面的黑色箭头处选择全行，右击鼠标，选择“删除”菜单项，如图 3.11 所示。

表 - dbo.XSB 摘要

学号	姓名	性别	出生时间	专业	总学分	备注
081101	王林	True	1990-2-10 0:00:00	计算机	50	NULL
081102	程明	True	1991-2-1 0:00:00	计算机	50	NULL
081103	王燕	False	1989-10-6 0:00:00	计算机	50	NULL
	韦严平	True	1990-8-26 0:00:00	计算机	50	NULL
	李方方	True	1990-11-20 0:0...	计算机	50	NULL
	李明	True	1990-5-1 0:00:00	计算机	54	提前修完《数...
	林一帆	True	1989-8-5 0:00:00	计算机	52	已提前修完一...
	张强民	True	1989-8-11 0:00:00	计算机	50	NULL
	张蔚	False	1991-7-22 0:00:00	计算机	50	三好生
	赵琳	False	1990-3-18 0:00:00	计算机	50	NULL
	严红	False	1989-8-11 0:00:00	计算机	48	有一门课不及...
081201	王敏	True	1989-6-10 0:00:00	通信工程	42	NULL
081202	王林	True	1989-1-29 0:00:00	通信工程	40	有一门课不及...

执行 SQL(X)
剪切(T)
复制(Y)
粘贴(P)
删除(D)
窗格(N)
清除结果(L)

图 3.11 删除记录

选择“删除”后，将出现一个确认对话框，单击“是”按钮将删除所选择的记录，单击“否”按钮将不删除该记录。

3.4.3 修改记录

在操作表数据的窗口中修改记录数据的方法是：先定位被修改的记录字段，然后对该字段值进行修改，修改之后将光标移到下一行即可保存修改的内容。

3.5 命令方式操作表数据

对表数据的插入、修改和删除还可以通过 T-SQL 语句来实现，与界面操作表数据相比，通过 T-SQL 语句操作表数据更灵活，功能更强大。

3.5.1 插入记录

插入记录使用 INSERT 语句。语法格式：

```
INSERT   [ TOP (<表达式> ) [ PERCENT ] ]
  [ INTO ] <表名> [(<列名 1>, <列名 2>, <列名 3>…..)]
{
     VALUES(<列值 1>,<列值 2>,<列值 3>……)
     | <结果集>
     | DEFAULT VALUES
}
```

说明：

- 对于表名后的字段列表，当加入到表中的记录的某些列为空值或为默认值时可以省略这些列。它们的值根据默认值或列属性来确定，其原则是：

(1) 具有 IDENTITY 属性的列，其值由系统根据起始值和自增值自动计算得到。

(2) 具有默认值的列，其值为默认值。

(3) 没有默认值的列，若允许为空值，则其值为空值。若不允许为空值，则出错。

(4) 类型为 timestamp 的列，系统自动赋值。

(5) 如果是计算列，则使用计算值。

- VALUES 子句：包含各列需要插入的数据清单，数据的顺序要与列的顺序相对应。若省略表名后的列表，则 VALUES 子句给出每一列的值。子句中的值可有 3 种：

(1) DEFAULT：指定为该列的默认值。这要求定义表时必须指定该列的默认值。

(2) NULL：指定该列为空值。

(3) expression：可以是一个常量、变量或一个表达式，其值的数据类型要与列的数据类型一致。例如：列的数据类型为 int，插入的数据是'aaa'就会出错。当数据为字符型时要用单引号括起。

- <结果集>：由 SELECT 语句查询所得。利用该参数，可把一个表中的部分数据插入到另一个表中。结果集中每行数据的字段数、字段的数据类型要与被操作的表完全一致。使用结果集向表中插入数据时可以使用 TOP 子句，这个选项可以在结果集中选择指定的行数或占指定百分比数的行插入表中。<表达式>可以是行数或行的百分比，使用百分比时要加 PERCENT 关键字。
- DEFAULT VALUES：该关键字说明向当前表中所有列均插入其默认值。此时，要求所有列均定义了默认值。

【例 3.12】 向 PXSCJ 数据库的表 XSB 中插入如下的一行数据：

081101，王林，1，1990-02-10，计算机，50，NULL（假设 XSB 表没有该行数据）

使用如下 T-SQL 语句：

```
USE PXSCJ
GO
INSERT INTO XSB
    VALUES('081101', '王林' , 1, '1990-02-10', '计算机',50, NULL)
GO
```

语句的运行结果如图 3.12 所示。

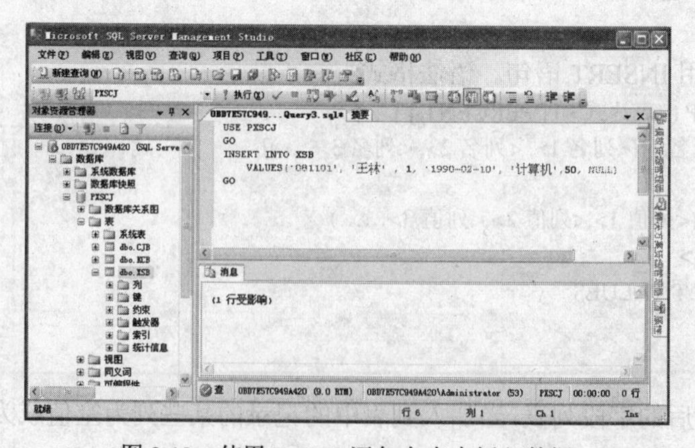

图 3.12 使用 T-SQL 语句向表中插入数据

【例 3.13】 假设例 3.12 的表 XSB 中专业的默认值为“计算机”，备注默认值为 NULL，所插入数据行可以使用以下命令：

```
INSERT INTO XSB (学号, 姓名, 性别, 出生时间, 总学分)
```

```
        VALUES('081101', '王林', 1, '1990-02-10', 50)
```

下列命令效果相同：

```
INSERT INTO XSB
        VALUES('081101', '王林', 1, '1990-02-10', DEFAULT,50, NULL);
```

注意：若原有行中存在关键字，而插入的数据行中含有与原有行中关键字相同的列值，则 INSERT 语句无法插入此行。

【例 3.14】　向学生管理系统涉及的其他表中插入数据。

向 KCB 表加入数据的 T-SQL 语句示例如下：

```
INSERT INTO KCB VALUES('101','计算机基础',1,80,5)
```

向 CJB 表加入数据 T-SQL 语句示例如下：

```
INSERT INTO CJB VALUES('081101',101,80)
```

【例 3.15】　从表 XSB 中生成计算机专业的学生表，包含学号、姓名、专业，要求新表中的数据为结果集中前 5 行。

用 CREATE 语句建立表 XSB1：

```
CREATE TABLE XSB1
(       num     char(6) NOT NULL PRIMARY KEY,
        name    char(8) NOT NULL,
        speiality char(10) NULL
)
```

用 INSERT 语句向 XSB1 表中插入数据：

```
INSERT TOP(5) INTO XSB1
        SELECT 学号, 姓名, 专业
                FROM XSB
                WHERE 专业='计算机'
```

这条 INSERT 语句的功能：将 XSB 表中专业名为“计算机”的各记录的“学号”、“姓名”和“专业”列的值插入到 XSB1 表的各行中。用 SELECT 语句查询结果：

```
SELECT  *
        FROM XSB1                                       /* XSB1 表的内容*/
```

结果如图 3.13 所示。

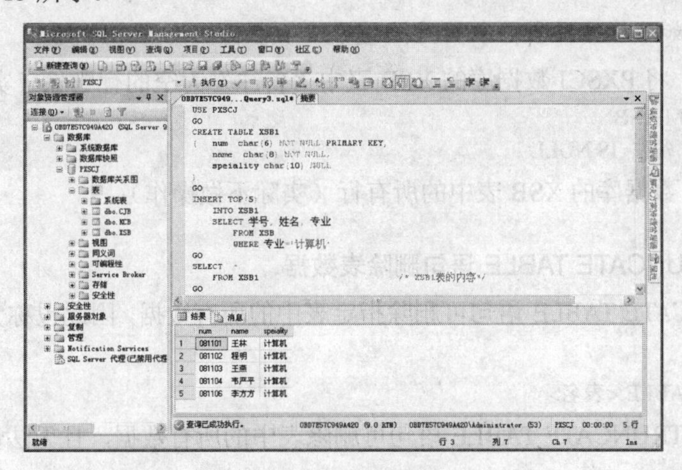

图 3.13　执行结果

在执行 INSERT 语句时，如果插入的数据与约束或规则的要求产生冲突或值的数据类型与列的数据类型不匹配，那么 INSERT 执行失败。

说明：为了便于学习后面内容，到此为止，假设数据库 PXSCJ 中已经插入了 XSB、KCB、CJB 表中的样本数据。

3.5.2 删除记录

在 T-SQL 语言中，删除数据可以使用 DELETE 语句或 TRANCATE TABLE 语句来实现。

1. 使用 DELETE 语句删除数据

语法格式：

```
DELETE [ TOP ( <表达式> ) [ PERCENT ] ]
    [ FROM ] <表名>
    [ WHERE <条件表达式> ]
[;]
```

说明：

- TOP 子句：指定将要删除的任意行数或任意行的百分比。
- FROM 子句：用于说明从何处删除数据。
- WHERE 子句：WHERE 子句为删除操作指定条件，其格式在介绍 SELECT 语句时详细讨论。若省略 WHERE 子句，则 DELETE 将删除所有数据。

【例 3.16】 将 PXSCJ 数据库的 XSB 表中总学分大于 52 的行删除。

T-SQL 语句如下：

```
USE PXSCJ
GO
DELETE
    FROM XSB
    WHERE 总学分>52
GO
```

注意：本书所有举例的数据都以附录 A 中的样本数据为准，本例删除了的数据应该尽快将其恢复。如无特殊说明，本例所做的修改不在其他例子中体现。

【例 3.17】 将 PXSCJ 数据库的 XSB 表中“备注”为空的行删除（实际不做操作）：

```
DELETE FROM XSB
    WHERE 备注 IS NULL
```

删除 PXSCJ 数据库的 XSB 表中的所有行（实际不做操作）：

```
DELETE XSB
```

2. 使用 TRUNCATE TABLE 语句删除表数据

使用 TRUNCATE TABLE 语句可删除指定表中的所有数据，因此也称为清除表数据语句。语法格式：

```
TRUNCATE TABLE <表名>
```

说明：由于 TRUNCATE TABLE 语句可删除表中的所有数据，且无法恢复，因此使用时必须十分慎重。

使用 TRUNCATE TABLE 语句删除指定表中的所有行，但表的结构及其列、约束、索引等保持不变，而新行标识所用的计数值重置为该列的初始值。如果想保留标识计数值，则要使用 DELETE 语句。

TRUNCATE TABLE 在功能上与不带 WHERE 子句的 DELETE 语句相同，二者均删除表中的全部行。但 TRUNCATE TABLE 比 DELETE 速度快，且使用的系统和事务日志资源少。DELETE 语句每次删除一行，并在事务日志中为所删除的每行记录一项。而 TRUNCATE TABLE 通过释放存储表数据所用的数据页来删除数据，并且只在事务日志中记录页的释放。

对于由外键（FOREIGN KEY）约束引用的表，不能使用 TRUNCATE TABLE 删除数据，而应使用不带 WHERE 子句的 DELETE 语句。另外，TRUNCATE TABLE 也不能用于参与索引视图的表。

3.5.3 修改记录

在 T-SQL 中，UPDATE 语句用于修改表中的数据行。其语法格式：

```
UPDATE [ TOP (<表达式>) [ PERCENT ] ] <表名>
    SET
    <列名 1>=<新值 1> [ ,<列名 2>=<新值 2> [,…n] ]
    [WHERE  <条件表达式>]
[ ; ]
```

说明：

- SET 子句：用于指定要修改的列名及其新值。格式为：<列名>={expression | DEFAULT | NULL}，表示将指定的列值改变为所指定的值。expression 为常量、变量或表达式，DEFAULT 为默认值，NULL 为空值，要注意指定的新列值的合法性。
- WHERE 子句：只对满足条件的行进行修改，若省略该子句，则对表中的所有行进行修改。

【例 3.18】 将 PXSCJ 数据库的 XSB 表中"学号"为"081101"的学生的"备注"值改为"三好生"。

```
USE PXSCJ
GO
UPDATE XSB
    SET 备注='三好生'
    WHERE 学号='081101'
GO
```

在"对象资源管理器"中打开 XSB 表，可以发现表中"学号"为"081101"的行的"备注"字段值已被修改，如图 3.14 所示。

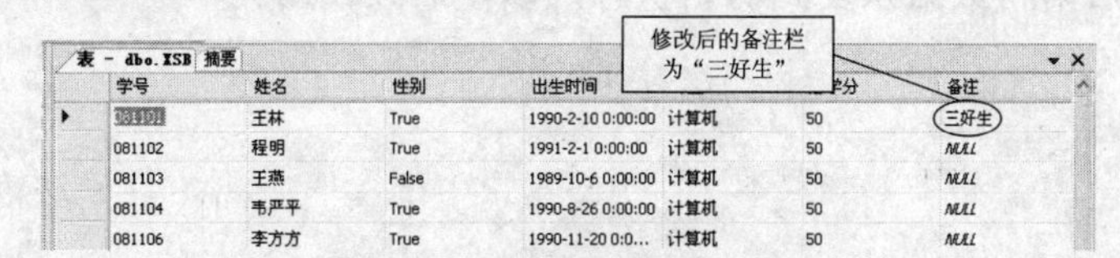

图 3.14 修改数据以后的表

【例 3.19】 将 XSB 表（数据以 XSB 表的样本数据为准）中的所有学生的“总学分”都增加 10。将“姓名”为“罗林琳”的同学的“专业”改为“软件工程”，“备注”改为“提前修完学分”，“学号”改为“081261”。

```
USE PXSCJ
GO
UPDATE XSB
    SET 总学分 = 总学分+10
GO
UPDATE XSB
    SET 专业 ='软件工程',
        备注 ='提前修完学分',
        学号 ='081261'
    WHERE 姓名 ='罗林琳'
GO
SELECT * FROM XSB
GO
```

执行结果如图 3.15 所示。

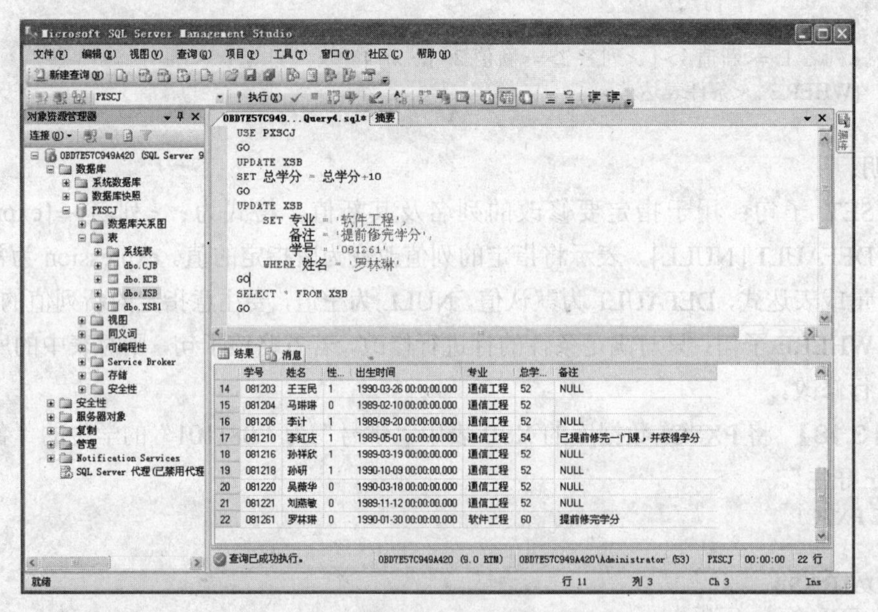

图 3.15 修改结果

注意：若 UPDATE 语句中未使用 WHERE 子句限定范围，UPDATE 语句将更新表中的所有行。使用 UPDATE 可以一次更新多列的值，这样可以提高效率。

说明：修改后请将数据恢复到初始状态，以便后续使用。

第 4 章

数据库的查询和视图

在数据库应用中，最常用的操作是查询，它是数据库的其他操作（如统计、插入、删除及修改）的基础。在 SQL Server 2005 中，数据库的查询使用 SELECT 语句。SELECT 语句功能强大，使用灵活。本章重点讨论利用该语句对数据库进行各种查询的方法。

视图是由一个或多个基本表导出的数据信息，可以根据用户的需要创建视图。视图对于数据库的用户来说很重要，这里将讨论视图概念以及视图的创建与使用方法。游标在数据库与应用程序之间提供了数据处理单位的变换机制，这里将讨论游标的概念和使用方法。

4.1 关系运算

SQL Server 2005 是一个关系数据库管理系统。关系数据库建立在关系模型基础之上，具有严格的数学理论基础。关系数据库对数据的操作除了包括集合代数的并、差等运算之外，还定义了一组专门的关系运算：连接、选择和投影。关系运算的特点是运算的对象和结果都是表。

1. 选择（Selection）

选择是单目运算，其运算对象是一个表。该运算按给定的条件，从表中选出满足条件的行形成一个新表作为运算结果。

选择运算的记号为$\sigma_F(R)$，其中，σ是选择运算符，下标 F 是一个条件表达式，R 是被操作的表。

例如：若要从 T 表（表 4.1）中找出表中 T1<20 的行形成一个新表，则运算式为：

$$\sigma_F(T)$$

式中，F 为 T1<20。该选择运算的结果如表 4.2 所示。

表 4.1 T 表

T1	T2	T3	T4	T5
1	A1	3	3	M
2	B1	2	0	N

续表

T1	T2	T3	T4	T5
3	A2	12	12	O
5	D	10	24	P
20	F	1	4	Q
100	A3	2	8	N

表 4.2 $\sigma_F(T)$

T1	T2	T3	T4	T5
1	A1	3	3	M
2	B1	2	0	N
3	A2	12	12	O
5	D	10	24	P

2．投影（Projection）

投影也是单目运算，该运算从表中选出指定的属性值组成一个新表，记为 $\Pi_A(R)$。其中，A 是属性名（即列名）表，R 是表名。

例如，在 T 表中对 T1、T2 和 T5 投影，运算式为：

$$\Pi_{T1,T2,T5}(T)$$

该运算得到如表 4.3 所示的新表。

表 4.3 $\Pi_{T1,T2,T5}$（T）

T1	T2	T5	T1	T2	T5
1	A1	M	3	A2	O
2	B1	N	5	D	P

3．连接（JOIN）

连接是把两个表中的行按照给定的条件进行拼接而形成新表，记为 $R \underset{F}{\bowtie} S$。其中，R、S 是被操作的表，F 是条件。

例如，若表 A 和 B 分别如表 4.4 和表 4.5 所示，则 $A \underset{F}{\bowtie} B$ 如表 4.6 所示，其中 F 为 T1=T3。

表 4.4 A 表

T1	T2	T1	T2	T1	T2
1	A	6	F	2	B

表 4.5 B 表

T3	T4	T5	T3	T4	T5
1	3	M	2	0	N

表 4.6 $A \underset{F}{\bowtie} B$

T1	T2	T3	T4	T5
1	A	1	3	M
2	B	2	0	N

两个表连接最常用的条件是两个表的某些列值相等，这样的连接称为等值连接，上面的例子就是等值连接。

数据库应用中最常用的是“自然连接”。进行自然连接运算要求两个表有共同属性（列），自然连接运算的结果表是在参与操作两个表的共同属性上进行等值连接后再去除重复的属性后所得的新表。自然连接运算记为 $R \bowtie S$，其中 R 和 S 是参与运算的两个表。

例如，若表 A 和 B 分别如表 4.7 和表 4.8 所示，则 $A \bowtie B$ 如表 4.9 所示。

表 4.7　A 表

T1	T2	T3	T1	T2	T3	T1	T2	T3
10	A1	B1	5	A1	C2	20	D2	C2

表 4.8　B 表

T1	T4	T5	T6	T1	T4	T5	T6
1	100	A1	D1	20	0	A2	D1
100	2	B2	C1	5	10	A2	C2

表 4.9　$A \bowtie B$

T1	T2	T3	T4	T5	T6
5	A1	C2	10	A2	C2
20	D2	C2	0	A2	D1

在实际的数据库管理系统中，对表的连接大多是自然连接，所以自然连接也简称为连接。本书中若不特别指明，名词“连接”均指自然连接，而普通的连接运算则是按条件连接。

4.2　数据库的查询

使用数据库和表的主要目的是存储数据以便在需要时进行检索、统计或组织输出，通过 T-SQL 的查询可以从表或视图中迅速方便地检索数据。T-SQL 的 SELECT 语句可以实现对表的选择、投影及连接操作，功能强大。

当用户登录到 SQL Server 后，即被指定一个默认数据库，通常是“master”数据库。使用“USE database_name”语句可以选择当前要操作的数据库，其中“database_name”是作为当前数据库的名字。

例如，要选择 PXSCJ 为当前数据库，可以使用如下语句实现：

```
USE PXSCJ
GO
```

一旦选择了当前数据库后，若对操作的数据库对象加以限定，则其后的命令均是针对当前数据库中的表或视图等进行的。

下面介绍 SELECT 语句，它是 T-SQL 的核心。语法格式：

```
[ WITH <公用表值表达式>]                    /*指定临时命名的结果集*/
SELECT   [ ALL | DISTINCT ]
         [ TOP <表达式> [ PERCENT ] [ WITH TIES ] ]
    <列表>                                  /*指定要选择的列及其限定*/
    [ INTO <新表名> ]                       /*INTO 子句，指定结果存入新表*/
```

```
[ FROM <表名> ]                                /*FROM 子句，指定表或视图*/
[ WHERE <条件表达式> ]                          /*WHERE 子句，指定查询条件*/
[ GROUP BY <分组表达式>]                         /*GROUP BY 子句，指定分组表达式*/
[ HAVING <分组条件表达式>]                        /*HAVING 子句，指定分组统计条件*/
[ ORDER BY <排序表达式> [ ASC | DESC ] ]         /*ORDER 子句，指定排序表达式和顺序*/
```

说明：

从这个基本语法可以看出，最简单的 SELECT 语句是“SELECT***<列表>***”，利用这个最简单的 SELECT 语句，可以进行 SQL Server 所支持的任何运算，例如“SELECT 1+1”，将返回 2。

所有使用的子句必须按语法说明中显示的顺序严格地排序。例如，一个 HAVING 子句必须位于 GROUP BY 子句之后，并位于 ORDER BY 子句之前。

SELECT 语句返回一个表的结果集，通常该结果集被称为表值表达式。

下面讨论 SELECT 的各个子句和主要功能。

4.2.1 选择列

通过 SELECT 语句的***<列表>***项组成结果表的列。语法格式：

```
<列表> ::=
{
    *                                      /*选择当前表或视图的所有列*/
    | <表名>.*                              /*选择指定表的所有列*/
    | <列名>                                /*选择指定的列*/
      [ [ AS ] <列别名> ]                    /*AS 子句，定义列别名*/
    | <列标题> = <列名表达式>                   /*选择指定列并更改列标题*/
} [ ,...n ]
```

这里讨论在 SELECT 语句中选择列的方法。

1. 选择所有列

使用“*”表示选择一个表或视图中的所有列。

【例 4.1】 查询 PXSCJ 数据库的 XSB 表中的所有数据。

在“查询分析器”中执行如下语句：

```
USE PXSCJ
GO
SELECT *
    FROM XSB
GO
```

执行完后“SQL Server Management Studio”的结果窗口中将显示 XSB 表中的所有数据。

2. 选择一个表中指定的列

使用 SELECT 语句选择一个表中的某些列，各列名之间用逗号隔开。

【例 4.2】 查询 PXSCJ 数据库的 XSB 表中各个同学的姓名、专业和总学分。

```
USE   PXSCJ
GO
SELECT  姓名,专业,总学分
    FROM XSB
```

```
GO
```

SQL Server 2005 还能一次执行多个查询。

【例 4.3】　查询 XSB 表中计算机专业同学的学号、姓名和总学分，查询 XSB 表中的所有列。

```
SELECT 学号, 姓名, 总学分
    FROM   XSB
    WHERE 专业 ='计算机'
GO
SELECT   *
    FROM   XSB
```

执行后结果窗口将分别列出两个查询语句的结果，如图 4.1 所示。

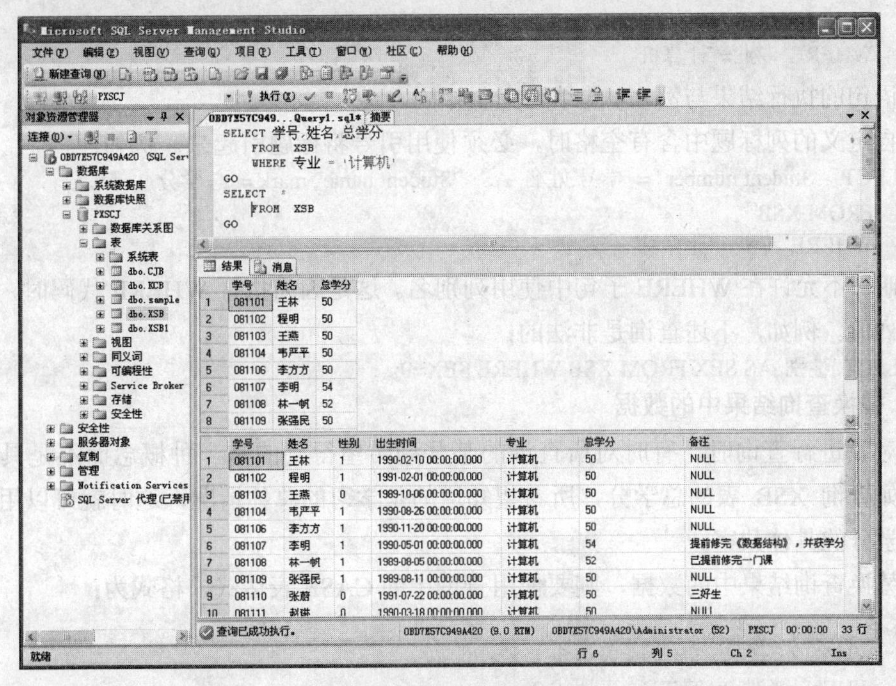

图 4.1　一次执行多个查询

3. 定义列别名

当希望查询结果中的某些列或所有列显示时使用自己选择的列标题时，可以在列名后使用 AS 子句更改查询结果的列标题名。

【例 4.4】　查询 XSB 表中计算机系同学的学号、姓名和总学分，结果中各列的标题分别指定为 number、name 和 mark。

```
USE   PXSCJ
GO
SELECT 学号  AS number, 姓名  AS name, 总学分  AS mark
    FROM   XSB
    WHERE 专业='计算机'
```

该语句的执行结果如下所示：

	number	name	mark
1	081101	王林	50
2	081102	程明	50
3	081103	王燕	50
4	081104	韦严平	50
5	081106	李方方	50
6	081107	李明	54
7	081108	林一帆	52
8	081109	张强民	50
9	081110	张蔚	50
10	081111	赵琳	50
11	081113	严红	48

更改查询结果中的列标题也可以使用<列标题>=<列名表达式>的形式。例如：

```
SELECT   number = 学号, name = 姓名, mark = 总学分
     FROM XSB
     WHERE 专业='计算机'
```

该语句的执行结果与例 4.4 的结果完全相同。

当自定义的列标题中含有空格时，必须使用引号将标题引起来。例如：

```
SELECT   'Student number ' = 学号,姓名 AS   'Student name', mark = 总学分
     FROM XSB
     WHERE 专业='计算机'
```

说明：不允许在 WHERE 子句中使用列别名。这是因为执行 WHERE 代码时，可能尚未确定列值。例如，下述查询是非法的：

```
SELECT 性别 AS SEX FROM XSB WHERE SEX=0;
```

4．替换查询结果中的数据

在对表进行查询时，有时对所查询的某些列希望得到的是一种概念而不是具体的数据。例如查询 XSB 表的总学分，所希望知道的是学习的总体情况，这时就可以用等级来替换总学分的具体数字。

要替换查询结果中的数据，则要使用查询中的 CASE 表达式，格式为：

```
CASE
     WHEN <条件 1> THEN <表达式 1>
     WHEN <条件 2> THEN <表达式 2>
          …
     ELSE <表达式>
END
```

【例 4.5】 查询 XSB 表中计算机系各同学的学号、姓名和总学分，对其总学分按以下规则进行替换：若总学分为空值，替换为“尚未选课”；若总学分小于 50，替换为“不及格”；若总学分在 50 与 52 之间，替换为“合格”；若总学分大于 52，替换为“优秀”。列标题更改为“等级”。

```
USE PXSCJ
GO
SELECT 学号, 姓名, 等级=
     CASE
          WHEN 总学分 IS NULL THEN '尚未选课'
          WHEN 总学分 < 50 THEN '不及格'
          WHEN 总学分 >=50 and 总学分<=52 THEN '合格'
```

```
            ELSE '优秀'
        END
        FROM    XSB
        WHERE  专业= '计算机'
GO
```

该语句的执行结果如下所示：

	学号	姓名	等级
1	081101	王林	合格
2	081102	程明	合格
3	081103	王燕	合格
4	081104	韦严平	合格
5	081106	李方方	合格
6	081107	李明	优秀
7	081108	林一帆	合格
8	081109	张强民	合格
9	081110	张蔚	合格
10	081111	赵琳	合格
11	081113	严红	不及格

5．计算列值

使用 SELECT 对列进行查询时，在结果中可以输出对列值计算后的值，即 SELECT 子句可使用表达式作为结果，格式为：

```
SELECT <表达式> [ , <表达式> ]
```

【例 4.6】　按 120 分计算成绩显示学号为 081101 的学生的成绩情况。

```
USE PXSCJ
GO
SELECT    学号, 课程号, 成绩 120=成绩*1.20
    FROM CJB
    WHERE  学号= '081101'
```

该语句的执行结果如下所示：

	学号	课程...	成绩120
1	081101	101	96.00
2	081101	102	93.60
3	081101	206	91.20

计算列值使用算术运算符+（加）、-（减）、*（乘）、/（除）和%（取余），其中算术运算符（+、-、*、/）可以用于任何数字类型的列，包括 int、smallint、tinyint、decimal、numeric、float、real、money 和 smallmoney；%可以用于上述除 money 和 smallmoney 以外的数字类型。

6．消除结果集的重复行

对表只选择其某些列时，可能会出现重复行。例如，若对 PXSCJ 数据库的 XSB 表只选择专业名和总学分，则出现多行重复的情况。可以使用 DISTINCT 关键字消除结果集中的重复行，其格式是：

```
SELECT    {DISTINCT | ALL}    <列名 1> [ , <列名 2>…]
```

关键字 DISTINCT 的含义是对结果集中的重复行只选择一个，保证行的唯一性。

【例 4.7】　对 PXSCJ 数据库的 XSB 表只选择专业和总学分，消除结果集中的重复行。

```
USE PXSCJ
```

```
GO
SELECT DISTINCT 专业,总学分
    FROM XSB
```

该语句的执行结果如下所示：

	专业	总学分
1	计算机	48
2	计算机	50
3	计算机	52
4	计算机	54
5	通信工程	40
6	通信工程	42
7	通信工程	44
8	通信工程	50

与 DISTINCT 相反，当使用关键字 ALL 时，将保留结果集的所有行。当 SELECT 语句中缺省 ALL 与 DISTINCT 时，默认值为 ALL。

7. 限制结果集返回行数

如果 SELECT 语句返回的结果集的行数非常多，可以使用 TOP 选项限制其返回的行数。TOP 选项的基本格式为：

```
[ TOP <表达式> [ PERCENT ] ]
```

TOP 选项表示只能从查询结果集返回指定的第一组行或指定的百分比数目的行。<表达式>可以是指定数目或百分比数目的行。若带 PERCENT 关键字，则表示返回结果集的前百分比数目的行。TOP 子句可以用于 SELECT、INSERT、UPDATE 和 DELETE 语句中。

【例 4.8】 对 PXSCJ 数据库的 XSB 表选择姓名、专业和总学分，只返回结果集的前 6 行。

```
SELECT TOP 6 姓名,专业,总学分
    FROM XSB
```

该语句执行结果如下所示：

	姓名	专业	总学分
1	王林	计算机	50
2	程明	计算机	50
3	王燕	计算机	50
4	韦严平	计算机	50
5	李方方	计算机	50
6	李明	计算机	54

8. 聚合函数

SELECT 子句中的表达式中还可以包含所谓的聚合函数。聚合函数常常用于对一组值进行计算，然后返回单个值。聚合函数通常与 GROUP BY 子句一起使用。如果一个 SELECT 语句中有一个 GROUP BY 子句，则这个聚合函数对所有列起作用；如果没有，则 SELECT 语句只产生一行作为结果。SQL Server 2005 所提供的聚合函数列于表 4.10 中。

下面对常用的几个聚合函数加以介绍：

(1) SUM 和 AVG。SUM 和 AVG 分别用于求表达式中所有值项的总和与平均值，语法格式为：

```
SUM /AVG ( [ ALL | DISTINCT ] <表达式> )
```

参数必须为数值，可以是常量、列、函数及表达式，数据类型只能是 int、smallint、tinyint、bigint、decimal、numeric、float、real、money 和 smallmoney。ALL 表示对所有值进行运算，DISTINCT 表示去除重复值，默认为 ALL。SUM / AVG 忽略 NULL 值。

表 4.10　聚合函数表

函 数 名	说　明
AVG	求组中值的平均值
BINARY_CHECKSUM	返回对表中的行或表达式列表计算的二进制校验值，可用于检测表中行的更改
CHECKSUM	返回在表的行上或在表达式列表上计算的校验值，用于生成哈希索引
CHECKSUM_AGG	返回组中值的校验值
COUNT	求组中项数，返回 int 类型整数
COUNT_BIG	求组中项数，返回 bigint 类型整数
GROUPING	产生一个附加的列
MAX	求最大值
MIN	求最小值
SUM	返回表达式中所有值的和
STDEV	返回给定表达式中所有值的统计标准偏差
STDEVP	返回给定表达式中所有值的填充统计标准偏差
VAR	返回给定表达式中所有值的统计方差
VARP	返回给定表达式中所有值的填充的统计方差

【例 4.9】　求选修 101 课程的学生的平均成绩。

```
SELECT   AVG(成绩)   AS   '课程 101 平均成绩'
    FROM   CJB
    WHERE 课程号 ='101'
```

使用聚合函数作为 SELECT 的选择列时，若不为其指定列标题，则系统将对该列输出标题“(无列名)”。

【例 4.10】　求学号 081101 的同学所学课程的总成绩。

```
SELECT SUM(成绩) AS '课程总成绩'
    FROM CJB
    WHERE 学号 ='081101';
```

结果为 234。

(2) MAX 和 MIN。MAX 和 MIN 分别用于求表达式中所有值项的最大值与最小值，语法格式为：

```
MAX / MIN ( [ ALL | DISTINCT ] <表达式> )
```

参数的数据类型可以是数字、字符和时间日期类型。ALL、DISTINCT 的含义及默认值与 SUM/AVG 函数相同。MAX/MIN 忽略 NULL 值。

【例 4.11】　求选修 101 课程的学生的最高分和最低分。

```
SELECT   MAX(成绩) AS '课程 101 的最高分',   MIN(成绩) AS '课程 101 的最低分'
    FROM   CJB
    WHERE 课程号 ='101'
```

执行结果如下所示：

	课程101的最高分	课程101的最低分
1	95	62

(3) COUNT。COUNT 函数用于统计组中满足条件的行数或总行数，格式为：

```
COUNT ( { [ ALL | DISTINCT ]<表达式> } | * )
```

【例 4.12】 求学生的总人数。

```
SELECT  COUNT(*)  AS  '学生总数'
    FROM  XSB
```

学生总数为 22，使用 COUNT(*)时将返回检索行的总数目，不论其是否包含 NULL 值。

【例 4.13】 统计备注不为空的学生数。

```
SELECT COUNT(备注)  AS  '备注不为空的学生数'
    FROM XSB;
```

注意：这里 COUNT（备注）计算时备注为 NULL 的行被忽略，所以结果是 7 而不是 22。

【例 4.14】 统计总学分在 50 分以上的人数。

```
SELECT COUNT(总学分)  AS  '总学分 50 分以上的人数'
    FROM XSB
    WHERE 总学分>50;
```

执行结果为 2。

【例 4.15】 求选修了课程的学生总人数。

```
SELECT  COUNT(DISTINCT 学号)
    FROM  CJB
```

COUNT_BIG 函数的格式、功能与 COUNT 函数都相同，区别仅在于 COUNT_BIG 返回 bigint 类型值。

(4) GROUPING。GROUPING 函数为输出的结果表产生一个附加列，该列的值为 1 或 0，格式为：

```
GROUPING ( <列名> )
```

当用 CUBE 或 ROLLUP 运算符添加行时，附加的列输出值为 1；当所添加的行不是由 CUBE 或 ROLLUP 产生时，附加列值为 0。

该函数只能与带有 CUBE 或 ROLLUP 运算符的 GROUP BY 子句一起使用。

4.2.2 WHERE 子句

在 SQL Server 中，选择行是通过在 SELECT 语句中 WHERE 子句指定选择的条件来实现的。这里将详细讨论 WHERE 子句中查询条件的构成。WHERE 子句必须紧跟 FROM 子句之后，其基本格式为：

```
WHERE <条件表达式>
```

其中，

```
<条件表达式>::=
    [ NOT ] <判定运算>
    [ { AND | OR } [ NOT ] <判定运算>]
    [ ,...n ]
```

其中，判定运算的结果为 TRUE、FALSE 或 UNKNOWN。NOT 表示对判定的结果取反，AND 用于组合两个条件，两个条件都为 TRUE 时值才为 TRUE。OR 也用于组合两个条件，两个条件有一个条件为 TRUE 时值就为 TRUE。

```
<判定运算>::=
{
    <表达式>{ = | < | <= | > | >= | <> | != | !< | !> } <表达式>          /*比较运算*/
   | <匹配表达式> [ NOT ] LIKE <搜索模式串> [ ESCAPE <转义字符>]    /*字符串模式匹配*/
   | <表达式> [ NOT ] BETWEEN <表达式 1> AND <表达式 2>             /*指定范围*/
   | <表达式> IS [ NOT ] NULL                                       /*是否空值判断*/
   | <表达式> [ NOT ] IN ( <子查询> | <表达式> [,…n] )               /*IN 子句*/
   | <表达式> { = | < | <= | > | >= | <> | != | !< | !> } { ALL | SOME | ANY } ( <子查询> )
                                                                    /*比较子查询*/
   | EXIST ( <子查询> )                                             /*EXIST 子查询*/
}
```

判定运算包括比较运算、模式匹配、范围比较、空值比较和子查询等。

注意： IN 关键字既可以指定范围，又可以表示子查询。

在 SQL 中，返回逻辑值（TRUE 或 FALSE）的运算符或关键字都可称为谓词。

1．表达式比较

比较运算符用于比较两个表达式值，共有 9 个，分别是：=（等于）、<（小于）、<=（小于等于）、>（大于）、>=（大于等于）、<>（不等于）、!=（不等于）、!<（不小于）、!>（不大于）。比较运算的格式为：

```
<表达式>{ = | < | <= | > | >= | <> | != | !< | !> } <表达式>
```

当两个表达式值均不为空值（NULL）时，比较运算返回逻辑值 TRUE（真）或 FALSE（假）。而当两个表达式值中有一个为空值或都为空值时，比较运算将返回 UNKNOWN。

【例 4.16】 查询 PXSCJ 数据库 XSB 表中学号为 081101 同学的情况。

```
USE PXSCJ
GO
SELECT 姓名,学号,总学分
    FROM XSB
    WHERE 学号='081101';
```

执行结果如下所示：

	姓名	学号	总学分
1	王林	081101	50

【例 4.17】 查询 XSB 表中总学分大于 50 的学生的情况。

```
SELECT 姓名,学号,出生时间,总学分
    FROM XSB
    WHERE 总学分>50;
```

执行结果如下所示：

	姓名	学号	出生时间	总学分
1	李明	081107	1990-05-01 00:00:00.000	54
2	林一帆	081108	1989-08-05 00:00:00.000	52

从查询条件的构成可以看出，通过逻辑运算符（NOT、AND 和 OR）可以将多个判定运算的结果再组成更为复杂的查询条件。

【例 4.18】 查询 XSB 表中通信工程专业总学分大于等于 42 的学生的情况。

```
USE PXSCJ
GO
SELECT *
    FROM   XSB
    WHERE  专业= '通信工程'   AND  总学分  >= 42
```

2．模式匹配

LIKE 谓词用于指出一个字符串是否与指定的字符串相匹配，其运算对象可以是 char、varchar、text、ntext、datetime 和 smalldatetime 类型的数据，返回逻辑值 TRUE 或 FALSE。LIKE 谓词表达式的格式为：

```
<匹配表达式> [ NOT ] LIKE <搜索模式串> [ ESCAPE <转义字符>]
```

说明：

- <匹配表达式>：一般为字符串表达式，在查询语句中可以是列名。
- <搜索模式串>：在匹配表达式中的搜索模式串。在搜索模式串中可以使用通配符，表 4.11 列出了 LIKE 谓词使用的通配符及其说明。

表 4.11 通配符列表

通 配 符	说 明
%	代表 0 个或多个字符
_（下画线）	代表单个字符
[ ]	指定范围（如[a-f]、[0-9]）或集合（如[abcdef]）中的任何单个字符
[^]	指定不属于范围（如 [^a-f]、[^0-9]）或集合（如[^abcdef]）的任何单个字符

- <转义字符>：应为有效的 SQL Server 字符，转义字符没有默认值，且必须为单个字符。当模式串中含有与通配符相同的字符时，此时应通过该字符前的转义字符指明其为模式串中的一个匹配字符。使用关键字 ESCAPE 可指定转义符。
- NOT LIKE：使用 NOT LIKE 与 LIKE 的作用相反。

使用带%通配符的 LIKE 时，若使用 LIKE 进行字符串比较，模式字符串中的所有字符都有意义，包括起始或尾随空格。

【例 4.19】 查询 XSB 表中姓“王”且单名的学生情况。

```
SELECT   *
    FROM XSB
    WHERE  姓名  LIKE '王_'
```

执行结果如下所示：

	学号	姓名	性...	出生时间	专业	总学...	备注
1	081101	王林	1	1990-02-10 00:00:00.000	计算机	50	NULL
2	081103	王燕	0	1989-10-06 00:00:00.000	计算机	50	NULL
3	081201	王敏	1	1989-06-10 00:00:00.000	通信工程	42	NULL
4	081202	王林	1	1989-01-29 00:00:00.000	通信工程	40	有一门课不及格，待补考

【例 4.20】 查询 XSB 表中学号中倒数第 3 个数字为 1 且倒数第 1 个数在 1 到 5 之间

的学生学号，姓名及专业。

```
SELECT 学号,姓名,专业
    FROM XSB
    WHERE 学号 LIKE '%1_[12345]'
```

执行结果如下所示：

	学号	姓名	专业
1	081101	王林	计算机
2	081102	程明	计算机
3	081103	王燕	计算机
4	081104	韦严平	计算机
5	081111	赵琳	计算机
6	081113	严红	计算机

如果需要查找一个通配符，必须使用一个转义字符。

【例 4.21】　查询 XSB 表中名字包含下画线的学生学号和姓名。

```
SELECT 学号,姓名
    FROM XSB
    WHERE 学号 LIKE '%#_%' ESCAPE '#'
```

说明：由于没有学生满足这个条件，所以这里没有结果返回。定义了“#”为转义字符以后，语句中在“#”后面的“_”就失去了它原来特殊的意义。

3．范围比较

用于范围比较的关键字有两个：BETWEEN 和 IN。当要查询的条件是某个值的范围时，可以使用 BETWEEN 关键字。BETWEEN 关键字指出查询范围，格式为：

```
<表达式> [ NOT ] BETWEEN <表达式 1> AND <表达式 2>
```

当不使用 NOT 时，若表达式的值在表达式 1 与表达式 2 之间（包括这两个值），则返回 TRUE，否则返回 FALSE；使用 NOT 时，返回值刚好相反。

使用 IN 关键字可以指定一个值表，值表中列出所有可能的值，当与值表中的任一个匹配时，即返回 TRUE，否则返回 FALSE。使用 IN 关键字指定值表的格式为：

```
<表达式> IN ( <表达式> [,…n])
```

【例 4.22】　查询 XSB 表中不在 1989 年出生的学生情况。

```
SELECT   学号, 姓名, 专业, 出生时间
    FROM XSB
    WHERE 出生时间 NOT BETWEEN '1989-1-1' and '1989-12-31'
```

执行结果略。

【例 4.23】　查询 XSB 表中专业为“计算机”或“通信工程”或“无线电”的学生的情况。

```
SELECT   *
    FROM XSB
    WHERE 专业 IN ('计算机', '通信工程', '无线电')
```

该语句与下列语句等价：

```
SELECT   *
    FROM   XSB
    WHERE 专业= '计算机' or 专业= '通信工程' or 专业='无线电'
```

说明：IN 关键字最主要的作用是表达子查询。

4．空值比较

当需要判定一个表达式的值是否为空值时，使用 IS NULL 关键字，格式为：

```
<表达式> IS [ NOT ] NULL
```

当不使用 NOT 时，若表达式的值为空值，返回 TRUE，否则返回 FALSE；当使用 NOT 时，结果刚好相反。

【例 4.24】 查询总学分尚不定的学生情况。

```
SELECT  *
    FROM   XSB
    WHERE 总学分 IS NULL
```

本例即查找总学分为空的学生，结果为空。

5．子查询

在查询条件中，可以使用另一个查询的结果作为条件的一部分，例如判定列值是否与某个查询的结果集中的值相等，作为查询条件一部分的查询称为子查询。

T-SQL 允许 SELECT 多层嵌套使用，用来表示复杂的查询。子查询除了可以用在 SELECT 语句中，还可以用在 INSERT、UPDATE 及 DELETE 语句中。子查询通常与 IN、EXIST 谓词及比较运算符结合使用。

(1) IN 子查询。IN 子查询用于进行一个给定值是否在子查询结果集中的判断，语法格式为：

```
<表达式> [ NOT ] IN (<子查询>)
```

当表达式与子查询的结果表中的某个值相等时，IN 谓词返回 TRUE，否则返回 FALSE；若使用了 NOT，则返回的值刚好相反。

【例 4.25】 查找选修了课程号为 206 的课程的学生情况。

新建查询，在“查询分析器”窗口中输入如下查询脚本：

```
USE   PXSCJ
GO
SELECT *
    FROM   XSB
    WHERE 学号 IN
        ( SELECT 学号
            FROM CJB
            WHERE 课程号 ='206'
        )
```

执行结果如下所示：

	学号	姓名	性...	出生时间	专业	总学...	备注
1	081101	王林	1	1990-02-10 00:00:00.000	计算机	50	NULL
2	081102	程明	1	1991-02-01 00:00:00.000	计算机	50	NULL
3	081103	王燕	0	1989-10-06 00:00:00.000	计算机	50	NULL
4	081104	韦严平	1	1990-08-26 00:00:00.000	计算机	50	NULL
5	081106	李方方	1	1990-11-20 00:00:00.000	计算机	50	NULL
6	081107	李明	1	1990-05-01 00:00:00.000	计算机	54	提前修完《数据结构》，并获学分
7	081108	林一帆	1	1989-08-05 00:00:00.000	计算机	52	已提前修完一门课
8	081109	张强民	1	1989-08-11 00:00:00.000	计算机	50	NULL
9	081110	张蔚	0	1991-07-22 00:00:00.000	计算机	50	三好生
10	081111	赵琳	0	1990-03-18 00:00:00.000	计算机	50	NULL
11	081113	严红	0	1989-08-11 00:00:00.000	计算机	48	有一门课不及格，待补考

在执行包含子查询的 SELECT 语句时，系统先执行子查询，产生一个结果表，再执行查询。本例中，先执行括号中的子查询：

```
SELECT 学号 FROM  CJB  WHERE 课程名 ='206'
```

得到一个只含有学号列的表，CJB 表中的每个课程名列值为 206 的行在结果表中都有一行。再执行外查询，若 XSB 表中某行的学号列值等于子查询结果表中的任一个值，则该行就被选择。

注意：IN 和 NOT IN 子查询只能返回一列数据。对于较复杂的查询，可以使用嵌套的子查询。

【例 4.26】 查找未选修离散数学的学生情况。

```
SELECT  *
    FROM  XSB
    WHERE 学号 NOT IN
        ( SELECT 学号
            FROM CJB
            WHERE 课程号 IN
                ( SELECT 课程号
                    FROM KCB
                    WHERE  课程名 ='离散数学'
                )
        )
```

执行结果如下所示：

	学号	姓名	性...	出生时间	专业	总学...	备注
1	081201	王敏	1	1989-06-10 00:00:00.000	通信工程	42	NULL
2	081202	王林	1	1989-01-29 00:00:00.000	通信工程	40	有一门课不及格，待补考
3	081203	王玉民	1	1990-03-26 00:00:00.000	通信工程	42	NULL
4	081204	马琳琳	0	1989-02-10 00:00:00.000	通信工程	42	NULL
5	081206	李计	1	1989-09-20 00:00:00.000	通信工程	42	NULL
6	081210	李红庆	1	1989-05-01 00:00:00.000	通信工程	44	已提前修完一门课，并获得学分
7	081216	孙祥欣	1	1989-03-19 00:00:00.000	通信工程	42	NULL
8	081218	孙研	1	1990-10-09 00:00:00.000	通信工程	42	NULL
9	081220	吴薇华	0	1990-03-18 00:00:00.000	通信工程	42	NULL
10	081221	刘燕敏	0	1989-11-12 00:00:00.000	通信工程	42	NULL
11	081241	罗林琳	0	1990-01-30 00:00:00.000	通信工程	50	转专业学习

(2) 比较子查询。这种子查询可以认为是 IN 子查询的扩展，它使表达式的值与子查询的结果进行比较运算，格式为：

```
<表达式> { < | <= | = | > | >= | != | <> | !< | !> } { ALL | SOME | ANY } ( <子查询> )
```

其中 ALL、SOME 和 ANY 说明对比较运算的限制。

ALL 指定表达式要与子查询结果集中的每个值都进行比较，当表达式与每个值都满足比较的关系时，才返回 TRUE，否则返回 FALSE。

SOME 或 ANY 表示表达式只要与子查询结果集中的某个值满足比较的关系时，就返回 TRUE，否则返回 FALSE。

【例 4.27】 查找选修离散数学的学生学号。

```
SELECT 学号
    FROM CJB
    WHERE  课程号 =
```

```
        (SELECT 课程号
            FROM KCB
            WHERE 课程名 ='离散数学'
        );
```

执行结果如下图所示：

	学号
1	081101
2	081102
3	081103
4	081104
5	081106
6	081107
7	081108
8	081109
9	081110
10	081111
11	081113

【例 4.28】 查找比所有计算机系的学生年龄都大的学生。

```
SELECT  *
    FROM  XSB
    WHERE 出生时间 <ALL
        (SELECT 出生时间
            FROM XSB
            WHERE 专业= '计算机'
        )
```

执行结果如下所示：

	学号	姓名	性...	出生时间	专业	总学...	备注
1	081201	王敏	1	1989-06-10 00:00:00.000	通信工程	42	NULL
2	081202	王林	1	1989-01-29 00:00:00.000	通信工程	40	有一门课不及格，待补考
3	081204	马琳琳	0	1989-02-10 00:00:00.000	通信工程	42	NULL
4	081210	李红庆	1	1989-05-01 00:00:00.000	通信工程	44	已提前修完一门课，并获得学分
5	081216	孙祥欣	1	1989-03-19 00:00:00.000	通信工程	42	NULL

【例 4.29】 查找课程号 206 的成绩不低于课程号 101 的最低成绩的学生的学号。

```
SELECT 学号
    FROM  CJB
    WHERE 课程号 ='206'  AND 成绩 !< ANY
        (SELECT 成绩
            FROM  CJB
            WHERE 课程号 ='101'
        )
```

(3) EXISTS 子查询。EXISTS 谓词用于测试子查询的结果是否为空表，若子查询的结果集不为空，则 EXISTS 返回 TRUE，否则返回 FALSE。EXISTS 还可与 NOT 结合使用，即 NOT EXISTS，其返回值与 EXISTS 刚好相反。其格式为：

```
[ NOT ] EXISTS (<子查询>)
```

【例 4.30】 查找选修 206 号课程的学生姓名。

```
SELECT 姓名
    FROM  XSB
    WHERE EXISTS
        (SELECT  *
            FROM  CJB
            WHERE 学号 =XSB.学号 AND 课程号 ='206'
        )
```

	姓名
1	王林
2	程明
3	王燕
4	韦严平
5	李方方
6	李明
7	林一帆
8	张强民
9	张蔚
10	赵琳
11	严红

执行结果如右图所示。

分析：

① 本例在子查询的条件中使用了限定形式的列名引用“XSB.学号”，表示这里的学号列出自表 XSB。

② 本例与前面的子查询例子不同：前面的例子中内层查询只处理一次，得到一个结果集，再依次处理外层查询；而本例的内层查询要处理多次，因为内层查询与 XSB.学号有关，外层查询中 XSB 表的不同行有不同的学号值。这类子查询称为相关子查询，因为子查询的条件依赖于外层查询中的某些值。

其处理过程是：首先查找外层查询中 XSB 表的第一行，根据该行的学号列值处理内层查询，若结果不为空，则 WHERE 条件就为真，就把该行的姓名值取出作为结果集的一行；然后再找 XSB 表的第 2、3…行，重复上述处理过程直到 XSB 表的所有行都查找完为止。

【例 4.31】 查找选修全部课程的学生姓名。

```
SELECT 姓名
    FROM XSB
    WHERE NOT EXISTS
        (SELECT *
            FROM KCB
            WHERE NOT EXISTS
                (SELECT   *
                    FROM CJB
                    WHERE 学号=XSB.学号 AND 课程号=KCB.课程号
                )
        )
```

说明：由于没有人选修全部课程，所以结果为空。

另外，子查询还可以用在 SELECT 语句的其他子句中，如 FROM 子句。SELECT 关键字后面也可以定义子查询。

【例 4.32】 从 XSB 表中查找所有女学生的姓名、学号和与 081101 号学生的年龄差距。

```
SELECT 学号, 姓名,
        YEAR(出生时间)-YEAR( ( SELECT 出生时间
                                    FROM XSB
                                    WHERE 学号='081101' )
                        ) AS 年龄差距
    FROM XSB
    WHERE 性别=0
```

执行结果如下图所示：

	学号	姓名	年龄差距
1	081103	王燕	-1
2	081110	张蔚	1
3	081111	赵琳	0
4	081113	严红	-1
5	081204	马琳琳	-1
6	081220	吴薇华	0
7	081221	刘燕敏	-1
8	081241	罗林琳	0

说明：YEAR 函数用于取出 datetime 类型数据的年份。

4.2.3 FROM 子句

前面两小节介绍了如何使用 SELECT 子句选择列（行）及使用 WHERE 子句指定查询条件，本小节讨论 SELECT 查询的对象（即数据源）的构成形式。SELECT 的查询对象由 FROM 子句指定，其格式为：

FROM 子句指定了 SELECT 语句查询的对象的构成形式。语法格式如下：

```
FROM <查询对象>
```

<查询对象>的构成如下：

```
<查询对象> ::=
{
    <表名或视图名> [ [ AS ] <别名> ]                              /*查询表或视图，可指定别名*/
  | <行集函数名> [ [ AS ] <别名> ] [ ( <列别名> [ ,...n ] ) ]      /*行集函数*/
  | <表值函数> [ [ AS ] <别名> ]                                  /*指定表值函数*/
  | <结果集> [ AS ] <别名>[ ( <列别名> [ ,...n ] ) ]              /*结果集*/
  | <连接>                                                        /*连接表*/
  | <Pivot 语法>                                                  /*将行转换为列*/
  | <UnPivot 语法>                                                /*将列转换为行*/
}
```

说明：

1. 表名或视图名

FROM 子句后可以指定一个或多个表名或视图名作为查询对象。有关视图的内容将在 4.3 节中介绍。

【例 4.33】 查找表 KCB 中的课程 101 的开课学期。

```
USE PXSCJ
GO
SELECT 开课学期
    FROM KCB
    WHERE 课程号= '101'
```

【例 4.34】 查找“081101”号学生课程名为“计算机基础”的课程成绩。

```
SELECT 成绩
    FROM CJB,KCB
    WHERE CJB.课程号=KCB.课程号
            AND 学号='081101'
            AND 课程名='计算机基础'
```

可以使用 AS 选项为表指定别名，AS 关键字也可以省略，直接给出别名即可。别名主要用在相关子查询及连接查询中。如果 FROM 子句指定了表别名，这条 SELECT 语句中的其他子句都必须使用表别名来代替原始的表名。

【例 4.35】 查找选修学号为 081102 学生所选修的全部课程的学生学号。

分析：本例即要查找这样的学生学号 y：对所有的课程中的某门课程，若 081102 号学生选修该课程，那么 y 号学生也选修该课程。

```
SELECT   DISTINCT 学号
    FROM CJB AS CJ1
```

```
WHERE NOT EXISTS
    ( SELECT  *
        FROM  CJB  AS  CJ2
        WHERE  CJ2.学号 = '081102'   AND  NOT EXISTS
            ( SELECT *
                FROM CJB AS CJ3
                WHERE CJ3. 学号= CJ1.学号  AND  CJ3.课程号 =CJ2.课程号
            )
    )
```

执行结果如下图所示：

	学号
1	081101
2	081102
3	081103
4	081104
5	081106
6	081107
7	081108
8	081109
9	081110
10	081111
11	081113

2．行集函数

行集函数通常返回一个表或视图。既可以使用别名来替代返回的表，又可以使用列别名替代结果集内的列名。

主要的行集函数有：CONTAINSTABLE、FREETEXTTABLE、OPENDATASOURCE、OPENQUERY、OPENROWSET 和 OPENXML。

3．表值函数

所谓表值函数就是返回一个表的用户自定义函数，有关用户自定义函数的内容将在第 5 章中介绍。

4．结果集

子查询可以用在 FROM 子句中，结果集表示由子查询中 SELECT 语句的执行而返回的表，但必须使用 AS 关键字为子查询产生的中间表定义一个别名。

【例 4.36】 从 XSB 表中查找总学分大于 50 的男生的姓名和学号。

```
SELECT 姓名,学号,总学分
   FROM  (  SELECT  姓名,学号,性别,总学分
               FROM XSB
               WHERE 总学分>50
         ) AS STUDENT
   WHERE 性别=1;
```

执行结果如下图所示：

	姓名	学号	总学分
1	李明	081107	54
2	林一帆	081108	52

说明：在这个例子中，首先处理 FROM 子句中的子查询，将结果放到一个中间表中并为表定义一个名称 STUDENT，然后再根据外部查询条件从 STUDENT 表中查询出数据。另外，子查询还可以嵌套使用。子查询用于 FROM 子句时，也可以为列指定别名。

【例 4.37】 在 XSB 表中查找 1990 年 1 月 1 日以前出生的学生的姓名和专业，分别使用别名 stu_name 和 speciality 表示。

```
SELECT   m.stu_name, m.speciality
    FROM   ( SELECT * FROM XSB WHERE  出生时间<'19900101' )
    AS m( num,stu_name, sex, birthday, speciality,score, mem )
```

执行结果如下图所示：

	stu_name	speciality
1	王燕	计算机
2	林一帆	计算机
3	张强民	计算机
4	严红	计算机
5	王敏	通信工程
6	王林	通信工程
7	马琳琳	通信工程
8	李计	通信工程
9	李红庆	通信工程
10	孙祥欣	通信工程
11	刘燕敏	通信工程

注意：*若要为列指定别名，则必须为所有列指定别名。*

5．<Pivot 语法>和<UnPivot 语法>

<Pivot 语法>的格式如下：

```
<输入表> PIVOT <pivot 选项> [AS] <输出表的别名>
```

其中：

```
<pivot 选项> ::=
    ( <聚合函数名> ( <列名> ) FOR <转换列> IN (<转换列的值>) )
```

说明：PIVOT 子句将表值表达式的某一列中的唯一值转换为输出中的多个列来转换表值表达式，即实现了将行值转化为列，并在必要时对最终输出中所需的任何其余的列值执行聚合。经常用在生成交叉表格报表以汇总数据时。其中，<转换列>设定要转换的列名，IN 关键字后的列值将成为输出表的列名，可以使用 AS 子句定义这些值的列别名。

【例 4.38】 查找 XSB 表中 1990 年 1 月 1 日以前出生的学生的姓名和总学分，并列出其属于计算机专业还是通信工程专业的情况，1 表示是，0 表示否。

```
SELECT  姓名,总学分,计算机,通信工程
    FROM XSB
    PIVOT
    (
        COUNT(学号)
        FOR  专业
        IN(计算机,通信工程)
    )AS pvt
    WHERE  出生时间<'1990-01-01'
```

执行结果如下图所示：

	姓名	总学分	计算机	通信工程
1	李红庆	44	0	1
2	李计	42	0	1
3	林一帆	52	1	0
4	刘燕敏	42	0	1
5	马琳琳	42	0	1
6	孙祥欣	42	0	1
7	王林	40	0	1
8	王敏	42	0	1
9	王燕	50	1	0
10	严红	48	1	0
11	张强民	50	1	0

<UnPivot 语法>格式如下：

```
<输入表> UNPIVOT <unpivot 选项> [AS] <输出表的别名>
```

其中：

```
<unpivot 选项> ::=
    ( <列名> FOR <转换列> IN ( <转换列的值> ) )
```

说明：***<UnPivot 语法>***的格式与***<Pivot 语法>***的格式相似，不过前者不使用聚合函数。UNPIVOT 将执行与 PIVOT 几乎完全相反的操作，将列名转换为行值。

【例 4.39】　将 KCB 表中的开课学期和学分列转换为行输出。

```
SELECT 课程号,课程名,选项,内容
    FROM KCB
    UNPIVOT
    (
        内容
        FOR 选项 IN
        (学分,开课学期)
    )
    unpvt
```

执行结果如右图所示。

	课程号	课程名	选项	内容
1	101	计算机基础	学分	5
2	101	计算机基础	开课学期	1
3	102	程序设计与语言	学分	4
4	102	程序设计与语言	开课学期	2
5	206	离散数学	学分	4
6	206	离散数学	开课学期	4
7	208	数据结构	学分	4
8	208	数据结构	开课学期	5
9	209	操作系统	学分	4
10	209	操作系统	开课学期	6
11	210	计算机原理	学分	5
12	210	计算机原理	开课学期	5
13	212	数据库原理	学分	4
14	212	数据库原理	开课学期	7
15	301	计算机网络	学分	3
16	301	计算机网络	开课学期	7
17	302	软件工程	学分	3
18	302	软件工程	开课学期	7

6. 连接

连接将在下一小节中介绍。

4.2.4　连接

连接是两元运算，可以对两个或多个表进行查询，结果通常是含有参加连接运算的两个表（或多个表）的指定列的表。例如，在 PXSCJ 数据库中需要查找选修了离散数学课程的学生的姓名和成绩，就需要将 XSB、KCB 和 CJB 三个表进行连接，才能查找到结果。

实际的应用中，多数情况下，用户查询的列都来自多个表。例如，在学生成绩数据库中查询选修了某个课程号的课程的学生的姓名、该课课程名和成绩，所需要的列来自 XSB、KCB 和 CJB 三个表。把涉及多个表的查询称为连接查询。

在 T-SQL 中，连接查询有两大类表示形式：一是符合 SQL 标准连接谓词表示形式；一是 T-SQL 扩展的使用关键字 JOIN 的表示形式。

1. 连接谓词

可以在 SELECT 语句的 WHERE 子句中使用比较运算符给出连接条件对表进行连接，将这种表示形式称为连接谓词表示形式。

【例 4.40】 查找 PXSCJ 数据库每个学生情况以及所选修课程情况。

```
USE   PXSCJ
GO
SELECT XSB.* , CJB.*
    FROM   XSB , CJB
    WHERE XSB.学号  = CJB.学号
```

结果表将包含 XSB 表和 CJB 表的所有列。

注意：连接谓词中的两个列（即字段）称为连接字段，它们必须是可比的。如本例连接谓词中的两个字段分别是 XSB 和 CJB 表中的学号字段。不同表中的字段名，需要在字段名之前加上表名以示区别。

连接谓词中的比较符可以是<、<=、=、>、>=、!=、<>、!< 和 !>，当比较符为“=”时，就是等值连接。若在目标列中去除相同的字段名，则为自然连接。

【例 4.41】 自然连接查询。

```
SELECT XSB.* , CJB.课程号, CJB.成绩
    FROM XSB , CJB
    WHERE XSB.学号= CJB.学号
```

本例所得的结果表包含以下字段：学号、姓名、性别、出生时间、专业、总学分、备注、课程号、成绩。

若选择的字段名在各个表中是唯一的，则可以省略字段名前的表名。如本例的 SELECT 语句也可写为：

```
SELECT XSB.* , 课程号, 成绩
    FROM XSB , CJB
    WHERE XSB.学号  = CJB.学号
```

【例 4.42】 查找选修了 206 课程且成绩在 80 分以上的学生姓名及成绩。

```
SELECT  姓名, 成绩
    FROM XSB , CJB
    WHERE XSB.学号  = CJB.学号  AND  课程号  = '206' AND  成绩  >= 80
```

执行结果如下图所示：

	姓名	成绩
1	王燕	81
2	李方方	80
3	林一帆	87
4	张蔚	89

有时用户所需的字段来自多个表，那么就要对这些表进行连接，称之为多表连接。

【例 4.43】 查找选修了“计算机基础”课程且成绩在 80 分以上的学生学号、姓名、课程名及成绩。

```
SELECT XSB.学号, 姓名, 课程名, 成绩
    FROM   XSB , KCB , CJB
```

```
    WHERE  XSB.学号 = CJB.学号
        AND  KCB.课程号 = CJB.课程号
        AND  课程名 = '计算机基础'
        AND  成绩 >= 80
```

执行结果如下图所示：

	学号	姓名	课程名	成绩
1	081101	王林	计算机基础	80
2	081104	韦严平	计算机基础	90
3	081108	林一帆	计算机基础	85
4	081110	张蔚	计算机基础	95
5	081111	赵琳	计算机基础	91
6	081201	王敏	计算机基础	80
7	081203	王玉民	计算机基础	87
8	081204	马琳琳	计算机基础	91
9	081216	孙祥欣	计算机基础	81
10	081220	吴薇华	计算机基础	82
11	081241	罗林琳	计算机基础	90

连接和子查询可能都要涉及两个或多个表，要注意连接与子查询的区别：连接可以合并两个或多个表中数据，而带子查询的 SELECT 语句的结果只能来自一个表，子查询的结果是用来作为选择结果数据时进行参照的。

2．以 JOIN 关键字指定的连接

T-SQL 扩展了以 JOIN 关键字指定连接的表示方式，使表的连接运算能力有了增强。FROM 子句的***<连接>***表示将多个表连接起来。

语法格式如下：

```
<连接>::=
{
    <表名> [ {  INNER
               | { { LEFT | RIGHT | FULL } [ OUTER ] }
               | CROSS
            } ]
      JOIN  <表名>
          ON <连接条件>
}
```

说明：

INNER 关键字表示内连接，OUTER 表示外连接，CROSS 表示交叉连接。ON 关键字指定连接条件。因此，以 JOIN 关键字指定的连接有 3 种类型：内连接、外连接和交叉连接。

(1) 内连接。指定了 INNER 关键字的连接是内连接，内连接按照 ON 所指定的连接条件合并两个表，返回满足条件的行。

【例 4.44】　查找 PXSCJ 数据库每个学生的情况以及选修的课程情况。

```
SELECT  *
    FROM  XSB  INNER  JOIN  CJB
        ON  XSB.学号 =CJB.学号
```

执行的结果将包含 XSB 表和 CJB 表的所有字段（不去除重复字段——学号）。

内连接是系统默认的，可以省略 INNER 关键字。使用内连接仍可使用 WHERE 子句指定条件。

【例 4.45】 用 FROM 子句的 JOIN 关键字表达下列查询：查找选修了 206 课程且成绩在 80 分以上的学生姓名及成绩。

```
SELECT 姓名, 成绩
    FROM XSB JOIN CJB
        ON XSB.学号 = CJB.学号
    WHERE 课程号 = '206'  AND 成绩>=80
```

	姓名	成绩
1	王燕	81
2	李方方	80
3	林一帆	87
4	张蔚	89

执行结果如左图所示。

内连接还可以用于多个表的连接。

【例 4.46】 用 FROM 子句的 JOIN 关键字表达下列查询：查找选修了“计算机基础”课程且成绩在 80 分以上的学生学号、姓名、课程名及成绩。

```
SELECT  XSB.学号, 姓名, 课程名, 成绩
    FROM XSB JOIN CJB JOIN KCB
        ON  CJB.课程号 = KCB.课程号
        ON  XSB.学号 = CJB.学号
    WHERE 课程名='计算机基础'  AND 成绩>=80
```

作为一种特例，可以将一个表与其自身进行连接，称为自连接。若要在一个表中查找具有相同列值的行，则可以使用自连接。使用自连接时需为表指定两个别名，且对所有列的引用均要用别名限定。

【例 4.47】 查找不同课程成绩相同的学生的学号、课程号和成绩。

```
SELECT a.学号, a.课程号, b.课程号, a.成绩
    FROM CJB a  JOIN  CJB b
        ON  a.成绩=b.成绩 AND  a.学号=b.学号 AND  a.课程号!=b.课程号
```

执行结果如下图所示：

	学号	课程号	课程号	成绩
1	081102	102	206	78
2	081102	206	102	78

(2) 外连接。指定了 OUTER 关键字的连接为外连接，外连接的结果表不但包含满足连接条件的行，还包括相应表中的所有行。外连接包括 3 种：

左外连接（LEFT OUTER JOIN）：结果表中除了包括满足连接条件的行外，还包括左表的所有行；

右外连接（RIGHT OUTER JOIN）：结果表中除了包括满足连接条件的行外，还包括右表的所有行；

完全外连接（FULL OUTER JOIN）：结果表中除了包括满足连接条件的行外，还包括两个表的所有行。

其中的 OUTER 关键字均可省略。

【例 4.48】 查找所有学生情况及他们选修的课程号，若学生未选修任何课，也要包括其情况。

```
SELECT XSB.* , 课程号
    FROM  XSB  LEFT OUTER JOIN CJB
```

```
            ON   XSB.学号 = CJB.学号
```

本例执行时，若有学生未选任何课程，则结果表中相应行的课程号字段值为 NULL。

【例 4.49】　查找被选修的课程的选修情况和所有开设的课程名。

```
SELECT CJB.* , 课程名
    FROM CJB RIGHT JOIN   KCB
        ON   CJB.课程号= KCB.课程号
```

本例执行时，若某课程未被选修，则结果表中相应行的学号、课程号和成绩字段值均为 NULL。

(3) 交叉连接。交叉连接实际上是将两个表进行笛卡尔积运算，结果表是由第一个表的每行与第二个表的每一行拼接后形成的表，因此结果表的行数等于两个表行数之积。

【例 4.50】　列出学生所有可能的选课情况。

```
SELECT  学号, 姓名, 课程号, 课程名
    FROM XSB CROSS JOIN KCB
```

交叉连接也可以使用 WHERE 子句进行条件限定。

4.2.5　GROUP BY 子句

GROUP BY 子句主要用于根据字段对行分组。例如，根据学生所学的专业对 XSB 表中的所有行分组，结果是每个专业的学生成为一组。语法格式如下：

```
[ GROUP BY [ ALL ] <分组表达式> [,…n]
    [ WITH { CUBE | ROLLUP } ] ]
```

说明：

<分组表达式>：其中通常包含字段名。指定 ALL 将显示所有组。使用 GROUP BY 子句后，SELECT 子句中的列表中只能包含在 GROUP BY 中指出的列或在聚合函数中指定的列。

WITH：指定 CUBE 或 ROLLUP 操作符，CUBE 或 ROLLUP 与聚合函数一起使用，在查询结果中增加附加记录。

【例 4.51】　将 PXSCJ 数据库中各专业输出。

```
SELECT  专业
    FROM     XSB
    GROUP   BY 专业
```

执行结果如下图所示：

	专业
1	计算机
2	通信工程

【例 4.52】　求各专业的学生数。

```
SELECT  专业, COUNT(*) AS '学生数'
    FROM    XSB
    GROUP   BY 专业
```

执行结果如下图所示：

	专业	学生数
1	计算机	11
2	通信工程	11

【例 4.53】 求被选修的各门课程的平均成绩和选修该课程的人数。

```
SELECT 课程号, AVG(成绩) AS '平均成绩' , COUNT(学号) AS '选修人数'
    FROM CJB
    GROUP BY 课程号
```

执行结果如下图所示：

	课程号	平均成...	选修人数
1	101	78	20
2	102	77	11
3	206	75	11

使用带 ROLLUP 操作符的 GROUP BY 子句：指定在结果集内不仅包含由 GROUP BY 提供的正常行，还包含汇总行。

【例 4.54】 在 PXSCJ 数据库上产生一个结果集，包括每个专业的男生、女生人数、总人数及学生总人数。

```
SELECT 专业, 性别 , COUNT(*) AS '人数'
    FROM    XSB
    GROUP   BY 专业,性别
    WITH   ROLLUP
```

	专业	性别	人数
1	计算机	0	4
2	计算机	1	7
3	计算机	NULL	11
4	通信工程	0	4
5	通信工程	1	7
6	通信工程	NULL	11
7	NULL	NULL	22

执行结果如左图所示。

结果中标注为汇总行之外的行，均为不带 ROLLUP 的 GROUP BY 所产生的行。

从上述含有 ROLLUP 的 GROUP BY 子句的 SELECT 语句的执行结果可以看出，使用 ROLLUP 操作符后，将对 GROUP BY 子句中所指定的各列产生汇总行。

产生的规则是：按列排列的逆序依次进行汇总。如本例根据专业和性别对 XSB 表分组，使用 ROLLUP 后，先对性别字段产生了汇总行（针对专业相同的行），然后对专业与性别均不同值产生了汇总行。所产生的汇总行中对应具有不同列值的字段值将置为 NULL。

使用带 CUBE 操作符的 GROUP BY 子句：CUBE 操作符对 GROUP BY 子句中的各列的所有可能组合均产生汇总行。

【例 4.55】 在 PXSCJ 数据库上产生一个结果集，包括每个专业的男生、女生人数、总人数及男生总数、女生总数、学生总人数。

```
SELECT 专业, 性别, COUNT(*) AS '人数'
    FROM XSB
    GROUP BY 专业,性别
    WITH CUBE
```

执行结果如下图所示：

	专业	性别	人数
1	计算机	0	4
2	计算机	1	7
3	计算机	NULL	11
4	通信工程	0	4
5	通信工程	1	7
6	通信工程	NULL	11
7	NULL	NULL	22
8	NULL	0	8
9	NULL	1	14

分析：本例中用于分组的列（即 GROUP BY 子句中的列）为专业和性别，在 XSB 表中，专业有两个不同的值（计算机、通信工程），性别也有 2 个不同的值（0、1），再加上 NULL 值，因此它们可能的组合有 5 种，因此生成 5 个汇总行。

使用带有 CUBE 或 ROLLUP 的 GROUP BY 子句时，SELECT 子句的列表还可以是聚合函数 GROUPING。若需要标志结果表中哪些行是由 CUBE 或 ROLLUP 添加的，而哪些不是，则可使用 GROUPING 函数作为输出列。

【例 4.56】　统计各专业男生、女生人数及学生总人数，标志汇总行。

```
SELECT 专业, 性别 , COUNT(*) AS '人数',
      GROUPING(专业) AS 'spec',  GROUPING(性别) AS 'sx'
      FROM XSB
      GROUP BY 专业,性别
      WITH CUBE
```

执行结果如右图所示。

	专业	性别	人数	spec	sx
1	计算机	0	4	0	0
2	计算机	1	7	0	0
3	计算机	NULL	11	0	1
4	通信工程	0	4	0	0
5	通信工程	1	7	0	0
6	通信工程	NULL	11	0	1
7	NULL	NULL	22	1	1
8	NULL	0	8	1	0
9	NULL	1	14	1	0

结果中 spec 或 sx 两列中任一列值为 1，则该行为汇总行。

4.2.6　HAVING 子句

使用 GROUP BY 子句和聚合函数对数据进行分组后，还可以使用 HAVING 子句对分组数据进行进一步的筛选。

例如，查找 PXSCJ 数据库中平均成绩在 85 分以上的学生，就是在 CJB 表上按学号分组后筛选出符合平均成绩大于等于 85 的学生。

HAVING 子句的格式为：

```
[ HAVING <分组条件表达式> ]
```

其中，分组条件与 WHERE 子句的查询条件类似，不过 HAVING 子句中可以使用聚合函数，而 WHERE 子句中不可以。

【例 4.57】　查找平均成绩在 85 分以上的学生学号和平均成绩。

```
USE PXSCJ
GO
SELECT 学号, AVG(成绩) AS '平均成绩'
      FROM CJB
      GROUP BY 学号
      HAVING  AVG(成绩) >=85
```

执行结果如下图所示：

	学号	平均成绩
1	081110	91
2	081203	87
3	081204	91
4	081241	90

在 SELECT 语句中，当 WHERE、GROUP BY 与 HAVING 子句都被使用时，要注意它们的作用和执行顺序。WHERE 用于筛选由 FROM 子句指定的数据对象，GROUP BY 用于对 WHERE 的结果进行分组，HAVING 则是对 GROUP BY 以后的分组数据进行过滤。

【例 4.58】 查找选修课程超过 2 门且成绩都在 80 分以上的学生的学号。

```
SELECT 学号
    FROM CJB
    WHERE 成绩 >= 80
    GROUP BY 学号
    HAVING   COUNT(*) > 2
```

执行结果如下图所示：

	学号
1	081110

分析：本查询将 CJB 表中成绩大于 80 的记录按学号分组，对每组记录计数，选出记录数大于 2 的各组的学号值形成结果表。

【例 4.59】 查找通信工程专业平均成绩在 85 分以上的学生学号和平均成绩。

```
SELECT 学号, AVG(成绩) AS '平均成绩'
    FROM CJB
    WHERE 学号 IN
        (SELECT 学号
            FROM   XSB
            WHERE 专业 ='通信工程'
        )
    GROUP BY 学号
    HAVING AVG(成绩) > =85
```

执行结果如下图所示：

	学号	平均成绩
1	081203	87
2	081204	91
3	081241	90

分析：先执行 WHERE 查询条件中的子查询，得到通信工程专业所有学生的学号集。然后对 CJB 表中的每条记录，判断其学号字段值是否在前面所求得的学号集中。若否，则跳过该记录，继续处理下一条记录；若是，则加入 WHERE 的结果集。

对 CJB 表均筛选完后，按学号进行分组，再在各分组记录中选出平均成绩值大于等于 85 的记录形成最后的结果集。

4.2.7 ORDER BY 子句

在应用中经常要对查询的结果排序输出，例如学生成绩由高到低排序。在 SELECT 语句中，使用 ORDER BY 子句对查询结果进行排序。ORDER BY 子句的格式为：

```
[ ORDER BY <排序表达式> [ ASC | DESC ] ]
```

其中，排序表达式可以是列名、表达式或一个正整数，如果是一个正整数，表示按表中该位置上的列排序。关键字 ASC 表示升序排列，DESC 表示降序排列，系统默认值为 ASC。

【例 4.60】 将通信工程专业的学生按出生时间先后排序。

```
SELECT *
    FROM XSB
    WHERE 专业= '通信工程'
    ORDER BY 出生时间
```

【例 4.61】 将计算机专业学生的“计算机基础”课程成绩按降序排列。

```
SELECT 姓名, 课程名, 成绩
    FROM XSB, KCB, CJB
    WHERE XSB.学号 = CJB.学号
        AND CJB.课程号 = KCB.课程号
        AND 课程名= '计算机基础'
        AND 专业= '计算机'
    ORDER BY 成绩 DESC
```

执行结果如右图所示。

	姓名	课程名	成绩
1	张蔚	计算机基础	95
2	赵琳	计算机基础	91
3	韦严平	计算机基础	90
4	林一帆	计算机基础	85
5	王林	计算机基础	80
6	李明	计算机基础	78
7	张强民	计算机基础	66
8	李方方	计算机基础	65
9	严红	计算机基础	63
10	王燕	计算机基础	62

ORDER BY 子句可以与 COMPUTE BY 子句一起使用，在对结果排序的同时还产生附加的汇总行。

COMPUTE 子句用于分类汇总，将产生额外的汇总行。格式为：

```
[ COMPUTE { <聚合函数名>(<列名>)} [ ,...n ] [ BY <表达式> [ ,...n ] ] ]
```

其中，聚合函数名见表 4.10。BY 在结果集中生成控制中断和小计。COMPUTE BY 一般要与 ORDER BY 子句一起使用，<表达式>是关联 ORDER BY 子句中排序表达式的相同副本。

【例 4.62】 查找通信工程专业学生的学号、姓名、出生时间，并产生一个学生总人数行。

```
SELECT 学号, 姓名, 出生时间
    FROM XSB
    WHERE 专业= '通信工程'
    COMPUTE COUNT(学号)
```

执行结果如左图所示。

	学号	姓名	出生时间
1	081201	王敏	1989-06-10 00:00:00.000
2	081202	王林	1989-01-29 00:00:00.000
3	081203	王玉民	1990-03-26 00:00:00.000
4	081204	马琳琳	1989-02-10 00:00:00.000
5	081206	李计	1989-09-20 00:00:00.000
6	081210	李红庆	1989-05-01 00:00:00.000
7	081216	孙祥欣	1989-03-19 00:00:00.000
8	081218	孙研	1990-10-09 00:00:00.000
9	081220	吴薇华	1990-03-18 00:00:00.000
10	081221	刘燕敏	1989-11-12 00:00:00.000
11	081241	罗林琳	1990-01-30 00:00:00.000

	cnt
1	11

从上述结果可以看出，COMPUTE 子句产生附加的汇总行，其列标题是系统自定的，对于 COUNT 函数为 cnt，对于 AVG 函数为 avg，对于 SUM 函数为 sum，等等。

【例 4.63】 将学生按专业排序，并汇总各专业人数和平均学分。

```
SELECT 学号, 姓名, 出生时间, 总学分
```

```
        FROM    XSB
        ORDER BY 专业
        COMPUTE    COUNT(学号), AVG(总学分) BY 专业
```

执行结果如下图所示：

	学号	姓名	出生时间	总学分
1	081101	王林	1990-02-10 00:00:00.000	50
2	081102	程明	1991-02-01 00:00:00.000	50
3	081103	王燕	1989-10-06 00:00:00.000	50
4	081104	韦严平	1990-08-26 00:00:00.000	50
5	081106	李方方	1990-11-20 00:00:00.000	50
6	081107	李明	1990-05-01 00:00:00.000	54
7	081108	林一帆	1989-08-05 00:00:00.000	52
8	081109	张强民	1989-08-11 00:00:00.000	50
9	081110	张蔚	1991-07-22 00:00:00.000	50
10	081111	赵琳	1990-03-18 00:00:00.000	50
11	081113	严红	1989-08-11 00:00:00.000	48

	cnt	avg
1	11	50

	学号	姓名	出生时间	总学分
1	081201	王敏	1989-06-10 00:00:00.000	42
2	081202	王林	1989-01-29 00:00:00.000	40
3	081203	王玉民	1990-03-26 00:00:00.000	42
4	081204	马琳琳	1989-02-10 00:00:00.000	42
5	081206	李计	1989-09-20 00:00:00.000	42
6	081210	李红庆	1989-05-01 00:00:00.000	44
7	081216	孙祥欣	1989-03-19 00:00:00.000	42
8	081218	孙研	1990-10-09 00:00:00.000	42
9	081220	吴薇华	1990-03-18 00:00:00.000	42
10	081221	刘燕敏	1989-11-12 00:00:00.000	42
11	081241	罗林琳	1990-01-30 00:00:00.000	50

	cnt	avg
1	11	42

4.2.8 SELECT 语句的其他语法

1. INTO

使用 INTO 子句可以将 SELECT 查询所得的结果保存到一个新建的表中。INTO 子句的格式为：

```
[ INTO <新表名> ]
```

包含 INTO 子句的 SELECT 语句执行后所创建的表的结构由 SELECT 所选择的列决定，新创建的表中的记录由 SELECT 的查询结果决定。若 SELECT 的查询结果为空，则创建一个只有结构而没有记录的空表。

【例 4.64】 由 XSB 表创建“计算机系学生”表，包括学号和姓名。

```
SELECT 学号, 姓名
    INTO 计算机系学生
    FROM XSB
    WHERE 专业= '计算机'
```

本例所创建的“计算机系学生”表包括两个字段：学号、姓名，其数据类型与 XSB 表中的同名字段相同。SELECT…INTO 语句不能与 COMPUTE 子句一起使用。

2. UNION

使用 UNION 子句可以将两个或多个 SELECT 查询的结果合并成一个结果集，其格式为：

```
<SELECT 查询语句>
UNION [ A LL ] < SELECT 查询语句>
[ UNION [ A LL ] < SELECT 查询语句> […n] ]
```

使用 UNION 组合两个查询的结果集的基本规则是：

(1) 所有查询中的列数和列的顺序必须相同。

(2) 数据类型必须兼容。

关键字 ALL 表示合并的结果中包括所有行，不去除重复行；不使用 ALL 则在合并的结果去除重复行。含有 UNION 的 SELECT 查询也称为联合查询，若不指定 INTO 子句，结果将合并到第一个表中。

【例 4.65】　查找学号为 081101 和学号为 081210 两位学生的信息。

```
SELECT *
    FROM XSB
    WHERE 学号= '081101'
UNION ALL
SELECT *
    FROM XSB
    WHERE 学号= '081210';
```

执行结果如下图所示：

	学号	姓名	性别	出生时间	专业	总学分	备注
1	081101	王林	1	1990-02-10 00:00:00.000	计算机	50	NULL
2	081210	李红庆	1	1989-05-01 00:00:00.000	通信工程	44	已提前修完一门课，并获得学分

UNION 操作常用于归档数据，例如归档月报表形成年报表，归档各部门数据等。

注意：UNION 还可以与 GROUP BY 及 ORDER BY 一起使用，用来对合并所得的结果表进行分组或排序。

3. EXCEPT 和 INTERSECT

EXCEPT 和 INTERSECT 用于比较两个查询的结果，返回非重复值。语法格式如下：

```
< SELECT 查询语句>
{ EXCEPT | INTERSECT }
< SELECT 查询语句>
```

使用 EXCEPT 和 INTERSECT 比较两个查询的规则和 UNION 语句一样。EXCEPT 从 EXCEPT 关键字左边的查询中返回右边查询没有找到的所有非重复值。INTERSECT 返回 INTERSECT 关键字左右两边的两个查询都返回的所有非重复值。

EXCEPT 或 INTERSECT 返回的结果集的列名与关键字左侧的查询返回的列名相同。

如果查询中语句包含 ORDER BY 子句，则 ORDER BY 自己中的列名或别名必须引用左侧查询返回的列名。但 EXCEPT 或 INTERSECT 不能和 COMPUTE 子句一起使用。

【例 4.66】　查找专业为计算机但性别不为男的学生信息。

```
USE PXSCJ
GO
SELECT * FROM XSB WHERE 专业= '计算机'
```

```
EXCEPT
SELECT * FROM XSB WHERE 性别=1
```

执行结果如下图所示：

	学号	姓名	性别	出生时间	专业	总学分	备注
1	081103	王燕	0	1989-10-06 00:00:00.000	计算机	50	NULL
2	081110	张蔚	0	1991-07-22 00:00:00.000	计算机	50	三好生
3	081111	赵琳	0	1990-03-18 00:00:00.000	计算机	50	NULL
4	081113	严红	0	1989-08-11 00:00:00.000	计算机	48	有一门课不及格，待补考

【例 4.67】 查找总学分大于 42 且性别为男的学生信息。

```
SELECT * FROM XSB WHERE 总学分>42
INTERSECT
SELECT * FROM XSB WHERE 性别=1
```

执行结果如下图所示：

	学号	姓名	性别	出生时间	专业	总学分	备注
1	081101	王林	1	1990-02-10 00:00:00.000	计算机	50	NULL
2	081102	程明	1	1991-02-01 00:00:00.000	计算机	50	NULL
3	081104	韦严平	1	1990-08-26 00:00:00.000	计算机	50	NULL
4	081106	李方方	1	1990-11-20 00:00:00.000	计算机	50	NULL
5	081107	李明	1	1990-05-01 00:00:00.000	计算机	54	提前修完《数据结构》，并获学分
6	081108	林一帆	1	1989-08-05 00:00:00.000	计算机	52	已提前修完一门课
7	081109	张强民	1	1989-08-11 00:00:00.000	计算机	50	NULL
8	081210	李红庆	1	1989-05-01 00:00:00.000	通信工程	44	已提前修完一门课，并获得学分

4．CTE

在SELECT语句的最前面可以使用一条WITH子句来指定临时结果集，语法格式如下：

```
[ WITH <公用表值表达式> [ ,...n ] ]
```

其中：

```
<公用表值表达式>::=
    <CTE 名称> [ ( <列名> [ ,...n ] ) ]
      AS ( <CTE 查询语句> )
```

说明：

临时命名的结果集也称为公用表值表达式（Common Table Expression，简称 CTE），CTE 是 SQL Server 2005 的一项新功能。CTE 用于存储一个临时的结果集，在 SELECT、INSERT、DELETE、UPDATE 或 CTEATE VIEW 语句中都可以建立一个 CTE。CTE 相当于一个临时表，只不过它的生命周期在该批处理语句执行完后就结束。

<列名>指定<CTE 查询语句>返回的数据字段名称，其个数要和<CTE 查询语句>返回的字段个数相同。若不定义则直接命名为查询语法的数据集合字段名称为返回数据的字段名称。CTE 下方的 SELECT 语句可以直接查询 CTE 中的数据。

不能在 CTE 查询语句中使用以下子句：

- COMPUTE 或 COMPUTE BY；
- ORDER BY（除非指定了 TOP 子句）；
- INTO；
- 带有查询提示的 OPTION 子句；

- FOR XML；
- FOR BROWSE。

不允许在一个 CTE 中指定多个 WITH 子句。例如，如果 CTE 查询语句包含一个子查询，则该子查询不能包括定义另一个 CTE 的嵌套的 WITH 子句。如果将 CTE 用在属于批处理的一部分的语句中，那么在它之前的语句必须以分号结尾。

【例 4.68】　使用 CTE 从 CJB 表中查询选了课程号为 101 课程的学生学号、成绩，并定义新的列名为 number、point。再使用 SELECT 语句从 CTE 和 XSB 中查询姓名为“王林”的学生学号和成绩情况。

```
USE PXSCJ
GO
WITH cte_stu(number,point)
    AS (SELECT 学号,成绩 FROM CJB WHERE 课程号='101')
    SELECT number, point
        FROM cte_stu, XSB
        WHERE   XSB.姓名='王林'
                AND XSB.学号=cte_stu.number
```

执行结果如下图所示：

	number	point
1	081101	80
2	081202	65

当 CTE 中查询语句引用了 CTE 自身的名称时，就形成了递归的 CTE。递归 CTE 定义至少必须包含两个 CTE 查询定义：定位点成员和递归成员。前者是指不引用 CTE 名称的成员，后者是指在查询中使用了 CTE 自己名称的成员。可以定义多个定位点成员和递归成员，但必须将所有定位点成员查询定义置于第一个递归成员定义之前。

定位点成员必须与 UNION ALL、INTERSECT 或 EXCEPT 结合使用。在最后一个定位点成员和第一个递归成员之间，以及组合多个递归成员时，只能使用 UNION ALL 运算符。递归 CTE 中所有成员的数据字段必须要完全一致。递归成员的 FROM 子句只能引用一次递归 CTE 的名称。在递归成员的 CTE 查询语句中不允许出现下列项：

- SELECT DISTINCT；
- GROUP BY；
- HAVING；
- 标量聚合；
- TOP；
- LEFT、RIGHT、OUTER JOIN（允许出现 INNER JOIN）；
- 子查询。

【例 4.69】　计算数字 1～10 的阶乘。

```
WITH  MyCTE(n,njc)
    AS(
        SELECT n=1, njc=1
        UNION ALL
```

```
            SELECT n=n+1, njc=njc*(n+1)
                FROM MyCTE
                WHERE n<10
    )
SELECT n,njc FROM MyCTE
```

执行结果如下图所示：

	n	njc
1	1	1
2	2	2
3	3	6
4	4	24
5	5	120
6	6	720
7	7	5040
8	8	40320
9	9	362880
10	10	3628800

注意：*在递归 CTE 的成员中使用的字段要与 CTE 定义的字段名称一致。*

除了以上的子句，SELECT 语句中还可以使用 FOR 子句和 OPTION 子句，分别用来指定 BROWSE 或 XML 选项和查询提示信息。

4.3 视图

4.3.1 视图概念

前面已经提到过视图（View），这一节专门讨论视图的概念、定义和操作。

视图是从一个或多个表（或视图）导出的表。视图是数据库的用户使用数据库的观点。例如对于一个学校，其学生的情况存于数据库的一个或多个表中，而作为学校的不同职能部门，所关心的学生数据的内容是不同的。即使是同样的数据，也可能有不同的操作要求。于是就可以根据不同需求，在物理的数据库上定义对数据库所要求的数据结构。这种根据用户观点所定义的数据结构就是视图。

视图与表（有时为了与视图区别，也称表为基本表——Base Table）不同，视图是一个虚表，即视图所对应的数据不进行实际存储，数据库中只存储视图的定义。对视图的数据进行操作时，系统根据视图的定义操作与视图相关联的基本表。

视图一经定义，就可以像表一样被查询、修改、删除和更新。使用视图有下列优点：

(1) 为用户集中数据，简化用户的数据查询和处理。有时用户所需要的数据分散在多个表中，定义视图可将它们集中在一起，从而方便用户的数据查询和处理。

(2) 屏蔽数据库的复杂性。用户不必了解复杂的数据库中的表结构，并且数据库表的更改也不会影响用户对数据库的使用。

(3) 简化用户权限的管理。只需授予用户使用视图的权限，而不必指定用户只能使用表的特定列，也增加了安全性。

(4) 便于数据共享。各用户不必都定义和存储自己所需的数据，可共享数据库的数据，这样同样的数据只需存储一次。

(5) 可以重新组织数据以便输出到其他应用程序中。

使用视图时，要注意下列事项：

(1) 只有在当前数据库中才能创建视图。视图的命名必须遵循标识符命名规则，不能与表同名。

(2) 不能把规则、默认值或触发器与视图相关联。

4.3.2 创建视图

视图在数据库中是作为一个对象来存储的。创建视图前，要保证创建视图的用户已被数据库所有者授权可以使用 CREATE VIEW 语句，并且有权操作视图所涉及的表或其他视图。

在 SQL Server 2005 中，创建视图可以在“SQL Server Management Studio”中的“对象资源管理器”中进行，也可以使用 T-SQL 的 CREATE VIEW 语句。

1. 在“SQL Server Management Studio”中创建视图

以在 PXSCJ 数据库中创建名为 CS_XS(描述计算机专业学生情况)的视图说明在“SQL Server Management Studio”中创建视图的过程。其主要步骤如下：

第 1 步：启动“SQL Server Management Studio”→在“对象资源管理器”中展开“数据库”→“PXSCJ”→选择其中的“视图”项，右击鼠标，在弹出的快捷菜单上选择“新建视图”菜单项。

第 2 步：在随后出现的添加表窗口中，添加所需要关联的基本表、视图、函数、同义词。这里只使用表选项卡，选择表“XSB”，如图 4.2 所示，单击“添加”按钮。如果还需要添加其他表，则可以继续选择添加基表；如果不再需要添加，可以单击“关闭”按钮关闭该窗口。

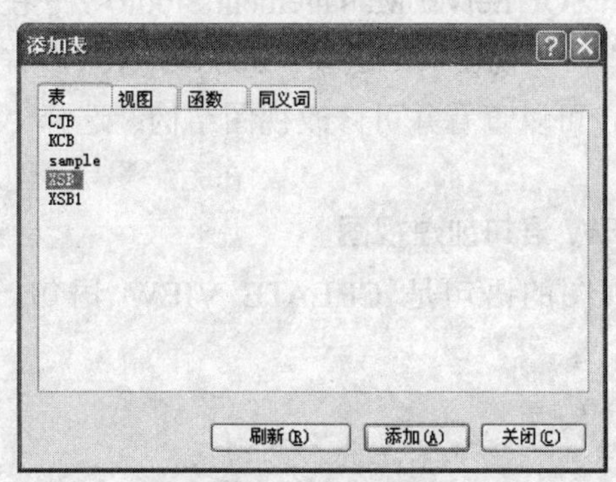

图 4.2 “添加表”快捷菜单

第 3 步：基表添加完后，在视图窗口的关系图窗口显示了基表的全部列信息，如图 4.3 所示。根据需要在图 4.3 所示的窗口中选择创建视图所需的字段，可以在子窗口中的“列”一栏指定列的别名，在“排序类型”一栏指定列的排序方式，在“筛选器”一栏指定创建视图的规则（本例在“专业”字段的“筛选器”栏中填写“计算机”）。

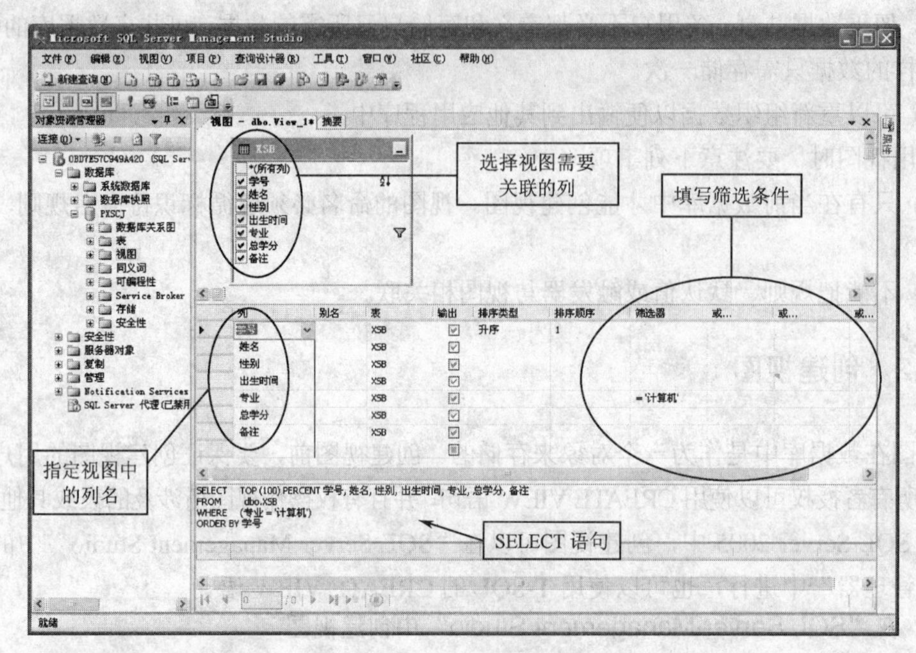

图 4.3　创建视图

这一步选择的字段、规则等的情况所对应的 SELECT 语句将会自动显示在窗口底部中。

当视图中需要一个与原字段名不同的字段名或视图的源表中有同名的字段或视图中包含了计算列时，需要为视图中的这样的列重新指定名称。

第 4 步：上一步完成后，单击界面上的“保存”按钮，出现“保存视图”对话框，在其中输入视图名 CS_XS，并单击“确定”按钮，便完成了视图的创建。

创建成功的视图包含了所选择的列数据。例如，若创建了 CS_XS 视图，则可查看其结构及内容。

查看的方法是：启动“SQL Server Management Studio”→在“对象资源管理器”中展开“数据库”→“PXSCJ”→“视图”→选择“dbo.CS_XS”，右击鼠标，在弹出的快捷菜单中选择“修改”菜单项，可以查看并可修改视图结构；选择“打开视图”菜单项，将可查看视图数据内容。

2. 使用 CREATE VIEW 语句创建视图

T-SQL 中用于创建视图的语句是 CREATE VIEW 语句，例如用该语句创建视图 CS_XS，其表示形式为：

```
USE PXSCJ
GO
CREATE   VIEW   CS_XS
     AS
     SELECT  *
          FROM   XSB
          WHERE  专业='计算机
```

语法格式：

```
CREATE VIEW <视图名> [ (<列名> [ ,...n ] ) ]
    [WITH {ENCRYPTION | SCHEMABINDING} ]
    AS <SELECT 语句> [ ; ]
    [ WITH CHECK OPTION ]
```

说明：

- <视图名>：在定义视图名时可以指定视图所属的数据库和架构。
- <列名>：视图中可以定义新的列名。若使用与源表或视图中相同的列名时，则不必给出列名。
- WITH 子句：ENCRYPTION 表示在系统表 syscomments 中存储 CREATE VIEW 语句时进行加密。使用该选项后，用户将无法使用界面方式修改视图的结构。SCHEMABINDING 说明将视图与其所依赖的表或视图结构相关联。
- <SELECT 语句>：可在 SELECT 语句中查询多个表或视图，以表明新创建的视图所参照的表或视图。但对这里的 SELECT 语句有以下限制：

(1) 定义视图的用户必须对所参照的表或视图有查询（即可执行 SELECT 语句）权限；

(2) 不能使用 COMPUTE 或 COMPUTE BY 子句；

(3) 不能使用 ORDER BY 子句；

(4) 不能使用 INTO 子句；

(5) 不能在临时表或表变量上创建视图。

- WITH CHECK OPTION：指出在视图上所进行的修改都要符合 SELECT 语句所指定的限制条件，这样可以确保数据修改后，仍可通过视图查看修改的数据。例如对于 CS_XS 视图，只能修改除“专业”字段以外的字段值，而不能把“专业”字段的值改为“计算机”以外的值，以保证仍可通过 CS_XS 查询到修改后的数据。

【例 4.70】　创建 CS_KC 视图，包括计算机专业各学生的学号、其选修的课程号及成绩。要保证对该视图的修改都要符合专业为计算机的条件。

```
USE PXSCJ
GO
CREATE VIEW CS_KC WITH ENCRYPTION
    AS
    SELECT   XSB.学号, 课程号, 成绩
        FROM    XSB,  CJB
        WHERE   XSB.学号 =CJB.学号  AND  专业  = '计算机'
        WITH CHECK OPTION
```

说明：创建视图时，源表可以是基本表，也可以是视图。

【例 4.71】　创建计算机专业学生的平均成绩视图 CS_KC_AVG，包括学号（在视图中列名为 num）和平均成绩（在视图中列名为 score_avg）。

```
CREATE VIEW   CS_KC_AVG(num,score_avg)
    AS
    SELECT 学号, AVG(成绩)
        FROM   CJB
        GROUP BY  学号
```

4.3.3 查询视图

定义视图后，就可以如同查询基本表那样查询视图。

【例 4.72】 使用视图 CS_KC 查找计算机专业的学生学号和选修的课程号。

```
SELECT 学号, 课程号
    FROM CS_KC
```

【例 4.73】 查找平均成绩在 80 分以上的学生的学号和平均成绩。

本例首先创建学生平均成绩视图 XS_KC_AVG，包括学号（在视图中列名为 num）和平均成绩（在视图中列名为 score_avg）。

```
CREATE  VIEW  XS_KC_AVG ( num,score_avg )
    AS
    SELECT 学号, AVG(成绩)
        FROM  CJB
        GROUP BY 学号
```

再对 XS_KC_AVG 视图进行查询。

```
SELECT  *
    FROM    XS_KC_AVG
    WHERE   score_avg >= 80
```

执行结果如左图所示。

	num	score_avg
1	081110	91
2	081201	80
3	081203	87
4	081204	91
5	081216	81
6	081220	82
7	081241	90

从以上两例可以看出，创建视图可以向最终用户隐藏复杂的表连接，简化了用户的 SQL 程序设计。

视图还可通过在创建视图时指定限制条件和指定列限制用户对基本表的访问。例如，若限定某用户只能查询视图 CS_XS，实际上就是限制了它只能访问 XSB 表的专业字段值为“计算机”的行。在创建视图时可以指定列，实际上也就是限制了用户只能访问这些列，从而视图也可看做数据库的安全措施。

使用视图查询时，若其关联的基本表中添加了新字段，则必须重新创建视图才能查询到新字段。例如，若 XSB 表新增了“籍贯”字段，在其上创建的视图 CS_XS 若不重建视图，那么进行以下查询：

```
SELECT *  FROM  CS_XS
```

结果将不包含“籍贯”字段。只有重建 CS_XS 视图后再对其进行查询，结果才会包含“籍贯”字段。如果删除与视图相关联的表或视图，则该视图将不能再次使用。

4.3.4 更新视图

通过更新视图（包括插入、修改和删除）数据可以修改基本表数据，但并不是所有的视图都可以更新，只有对满足更新条件的视图才能进行更新。

1. 可更新视图

要通过视图更新基本表数据，必须保证视图是可更新视图。一个可更新视图可以是以下情形之一：

(1) 满足以下条件的视图：创建视图的 SELECT 语句中没有聚合函数，且没有 TOP、GROUP BY、UNION 子句及 DISTINCT 关键字；创建视图的 SELECT 语句中不包含从基本表列通过计算所得的列；创建视图的 SELECT 语句的 FROM 子句中至少要包含一个基本表。

(2) 通过 INSTEAD OF 触发器创建的可更新视图。INSTEAD OF 触发器将在第 7 章中介绍。

例如，前面创建的视图 CS_XS、CS_KC 是可更新视图，而 CS_KC_AVG 是不可更新的视图。对视图进行更新操作时，要注意基本表对数据的各种约束和规则要求。

2．插入数据

使用 INSERT 语句通过视图向基本表插入数据，有关 INSERT 语句的语法介绍见第 3 章。

【例 4.74】 向 CS_XS 视图中插入以下一条记录：

('081115', '刘明仪', 1, '1998-3-2', '计算机', 50 , NULL)

```
INSERT INTO CS_XS
    VALUES('081115', '刘明仪', 1,'1998-3-2', '计算机',50,NULL)
```

使用 SELECT 语句查询 CS_XS 依据的基本表 XSB：

```
SELECT * FROM XSB
```

将会看到该表已添加了('081115', '刘明仪', 1,'1998-3-2', '计算机',50,NULL)行。

当视图所依赖的基本表有多个时，不能向该视图插入数据，因为这将会影响多个基表。例如，不能向视图 CS_KC 插入数据，因为 CS_KC 依赖于两个基本表：XSB 和 CJB。

3．修改数据

使用 UPDATE 语句可以通过视图修改基本表的数据，有关 UPDATE 语句的语法介绍见第 3 章。

【例 4.75】 将 CS_XS 视图中所有学生的总学分增加 8。

```
UPDATE CS_XS
    SET 总学分=总学分+ 8
```

该语句实际上是将 CS_XS 视图所依赖的基本表 XSB 中所有专业为“计算机”的记录的总学分字段值在原来基础上增加 8。

说明：修改后将数据恢复到原来的状态，以便后续使用。

若一个视图依赖于多个基本表，则一次修改该视图只能变动一个基本表的数据。

【例 4.76】 将 CS_KC 视图中学号为 081101 的学生的 101 课程成绩改为 90。

```
UPDATE CS_KC
    SET 成绩=90
    WHERE 学号='081101'   AND 课程号='101'
```

本例中，视图 CS_KC 依赖于两个基本表：XSB 和 CJB，对 CS_KC 视图的一次修改只能改变学号（源于 XSB 表）或者课程号和成绩（源于 CJB 表）。以下的修改是错误的：

```
UPDATE CS_KC
    SET 学号='081120', 课程号='208'
    WHERE 成绩=90
```

4．删除数据

使用 DELETE 语句可以通过视图删除基本表的数据。但要注意，对于依赖于多个基本表的视图，不能使用DELETE语句。例如，不能通过对CS_KC视图执行DELETE语句而删除与之相关的基本表XSB及CJB表的数据。

【例4.77】 删除CS_XS中女同学的记录。

```
DELETE  FROM  CS_XS
    WHERE 性别 =0
```

4.3.5 修改视图的定义

修改视图定义可以通过“SQL Server Management Studio”中的图形向导方式进行，也可使用T-SQL的ALTER VIEW命令。

1. 通过“SQL Server Enterprise Manager”修改视图

启动“SQL Server Management Studio”，在“对象资源管理器”中展开“数据库”→“PXSCJ”→“视图”→选择“dbo.CS_XS”，右击鼠标，在弹出的快捷菜单中选择“修改”菜单项，进入视图修改窗口。在该窗口与创建视图的窗口类似，可以查看并修改视图结构，修改完后单击“保存”图标按钮即可。

注意： 对加密存储的视图定义不能在“SQL Server Management Studio”中通过界面修改，例如对视图CS_KC不能用此法修改。

2. 使用ALTER VIEW语句修改视图

语法格式：

```
ALTER VIEW <视图名> [ ( <列名> [ ,...n ] ) ]
        [ WITH ENCRYPTION ]
    AS <SELECT 语句> [ ; ]
    [ WITH CHECK OPTION ]
```

【例4.78】 将CS_XS视图修改为只包含计算机专业学生的学号、姓名和总学分。

```
USE PXSCJ
GO
ALTER VIEW CS_XS
    AS
    SELECT 学号, 姓名, 总学分
        FROM XSB
        WHERE 专业='计算机'
```

使用ENCRYPTION属性定义的视图只可以使用ALTER VIEW语句修改。

【例4.79】 视图CS_KC是加密存储视图，修改其定义：包括学号、姓名、选修的课程号、课程名和成绩。

```
ALTER VIEW CS_KC WITH ENCRYPTION
    AS
    SELECT XSB.学号,XSB.姓名,CJB.课程号,KCB.课程名,成绩
        FROM   XSB, CJB, KCB
        WHERE   XSB.学号 = CJB.学号
            AND   CJB.课程号 = KCB.课程号
            AND   专业='计算机'
    WITH CHECK OPTION
```

4.3.6 删除视图

删除视图同样也可以通过“对象资源管理器”中的图形向导方式和 T-SQL 语句 2 种方式实现。

1. 通过“对象资源管理器”删除视图

在“对象资源管理器”中删除视图的操作方法是：展开“数据库”→“视图”→选择需要删除的视图，右击鼠标，在弹出的快捷菜单上选择“删除”菜单项，出现删除对话框，单击“确定”按钮即可删除指定的视图。

2. T-SQL 命令方式删除视图

语法格式：

```
DROP VIEW <视图名> [ ...,n ] [ ; ]
```

使用 DROP VIEW 可删除一个或多个视图。例如：

```
DROP VIEW CS_XS, CS_KC
```

删除视图 CS_XS 和 CS_KC。

4.4 游标

4.4.1 游标概念

一个对表进行操作的 T-SQL 语句通常都可产生或处理一组记录，但是许多应用程序，尤其是 T-SQL 嵌入到的主语言通常不能把整个结果集作为一个单元来处理，这些应用程序就需要一种机制来保证每次处理结果集的一行或几行，游标（cursor）就提供了这种机制。

SQL Server 通过游标提供了对一个结果集进行逐行处理的能力，游标可看做一种特殊的指针，它与某个查询结果相联系，可以指向结果集的任意位置，以便对指定位置的数据进行处理。使用游标可以在查询数据的同时对数据进行处理。

在 SQL Server 中，有两类游标可以用于应用程序中：前端（客户端）游标和后端（服务器端）游标。服务器端游标是由数据库服务器创建和管理的游标，而客户端游标是由 ODBC 和 DB-Library 支持，在客户端实现的游标。

在客户端游标中，所有的游标操作都在客户端高速缓存中执行。最初实现 DB-Library 客户端游标时 SQL Server 尚不支持服务器游标，而 ODBC 客户端游标是为了用于仅支持游标特性默认设置的 ODBC 驱动程序。由于 DB-Library 和 SQL Server ODBC 驱动程序完全支持通过服务器游标的游标操作，所以应尽量不使用客户端游标。SQL Server 2005 中对客户端游标的支持主要是考虑向后兼容。本节除非特别指明，所说的游标均为服务器游标。

SQL Server 对游标的使用要遵循：声明游标→打开游标→读取数据→关闭游标→删除游标。

4.4.2 声明游标

T-SQL 中声明游标使用 DECLARE CURSOR 语句，该语句有两种格式，分别是支持 SQL-92 标准和 T-SQL 扩展的游标声明。

1. SQL-92 标准

语句格式：

```
DECLARE <游标名> [ INSENSITIVE ] [ SCROLL ] CURSOR
    FOR <SELECT 语句>
    [ FOR { READ ONLY | UPDATE [ OF <列名> [ ,...n ] ] } ]
[;]
```

说明：

- INSENSITIVE：指定供所定义的游标使用的数据的临时复本，对游标的所有请求都从 tempdb 数据库的该临时表中得到应答；因此，在对该游标进行提取操作时返回的数据中不反映对基表所做的修改，并且该游标不允许修改。如果省略 INSENSITIVE，则任何用户对基表提交的删除和更新都反映在后面的提取中。
- SCROLL：说明所声明的游标可以前滚、后滚，可使用所有的提取选项（FIRST、LAST、PRIOR、NEXT、RELATIVE、ABSOLUTE）。如果省略 SCROLL，则只能使用 NEXT 提取选项。
- <SELECT 语句>：由该查询产生与所声明的游标相关联的结果集。该 SELECT 语句中不能出现 COMPUTE、COMPUTE BY 或 INTO 关键字。
- READ ONLY：说明所声明的游标为只读的。UPDATE 指定游标中可以更新的列。若有参数 OF <列名> [,…n]，则只能修改给出的这些列；若在 UPDATE 中未指出列，则可以修改所有列。

以下是一个符合 SQL-92 标准的游标声明：

```
DECLARE XS_CUR1 CURSOR
    FOR
    SELECT 学号,姓名,性别,出生时间,总学分
        FROM XSB
        WHERE 专业= '计算机'
        FOR READ ONLY
```

该语句定义的游标与单个表的查询结果集相关联，是只读的，游标只能从头到尾顺序提取数据，相当于下面所讲的只进游标。

2. T-SQL 扩展

语句格式：

```
DECLARE <游标名> CURSOR
    [ LOCAL | GLOBAL ]                                  /*游标作用域*/
    [ FORWORD_ONLY | SCROLL ]                           /*游标移动方向*/
    [ STATIC | KEYSET | DYNAMIC | FAST_FORWARD ]        /*游标类型*/
    [ READ_ONLY | SCROLL_LOCKS | OPTIMISTIC ]           /*访问属性*/
    [ TYPE_WARNING ]                                    /*类型转换警告信息*/
FOR <SELECT 语句>                                       /*SELECT 查询语句*/
```

```
[ FOR UPDATE [ OF <列名> [ ,...n ] ] ]                    /*可修改的列*/
[;]
```

说明：

- LOCAL 与 GLOBAL：说明游标的作用域。LOCAL 说明所声明的游标是局部游标，其作用域为创建它的批处理、存储过程或触发器，该游标名称仅在这个作用域内有效。在批处理、存储过程、触发器或存储过程 OUTPUT 参数中，该游标可由局部游标变量引用。当批处理、存储过程、触发器终止时，该游标就自动释放。但如果 OUTPUT 参数将游标传递回来，则游标仍可引用。GLOBAL 说明所声明的游标是全局游标，它在由连接执行的任何存储过程或批处理中都可以使用，在连接释放时游标自动释放。若二者均未指定，则默认值由 default to local cursor 数据库选项的设置控制。
- FORWARD_ONLY 和 SCROLL：说明游标的移动方向。FORWARD_ONLY 表示游标只能从第一行滚动到最后一行，即该游标只能支持 FETCH 的 NEXT 提取选项。SCROLL 含义与 SQL-92 标准中相同。
- STATIC | KEYSET | DYNAMIC | FAST_FORWARD：用于定义游标的类型。T-SQL 扩展游标有 4 种类型：

(1) 静态游标。关键字 STATIC 指定游标为静态游标，它与 SQL-92 标准的 INSENSITIVE 关键字功能相同。静态游标的完整结果集在游标打开时建立在 tempdb 系统数据库中，一旦打开后，就不再变化。数据库中所做的任何影响结果集成员的更改（包括增加、修改或删除数据），都不会反映到游标中，新的数据值不会显示在静态游标中。静态游标只能是只读的。由于静态游标的结果集存储在 tempdb 数据库的工作表中，所以结果集中的行大小不能超过 SQL Server 表的最大行大小。有时也将这类游标识别为快照游标，它完全不受其他用户行为的影响。

(2) 动态游标。关键字 DYNAMIC 指定游标为动态游标。与静态游标不同，动态游标能够反映对结果集中所做的更改。结果集中的行数据值、顺序和成员在每次提取时都会改变，所有用户做的全部 UPDATE、INSERT 和 DELETE 语句均通过游标反映出来，并且如果使用 API 函数（如 SQLSetPos）或 Transact-SQL WHERE CURRENT OF 子句通过游标进行更新，则它们也立即在游标中反映出来，而在游标外部所做的更新直到提交时才可见。动态游标不支持 ABSOLUTE 提取选项。

(3) 只进游标。关键字 FAST_FORWARD 定义一个快速只进游标，它是优化的只进游标。只进游标只支持游标从头到尾顺序提取数据。对所有由当前用户发出或由其他用户提交，并影响结果集中行的 INSERT、UPDATE 和 DELETE 语句对数据的修改，在从游标中提取时可立即反映出来。但因只进游标不能向后滚动，所以在行提取后对行所做的更改，对游标是不可见的。

(4) 键集驱动游标。关键字 KEYSET 定义一个键集驱动游标，顾名思义，这种游标是由键的列或列的组合控制的。打开键集驱动游标时，其中的成员和行顺序是固定的。键集驱动游标中数据行的键值在游标打开时建立在 tempdb 数据库中，可以通过键集驱动游标修改基本表中的非关键字列的值，但不可插入数据。

游标类型与移动方向之间的关系如下：

①FAST_FORWARD 不能与 SCROL 一起使用，且 FAST_FORWARD 与 FORWARD_ONLY 只能选用一个。

② 若指定移动方向为 FORWARD_ONLY，而没有用 STATIC、KETSET 或 DYNAMIC 关键字指定游标类型，则默认所定义的游标为动态游标。

③ 若移动方向 FORWARD_ONLY 和 SCROLL 都没有指定，那么移动方向关键字的默认值由以下条件决定：

若指定游标类型为 STATIC、KEYSET 或 DYNAMIC，则移动方向默认为 SCROLL；

若没有用 STATIC、KETSET 或 DYNAMIC 关键字指定游标类型，则移动方向默认值为 FORWARD_ONLY。

- READ_ONLY | SCROLL_LOCKS | OPTIMISTIC：说明游标或基表的访问属性。READ_ ONLY 说明所声明的游标为只读的，不能通过该游标更新数据。SCROLL_LOCKS 关键字说明通过游标完成的定位更新或定位删除可以成功。如果声明中已指定了关键字 FAST_FORWARD，则不能指定 SCROLL_LOCKS。OPTIMISTIC 关键字说明如果行自从被读入游标以来已得到更新，则通过游标进行的定位更新或定位删除不成功。如果声明中已指定了关键字 FAST_FORWARD，则不能指定 OPTIMISTIC。
- TYPE_WARNING：如果游标从所请求的类型隐性转换为另一种类型，则给客户端发送警告消息。

以下是一个 T-SQL 扩展游标声明：

```
DECLARE XS_CUR2 CURSOR
    DYNAMIC
    FOR
    SELECT 学号,姓名,总学分
        FROM XSB
        WHERE 专业='计算机'
    FOR UPDATE OF 总学分
```

该语句声明一个名为 XS_CUR2 的动态游标，可前后滚动，可对总学分列进行修改。

4.4.3 打开游标

声明游标后，使用游标从中提取数据，就必须先打开游标。在 T-SQL 中，使用 OPEN 语句打开游标，其格式为：

```
OPEN { { [ GLOBAL ] <游标名> } | @<游标变量名> }
```

GLOBAL 说明打开的是全局游标，否则打开局部游标。游标变量名可以引用要进行提取操作的已打开的游标。

OPEN 语句打开游标，然后通过执行在 DECLARE CURSOR（或 SET）语句中指定的 T-SQL 语句填充游标（即生成与游标相关联的结果集）。例如，语句：

```
OPEN XS_CUR1
```

打开游标 XS_CUR1。该游标被打开后，就可以提取其中的数据。

如果所打开的是静态游标（使用 INSENSITIVE 或 STATIC 关键字），那么 OPEN 将创建一个临时表以保存结果集。如果所打开的是键集驱动游标（使用 KEYSET 关键字），那么 OPEN 将创建一个临时表以保存键集。临时表都存储在 tempdb 数据库中。

打开游标后，可以使用全局变量@@CURSOR_ROWS 查看游标中数据行的数目。全局变量@@CURSOR_ROWS 中保存着最后打开的游标中的数据行数。当其值为 0 时，表示没有游标打开；当其值为-1 时，表示游标为动态的；当其值为-*m*（*m* 为正整数）时，游标采用异步方式填充，*m* 为当前键集中已填充的行数；当其值为 *m*（*m* 为正整数）时，游标已被完全填充，*m* 是游标中的数据行数。有关全局变量的内容将在第 5 章中介绍。

【例 4.80】　定义游标 XS_CUR3，然后打开该游标，输出其行数。

```
DECLARE XS_CUR3 CURSOR
     LOCAL SCROLL SCROLL_LOCKS
     FOR
     SELECT 学号, 姓名, 总学分
          FROM   XSB
     FOR UPDATE OF 总学分
OPEN XS_CUR3
SELECT   '游标 XS_CUR3 数据行数'   = @@CURSOR_ROWS
```

注意：本例中的语句“SELECT '游标 XS_CUR3 数据行数' = @@CURSOR_ROWS”用于为变量赋值。

4.4.4　读取数据

打开游标后，可以使用 FETCH 语句从中读取数据。

语法格式：

```
FETCH
[ [ NEXT | PRIOR | FIRST | LAST | ABSOLUTE <n> | RELATIVE <n> ]
    FROM ]
{ { [ GLOBAL ] <游标名> } | @<游标变量名> }
[ INTO @<变量名> [ ,…n ] ]
```

说明：

- NEXT | PRIOR | FIRST | LAST：用于说明读取数据的位置。NEXT 说明读取当前行的下一行，并且使其置为当前行。如果 FETCH NEXT 是对游标的第一次提取操作，则读取的是结果集第一行。NEXT 为默认的游标提取选项。PRIOR 说明读取当前行的前一行，并且使其置为当前行。如果 FETCH PRIOR 是对游标的第一次提取操作，则无值返回且游标置于第一行之前。FIRST 读取游标中的第一行并将其作为当前行。LAST 读取游标中的最后一行并将其作为当前行。FIRST 和 LAST 不能在只进游标中使用。
- ABSOLUTE 和 RALATIVE：给出读取数据的位置与游标头或当前位置的关系，其中 *n* 必须为整型常量或变量。

- ABSOLUTE <*n*>：若 *n* 为正数，则读取从游标头开始的第 *n* 行并将读取的行变成新的当前行；若 *n* 为负数，则读取游标尾之前的第 *n* 行并将读取的行变成新的当前行；若 *n* 为 0，则没有行返回。
- RALATIVE <*n*>：若 *n* 为正数，则读取当前行之后的第 *n* 行并将读取的行变成新的当前行；若 *n* 为负数，则读取当前行之前的第 *n* 行并将读取的行变成新的当前行；如果 *n* 为 0，则读取当前行。如果对游标的第一次提取操作时将 FETCH RELATIVE 中的 *n* 指定为负数或 0，则没有行返回。
- INTO：说明将读取的游标数据存放到指定的变量中。
- GLOBAL：全局游标。

【例 4.81】 从游标 XS_CUR1 中提取数据。设该游标已经声明并打开。

```
FETCH   NEXT   FROM   XS_CUR1
```

执行结果如下图所示：

	学号	姓名	性别	出生时间	总学分
1	081106	李方方	1	1990-11-20 00:00:00.000	50

说明：由于 XS_CUR1 是只进游标，所以只能使用 NEXT 提取数据。

【例 4.82】 从游标 XS_CUR2 中提取数据。设该游标已经声明。

```
OPEN XS_CUR2
FETCH   FIRST   FROM   XS_CUR2
```

读取游标第一行（当前行为第一行），结果如下图所示：

	学号	姓名	总学分
1	081101	王林	50

```
FETCH NEXT FROM XS_CUR2
```

读取下一行（当前行为第二行），结果如下图所示：

	学号	姓名	总学分
1	081102	程明	50

```
FETCH   PRIOR   FROM   XS_CUR2
```

读取上一行（当前行为第一行），结果如下图所示：

	学号	姓名	总学分
1	081101	王林	50

```
FETCH   LAST   FROM   XS_CUR2
```

读取最后一行（当前行为最后一行），结果如下图所示：

	学号	姓名	总学分
1	081113	严红	48

```
FETCH   RELATIVE -2   FROM XS_CUR2
```

读取当前行的上二行（当前行为倒数第一行），结果如下图所示：

	学号	姓名	总学分
1	081110	张蔚	50

分析：XS_CUR2 是动态游标，前、后滚动，可以使用 FETCH 语句中的除 ABSOLUTE 以外的提取选项。

FETCH 语句的执行状态保存在全局变量@@FETCH_STATUS 中，其值为 0 表示上一个 FETCH 执行成功；-1 表示所要读取的行不在结果集中；-2 表示被提取的行已不存在（已被删除）。

例如，接着上例继续执行如下语句：

```
FETCH   RELATIVE   3   FROM   XS_CUR2
SELECT   'FETCH 执行情况' = @@FETCH_STATUS
```

执行结果如下图所示：

	FETCH执行情况
1	-1

4.4.5　关闭游标

游标使用完以后，要及时关闭。关闭游标使用 CLOSE 语句，格式为：

```
CLOSE { { [ GLOBAL ] <游标名> } | @<游标变量名> }
```

语句参数的含义与 OPEN 语句中相同。例如：

```
CLOSE   XS_CUR2
```

将关闭游标 XS_CUR2。

4.4.6　删除游标

游标关闭后，其定义仍在，需要时可用 OPEN 语句打开，再次使用。若确认游标不再需要，就要释放其定义占用的系统空间，即删除游标。删除游标使用 DEALLOCATE 语句，格式为：

```
DEALLOCATE { { [ GLOBAL ] <游标名> } | @<游标变量名> }
```

语句参数的含义与 OPEN 和 CLOSE 语句中相同。例如：

```
DEALLOCATE   XS_CUR2
```

将删除游标 XS_CUR2。

第 5 章 T-SQL 语言

前面介绍的是 SQL Server 2005 操作数据库的命令。在 SQL Server 2005 中，根据需要使用 T-SQL 语言把若干条命令（这里称为语句）组织起来。本章主要介绍 T-SQL 语言。

5.1 SQL 语言与 T-SQL 语言

1. 什么是 SQL 语言

SQL 的全名是结构化查询语言（Structured Query Language），是用于数据库中的标准数据查询语言，IBM 公司最早使用在其开发的数据库系统中。1986 年 10 月，美国 ANSI 对 SQL 进行规范后，以此作为关系数据库管理系统的标准语言。

作为关系数据库的标准语言，它已被众多商用数据库管理系统产品所采用，不过不同的数据库管理系统在其实践过程中都对 SQL 规范进行了某些编改和扩充。所以，实际上不同数据库管理系统之间的 SQL 语言不是完全相互通用的。例如，微软公司的 MS SQL Server 支持的是 T-SQL，而甲骨文公司的 Oracle 数据库所使用的 SQL 语言则是 PL-SQL。

2. 什么是 T-SQL 语言

T-SQL 是 SQL 语言的一种版本，且只能在微软 MS SQL-Server 以及 Sybase Adaptive Server 系列数据库上使用。

T-SQL 是 ANSI SQL 的扩展加强版语言，除了提供标准的 SQL 命令之外，T-SQL 还对 SQL 做了许多补充，提供了类似 C、Basic 和 Pascal 的基本功能，如变量说明、流控制语言、功能函数等。

3. T-SQL 语言的构成

在 SQL Server 数据库中，T-SQL 语言由以下几部分组成：

(1) 数据定义语言（DDL）。DDL 用于执行数据库的任务，对数据库以及数据库中的各种对象进行创建、删除、修改等操作。如前所述，数据库对象主要包括表、缺省约束、规则、视图、触发器、存储过程。DDL 包括的主要语句及功能如表 5.1 所示。

表 5.1 DDL 主要语句及功能

语　句	功　能	说　明
CREATE	创建数据库或数据库对象	不同数据库对象，其 CREATE 语句的语法形式不同
ALTER	对数据库或数据库对象进行修改	不同数据库对象，其 ALTER 语句的语法形式不同
DROP	删除数据库或数据库对象	不同数据库对象，其 DROP 语句的语法形式不同

DDL 各语句的语法、使用方法及举例请参考相关章节。

(2) 数据操纵语言（DML）。DML 用于操纵数据库中的各种对象，检索和修改数据。DML 包括的主要语句及功能如表 5.2 所示。

表 5.2 DML 主要语句及功能

语　句	功　能	说　明
SELECT	从表或视图中检索数据	是使用最频繁的 SQL 语句之一
INSERT	将数据插入到表或视图中	
UPDATE	修改表或视图中的数据	既可修改表或视图的一行数据，也可修改一组或全部数据
DELETE	从表或视图中删除数据	可根据条件删除指定的数据

DML 各语句的语法、使用方法及举例请参考相关章节。

(3) 数据控制语言（DCL）。DCL 用于安全管理，确定哪些用户可以查看或修改数据库中的数据。DCL 包括的主要语句及功能如表 5.3 所示。

表 5.3 DCL 主要语句及功能

语　句	功　能	说　明
GRANT	授予权限	可把语句许可或对象许可的权限授予其他用户和角色
REVOKE	收回权限	与 GRANT 的功能相反，但不影响该用户或角色从其他角色中作为成员继承许可权限
DENY	收回权限，并禁止从其他角色继承许可权限	功能与 REVOKE 相似，不同之处：除收回权限外，还禁止从其他角色继承许可权限

DCL 各语句的语法、使用方法及举例请参考相关章节。

(4) T-SQL 增加的语言元素。这部分不是 ANSI SQL 所包含的内容，而是微软为了用户编程方便而增加的语言元素。这些语言元素包括变量、运算符、函数、流程控制语句和注解。这些 T-SQL 语句都可以在查询分析器中交互执行。本章将详细介绍增加的语言元素。

5.2 常量、变量与数据类型

5.2.1 常量

常量是指在程序运行过程中值不变的量。常量又称为字面值或标量值。常量的使用格式取决于值的数据类型。

根据常量值的不同类型，分为字符串常量、整型常量、实型常量、日期时间常量、货币常量、唯一标识常量。各类常量举例说明如下。

1．字符串常量

字符串常量分为ASCII字符串常量和Unicode 字符串常量。

(1) ASCII字符串常量。ASCII字符串常量是用单引号括起来，由ASCII字符构成的符号串。

ASCII字符串常量举例：

```
'China'
'How do you!'
'O''Bbaar'
/*如果单引号中的字符串包含引号，可以使用两个单引号表示嵌入的单引号。*/
```

(2) Unicode 字符串常量。Unicode 字符串常量与ASCII字符串常量相似，但它前面有一个N标识符（N代表 SQL-92标准中的国际语言National Language)，N前缀必须为大写字母。

Unicode字符串常量举例：

```
N'China '
N'How do you!'
N'O''Bbaar'
```

Unicode 数据中的每个字符用两个字节存储，而每个ASCII字符用一个字节存储。

2．整型常量

按照整型常量的不同表示方式，又分为十六进制整型常量、二进制整型常量和十进制整型常量。

（1）十六进制整型常量的表示：前缀0x后跟十六进制数字串。

十六进制常量举例：

```
0xEBF
0x12Ff
0x69048AEFDD010E
0x                                  /*空十六进制常量*/
```

（2）二进制整型常量的表示：即数字0或1，并且不使用引号。如果使用一个大于1的数字，它将被转换为1。

（3）十进制整型常量即不带小数点的十进制数，例如：

```
1894
2
+145345234
-2147483648
```

3．实型常量

实型常量有定点表示和浮点表示2种方式。举例如下：

（1）定点表示

```
1894.1204
2.0
+145345234.2234
-2147483648.10
```

（2）浮点表示

```
101.5E5
0.5E-2
+123E-3
-12E5
```

4．日期时间常量

日期时间常量：由单引号将表示日期时间的字符串括起来所构成。SQL Server 可以识别如下格式的日期和时间：

字母日期格式，例如：'April 20, 2000'

数字日期格式，例如：'4/15/1998'、'1998-04-15'

未分隔的字符串格式，例如：'20001207'、'December 12, 1998'

时间常量举例：

```
'14:30:24'
'04:24:PM'
```

日期时间举例：

```
'April 20, 2000 14:30:24'
```

5．money 常量

money 常量是以"$"为前缀的一个整型或实型常量数据。下面是 money 常量举例：

```
$12
$542023
-$45.56
+$423456.99
```

6．uniqueidentifier 常量

uniqueidentifier 常量是用于表示全局唯一标识符（GUID）值的字符串。可以使用字符或十六进制字符串格式指定。例如：

```
'6F9619FF-8A86-D011-B42D-00004FC964FF'
0xff19966f868b11d0b42d00c04fc964ff
```

5.2.2 数据类型

在 SQL Server 2005 中，根据每个字段（列）、局部变量、表达式和参数对应数据的特性，都有一个相关的数据类型。在 SQL Server 2005 中支持如下两种数据类型：

1．系统数据类型

系统数据类型又称为基本数据类型。第 3 章已详细介绍系统数据类型。

2．用户自定义数据类型

用户自定义数据类型可看做是系统数据类型的别名。在多表操作的情况下，当多个表中的列要存储相同类型的数据时，往往要确保这些列具有完全相同的数据类型、长度和为空性（数据类型是否允许空值）。用户自定义数据类型并不是真正的数据类型，它只是提供了一种提高数据库内部元素和基本数据类型之间一致性的机制。

例如，在第 3 章中，对于学生成绩管理数据库（PXSCJ），创建了 XSB、KCB、CJB 三张表，从表结构中可看出：表 XSB 中的学号字段值与表 CJB 中的学号字段值应有相同的类型，均为字符型值、长度可定义为 6，并且不允许为空值。为了确保这一点，可以先定义一个数据类型，命名为 student_num，用于描述学号字段的这些属性，然后将表 XSB 中的学号字段和表 CJB 中的学号字段定义为 student_num 数据类型。

用户自定义数据类型 student_num 后，可以重新设计学生成绩管理数据库表 XSB、CJB 结构中的学号字段，如表 5.4～表 5.6 所示。

表 5.4　自定义类型 student_num

依赖的系统类型	值允许的长度	为 空 性
char	6	NOT NULL

表 5.5　表 XSB 中学号字段的重新设计

字 段 名	类 型
学号	student_num

表 5.6　表 CJB 中学号字段的重新设计

字 段 名	类 型
学号	student_num

通过上述举例可知：使用用户自定义类型，首先应定义该类型，然后用这种类型来定义字段或变量。创建用户自定义数据类型时首先应考虑 3 个属性：数据类型名称；新数据类型所依据的系统数据类型（又称为基类型）；为空性。如果为空性未明确定义，系统将依据数据库或连接的 ANSI Null 默认设置进行指派。

创建用户自定义数据类型的方法如下：

(1) 使用“对象资源管理器”定义。其步骤为：

第 1 步：启动“SQL Server Management Studio”→在“对象资源管理器”中展开“数据库”→“PXSCJ”→“可编程性”→右击“类型”，选择“新建”选项，再选择“新建用户定义数据类型”；弹出“新建用户定义数据类型”窗口。

第 2 步：在“名称”文本框中输入自定义的数据类型名称，如“student_num”。在“数据类型”下拉框中选择自定义数据类型所基于的系统数据类型，如“char”。在“长度”栏中填写要定义的数据类型的长度，如“6”。其他选项使用默认值，如图 5.1 所示，单击“确定”按钮即可完成创建。

(2) 使用命令定义。在 SQL Server 中，通过系统定义的存储过程 sp_addtype 实现用户数据类型的定义，在各语法格式中出现的 sp 表示存储过程（stored procedure）。

sp_addtype 的语法格式如下：

```
sp_addtype   [ @typename = ] <类型名>,              /*定义自定义类型名称*/
             [ @phystype = ] <基类型名>             /*定义自定义类型的基类型*/
             [ , [ @nulltype = ] <为空性> ]         /*定义为空性*/
;
```

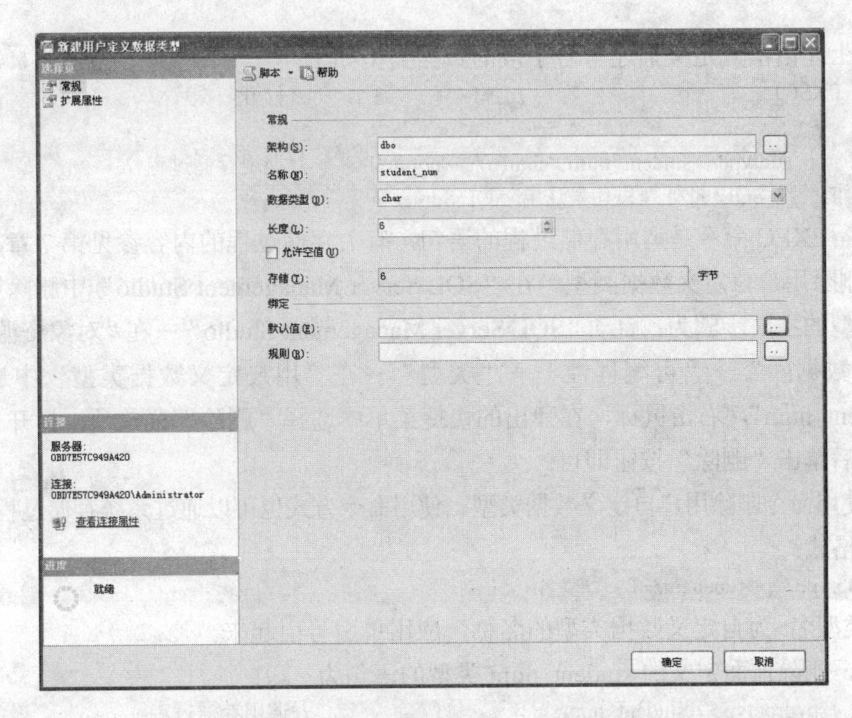

图 5.1 用户数据类型定义属性窗口

说明：

- <类型名>：用户自定义数据类型的名称。数据类型名称必须遵照标识符的规则，而且在每个数据库中必须是唯一的，数据类型名称必须用单引号括起来。
- <基类型名>：用户自定义数据类型所依赖的基类型（如 decimal、int 等）。可能取值有三种情况：

① 当只是给一个基类型重命名时，取值即为该基类型名。基类型可为 SQL Server 支持的不需指定长度和精度的系统类型，例如'bit'、'int'、'smallint'、'text'、'datetime'、'real'、'uniqueidentifier'、'image' 等。

② 若要指定基类型及允许的数据长度或小数点后保留的位数，则必须用括号将数据长度或指定的保留位数括起来。

如果参数中嵌入有空格或标点符号，则必须用引号将该参数引起来，此时<基类型名>的定义可为'binary(*n*)'、'char(*n*)'、'varchar(*n*)'、'float(*n*)'等。在此，*n* 为整数，表示存储长度或小数点后的数据位数。

③ 若在自定义数据类型中要指定基类型及数据的存储长度、小数点后保留的位数，此时，system_data_type 的定义可为'numeric[(*n*[, *s*])]'、'decimal[(*n*[, *s*])]'。在此，*n* 为整数，表示数据的存储长度；*s* 为整数，表示数据小数点后保留的位数；中括号表示该项可不定义。

- <为空性>：指明用户自定义数据类型处理空值的方式。取值可为'NULL'、'NOT NULL'或'NONULL'（注意：必须用单引号引起来），如果没有显式定义为空性，则将其设置为当前默认值，系统默认值一般为'NULL'。

根据上述语法，定义描述学号字段的数据类型如下：

```
USE  PXSCJ                                                  /*打开数据库*/
GO
EXEC  sp_addtype  'student_num', 'char(6)',  'not null'     /*调用存储过程*/
/*将当前的 T-SQL 批处理语句发送给 SQL Server*/
```

说明：EXEC 命令是调用存储过程的语句，有关存储过程的内容参见第 7 章。

(3) 删除用户自定义数据类型。在“SQL Server Management Studio”中删除用户自定义数据类型的主要步骤为：启动“SQL Server Management Studio”→在“对象资源管理器”中展开“数据库”→“可编程性”→“类型”→在“用户定义数据类型”中选择类型“dbo.student_num”，右击鼠标，在弹出的快捷菜单中选择“删除”菜单项，打开“删除对象”窗口后单击“删除”按钮即可。

(4) 使用命令删除用户自定义数据类型。使用命令方式也可以通过系统存储过程来实现。

语法格式：

```
sp_droptype  [@typename=] '<类型名>'
```

其中，<类型名>为自定义数据类型的名称，应用单引号引起来。

例如，删除前面定义的 student_num 类型的语句为：

```
EXEC  sp_droptype  'student_num'                            /*调用存储过程*/
```

说明：

① 如果在表定义内使用某个用户定义的数据类型，或者将某个规则或默认值绑定到这种数据类型，则不能删除该类型。

② 要删除一个用户自定义类型，该数据类型必须已经存在，否则返回一条错误信息。

③ 执行权限。执行权限默认授予 sysadmin 固定服务器角色、db_ddladmin 和 db_owner 固定数据库角色成员以及数据类型所有者。

3. 利用用户自定义数据类型定义字段

在定义类型后，接着应考虑定义这种类型的字段，同样可以利用“对象资源管理器”和“T-SQL 命令”两种方式实现。可以参照第 2 章进行定义，不同点只是数据类型为用户自定义类型，而不是系统类型。

例如，在“对象资源管理器”中对于 XSB 表学号字段的定义如图 5.2 所示。

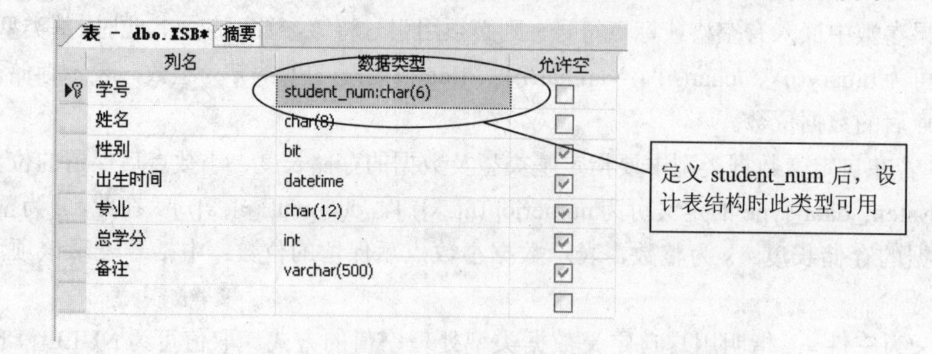

图 5.2　使用用户自定义数据类型定义 XSB 表

利用命令方式定义 XSB 表结构如下：

```
CREATE TABLE XSB
(
    学号 student_num NOT NULL PRIMARY KEY,          /*将学号定义为 student_num 类型*/
    姓名 char(8) NOT NULL,
    性别 bit NULL DEFAULT 1,
    出生时间 datetime NULL,
    专业 char(12) NULL,
    总学分 int NULL,
    备注 varchar(500) NULL
)
```

5.2.3 变量

变量用于临时存放数据，变量中的数据随程序的执行而变化。变量有名称及其数据类型两个属性。变量名用于标识该变量，变量的数据类型确定了该变量存放值的格式及允许的运算。

1．变量的定义

变量名必须是一个合法的标识符。

(1) 标识符。在 SQL Server 中标识符分为两类：常规标识符和分隔标识符。

① 常规标识符：以 ASCII 字母、Unicode 字母、下画线（_）、@或#开头，后续可跟一个或若干个 ASCII 字符、Unicode 字符、下画线（_）、美元符号（$）、@或#，但不能全为下画线（_）、@或#。

注意：常规标识符不能是 T-SQL 的保留字。常规标识符中不允许嵌入空格或其他特殊字符。

② 分隔标识符：包含在双引号（"）或者方括号（[ ]）内的常规标识符或不符合常规标识符规则的标识符。

标识符允许的最大长度为 128 个字符。符合常规标识符格式规则的标识符可以分隔，也可以不分隔。对不符合标识符规则的标识符必须进行分隔。

(2) 变量的分类。SQL Server 中变量可分为两类：全局变量和局部变量。

① 全局变量：全局变量由系统提供且预先声明，通过在名称前加两个“@”符号区别于局部变量。T-SQL 全局变量作为函数引用。例如，@@ERROR 返回执行的上一个 T-SQL 语句的错误号；@@CONNECTIONS 返回自上次启动 SQL Server 以来连接或试图连接的次数。全局变量的意义及使用请参考附录 B。

② 局部变量：局部变量用于保存单个数据值。例如，保存运算的中间结果，作为循环变量等。当首字母为“@”时，表示该标识符为局部变量名；当首字母为“#”时，此标识符为一临时数据库对象名，若开头含一个“#”，表示局部临时数据库对象名，若开头含两个“#”，表示全局临时数据库对象名。

2．局部变量的使用

(1) 局部变量的定义与赋值。

① 局部变量的定义。在批处理或过程中用 DECLARE 语句声明局部变量，所有局部变量在声明后均初始化为 NULL。

语法格式：

```
DECLARE { @<变量名> <数据类型>} [ ,...n]
```

说明：前面的“@”表示是局部变量。

② 局部变量的赋值。当声明局部变量后，可用 SET 或 SELECT 语句给其赋值。

- 用 SET 语句赋值：将 DECLARE 语句创建的局部变量设置为给定表达式的值。

语法格式：

```
SET   @<变量名>=<值>
```

【例 5.1】 创建局部变量@var1、@var2 并赋值，然后输出变量的值。

新建一个查询，在“查询分析器”窗口输入并执行如下脚本：

```
DECLARE @var1 char(10) ,@var2 char(30)
SET   @var1='中国'                          /*一个 SET 语句只能给一个变量赋值*/
SET   @var2=@var1+'是一个伟大的国家'
SELECT @var1, @var2
GO
```

执行结果如下图所示：

	(无列名)	(无列名)
1	中国	中国　是一个伟大的国家

【例 5.2】 创建一个名为 sex 的局部变量，并在 SELECT 语句中使用该局部变量查找表 XSB 中所有女生的学号、姓名。

```
USE PXSCJ
GO
DECLARE @sex bit
SET @sex=0
SELECT 学号, 姓名
    FROM   XSB
    WHERE 性别=@sex
```

执行结果如下图所示：

	学号	姓名
1	081103	王燕
2	081110	张蔚
3	081111	赵琳
4	081113	严红
5	081204	马琳琳
6	081220	吴薇华
7	081221	刘燕敏
8	081241	罗林琳

【例 5.3】 使用查询给变量赋值。

```
DECLARE @student char(8)
SET @student=(SELECT 姓名 FROM XSB WHERE 学号= '081101')
SELECT @student
```

- 用 SELECT 语句赋值。

语法格式：

```
SELECT {@<变量名>=<值>} [,...n]
```

关于 SELECT，需说明几点：SELECT 通常用于将单个值返回到变量中，如果<值>为列名，则返回多个值，此时将返回的最后一个值赋给变量；如果 SELECT 语句没有返回行，变量将保留当前值；如果<值>是不返回值的标量子查询，则将变量设为 NULL；一个 SELECT 语句可以初始化多个局部变量。

【例 5.4】　使用 SELECT 给局部变量赋值。

```
DECLARE @var1 nvarchar(30)
SELECT @var1 ='刘丰'
SELECT   @var1 AS 'NAME'
```

执行结果如下图所示：

	NAME
1	刘丰

【例 5.5】　给局部变量赋空值。

```
DECLARE @var1 nvarchar(30)
SELECT @var1 = '刘丰'
SELECT @var1 =
(
      SELECT 姓名
            FROM XSB
            WHERE 学号= '089999'
)
SELECT @var1 AS    'NAME'
```

执行结果如下图所示：

	NAME
1	NULL

说明：子查询用于给@var1 赋值。在 XSB 表中学号“089999”不存在，因此子查询不返回值并将变量@var1 设为 NULL。

(2) 局部游标变量的定义与赋值。

① 局部游标变量的定义。语法格式：

```
DECLARE { @<游标变量名> CURSOR } [ ,...n]
```

游标变量名前面的“@”表示是局部的。CURSOR 表示该变量是游标变量。

② 局部游标变量的赋值。利用 SET 语句给一个游标变量赋值，有以下 3 种情况：

- 将一个已存在的并且赋值的游标变量的值赋给另一局部游标变量。
- 将一个已声明的游标名赋给指定的局部游标变量。
- 声明一个游标，同时将其赋给指定的局部游标变量。

上述 3 种情况的语法格式如下所示：

```
SET
{ @<游标变量名>=
      {     @<游标变量名>               /*将一个已赋值的游标变量的值赋给一目标游标变量*/
          | <游标名>                    /*将一个已声明的游标名赋给游标变量*/
          | { CURSOR 子句 }             /*游标声明*/
      }
```

```
}
```

对于关键字 CURSOR 引导游标声明的语法格式及含义，请参考第 4 章游标部分。

(3) 游标变量的使用步骤：定义游标变量→给游标变量赋值→打开游标→利用游标读取行（记录）→使用结束后关闭游标→删除游标的引用。

【例 5.6】 使用游标变量。

```
USE PXSCJ
GO
DECLARE   @CursorVar CURSOR                              /*定义游标变量*/
SET   @CursorVar = CURSOR SCROLL DYNAMIC                 /*给游标变量赋值*/
    FOR
    SELECT 学号, 姓名
        FROM   XSB
        WHERE 姓名 LIKE   '王%'
OPEN @CursorVar                                          /*打开游标*/
FETCH   NEXT   FROM @CursorVar
FETCH NEXT FROM @CursorVar                               /*通过游标读行记录*/
CLOSE @CursorVar
DEALLOCATE @CursorVar                                    /*删除对游标的引用*/
```

5.3 运算符与表达式

SQL Server 2005 可提供：算术运算符、赋值运算符、位运算符、比较运算符、逻辑运算符、字符串串联运算符和一元运算符。通过运算符连接运算量构成表达式。

1. 算术运算符

算术运算符在两个表达式上执行数学运算，这两个表达式可以是任何数字数据类型。

算术运算符有+（加）、-（减）、*（乘）、/（除）和%（求模）5 种运算。+（加）和-（减）运算符还可用于对 datetime 及 smalldatetime 值进行算术运算。

2. 位运算符

位运算符在两个表达式之间执行位操作，这两个表达式的类型可为整型或与整型兼容的数据类型（例如字符型等，但不能为 image 类型）。位运算符如表 5.7 所示。

表 5.7 位运算符

运算符	运算规则	运算符	运算规则
&	两个位均为 1 时，结果为 1，否则为 0	^	两个位值不同时，结果为 1，否则为 0
|	只要一个位为 1，结果为 1，否则为 0		

【例 5.7】 在 master 数据库中，建立表 bitop，并插入一行，然后将 a 字段和 b 字段列上值进行按位与运算。

```
USE master
GO
CREATE TABLE bitop
(
    a int NOT NULL,
```

```
    b int NOT NULL
)
INSERT bitop VALUES (168, 73)
SELECT a & b,   a | b,   a ^ b
    FROM bitop
GO
```

执行结果如下图所示：

	(无列名)	(无列名)	(无列名)
1	8	233	225

说明：a(168)的二进制表示：0000 0000 1010 1000；b(73)的二进制表示：0000 0000 0100 1001。在这两个值之间进行的位运算如下：

(a&b)：

0000 0000 1010 1000
0000 0000 0100 1001

0000 0000 0000 1000 （十进制值为 8）

(a|b)：

0000 0000 1010 1000
0000 0000 0100 1001

0000 0000 1110 1001 （十进制值为 233）

(a^b)：

0000 0000 1010 1000
0000 0000 0100 1001

0000 0000 1110 0001 （十进制值为 225）

3．比较运算符

比较运算符（又称关系运算符）如表 5.8 所示，用于测试两个表达式的值是否相同，其运算结果为逻辑值，可以为三种之一：TRUE、FALSE 及 UNKNOWN。

表 5.8 比较运算符

运 算 符	含 义	运 算 符	含 义
=	相等	<=	小于等于
>	大于	<>、!=	不等于
<	小于	!<	不小于
>=	大于等于	!>	不大于

除 text、ntext 或 image 类型的数据外，比较运算符可以用于所有的表达式，如下举例用于查询指定学号的学生在 XSB 表中的信息，其中 IF 语句为条件判断语句，将在 5.4 节中介绍。

```
DECLARE @student char(10)
SET @student = '081101'
```

```
IF (@student <> 0)
    SELECT *
        FROM   XSB
        WHERE  学号= @student
```

4．逻辑运算符

逻辑运算符用于对某个条件进行测试，运算结果为 TRUE 或 FALSE。SQL Server 提供的逻辑运算符如表 5.9 所示。这里的逻辑运算符在 SELECT 语句的 WHERE 子句中介绍过，此处再做一些补充。

表 5.9　逻辑运算符

运　算　符	运 算 规 则
AND	如果两个操作数值都为 TRUE，运算结果为 TRUE
OR	如果两个操作数中有一个为 TRUE，运算结果为 TRUE
NOT	若一个操作数值为 TRUE，运算结果为 FALSE，否则为 TRUE
ALL	如果每个操作数值都为 TRUE，运算结果为 TRUE
ANY	在一系列操作数中只要有一个为 TRUE，运算结果为 TRUE
BETWEEN	如果操作数在指定的范围内，运算结果为 TRUE
EXISTS	如果子查询包含一些行，运算结果为 TRUE
IN	如果操作数值等于表达式列表中的一个，运算结果为 TRUE
LIKE	如果操作数与一种模式相匹配，运算结果为 TRUE
SOME	如果在一系列操作数中，有些值为 TRUE，运算结果为 TRUE

(1) ANY、SOME、ALL、IN 的使用。可以将 ALL 或 ANY 关键字与比较运算符组合进行子查询。SOME 的用法与 ANY 相同。以下面几种组合为例：

① >ALL 表示大于每一个值，即大于最大值。例如，>ALL(5, 2, 3)表示大于 5。因此，使用>ALL 的子查询也可用 MAX 集函数实现；

② >ANY 表示至少大于一个值，即大于最小值。例如，>ANY (7, 2, 3)表示大于 2。因此，使用>ANY 的子查询也可用 MIN 集函数实现；

③ =ANY 运算符与 IN 等效；

④ <>ALL 与 NOT IN 等效。

【例 5.8】　查询成绩高于“林一帆”最高成绩的学生姓名、课程名及成绩。

```
USE PXSCJ
GO
SELECT 姓名, 课程名, 成绩
    FROM XSB, CJB, KCB
    WHERE 成绩> ALL
        ( SELECT b.成绩
            FROM XSB a,   CJB b
            WHERE a.学号= b.学号  AND   a.姓名= '林一帆'
        )
    AND XSB.学号=CJB.学号
    AND KCB.课程号=CJB.课程号
    AND 姓名<>'林一帆'
```

执行结果如下图所示：

	姓名	课程名	成绩
1	韦严平	计算机基础	90
2	张蔚	计算机基础	95
3	张蔚	程序设计与语言	90
4	张蔚	离散数学	89
5	赵琳	计算机基础	91
6	马琳琳	计算机基础	91
7	罗林琳	计算机基础	90

(2) BETWEEN 的使用。语法格式：

```
<表达式> [ NOT ] BETWEEN <表达式 1> AND <表达式 2>
```

如果<表达式>大于或等于<表达式 1>并且小于或等于<表达式 2>，则运算结果为 TRUE，否则为 FALSE。三个值的类型必须相同。NOT 表示对谓词 BETWEEN 的运算结果取反。

【例 5.9】 查询总学分在 40～50 的学生学号和姓名。

```
SELECT 学号, 姓名, 总学分
    FROM  XSB
    WHERE 总学分 BETWEEN 40 AND 50
```

使用 >= 和 <=代替 BETWEEN 实现与上例相同的功能：

```
SELECT 学号, 姓名, 总学分
    FROM   XSB
    WHERE  总学分>= 40  AND 总学分<=50
```

【例 5.10】 查询总学分在范围 40～50 之外的所有学生的学号和姓名。

```
SELECT 学号, 姓名, 总学分
    FROM  XSB
    WHERE 总学分 NOT BETWEEN 40 AND 50
```

(3) LIKE 的使用。语法格式：

```
<匹配表达式> [ NOT ] LIKE <搜索模式串> [ ESCAPE <转义字符>]
```

确定给定的字符串是否与指定的模式匹配，若匹配，运算结果为 TRUE，否则为 FALSE。模式可以包含普通字符和通配字符。LIKE 运算符的说明参见第 4 章中 WHERE 子句一节。

【例 5.11】 查询课程名以“计”或 C 开头的情况。

```
SELECT *
    FROM KCB
    WHERE 课程名 LIKE '[计 C]%'
```

(4) EXISTS 与 NOT EXISTS 的使用。语法格式：

```
EXISTS <子查询>
```

用于检测一个子查询的结果是否不为空。若是运算结果为真，否则为假。<子查询>用于代表一个受限的 SELECT 语句（不允许有 COMPUTE 子句和 INTO 关键字）。EXISTS 子句的功能有时可用 IN 或= ANY 运算符实现，而 NOT EXISTS 的作用与 EXISTS 正相反。

【例 5.12】 查询所有选课学生的姓名。

```
SELECT DISTINCT 姓名
    FROM   XSB
    WHERE  EXISTS
    (
        SELECT  *
            FROM   CJB
            WHERE  XSB.学号= CJB.学号
```

```
	)
```

使用 IN 子句实现上述子查询：

```
SELECT DISTINCT 姓名
	FROM   XSB
	WHERE  学号 IN
	(
		SELECT  学号
			FROM  CJB
	)
```

5．字符串联接运算符

通过运算符“+”实现两个字符串的联接运算。

【例 5.13】 多个字符串的联接。

```
SELECT  (学号+  ','+ 姓名) AS 学号及姓名
	FROM XSB
	WHERE 学号= '081101'
```

执行结果如下图所示：

	学号及姓名
1	081101,王林

6．一元运算符

一元运算符有+（正）、-（负）和~（按位取反）3 个。“+”、“-”一元运算符是大家熟悉的，而对于按位取反运算符“~”举例如下：

设 a 的值为 12（0000 0000 0000 1100），计算~a 的值为：1111 1111 1111 0011。

7．赋值运算符

指给局部变量赋值的 SET 和 SELECT 语句中使用的“=”。

8．运算符的优先顺序

当一个复杂的表达式有多个运算符时，运算符优先级决定执行运算的先后次序。执行顺序会影响所得到的运算结果。

运算符优先级如表 5.10 所示。在一个表达式中按先高（优先级数字小）后低（优先级数字大）的顺序进行运算。

表 5.10 运算符优先级表

运算符	优先级	运算符	优先级
+（正）、-（负）、~（按位 NOT）	1	NOT	6
*（乘）、/（除）、%（模）	2	AND	7
+（加）、+（串联）、-（减）	3	ALL、ANY、BETWEEN、IN、LIKE、OR、SOME	8
=, >, <, >=, <=, <>, !=, !>, !< 比较运算符	4	=（赋值）	9
^（位异或）、&（位与）、|（位或）	5		

当一个表达式中的两个运算符有相同的优先等级时，根据它们在表达式中的位置，一般而言，一元运算符按从右向左的顺序运算，二元运算符对其从左到右进行运算。

表达式中可用括号改变运算符的优先性，先对括号内的表达式求值，然后对括号外的运算符进行运算时使用该值。

若表达式中有嵌套的括号，则首先对嵌套最深的表达式求值。

9．表达式

一个表达式就是常量、变量、列名、复杂计算、运算符和函数的组合。一个表达式通常可以得到一个值。与常量和变量一样，一个表达式的值也具有某种数据类型，可能的数据类型有字符类型、数值类型、日期时间类型。这样根据表达式的值的类型，表达式可分为字符型表达式、数值型表达式和日期时间表达式。

表达式还可以根据值的复杂性来分类：

- 当表达式的结果只是一个值，例如一个数值、一个单词或一个日期，这种表达式叫做标量表达式，例如：1+2，'a'>'b'；
- 当表达式的结果是由不同类型数据组成的一行值，这种表达式叫做行表达式。例如：(学号,'王林', '计算机',50*10)，当学号列的值为 081101 时，这个行表达式的值就为('081101','王林', '计算机',500)；
- 当表达式的结果为 0 个、1 个或多个行表达式的集合，那么这个表达式就叫做表表达式。

表达式一般用在 SELECT 以及 SELECT 语句的 WHERE 子句中。

5.4　流程控制语句

设计程序时，常常需要利用各种流程控制语句，改变计算机的执行流程以满足程序设计的需要。在 SQL Server 中提供了如表 5.11 所示的流程控制语句。

表 5.11　SQL Server 流程控制语句

控制语句	说明	控制语句	说明
BEGIN…END	语句块	CONTINUE	用于重新开始下一次循环
IF…ELSE	条件语句	BREAK	用于退出最内层的循环
CASE	分支语句	RETURN	无条件返回
GOTO	无条件转移语句	WAITFOR	为语句的执行设置延迟
WHILE	循环语句		

【例 5.14】　查询总学分大于 42 的学生人数。

```
USE PXSCJ
GO
DECLARE @num int
SELECT @num=(SELECT COUNT(姓名) FROM XSB WHERE  总学分>42)
IF @num<>0
    SELECT @num AS '总学分>42 的人数'
```

5.4.1　BEGIN…END 语句块

在 T-SQL 中可以定义 BEGIN…END 语句块。当要执行多条 T-SQL 语句时，就需要使用 BEGIN…END 将这些语句定义成一个语句块，作为一组语句来执行。语法格式：

```
BEGIN
     <语句块>
END
```

说明：关键字 BEGIN 是 T-SQL 语句块的起始位置，END 标识同一个 T-SQL 语句块的结尾。<语句块>中包含 T-SQL 语句。BEGIN…END 可以嵌套使用，即可以在语句块中包含使用 BEGIN…END 定义的另一个语句块。例如：

```
USE PXSCJ
GO
BEGIN
     SELECT * FROM XSB
     SELECT * FROM KCB
END
```

5.4.2 条件语句

程序中如果要对给定的条件进行判定，当条件为 TRUE 或 FALSE 时分别执行不同的 T-SQL 语句，可用 IF…ELSE 语句实现。语法格式：

```
IF <条件表达式>
     <语句块>                              /*条件表达式为真时执行*/
[ ELSE
     <语句块> ]                            /*条件表达式为假时执行*/
```

说明：

如果条件表达式中含有 SELECT 语句，必须用括号将 SELECT 语句括起来，运算结果为 TRUE（真）或 FALSE（假）。

由上述语法格式，可看出条件语句分带 ELSE 部分和不带 ELSE 部分 2 种使用形式。

(1) 带 ELSE 部分

```
IF  条件表达式
     A                                     /* T-SQL 语句或语句块*/
ELSE
     B                                     /*T-SQL 语句或语句块*/
```

当条件表达式的值为 TRUE 时执行 A，然后执行 IF 语句的下一语句；条件表达式的值为 FALSE 时执行 B，然后执行 IF 语句的下一语句。

(2) 不带 ELSE 部分

```
IF  条件表达式
         A                         /*T-SQL 语句或语句块*/
```

当条件表达式的值为 TRUE 时，执行 A，然后执行 IF 语句的下一条语句；条件表达式的值为 FALSE 时，直接执行 IF 语句的下一条语句。

IF 语句的执行流程如图 5.3 所示。

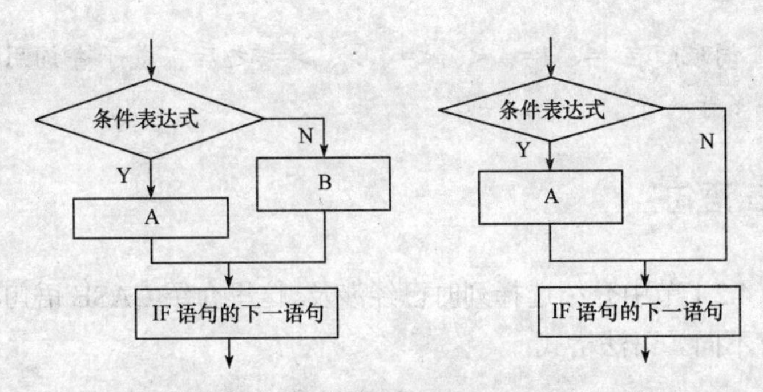

图 5.3 IF 语句的执行流程

如果在 IF…ELSE 语句的 IF 区和 ELSE 区都使用 CREATE TABLE 语句或 SELECT INTO 语句，那么 CREATE TABLE 语句或 SELECT INTO 语句必须使用相同的表名。

IF…ELSE 语句可用在批处理、存储过程（经常使用这种结构测试是否存在着某个参数）及特殊查询中。

可在 IF 区或在 ELSE 区嵌套另一个 IF 语句，对于嵌套层数没有限制。

【例 5.15】 如果“数据库原理”课程的平均成绩高于 75 分，则显示“平均成绩高于 75 分”。

```
IF
(
    SELECT  AVG(成绩)
        FROM    XSB, CJB, KCB
        WHERE   XSB.学号= CJB.学号
            AND   CJB.课程号=KCB.课程号
            AND   KCB.课程名='数据库原理'
) <75
    SELECT  '平均成绩低于 75'
ELSE
    SELECT '平均成绩高于 75'
```

【例 5.16】 IF…ELSE 语句的嵌套使用。

```
IF
(   SELECT  AVG(成绩)
        FROM    XSB, CJB, KCB
        WHERE   XSB.学号= CJB.学号
                AND   CJB.课程号=KCB.课程号
                AND   KCB.课程名='数据库原理'
) <75
    SELECT  '平均成绩低于 75'
ELSE
    IF
    (   SELECT  AVG(成绩)
            FROM    XSB, CJB, KCB
            WHERE   XSB.学号= CJB.学号
                    AND   CJB.课程号=KCB.课程号
                    AND   KCB.课程名='数据库原理'
    ) >75
        SELECT  '平均成绩高于 75'
```

注意：若子查询跟随在 =、!=、<、<=、>、>= 之后，或子查询用做表达式，子查询返回的值不允许多于一个。

5.4.3 CASE 语句

CASE 语句在 4.2.1 节中介绍选择列时已经涉及。这里介绍 CASE 语句在流程控制中的用法，与之前略有不同。语法格式：

```
CASE <值>
    WHEN <值> THEN <语句>
    [ ...n ]
    [ ELSE <语句> ]
END
```

或者：

```
CASE
    WHEN <比较表达式> THEN <语句>
    [ ...n ]
    [ ELSE <语句>]
END
```

第一种格式中 CASE 后的<值>是要被判断的值或表达式，接下来的是一系列的 WHEN-THEN 块，每一块的 WHEN 后的<值>指定要与 CASE 值比较的值，如果为真，就执行 THEN 后的 T-SQL 语句。如果前面的每一个块都不匹配，就会执行 ELSE 块指定的语句。CASE 语句最后以 END 关键字结束。

第二种格式中 CASE 关键字后面没有参数，在 WHEN-THEN 块中，比较表达式为真时执行 THEN 后面的语句。与第一种格式相比，这种格式能够实现更为复杂的条件判断，使用更方便。

【例 5.17】 使用第一种格式的 CASE 语句根据性别值输出“男”或“女”。

```
SELECT 学号, 姓名, 专业, SEX=
        CASE 性别
            WHEN 1 THEN '男'
            WHEN 0 THEN '女'
            ELSE  '无'
        END
    FROM XSB
    WHERE 总学分>48
```

使用第二种格式的 CASE 语句则使用以下 T-SQL 语句：

```
SELECT 学号, 姓名, 专业, SEX=
        CASE
            WHEN 性别=1 THEN '男'
            WHEN 性别=0 THEN '女'
            ELSE  '无'
        END
    FROM XSB
    WHERE 总学分>48
```

5.4.4　无条件转移语句

无条件转移语句将执行流程转移到标号指定的位置。语法格式：

```
GOTO label
```

说明：label 是指向的语句标号，标号必须符合标识符规则。标号的定义形式：

```
label : <语句>
```

5.4.5　循环语句

1. WHILE 循环语句

如果需要重复执行程序中的一部分语句，可使用 WHILE 循环语句实现。语法格式：

```
WHILE <条件表达式>
    <循环体>                          /*T-SQL 语句序列构成的循环体*/
```

WHILE 语句的执行流程如图 5.4 所示。

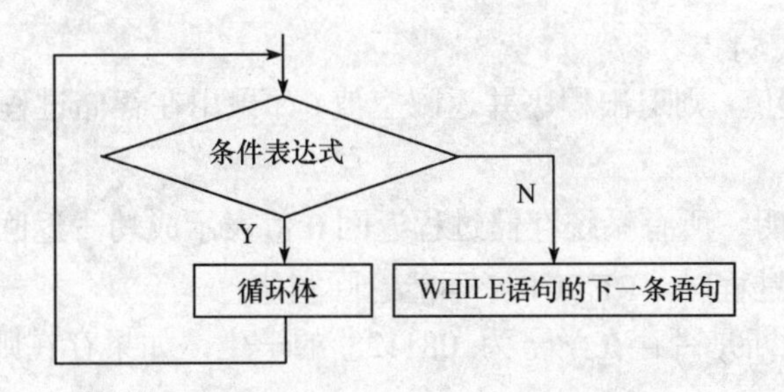

图 5.4　WHILE 语句的执行流程

当条件表达式值为真时，执行构成循环体的 T-SQL 语句或语句块，然后再进行条件判断，重复上述操作，直至条件表达式的值为假，退出循环体的执行。

【例 5.18】　将学号为 081101 的学生的总学分使用循环修改到大于等于 60，每次只加 2，并判断循环了多少次。

```
USE PXSCJ
GO
DECLARE @num INT
SET @num=0
WHILE (SELECT 总学分 FROM XSB WHERE 学号='081101')<60
    BEGIN
        UPDATE XSB SET 总学分=总学分+2 WHERE 学号= '081101'
        SET @num=@num+1
    END
SELECT @num AS 循环次数
```

执行结果如下图所示：

	循环次数
1	5

2. BREAK 语句

语法格式：

```
BREAK
```

BREAK 语句一般用在循环语句中，用于退出本层循环。当程序中有多层循环嵌套时，使用 BREAK 语句只能退出其所在的这一层循环。

3. CONTINUE 语句

语法格式：

```
CONTINUE
```

CONTINUE 语句一般用在循环语句中，结束本次循环，重新转到下一次循环条件的判断。

5.4.6 返回语句

返回语句用于从存储过程、批处理或语句块中无条件退出，不执行位于 RETURN 之后的语句。语法格式：

```
RETURN [ <整型值> ]
```

如果不提供整型值，则退出程序并返回空值。如果用在存储过程中，可以返回整型值。

说明：

(1) 除非特别指明，所有系统存储过程返回 0 值表示成功，返回非零值则表示失败。

(2) 当用于存储过程时，RETURN 不能返回空值。

【例 5.19】 判断是否存在学号为 081128 的学生，如果存在则返回，不存在则插入 081128 的学生信息。

```
IF EXISTS(SELECT * FROM XSB WHERE 学号='081128')
    RETURN
ELSE
    INSERT INTO XSB VALUES('081128', '张可', 1, '1990-08-12', '计算机',52, NULL)
```

5.4.7 等待语句

等待语句指定触发语句块、存储过程或事务执行的时刻或需等待的时间间隔。

语法格式：

```
WAITFOR
{
    DELAY '<等待时间>'
    | TIME '<运行时间>'
}
```

说明：

- DELAY：用于指定运行批处理、存储过程和事务必须等待的时间，最长可达 24 小时。等待时间可以用 datetime 数据格式指定，用单引号引起来，但在值中不允许有日期部分。也可以用局部变量指定参数。
- TIME：指定运行批处理、存储过程和事务的时间，即 WAITFOR 语句完成的时间。

【例 5.20】 设定在早上八点执行存储过程 sp_addrole。

```
BEGIN
    WAITFOR TIME '8:00'
    EXECUTE sp_addrole 'Manager'
END
```

5.5 系统内置函数

5.5.1 系统内置函数介绍

在程序设计过程中，常常调用系统提供的函数。T-SQL 编程语言提供 3 种系统内置函数：行集函数、聚合函数和标量函数。所有的函数都是确定性或非确定性的。

(1) 确定性函数：每次使用特定的输入值集调用该函数时，总是返回相同的结果。

(2) 非确定性函数：每次使用特定的输入值集调用该函数时，它们可能返回不同的结果。

例如，DATEADD 内置函数是确定性函数，因为对于其任何给定参数总是返回相同的结果。GETDATE 是非确定性函数，因其每次执行后，返回结果都不同。

下面将介绍一些常用的函数。

1. 行集函数

行集函数是返回值为对象的函数，该对象可在 T-SQL 语句中作为表引用。所有行集函数都是非确定的，即每次用一组特定参数调用它们时，所返回的结果不总是相同的。

SQL Server 2005 主要提供如下行集函数：

(1) CONTAINSTABLE：对于基于字符类型的列，按照一定的搜索条件进行精确或模糊匹配，然后返回一个表，该表可能为空。

(2) FREETEXTTABLE：为基于字符类型的列返回一个表，其中的值符合指定文本的含义，但不符合确切的表达方式。

(3) OPENDATASOURCE：提供与数据源的连接。语法格式：

```
OPENDATASOURCE ( provider_name , init_string )
```

其中，provider_name 是注册为用于访问数据源 OLE DB 提供程序的 PROGID 的名称，init_string 是连接字符串。这些字符串将要传递给目标提供程序的 IDataInitialize 接口。

(4) OPENQUERY：该函数在给定的链接服务器（一个 OLE DB 数据源）上执行指定的直接传递查询，返回查询的结果集。语法格式：

```
OPENQUERY ( linked_server , 'query' )
```

其中，linked_server 为连接的服务器名，query 是查询命令串。例如：

```
EXEC sp_addlinkedserver 'OSvr', 'Oracle 7.3', 'MSDAORA', 'ORCLDB'
GO
SELECT  *
    FROM  OPENQUERY(OSvr, 'SELECT title, id FROM al.book')
```

该例使用为 Oracle 提供的 OLE DB 对 Oracle 数据库创建了一个名为 Osvr 的连接服务

器，然后对该其进行检索。

(5) OPENROWSET：包含访问 OLE DB 数据源中远程数据所需的全部连接信息。可在查询的 FROM 子句中像引用基本表一样引用 OPENROWSET 函数，虽然查询可能返回多个记录，但 OPENROWSET 只返回第一个记录。该函数与 OPENQUERY 函数功能相同，只是语法格式不同。

(6) OPENXML：OPENXML 通过 XML 文档提供行集视图。

2．聚合函数

聚合函数对一组值操作，返回单一的汇总值。聚合函数在如下情况下，允许作为表达式使用： SELECT 语句的选择列表（子查询或外部查询）；COMPUTE 或 COMPUTE BY 子句；HAVING 子句。

T-SQL 语言提供的常用聚合函数的应用请参考第 4 章相关内容。

3．标量函数

标量函数的特点：输入参数的类型为基本类型，返回值也为基本类型。SQL Server 包含如下几类标量函数：配置函数、系统函数、系统统计函数、数学函数、字符串函数、日期和时间函数、游标函数、文本和图像函数、元数据函数、安全函数等。

5.5.2 常用系统标量函数

启动“SQL Server Management Studio”→在“对象资源管理器”中展开“数据库”→“PXSCJ”→“可编程性”→“函数”→“系统函数”，可以查看到 SQL Server 2005 提供的所有系统内置函数。这里介绍常用的系统标量函数。

1．配置函数

配置函数用于返回当前配置选项设置的信息。全局变量是以函数形式使用的，配置函数一般都是全局变量名，详细介绍请参见附录 B。

2．数学函数

数学函数可对 SQL Server 提供的数字数据（decimal、integer、float、real、money、smallmoney、smallint 和 tinyint）进行数学运算并返回运算结果。默认情况下，对 float 数据类型数据的内置运算的精度为 6 个小数位。SQL Server 中常用的数学函数如表 5.12 所示。

表 5.12 数学函数

函数名称	语法格式	说　明
ABS	ABS (<数字表达式>)	返回给定数字表达式的绝对值，返回值也为数组
ACOS	ACOS(<float 表达式>)	返回以弧度表示的角度值，该角度值的余弦为给定的 float 表达式，亦称反余弦
ASIN	ASIN(<float 表达式>)	返回以弧度表示的角度值，该角度值的正弦为给定的 float 表达式，亦称反正弦
ATAN	ATAN(<float 表达式>)	返回以弧度表示的角度值，该角度值的正切为给定的 float 表达式，亦称反正切
ATN2	ATN2(<float 表达式>，<float 表达式>)	返回以弧度表示的角度值，该角度值的正切介于两个给定的 float 表达式之间，亦称反正切

续表

函数名称	语法格式	说　明
CEILING	CEILING(<数字表达式>)	返回大于或等于所给数字表达式的最小整数
COS	COS(<float 表达式>)	返回给定表达式中给定角度（以弧度为单位）的三角余弦值
COT	COT(<float 表达式>)	返回给定 float 表达式中指定角度（以弧度为单位）的三角余切值
DEGREES	DEGREES(<数字表达式>)	当给出以弧度为单位的角度时，返回相应的以度数为单位的角度
EXP	EXP(<float 表达式>)	返回所给的 float 表达式的指数值
FLOOR	FLOOR(<数字表达式>)	返回小于或等于所给数字表达式的最大整数
LOG	LOG(<float 表达式>)	返回给定 float 表达式的自然对数
LOG10	LOG10(<float 表达式>)	返回给定 float 表达式的以 10 为底的对数
PI	PI()	返回 π 的常量值
POWER	POWER(<float 表达式>, <幂值>)	返回给定表达式乘指定次方的值
RADIANS	RADIANS(<数字表达式>)	对于在数字表达式中输入的度数值返回弧度值
RAND	RAND([<种子值>])	返回 0 到 1 之间的随机 float 值
ROUND	ROUND(<数字表达式>, <舍入精度>)	返回数字表达式并四舍五入为指定的长度或精度
SIGN	SIGN(<数字表达式>)	返回给定表达式的正（+1）、零（0）或负（-1）号
SIN	SIN(<float 表达式>)	以近似数字（float）表达式返回给定角度（以弧度为单位）的三角正弦值
SQUARE	SQUARE(<float 表达式>)	返回给定表达式的平方
SQRT	SORT(<float 表达式>)	返回给定表达式的平方根
TAN	TAN(<float 表达式>)	返回输入表达式的正切值

下面给出几个例子说明数学函数的使用。

【例 5.21】 显示 ABS 函数对 3 个不同数字的效果。

```
SELECT  ABS(-5.0),  ABS(0.0),  ABS(8.0)
```

运行结果如下图所示：

	(无列名)	(无列名)	(无列名)
1	5.0	0.0	8.0

【例 5.22】 通过 RAND 函数返回随机值。

```
DECLARE @count int
SET @count = 5
SELECT  RAND(@count)
```

3. 字符串函数

字符串函数用于对字符串进行处理，SQL Server 中常用的字符串函数如表 5.13 所示。

表 5.13 字符串函数

函数名	语法格式	说　明
ASCII	ASCII(<字符表达式>)	返回字符表达式最左端字符的 ASCII 代码值
CHAR	CHAR (<ASCII 码>)	将 ASCII 码转化为字符
CHARINDEX	CHARINDEX(<表达式 1>, <表达式 2>)	返回字符串表达式 1 中表达式 2 的起始位置
LEFT	LEFT (<字符表达式>, <整型表达式>)	返回从字符串左边开始指定个数的字符

续表

函数名	语法格式	说　明
LEN	LEN(<字符表达式>)	返回给定字符串表达式字符的（而不是字节）个数，其中不包含尾随空格
LOWER	LOWER(<字符表达式>)	将大写字符数据转换为小写字符数据后返回字符表达式
LTRIM	LTRIM(<字符表达式>)	删除起始空格后返回字符表达式
NCHAR	NCHAR(<整型表达式>)	根据 Unicode 标准所进行的定义，用给定整数代码返回 Unicode 字符
PATINDEX	PATINDEX(<模式字符串>, <表达式>)	返回指定表达式中某模式第一次出现的起始位置。如果在全部有效的文本和字符数据类型中没有找到该模式，则返回零
QUOTENAME	QUOTENAME(<字符串>,<分隔符>)	返回带有分隔符的 Unicode 字符串，分隔符的加入可使输入的字符串成为有效的 SQL Server 分隔标识符
REPLACE	REPLACE (<字符串 1> , <字符串 2> , <字符串 3>)	在第一个字符串中用第三个字符串替换所有第二个字符串
REPLICATE	REPLICATE(<字符表达式>,<次数>)	以指定的次数重复字符表达式
REVERSE	REVERSE(<字符表达式>)	返回字符表达式的反转
RIGHT	RIGHT(<字符串>,<个数>)	返回字符串中从右边开始指定个数的字符
RTRIM	RTRIM(<字符串>)	截断所有尾随空格后返回一个字符串
SOUNDEX	SOUNDEX(<字符串>)	返回由四个字符组成的代码（SOUNDEX）以评估两个字符串的相似性
SPACE	SPACE(<个数>)	返回指定个数重复的空格组成的字符串
STR	STR(<float 表达式>[,总长度 [,小数位数]])	由数字数据转换为字符数据
STUFF	STUFF(<字符串 1>,<起始位置>,<长度>,<字符串 2>)	删除指定长度的字符并在指定的起始点插入另一组字符
SUBSTRING	SUBSTRING(<字符表达式> , <开始位置> , <长度>)	返回字符表达式的一部分
UNICODE	UNICODE(<nchar 或 nvarchar 表达式>)	按照 Unicode 标准的定义，返回输入表达式第一个字符的整数值
UPPER	UPPER(<字符表达式>)	返回将小写字符数据转换为大写的字符表达式

下面给出几个例子说明字符串函数的使用。

(1) SCII 函数。语法格式：

```
ASCII ( <字符表达式> )
```

返回字符表达式最左端字符的 ASCII 值，返回值为整型。

【例 5.23】 查找字符串'sql'的最左端字符的 ASCII 的值。

```
SELECT ASCII('sql')
```

执行结果如下图所示：

	(无列名)
1	115

(2) CHAR 函数。语法格式：

```
CHAR ( <整型表达式> )
```

将 ASCII 码转换为字符。参数为介于 0～255 之间的整数，返回值为字符型。

(3) LEFT 函数。语法格式：

```
LEFT (<字符表达式>, <整型表达式>)
```

返回从字符串左边开始指定个数的字符，返回值为 varchar 型。

【例 5.24】 返回课程名最左边的 4 个字符。

```
SELECT LEFT(课程名, 4)
    FROM KCB
    ORDER BY 课程号
```

(4) LTRIM 函数。语法格式：

```
LTRIM (<字符表达式>)
```

删除字符串中的前导空格，并返回字符串。

【例 5.25】 使用 LTRIM 字符删除字符变量中的起始空格。

```
DECLARE @string varchar(40)
SET @string = '           中国，一个古老而伟大的国家 '
SELECT   LTRIM(@string)
SELECT @string
```

(5) REPLACE 函数。语法格式：

```
REPLACE ( '<字符表达式 1>' , '<字符表达式 2>' , '<字符表达式 3>' )
```

用第三个字符串表达式替换第一个字符串表达式中包含的第二个字符串表达式，并返回替换后的表达式，返回值为字符型。

(6) SUBSTRING 函数。语法格式：

```
SUBSTRING ( <字符表达式>, <开始位置>, <长度> )
```

该函数返回字符表达式中指定的部分数据。<表达式>可为字符串、二进制串、text、image 字段，<开始位置>指定子串的开始位置，<长度>指定子串的长度（要返回字节数）。如果<表达式>是字符和二进制类型，则返回值类型与<表达式>的类型相同。在其他情况下，可参考表 5.14。

表 5.14 SUBSTRING 函数返回值不同于给定表达式的情况

给定的表达式	返回值类型	给定的表达式	返回值类型	给定的表达式	返回值类型
text	varchar	image	varbinary	ntext	nvarchar

【例 5.26】 在一列中返回 XSB 表中的姓氏，在另一列中返回表中学生的名。

```
SELECT SUBSTRING(姓名, 1,1), SUBSTRING(姓名, 2, LEN(姓名)-1)
    FROM XSB
    ORDER BY 姓名
```

【例 5.27】 显示字符串"China"中每个字符的 ASCII 值和字符。

```
DECLARE @position int, @string char(8)
SET @position = 1
SET @string='China'
WHILE @position <= DATALENGTH(@string)
    BEGIN
        SELECT ASCII(SUBSTRING(@string, @position, 1)) AS ASCII 码,
            CHAR(ASCII(SUBSTRING(@string, @position, 1))) AS 字符
        SET @position = @position + 1
    END
```

说明：DATALENGTH 函数用于返回指定表达式的字节数。

4．系统函数

系统函数用于对 SQL Server 中的值、对象和设置进行操作并返回有关信息。

(1) CAST 和 CONVERT 函数。CAST、CONVERT 这两个函数的功能都是实现数据类型的转换，但 CONVERT 的功能更强一些。常用的类型转换有以下几种情况：日期型→字符型、字符型→日期型、数值型→字符型。

语法格式：

```
CAST (<表达式> AS <数据类型>[(<长度>)])
CONVERT (<数据类型>[(长度)], <表达式> [, style])
```

说明：这两个函数将给定表达式的类型转换为<数据类型>所指定的类型。对于不同的表达式类型转换，参数 style 的取值不同。style 的常用取值及其作用如表 5.15～表 5.17 所示。

表 5.15　日期型与字符型转换时 style 的常用取值及其作用

不带世纪数位（yy）	带世纪数位（yyyy）	标　准	输入/输出
	0 或 100	默认值	mon dd yyyy hh:miAM(或 PM)
1	101	美国	mm/dd/yyyy
2	102	ANSI	yy.mm.dd
	9 或 109	默认值 + 毫秒	mon dd yyyy hh:mi:ss:mmmAM(或 PM)
10	110	美国	mm-dd-yy
12	112	ISO	yymmdd

表 5.16　float 或 real 转换为字符数据时 style 的取值

style 值	输　出	style 值	输　出
0（默认值）	根据需要使用科学记数法，长度最多为 6	2	使用科学记数法，长度为 16
1	使用科学记数法，长度为 8		

表 5.17　从 money 或 smallmoney 转换为字符数据时 style 的取值

style 值	输　出
0（默认值）	小数点左侧每三位数字之间不以逗号分隔，小数点右侧取两位数，例如 4235.98
1	小数点左侧每三位数字之间以逗号分隔，小数点右侧取两位数，例如 3,510.92
2	小数点左侧每三位数字之间不以逗号分隔，小数点右侧取四位数，例如 4235.9819

对于日期与字符型数据的转换，在表 5.15 中，左侧的两列表示将 datetime 或 smalldatetime 数据转换为字符数据的 style 值。将 style 值加 100，可获得包括世纪数位的四位年份（yyyy）。默认值（如 style 0 或 100、9 或 109）始终返回世纪数位。输入时，将字符型数据转换为日期型数据；输出时，将日期型数据转换为字符型数据。

【例 5.28】 检索总学分 50～59 分的学生姓名，并将总学分转换为 char(20)。

```
/*举例同时使用 CAST 和 CONVERT*/
/*使用 CAST 实现*/
USE PXSCJ
GO
SELECT 姓名, 总学分
    FROM    XSB
```

```
    WHERE  CAST(总学分 AS char(20)) LIKE '5_'  AND 总学分>=50
/*使用 CONVERT 实现*/
SELECT 姓名, 总学分
    FROM XSB
    WHERE CONVERT(char(20), 总学分) LIKE '5_'  AND 总学分>=50
```

(2) COALESCE 函数。语法格式：

```
COALESCE (<表达式> [ ,...n ] )
```

返回参数表中第一个非空表达式的值，如果所有自变量均为 NULL，则 COALESCE 返回 NULL 值。所有表达式必须是相同类型，或者可以隐性转换为相同的类型。

COALESCE (<表达式> [,...n])与如下形式的 CASE 语句等价：

```
CASE
   WHEN (<表达式 1> IS NOT NULL) THEN <表达式 1>
   ...
   WHEN (<表达式 n> IS NOT NULL) THEN <表达式 n>
   ELSE NULL
```

(3) ISNUMBRIC 函数。ISNUMBRIC 函数用于判断一个表达式是否为数值类型。语法格式：

```
ISNUMBRIC(<表达式>)
```

如果输入表达式的计算值为有效的整数、浮点数、money 或 decimal 类型时，ISNUMERIC 返回 1；否则返回 0。

对于其他系统函数请参考 SQL Server 联机丛书。

5. 日期时间函数

日期时间函数可用在 SELECT 语句的选择列表或用在查询的 WHERE 子句中。表 5.18 中列出了 SQL Server 中常用的日期时间函数。

表 5.18 日期时间函数

函数名称	语法格式	说 明
DATEADD	DATEADD(<日期格式>,<相加时间>,<日期>)	在向指定日期加上一段时间的基础上，返回新的日期时间值
DATEDIFF	DATEDIFF(<日期格式>,<开始日期>,<结束日期>)	返回跨两个指定日期的日期和时间边界数
DATENAME	DATENAME(<日期格式>,<日期>)	返回代表指定日期的指定日期部分的字符串
DATEPART	DATEPART(<日期格式>,<日期>)	返回代表指定日期的指定日期部分的整数
DAY	DAY(<日期>)	返回代表指定日期的天的日期部分的整数
GETDATE	GETDATE()	按 datetime 值的 SQL Server 标准内部格式返回当前系统日期和时间
GETUTCDATE	GETUTCDATE()	返回表示当前 UTC 时间（世界时间坐标或格林威治标准时间）的 datetime 值。当前的 UTC 时间应从当前的本地时间和运行 SQL Server 的计算机操作系统的时区设置
MONTH	MONTH(<日期>)	返回表示指定日期中的月份的整数
YEAR	YEAR(<日期>)	返回表示指定日期中的年份的整数

下面介绍几个常用的日期时间函数。

(1) GETDATE 函数。语法格式：

```
GETDATE ()
```

按 SQL Server 标准内部格式返回当前系统日期和时间，返回值类型为 datetime。

(2) YEAR、MONTH、DAY 函数。这 3 个函数分别返回指定日期的年、月、天部分，返回值都为整数。语法格式：

```
YEAR(<日期>)
MONTH(<日期>)
DAY(<日期>)
```

例如：

```
SELECT YEAR('1986-03-05')
```

执行结果如下图所示：

	(无列名)
1	1986

(3) DATEPART 函数。语法格式：

```
DATEPART(<日期格式>,<日期>)
```

本函数返回指定日期的指定日期部分的整数。第一个参数指定要返回的日期部分的参数，可以用缩写，如 yy、yyyy 等。第二个参数为指定的日期。例如：

```
SELECT DATEPART(dd,'2008-08-13')
```

执行结果如下图所示：

	(无列名)
1	13

6．游标函数

游标函数用于返回有关游标的信息。主要游标函数如下：

(1) @@CURSOR_ROWS 函数。语法格式：

```
@@CURSOR_ROWS
```

返回最后打开的游标中当前存在的满足条件的行数。返回值为 0 表示游标未打开；为 -1 表示游标为动态游标；为 $-m$ 表示游标被异步填充，返回值（$-m$）是键集中当前的行数；为 n 表示游标已完全填充，返回值（n）是游标中的总行数。

【例 5.29】 声明一个游标，并用 SELECT 显示@@CURSOR_ROWS 的值。

```
USE PXSCJ
GO
SELECT @@CURSOR_ROWS
DECLARE student_cursor CURSOR
    FOR SELECT 姓名 FROM XSB
OPEN student_cursor
FETCH NEXT FROM student_cursor
SELECT @@CURSOR_ROWS
CLOSE student_cursor
DEALLOCATE student_cursor
```

(2) CURSOR_STATUS 函数。语法格式：

```
CURSOR_STATUS
(    { 'local' , '<游标名>' }                /*指明数据源为本地游标*/
     | { 'global' , '<游标名>' }             /*指明数据源为全局游标*/
```

```
    | { 'variable' , '<游标变量>' }                    /*指明数据源为游标变量*/
)
```

返回游标状态是打开还是关闭。常量字符串 local、global 用于指定游标的类型，local 表示为本地游标名，global 表示为全局游标名。常量字符串 variable 用于说明其后的游标变量为一个本地变量，返回值类型为 smallint。CURSOR_STATUS()函数返回值如表 5.19 所示。

表 5.19　CURSOR_STATUS 返回值列表

返　回　值	游标名或游标变量	返　回　值	游标名或游标变量
1	游标的结果集至少有一行	-2	游标不可用
0	游标的结果集为空*	-3	指定的游标不存在
-1	游标被关闭		

注：动态游标不返回这个结果。

(3) @@FETCH_STATUS 函数。语法格式：

```
@@FETCH_STATUS
```

返回 FETCH 语句执行后游标的状态。@@FETCH_STATUS 返回值如表 5.20 所示。

表 5.20　@@FETCH_STATUS 返回值列表

返　回　值	说　　明	返　回　值	说　　明
0	FETCH 语句执行成功	-2	被读取的记录不存在
-1	FETCH 语句执行失败		

【例 5.30】　用@@FETCH_STATUS 控制在一个 WHILE 循环中的游标活动。

```
USE PXSCJ
GO
DECLARE @name char(20), @st_id char(6)
DECLARE Student_Cursor CURSOR
    FOR
    SELECT 姓名,学号 FROM PXSCJ.dbo.XSB
OPEN Student_Cursor
FETCH NEXT FROM Student_Cursor INTO @name, @st_id
SELECT @name, @st_id
WHILE @@FETCH_STATUS = 0
    BEGIN
        FETCH NEXT FROM Student_Cursor
    END
CLOSE Student_Cursor
DEALLOCATE Student_Cursor
```

7．元数据函数

元数据是用于描述数据库和数据库对象的。元数据函数用于返回有关数据库和数据库对象的信息。

(1) DB_ID 函数。语法格式：

```
DB_ID ( [ '<数据库名>' ] )
```

系统创建数据库时，自动为其创建一个标识号。函数 DB_ID 根据指定的数据库名，返回其数据库标识(ID)号。如果不指定参数，则返回当前数据库 ID，返回值类型为 smallint。

(2) DB_NAME 函数。语法格式：

```
DB_NAME (<数据库标识号> )
```

根据参数所给的数据库标识号，返回数据库名。参数类型为 smallint，如果没有指定数据库标识号，则返回当前数据库名，返回值类型为 nvarchar(128)。

其他元数据函数请参考 SQL Server 联机丛书。

5.6 用户定义函数

上节介绍了系统提供的常用的内置函数，大大方便了用户进行程序设计。但用户在编程时常常需要将一个或多个 T-SQL 语句组成子程序，以便反复调用。SQL Server 2005 允许用户根据需要自己定义函数。根据用户定义函数返回值的类型，可将用户定义函数分为如下两个类别：

(1) 标量函数：用户定义函数返回值为标量值的的函数为标量函数；

(2) 表值函数：返回值为整个表的用户定义函数为表值函数。根据函数主体的定义方式，表值函数又可分为内嵌表值函数或多语句表值函数。若用户定义函数包含单个 SELECT 语句且该语句可更新，则该函数返回的表也可更新，这样的函数称为内嵌表值函数；若用户定义函数包含多个 SELECT 语句，则该函数返回的表不可更新，这样的函数称为多语句表值函数。

用户定义函数不支持输出参数。用户定义函数不能修改全局数据库状态。

创建用户定义函数可以使用 CREATE FUNCTION 命令，利用 ALTER FUNCTION 命令可以对用户定义函数进行修改，用 DROP FUNCTION 命令可以删除用户定义函数。

5.6.1 用户函数的定义与调用

1. 标量函数

(1) 标量函数的定义。语法格式：

```
CREATE FUNCTION [<架构名>.] <函数名>                                      /*函数名部分*/
( @<参数名> [AS] <数据类型> [=default] ) [READONLY][ ,...n ])            /*形参定义部分*/
RETURNS <返回值类型>                                                      /*返回参数的类型*/
[ AS ]
BEGIN
    <函数体>                                                              /*函数体部分*/
    RETURN <标量表达式>                                                   /*返回语句*/
END
[ ; ]
```

说明：

- 用户定义的函数名必须符合标识符的规则，对架构来说该名在数据库中必须唯一。
- CREATE FUNCTION 语句中可以声明一个或多个参数，用@符号作为第一个字符来指定形参名，每个函数的参数局部于该函数。参数的数据类型可为系统支持的基本标量类型。[= default]可以设置参数的默认值。如果定义了 default 值，则无须指定此参数的值即可执行函数。READONLY 选项用于指定不能在函数定义中更新或修改参数。

- RETURNS 语句用于指定用户自定义函数的返回值类型。可以是 SQL Server 支持的基本标量类型，但 text、ntext、image 和 timestamp 除外。使用 RETURN 语句函数将返回<标量表达式>的值。

【例 5.31】　创建用户定义函数，实现计算全体学生某门功课的平均成绩的功能。

```
USE PXSCJ
GO
CREATE FUNCTION average(@cnum char(20)) RETURNS int
    AS
    BEGIN
        DECLARE @aver int
        SELECT @aver=
            (SELECT   avg(成绩)
                FROM CJB
                WHERE   课程号=@cnum
                GROUP BY  课程号
            )
        RETURN @aver
    END
GO
```

用户在使用命令方式创建用户定义函数后，打开“对象资源管理器”→“数据库”→“PXSCJ”→“可编程性”→“函数”→“标量值函数”，即可看到已经被创建好的用户定义的函数对象的图标。如果没有看到，请选择“刷新”选项。

(2) 标量函数的调用。当调用用户定义的标量函数时，必须提供至少由两部分组成的名称（架构名.函数名）。

可采用以下方式调用标量函数：

- 在 SELECT 语句中调用。语法格式：

```
<架构名>.<函数名>(<实参 1>,…,<实参 n>)
```

实参可为已赋值的局部变量或表达式。

【例 5.32】　调用例 5.31 定义的函数 average。

```
USE PXSCJ                                 /*假设用户函数 average 在此数据库中已定义*/
GO
DECLARE @course1 char(20)                 /*定义局部变量*/
DECLARE @aver1 int                        /*给局部变量赋值*/
SELECT   @course1 = '101'                 /*调用用户函数，并将返回值赋给局部变量*/
SELECT   @aver1=dbo.average(@course1)     /*显示局部变量的值*/
SELECT   @aver1 AS '101 课程的平均成绩'
```

执行结果如下图所示：

	101课程的平均成绩
1	78

- 利用 EXEC 语句执行。由 T-SQL EXECUTE（EXEC）语句调用用户函数时，参数

的标识次序与函数定义中的参数标识次序可以不同。有关 EXEC 语句的具体格式在第 7 章中介绍。调用形式：

```
<架构名>.<函数名> <实参 1>,…,<实参 n>
```

或：

```
<架构名>.<函数名> <形参名 1>=<实参 1>,…, <形参名 n>=<实参 n>
```

在这里，前者实参顺序应与函数定义的形参顺序一致，后者参数顺序可以与函数定义的形参顺序不一致。

如果函数的参数有默认值，在调用该函数时必须指定“default”关键字才能获得默认值。这不同于存储过程中有默认值的参数，在存储过程中省略参数也意味着使用默认值。

【例 5.33】 调用例 5.31 中计算平均成绩的函数。

```
DECLARE @course1 char(20)
DECLARE @aver1 int                                  /*显示局部变量的值*/
EXEC @aver1 = dbo.average   @cnum = '101'           /*通过 EXEC 调用函数，将返回值赋给局部变量*/
SELECT @aver1 AS '101 课程的平均成绩'
```

【例 5.34】 在 PXSCJ 中建立一个 course 表，并将一个字段定义为计算列。

```
USE PXSCJ                                           /*用户函数 average 在此数据库中已定义*/
GO
CREATE TABLE course
(
    cno         int,                                /*课程号*/
    cname       nchar(20),                          /*课程名*/
    credit      int,                                /*学分*/
    aver AS                                         /*将此列定义为计算列*/
    (
        dbo.average(cno)
    )
)
```

2．内嵌表值函数

内嵌函数可用于实现参数化视图。例如，视图如下：

```
CREATE VIEW View1 AS
SELECT 学号, 姓名
    FROM    PXSCJ.dbo.XSB
    WHERE   专业='计算机'
```

若希望设计更通用的程序，用户能指定感兴趣的查询内容，可将“WHERE 专业= '计算机' ”替换为“WHERE 专业= @para”，@para 用于传递参数。

由于视图不支持在 WHERE 子句中指定搜索条件参数，为解决这一问题，可使用内嵌用户定义函数，脚本如下所示：

```
/*内嵌函数的定义*/
CREATE FUNCTION fn_View1( @Para nvarchar(30) )
    RETURNS table
    AS  RETURN
    (
        SELECT 学号, 姓名
            FROM    PXSCJ.dbo.XSB
```

```
            WHERE   专业= @para
    )
GO
/*内嵌函数的调用*/
SELECT  *
    FROM fn_View1 ('计算机')
```

执行结果如下图所示：

	学号	姓名
1	081101	王林
2	081102	程明
3	081103	王燕
4	081104	韦严平
5	081106	李方方
6	081107	李明
7	081108	林一帆
8	081109	张强民
9	081110	张蔚
10	081111	赵琳
11	081113	严红

下面介绍内嵌表值函数的定义及调用。

(1) 内嵌表值函数的定义。语法格式：

```
CREATE FUNCTION [ <架构名>. ] <函数名>                    /*定义函数名部分*/
( @<参数名> [AS] <数据类型> [=default] ) [ ,...n ])        /*形参定义部分*/
RETURNS TABLE                                              /*返回值为表类型*/
[ AS ]
    RETURN [ ( ] <SELECT 语句> [ ) ]                       /*通过 SELECT 语句返回内嵌表*/
[ ; ]
```

RETURNS 子句仅包含关键字 TABLE，表示此函数返回一个表。内嵌表值函数的函数体仅有一个 RETURN 语句，并通过指定的 SELECT 语句返回内嵌表值。语法格式中的其他参数项与标量函数的定义类似。

【例 5.35】 对于 PXSCJ 数据库，为了让学生查询其各科成绩及学分，可以利用 XSB、KCB、CJB 这 3 个表，创建视图。程序如下：

```
CREATE VIEW   ST_VIEW
    AS
    SELECT dbo.XSB.学号, dbo.XSB.姓名, dbo.KCB.课程名, dbo.CJB.成绩
        FROM   dbo.KCB
            INNER JOIN   dbo.CJB ON dbo.KCB.课程号 = dbo.CJB.课程号
            INNER JOIN dbo.XSB ON dbo.CJB.学号 = dbo.XSB.学号
```

然后在此基础上定义如下内嵌函数：

```
CREATE FUNCTION st_score(@student_ID char(6))
    RETURNS table
    AS RETURN
    (
        SELECT   *
            FROM     PXSCJ.dbo.ST_VIEW
            WHERE   dbo. ST_VIEW.学号= @student_ID
    )
```

(2) 内嵌表值函数的调用。内嵌表值函数只能通过 SELECT 语句调用，内嵌表值函数调用时，可以仅使用函数名。在此，以前面定义的 st_score()内嵌表值函数的调用作为应用举例，学生通过输入学号调用内嵌函数查询其成绩。

【例 5.36】 调用 st_score()函数，查询学号为“081101”学生的各科成绩及学分。

```
SELECT  *
    FROM  PXSCJ.[dbo].st_score('081101')
```

执行结果如下图所示：

	学号	姓名	课程名	成绩
1	081101	王林	计算机基础	80
2	081101	王林	程序设计与语言	78
3	081101	王林	离散数学	76

3. 多语句表值函数

内嵌表值函数和多语句表值函数都返回表，二者不同之处在于：内嵌表值函数没有函数主体，返回的表是单个 SELECT 语句的结果集；而多语句表值函数在 BEGIN…END 块中定义的函数主体包含 T-SQL 语句，这些语句可生成行并将行插入至表中，最后返回表。

(1) 多语句表值函数定义。语法格式：

```
CREATE FUNCTION [ <架构名>. ] <函数名>                     /*定义函数名部分*/
( @<参数名> [AS] <数据类型> [=default] ) [ ,...n ])          /*形参定义部分*/
RETURNS @return_variable TABLE                              /*返回值为表类型*/
(
    <列名> <数据类型> <列选项>[,…n]                          /*定义表的内容*/
)
[ AS ]
    [ BEGIN ]
        <函数体>                                             /*定义函数体*/
        RETURN
    [ END ]
[ ; ]
```

说明：在 RETURNS 语句中，使用一个变量@return_variable 用于存储作为函数值返回的记录集，该变量被称为一个表变量，TABLE 关键字后面定义表变量的内容，与定义表时的表结构类似。<函数体>为 T-SQL 语句序列，只用于标量函数和多语句表值函数。在标量函数中，函数体是一系列合起来求得标量值的 T-SQL 语句；在多语句表值函数中，函数体是一系列在表变量@return_variable 中插入记录行的 T-SQL 语句。

【例 5.37】 在 PXSCJ 数据库中创建返回表的函数，通过以学号作为实参，调用该函数，可显示该学生各门功课的成绩和学分。

```
CREATE FUNCTION score_table(@id char(6))
RETURNS @score TABLE
(
    xs_ID      char(6),
    xs_Name    char(8),
    kc_Name    char(16),
    cj         tinyint,
    xf         tinyint
```

```
)
AS
BEGIN
    INSERT @score
        SELECT S.学号, S.姓名,P.课程名,O.成绩, P.学分
            FROM   PXSCJ.[dbo].XSB AS S
                INNER JOIN PXSCJ.[dbo].CJB AS O ON (S.学号= O.学号)
                INNER JOIN PXSCJ.[dbo].KCB AS P ON (O.课程号= P.课程号)
            WHERE S.学号=@id
    RETURN
END
```

(2) 多语句表值函数的调用。多语句表值函数的调用与内嵌表值函数的调用方法相同。如下举例是上述多语句表值函数 score_table()。

【例 5.38】　查询学号为 081101 学生的各科成绩和学分。

```
SELECT  *  FROM  PXSCJ.[dbo].score_table('081101')
```

执行结果如下图所示：

	xs_ID	xs_Name	kc_Name	cj	xf
1	081101	王林	计算机基础	80	5
2	081101	王林	程序设计与语言	78	4
3	081101	王林	离散数学	76	4

4．使用界面方式创建用户函数

在“SQL Server Management Studio”中，用户定义函数的建立可利用“对象资源管理器”完成。

下面通过创建例 5.31 中定义的标量函数“average”，介绍怎样利用界面方式来创建一个标量函数。其主要的步骤为：启动“SQL Server Management Studio”，在对象资源管理器中展开“数据库”→“PXSCJ”→“可编程性”→“函数”→选择“标量值函数”，右击鼠标，在弹出的快捷菜单中选择“新建标量值函数”菜单项，打开如图 5.5 所示的函数定义模板界面。在该界面中，根据例 5.31 中所提供的脚本来编写脚本。编写脚本完成后，执行该脚本，完成标量函数的创建。

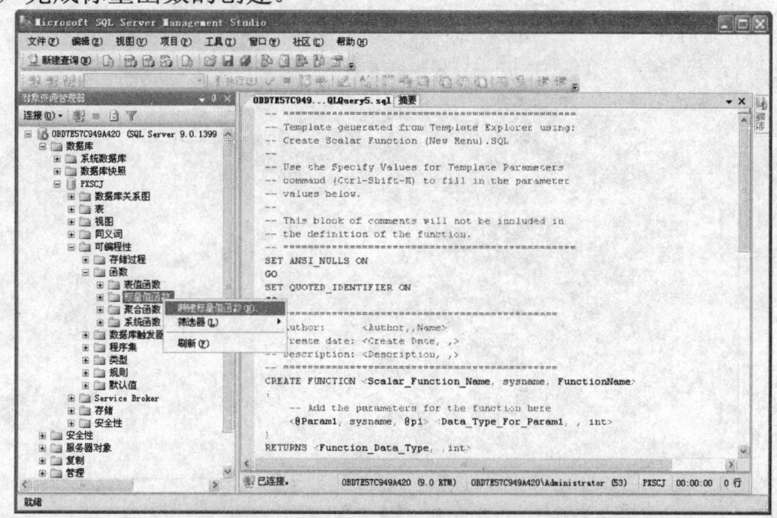

图 5.5　新建标量函数

5.6.2 用户定义函数的删除

对于一个已创建的用户定义函数，可有 2 种方法删除：

(1) 通过对象资源管理器删除，此方法非常简单，请读者自己练习。

(2) 利用 T-SQL 语句 DROP FUNCTION 删除，语法格式：

```
DROP FUNCTION { [ <架构名>. ] <函数名> } [ ,...n ]
```

可以选择是否指定架构名称，但不能指定服务器名称和数据库名称。可以一次删除一个或多个用户定义函数。

注意：要删除用户定义函数，先要删除与之相关的对象。例如，如果在例 5.34 中建立的 course 表引用了 average 函数来创建计算列，要先删除与之相关的列后才能删除函数 average。

第 6 章

索引与数据完整性

当查阅书中某些内容时，快速查阅并不是从书的第一页开始按顺序查找，而是首先查看书的目录索引，找到所查阅内容在目录中的页码，然后根据这一页码直接找到需要的章节。在 SQL Server 2005 中，为了从数据库大量的数据中迅速找到需要的内容，也采用了类似于书目录这样的索引技术，不必顺序查找，就能快速查到所需要的内容。

6.1 索引

索引是根据表中一列或若干列按照一定顺序建立的列值与记录行之间的对应关系表。在数据库系统中建立索引主要有以下作用：

- 快速存取数据；
- 保证数据记录的唯一性；
- 实现表与表之间的参照完整性；
- 在使用 ORDER BY、GROUP BY 子句进行数据检索时，利用索引可以减少排序和分组的时间。

6.1.1 索引的分类

如果一个表没有创建索引，则数据行不按任何特定的顺序存储，这种结构称为堆集。

SQL Server 2005 支持在表中任何列（包括计算列）上定义索引，按索引的组织方式可将 SQL Server 2005 索引分为**聚集索引**和**非聚集索引**两种类型。

索引可以是唯一的，这意味着不会有两行记录相同的索引键值，这样的索引称为**唯一索引**。当唯一性是数据本身应考虑的特点时，可创建唯一索引。索引也可以不是唯一的，即多个行可以共享同一键值。

如果索引是根据多列组合创建的，这样的索引称为**复合索引**。

1．聚集索引

聚集索引将数据行的键值在表内排序并存储对应的数据记录，使得数据表物理顺序与索引顺序一致。SQL Server 2005 是按 B 树（Btree）方式组织聚集索引的，B 树方式构建为包含多个节点的一棵树。顶部节点构成索引的开始点，叫做根。每个节点中含有索引列的几个值，一个节点中的每个值又都指向另一个节点或者指向表中的一行，一个节点中的值必须是有序排列的。指向一行的一个节点叫做叶子页。叶子页本身也是相互连接的，一个叶子页有一个指针指向下一组。这样，表中的每一行都会在索引中有一个对应值。查询时就可以根据索引值直接找到所在的行。

聚集索引中 B 树的叶节点存放数据页信息。聚集索引在索引的叶级保存数据。这意味着不论聚集索引里有表的哪个（或哪些）字段，这些字段都会按顺序被保存在表中。由于存在这种排序，所以每个表只会有一个聚集索引。

由于数据记录按聚集索引键的次序存储，因此聚集索引对查找记录很有效。

2. 非聚集索引

非聚集索引完全独立于数据行的结构。SQL Server 2005 也是按 B 树方式组织非聚集索引的，与聚集索引不同之处在于：非聚集索引 B 树的叶节点不存放数据页信息，而是存放非聚集索引的键值，并且每个键值项都有指针指向包含该键值的数据行。

在非聚集索引内，从索引行指向数据行的指针称为行定位器。行定位器的结构取决于数据页的存储方式是堆集还是聚集。对于堆集，行定位器是指向行的指针。对于有聚集索引的表，行定位器是聚集索引键。只有在表上创建聚集索引时，表内的行才按特定顺序存储，这些行按聚集索引键顺序存储。如果一个表只有非聚集索引，它的数据行将按无序的堆集方式存储。

一个表中最多只能有一个聚集索引，但可有一个或多个非聚集索引。当在 SQL Server 2005 上创建索引时，可指定是按升序还是降序存储键。

如果在一个表中既要创建聚集索引，又要创建非聚集索引时，应先创建聚集索引，然后再创建非聚集索引，因为创建聚集索引时将改变数据记录的物理存放顺序。

6.1.2 索引的创建

在 PXSCJ 数据库中，经常要对 XSB、KCB、CJB 三个表进行查询和更新。为了提高查询和更新速度，可以考虑对这 3 个表建立如下索引：

(1) 对于 XSB 表，按学号建立主键索引（PRIMARY KEY 约束），组织方式为聚集索引。

(2) 对于 KCB 表，按课程号建立主键索引，组织方式为聚集索引。

(3) 对于 KCB 表，按课程名建立唯一索引（UNIQUE 约束），组织方式为非聚集索引。

(4) 对于 CJB 表，按学号+课程号建立唯一索引，组织方式为聚集索引。

在“SQL Server Management Studio”中，既可利用界面方式创建上述索引，也可以利用 T-SQL 命令通过查询分析器建立索引。

1. 界面方式创建索引

下面以 XSB 表中按学号建立聚集索引为例，介绍聚集索引的创建方法。利用图形化界面向导的方式来新建索引，其操作过程为：启动“SQL Server Management Studio”→在“对象资源管理器”中展开“数据库”→选择“表”中的“dbo.XSB”→选择其中的“索引”

项，单击鼠标右键，在弹出的快捷菜单上选择“新建索引(N)…”菜单项。

这时，用户可以在弹出的“新建索引”窗口中输入索引名称（索引名在表中必须唯一），如 PX_XSB，选择索引类型为“聚集”、勾选“唯一”复选框→单击新建索引窗口的“添加”按钮→在弹出选择列窗口（如图 6.1 所示）中选择要添加的列→添加完毕后，单击“确定”按钮，在主界面中为索引键列设置相关的属性→单击“确定”按钮，即完成索引的创建工作。

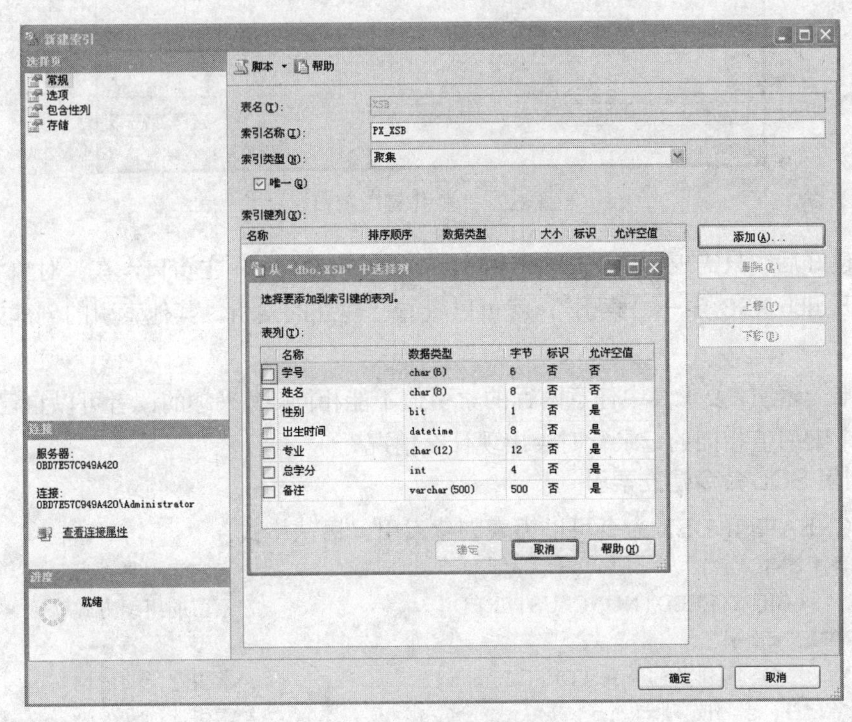

图 6.1　添加索引键列

说明：在创建聚集索引之前，XSB 表的学号列如果已经创建为主键，在创建主键时会自动将其定义为聚集索引。由于一个表中只能有一个聚集索引，所以这里在创建聚集索引时要先将 XSB 表中的主键删除后再创建聚集索引。

除了使用上述方法创建索引外，还可以直接在表设计器窗口创建索引。下面以 XSB 表中按学号建立索引为例，介绍在表设计器窗口创建索引的方法：

第 1 步：启动“SQL Server Management Studio”→在“对象资源管理器”中展开“数据库”→“PXSCJ”→“表”→选择其中的表“dbo.XSB”，右击鼠标，在弹出的快捷菜单中选择“修改”菜单项，打开“表设计器”窗口。

第 2 步：在“表设计器”窗口中，选择“学号”属性列，右击鼠标，在弹出的快捷菜单中选择“索引/键”菜单项。在打开的“索引/键”窗口中单击“添加”按钮，并在右边的“标识”属性区域的“名称”一栏中确定新索引的名称（用系统缺省的名或重新取名）。在右边的常规属性区域中的“列”一栏后面单击 按钮，可以修改要创建索引的列。

第 3 步：如图 6.2 所示，选择“学号”这一列。为获得最佳性能，最好只选择一列或两列。最后关闭该窗口，单击面板上的“保存”按钮，索引创建即完成。

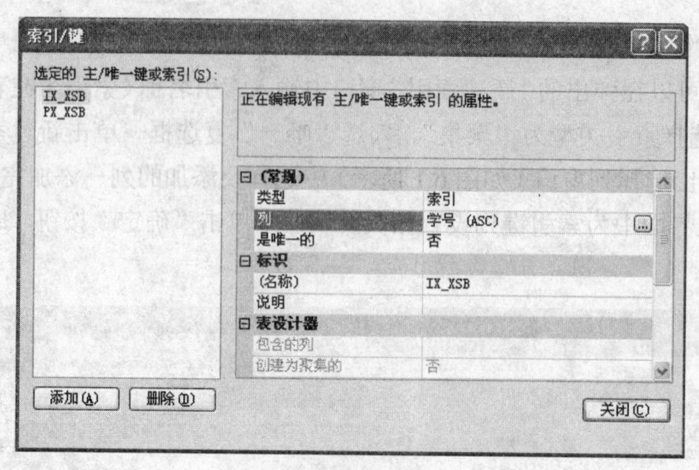

图 6.2 "索引/键"窗口

索引建好后，只需返回"SQL Server Management Studio"主窗口，在"对象资源管理器"中展开 dbo.XSB 表→"索引"，就可以查看已建立的索引。其他索引的创建方法与之类似。

对于唯一索引，要求表中任意两行的索引值不能相同。有兴趣的读者可以自己试一试：当输入两个索引值相同的记录行时会出现什么情况？

2. 利用 SQL 命令建立索引

使用 CREATE INDEX 命令可以为表创建索引。语法格式：

```
CREATE [ UNIQUE ]                                          /*指定索引是否唯一*/
          [ CLUSTERED | NONCLUSTERED ]                     /*索引的组织方式*/
    INDEX <索引名>
    ON <表名>( <列名> [ ASC | DESC ] [ ,...n ] )           /*索引定义的依据*/
    [ WITH (_<索引选项> [ ,...n ] ) ]                      /*索引选项*/
[ ; ]
```

说明：

- UNIQUE：表示为表或视图创建唯一索引（即不允许存在索引值相同的两行）。例如，对于 XSB 表，根据学号创建唯一索引，即不允许出现两个相同的学号。使用 UNIQUE 关键字需注意以下两点：对于视图创建的聚集索引必须是 UNIQUE 索引；如果对已存在数据的表创建唯一索引，必须保证索引项对应的值无重复值。
- CLUSTERED | NONCLUSTERED：用于指定创建聚集索引还是非聚集索引，前者表示创建聚集索引，后者表示创建非聚集索引。一个表或视图只允许有一个聚集索引，并且必须先为表或视图创建唯一聚集索引，然后才能创建非聚集索引。默认为 NONCLUSTERED。
- <索引名>：索引名在表或视图中必须唯一，但在数据库中不必唯一，指定索引名时可以同时指定所在的数据库和架构名。
- ON 子句：指定在表中创建索引的列，可以为索引指定一个或多个字段。指定索引字段时，要注意如下两点：表或视图索引字段的类型不能为 ntext、text 或 image；通过指定多个索引字段可创建组合索引，但组合索引的所有字段必须取自于同一表。

ASC 表示索引文件按升序建立，DESC 表示索引文件按降序建立，默认设置为 ASC。

- WITH 子句：指定所定义的索引选项，主要有以下几个。

① PAD_INDEX：用于指定索引中间级中每个页（节点）保持开放的空间，此关键字必须与 FILLFACTOR 子句同时用。默认值为 OFF。

② FILLFACTOR 子句：通过参数 fillfactor 指定一个百分比，指定在 SQL Server 创建索引的过程中，各索引页叶级的填满程度。

③ SORT_IN_TEMPDB：指定是否在 tempdb 数据库中存储临时排序结果，默认值为 OFF。ON 表示在 tempdb 中存储用于生成索引的中间排序结果。OFF 表示中间排序结果与索引存储在同一数据库中。默认值为 OFF。

④ IGNORE_DUP_KEY：指定对唯一聚集索引或唯一非聚集索引执行多行插入操作时出现重复键值的错误响应。ON 发出一条警告信息，且只有违反了唯一索引的行才会失败。OFF 发出错误消息，并回滚整个 INSERT 事务。默认值为 OFF。

⑤ STATISTICS_NORECOMPUTE：指定是否重新计算分发统计信息。ON 表示不会自动重新计算过时的统计信息。OFF 表示已启用统计信息自动更新功能。默认值为 OFF。

⑥ DROP_EXISTING：指定删除已存在的同名聚集索引或非聚集索引。设置为 ON 表示删除并重新生成现有索引，为 OFF 表示如果指定的索引已存在则显示一条错误，默认为 OFF。

⑦ ONLINE：指定在索引操作期间基础表和关联的索引是否可用于查询和数据修改操作。ON 表示在索引操作期间不持有长期表锁。OFF 表示在索引操作期间应用表锁。默认为 OFF。

⑧ ALLOW_ROW_LOCKS：指定是否允许行锁。默认值为 ON，表示允许。

⑨ ALLOW_PAGE_LOCKS：指定是否允许页锁。默认值为 ON。

⑩ MAXDOP：在索引操作期间覆盖最大并行度配置选项。max_degree_of_parallelism 可以是：1 取消生成并行计划；>1 基于当前系统工作负荷，将并行索引操作中使用的最大处理器数限制为指定数量或更少；0（默认值）根据当前系统工作负荷使用实际的处理器数量或更少数量的处理器。

【例 6.1】　为 KCB 表的课程名列创建索引。

```
USE PXSCJ
GO
CREATE INDEX  kc_name_ind
    ON KCB(课程名)
```

【例 6.2】　根据 KCB 表的课程号列创建唯一聚集索引，因为指定了 CLUSTERED，所以该索引将对磁盘上的数据进行物理排序。

```
CREATE UNIQUE CLUSTERED INDEX kc_id_ind
    ON  KCB (课程号)
```

注意： *在最初创建 KCB 时，定义了课程号为 KCB 的主键，所以 KCB 已经存在了一个聚集索引，要创建以上的聚集索引首先要将 KCB 的主键删除。*

【例 6.3】　根据 CJB 表的学号列和课程号列创建复合索引。

```
CREATE INDEX CJB_ind
```

```
    ON CJB(学号, 课程号)
    WITH(DROP_EXISTING= ON)
```

说明：如果不存在名为 CJB_ind 的索引可能会提示错误，需要将 WITH 子句除去。

【例 6.4】 根据 XSB 表中的总学分列创建索引，例中使用了 FILLFACTOR 子句。

```
CREATE NONCLUSTERED INDEX score_ind
    ON XSB(总学分)
    WITH FILLFACTOR = 60
```

【例 6.5】 根据 XSB 表中学号列创建唯一聚集索引。如果输入重复的键，将忽略该 INSERT 或 UPDATE 语句。

```
CREATE UNIQUE CLUSTERED INDEX xs_ind
    ON XSB(学号)
    WITH IGNORE_DUP_KEY
```

说明：创建聚集索引时，如果表中已经存在一个聚集索引，需要删除原来的才能创建新的。

创建索引有如下几点说明：

(1) 在计算列上创建索引。对于 UNIQUE 或 PRIMARY KEY 索引，只要满足索引条件，就可以包含计算列，但计算列必须具有确定性，必须精确。若计算列中带有函数时，使用该函数时有相同的参数输入，输出的结果也一定相同时，该计算列才是确定的。而有些函数如 getdate()每次调用时都输出不同的结果，这时就不能在计算列上定义索引。计算列为 text、ntext 或 image 列时也不能在该列上创建索引。

(2) 在视图上创建索引。可以在视图上定义索引，但只有使用了 SCHEMABINDING 选项定义的视图才能创建索引。索引视图是一种在数据库中存储视图结果集的方法，可减少动态生成结果集的开销。索引视图还能自动反映出创建索引后对基表数据所做的修改。

使用索引视图或计算列上的索引时，必须对如下 7 个选项进行设置，其中下列 6 个 SET 选项必须设置为 ON：

```
ANSI_NULLS
ANSI_PADDING
ANSI_WARNINGS
ARITHABORT
CONCAT_NULL_YIELDS_NULL
QUOTED_IDENTIFIER
```

另外，必须将选项 NUMERIC_ROUNDABORT 设置为 OFF。

【例 6.6】 创建一个视图，并为该视图创建索引。

```
/*定义视图，使用 WITH   SCHEMABINDING 子句定义视图时，
SELECT 子句中表名必须为架构名.表名的形式*/
CREATE VIEW View_stu WITH SCHEMABINDING
    AS
    SELECT 学号, 姓名
        FROM    dbo.XSB
GO
/*设置选项*/
SET NUMERIC_ROUNDABORT OFF
SET ANSI_PADDING, ANSI_WARNINGS,CONCAT_NULL_YIELDS_NULL,
    ARITHABORT, QUOTED_IDENTIFIER, ANSI_NULLS   ON
```

```
/*在视图上创建索引*/
CREATE UNIQUE CLUSTERED INDEX Inx1
    ON View_stu(学号)
GO
```

(3) 权限。CREATE INDEX 的权限默认授予给“sysadmin”固定服务器角色、“db_ddladmin”和“db_owner”固定数据库角色和表所有者，且不能转让。

6.1.3 重建索引

索引使用一段时间后，可能需要重新创建，这时可以使用 ALTER INDEX 语句重新生成原来的索引。语法格式：

```
ALTER INDEX { <索引名> | ALL }
  ON [ <表名>
  {   REBUILD
      [ WITH ( <索引选项> [ ,...n ] ) ]
    | DISABLE
    | REORGANIZE
  }
[ ; ]
```

说明：

- <索引名> | ALL：可以重建某个索引，也可以重建所有索引。ALL 关键字表示指定与表或视图相关的所有索引。
- REBUILD：指定将使用相同的列、索引类型、唯一性属性和排序顺序重新生成索引。通过 ALTER INDEX 语法结合 REBUILD 选项可以重建单个或全部与表相关的索引。
- DISABLE：将索引标记为已禁用，从而不能由 SQL Server 2005 数据库引擎使用，任何索引均可被禁用。

例如，重建 KCB 表上的所有索引：

```
USE PXSCJ
GO
ALTER INDEX ALL ON KCB REBUILD
```

重建 KCB 表上的 kc_name_id 索引：

```
ALTER INDEX kc_name_ind ON KCB REBUILD
```

6.1.4 索引的删除

在“SQL Server Management Studio”中，索引的删除既可通过“图形界面方式”实现，也可通过执行“T-SQL 命令”实现。

1．通过图形界面删除索引

通过“图形界面方式”删除索引的主要步骤如下：

启动“SQL Server Management Studio”→在“对象资源管理器”中展开“数据库”→“表”→“dbo.XSB”→“索引”，选择其中要删除的索引，单击鼠标右键，在弹出的快捷菜单上选择“删除”菜单项。在打开的“删除对象”窗口，单击“确定”按钮，完成删除操作。

2. 通过 SQL 命令删除索引

从当前数据库中删除一个或多个索引。语法格式：

```
DROP INDEX
{       <索引名> ON <表名> [ ,...n ]
      | <表名>.<索引名>[ ,...n ]
}
```

说明：DROP INDEX 语句一次可以删除一个或多个索引。这个语句不适合删除通过定义 PRIMARY KEY 或 UNIQUE 约束创建的索引。若要删除 PRIMARY KEY 或 UNIQUE 约束创建的索引，必须通过删除约束实现。另外，在系统表的索引上不能进行 DROP INDEX 操作。

【例 6.7】 删除 PXSCJ 数据库中表 KCB 的一个索引名为 kc_name_ind 的索引。

```
IF EXISTS (SELECT name FROM sysindexes WHERE name = 'kc_name_ind')
        DROP INDEX KCB.kc_name_ind
```

说明：索引创建以后，在系统表 sysindexes 中的 name 列会保存该索引的名称，通过搜索该名称判断该索引是否存在。

6.2 数据完整性

6.2.1 数据完整性的分类

数据的完整性是指数据库中的数据在逻辑上的一致性和准确性。数据完整性一般包括 3 种。

1. 实体完整性

实体完整性又称为行的完整性，要求表中有一个主键，其值不能为空且能唯一地标识对应的记录。通过索引、UNIQUE 约束、PRIMARY KEY 约束或 IDENTITY 属性可实现数据的实体完整性。

例如，对于 PXSCJ 数据库中 XSB 表，学号作为主键，每一个学生的学号能唯一地标识该学生对应的行记录信息，那么在输入数据时，则不能有相同学号的行记录。通过对学号这一字段建立主键约束可实现表 XSB 的实体完整性。

2. 域完整性

域完整性又称为列完整性，是指给定列输入的有效性。实现域完整性的方法有：限制类型（通过数据类型）、格式（通过 CHECK 约束和规则）或可能的取值范围（通过 CHECK 约束、DEFALUT 定义、NOT NULL 定义和规则）等。

CHECK 约束通过显示输入到列中的值来实现域完整性；DEFAULT 定义后，如果列中没有输入值则填充默认值来实现域完整性；通过定义列为 NOT NULL 限制输入的值不能为空也能实现域完整性。

例如，对于学生数据库 PXSCJ 的 KCB 表，学生的总学分应在 0～60 之间，为了限制总学分这一数据项输入的数据范围，可以在定义 KCB 表的同时定义学分的约束条件来达到这一目的。

【例 6.8】 建立表 KCB2，同时定义总学分的约束条件为 0～60。

```
CREATE TABLE KCB2
(
    课程号  char(6) NOT NULL,
    课程名  char(8) NOT NULL,
    学分  tinyint CHECK (学分>=0 AND 学分<=60) NULL     /*通过 CHECK 子句定义约束条件*/
)
GO
```

3. 参照完整性

参照完整性又称为引用完整性。参照完整性保证主表中的数据与从表（被参照表）中数据的一致性。SQL Server 2005 中，参照完整性的实现是通过定义外键与主键之间或外键与唯一键之间的对应关系来实现的。参照完整性确保键值在所有表中是一致的。

码就是前面所说的关键字，又称为“键”，是能唯一标识表中记录的字段或字段组合。如果一个表有多个码，可选其中一个作为主键（主码），其余的则为候选键。

而外码就是：如果一个表中的一个字段或若干个字段的组合是另一个表的码，则称该字段或字段组合为该表的外码（外键）。例如，对于 PXSCJ 数据库中 XSB 表的每一个学号，在 CJB 表中都有相关的课程成绩记录，将 XSB 作为主表，学号字段定义为主键，CJB 作为从表，表中的学号字段定义为外键，从而建立主表和从表之间的联系实现参照完整性。XSB 和 CJB 表的对应关系如表 6.1 和表 6.2 所示。

主键⇩

表 6.1 XSB 表

学 号	姓 名	性 别	出生时间	专 业	…
081101	王林	男	1990-02-10	计算机	…
081103	王燕	女	1989-10-06	计算机	…
081108	林一帆	男	1989-08-05	计算机	…

外键⇩

表 6.2 CJB 表

学 号	课 程 号	成 绩
081101	101	80
081101	102	78
081101	206	76
081103	101	62
081103	102	70
081108	101	85

定义两个表之间的参照完整性，则要求：

(1) 从表不能引用不存在的键值。例如，对于 CJB 表中，行记录出现的学号必须是 XSB 表中已存在的学号。

(2) 如果更改主表中的键值，那么在整个数据库中，对从表中该键值的所有引用都要进行相应的更改。例如，如果对 XSB 表中的某一学号修改，CJB 表中所有对应学号也要进行相应修改。

(3) 如果主表中没有关联的记录，则不能将记录添加到从表。

如果要删除主表中的某一记录，应先删除从表中与该记录匹配的相关记录。

6.2.2 实体完整性的实现

如上所述，表中应有一个列或列的组合，其值能唯一地标识表中的每一行，选择这样的一列或多列作为主键可实现表的实体完整性，通过定义 PRIMARY KEY 约束来创建主键。

一个表只能有一个 PRIMARY KEY 约束，而且 PRIMARY KEY 约束中的列不能取空值。由于 PRIMARY KEY 约束能确保数据的唯一，所以经常用来定义标识列。当为表定义 PRIMARY KEY 约束时，SQL Server 2005 为主键列创建唯一索引，实现数据的唯一性。在查询中使用主键时，该索引可对数据进行快速访问。

如果 PRIMARY KEY 约束是由多列组合定义的，则某一列的值可以重复，但 PRIMARY KEY 约束定义中所有列的组合值必须唯一。如果要确保一个表中的非主键列不输入重复值，应在该列上定义唯一约束（UNIQUE 约束）。

例如，对于 PXSCJ 数据库中的 XSB 表“学号”列是主键，XSB 表中增加一列“身份证号码”，可以定义一个 UNIQUE 约束来要求表中“身份证号码”列的取值是唯一的。

PRIMARY KEY 约束与 UNIQUE 约束的主要区别如下：

(1) 一个数据表只能创建一个 PRIMARY KEY 约束，但一个表中可根据需要对表中不同的列创建若干个 UNIQUE 约束。

(2) PRIMARY KEY 字段的值不允许为 NULL，而 UNIQUE 字段的值可取 NULL。

(3) 一般创建 PRIMARY KEY 约束时，系统会自动产生索引，索引的默认类型为簇索引。创建 UNIQUE 约束时，系统会自动产生一个 UNIQUE 索引，索引的默认类型为非簇索引。

PRIMARY KEY 约束与 UNIQUE 约束的相同点在于：二者均不允许表中对应字段存在重复值。

1．利用图形界面向导创建和删除 PRIMARY KEY 约束

(1) 利用“图形向导方式”创建 PRIMARY KEY 约束。如果要对 XSB 表按学号建立 PRIMARY KEY 约束，可以按第 3 章中创建表的第 3 步所介绍的设置主键的相关内容进行。当创建主键时，系统将自动创建一个名称以“PK_”为前缀，后跟表名的主键索引，系统自动按聚集索引方式组织主键索引。

(2) 利用“图形向导方式”删除 PRIMARY KEY 约束。如果要删除对表 XSB 中对学号字段建立的 PRIMARY KEY 约束，按如下步骤进行：在“对象资源管理器”中选择 dbo.XSB 表图标，右击鼠标，在弹出的快捷菜单中选择“修改”菜单项→进入“表设计器”窗口。选中“XSB 表设计器”窗口中主键所对应的行，右击鼠标，在弹出的快捷菜单中选择“移除主键”菜单项即可。

2. 利用“图形向导方式”创建和删除 UNIQUE 约束

(1) 利用“图形向导方式”创建 UNIQUE 约束。如果要对 XSB 表中的“学号”列创建 UNIQUE 约束，以保证该列取值的唯一性，可按以下步骤进行：进入 XSB 表的“表设计器”窗口，选择“学号”属性列并右击鼠标，在弹出的快捷菜单中选择“索引/键”菜单项，打开“索引/键”窗口。

在窗口中单击“添加”按钮，并在右边的“标识”属性区域的“名称”一栏中确定唯一键的名称（用系统默认的名或重新取名）。在右边的常规属性区域的“类型”一栏中选择类型为“唯一键”，如图 6.3 所示。

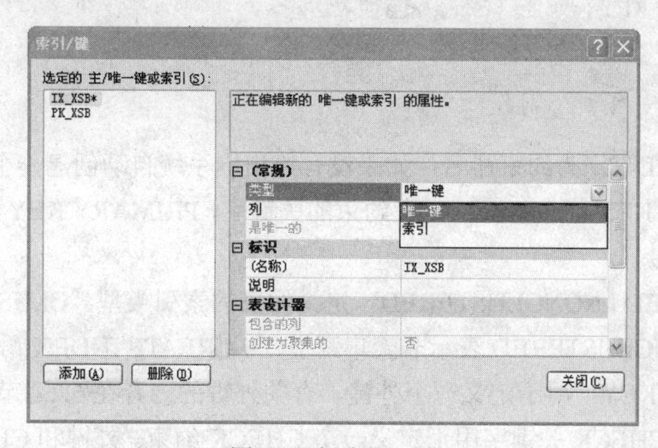

图 6.3　创建唯一键

在常规属性区域中的“列”一栏后面单击“...”按钮，选择要创建索引的列。在此选择“学号”这一列，并设置排序顺序。单击“关闭”按钮，然后保存修改，UNIQUE 约束就创建完成了。

(2) 利用“图形向导方式”删除 UNIQUE 约束。打开如图 6.3 所示的“索引/键”窗口，选择要删除的 UNIQUE 约束，单击左下方的“删除”按钮，单击“关闭”按钮，保存表的更改，这样就可以删除之前创建的 UNIQUE 约束了。

3. 利用“T-SQL 命令”创建及删除 PRIMARY KEY 约束或 UNIQUE 约束

利用 T-SQL 命令可以使用两种方式定义约束：作为列的约束或作为表的约束。可以在创建表或修改表时定义。

(1) 创建表的同时创建 PRIMARY KEY 约束或 UNIQUE 约束。语法格式：

```
CREATE TABLE <表名>
(
    <列定义> [<列约束>][,…n]                    /*定义列*/
        …
    <表约束>[,…n]
)
```

其中：

```
<列约束> ::=
[ CONSTRAINT <约束名> ]
{
    { PRIMARY KEY | UNIQUE }                /*定义主键约束与 UNIQUE 约束*/
```

```
        [ CLUSTERED | NONCLUSTERED ]                        /*定义约束的索引类型*/
    | [ FOREIGN KEY ] <参照表达式>                           /*定义外键*/
    | CHECK  (<CHECK 表达式> )                              /*定义 CHECK 约束*/
}

<表约束> ::=                                               /*定义表的约束*/
[ CONSTRAINT <约束名> ]
{
    { PRIMARY KEY | UNIQUE } [ CLUSTERED | NONCLUSTERED ](<列名> [ ASC | DESC ] [ ,...n ] )
                                                          /*定义表的约束时需要指定列名*/
    | FOREIGN KEY (<列名> [ ,...n ] ) <参照表达式>
    | CHECK  (<CHECK 表达式>)
}
```

说明：

- CONSTRAINT：为约束命名，如果没有给出则系统自动创建一个名称。
- PRIMARY KEY | UNIQUE：定义约束的关键字，PRIMARY KEY 为主键，UNIQUE 为唯一键。
- CLUSTERED | NONCLUSTERED：定义约束的索引类型，CLUSTERED 表示聚集索引，NONCLUSTERED 表示非聚集索引，与 CREATE INDEX 语句中的选项相同。
- FOREIGN KEY：用于定义一个外键，有关外键的内容在 6.2.4 节中介绍。
- CHECK：CHECK 关键字用于定义一个 CHECK 约束。外键和 CHECK 约束都可以作为列的约束或表的约束来定义。
- 表的约束：定义表的约束与定义列的约束基本相同，只不过在定义表的约束时需要指定约束的列。

【例 6.9】 创建 XSB1 表（假设 XSB1 表未创建），并对学号字段创建 PRIMARY KEY 约束，对姓名字段定义 UNIQUE 约束。

```
USE PXSCJ
GO
CREATE TABLE XSB1
(
    学号      char(6)       NOT NULL    CONSTRAINT  XH_PK  PRIMARY KEY,
    姓名      char(8)       NOT NULL    CONSTRAINT XM_UK  UNIQUE,
    性别      bit           NOT NULL    DEFAULT 1,
    出生时间  datetime      NOT NULL,
    专业      char(12)      NULL,
    总学分    int           NULL,
    备注      varchar(500) NULL
)
```

当表中的主键为复合主键时，只能定义为一个表的约束。

【例 6.10】 创建一个 course_name 表来记录每门课程的学生学号、姓名、课程号、学分和毕业日期。其中学号、课程号和毕业日期构成复合主键，学分为唯一键。

```
CREATE TABLE course_name
(
    学号      varchar(6)    NOT NULL,
```

```
    姓名        varchar(8)   NOT NULL,
    毕业日期    datetime     NOT NULL,
    课程号      varchar(3) ,
    学分        tinyint,
    PRIMARY   KEY (学号，课程号，毕业日期),
    CONSTRAINT XF_UK   UNIQUE (学分)
)
```

(2) 通过修改表创建 PRIMARY KEY 约束或 UNIQUE 约束。使用 ALTER TABLE 语句中的 ADD 子句可以为表中已存在的列或新列定义约束，语法格式参见第 3 章中 ALTER TABLE 语句的 ADD 子句。

【例 6.11】 修改例 6.9 中的 XSB1 表，向其中添加一个“身份证号码”字段，对该字段定义 UNIQUE 约束。对“出生时间”字段定义 UNIQUE 约束。

```
ALTER TABLE   XSB1
    ADD   身份证号码  char(20)
        CONSTRAINT SF_UK   UNIQUE NONCLUSTERED (身份证号码)
GO
ALTER TABLE   XSB1
    ADD   CONSTRAINT CJSJ_UK   UNIQUE NONCLUSTERED (出生时间)
```

(3) 删除 PRIMARY KEY 约束或 UNIQUE 约束。删除 PRIMARY KEY 约束或 UNIQUE 约束需要使用 ALTER TABLE 的 DROP 子句。其语法格式：

```
ALTER TABLE <表名>
    DROP CONSTRAINT <约束名> [ ,...n ]
```

【例 6.12】 删除例 6.9 中创建的 PRIMARY KEY 约束和 UNIQUE 约束。

```
ALTER TABLE   XSB1
    DROP   CONSTRAINT XH_PK, XM_UK
```

6.2.3 域完整性的实现

SQL Server 2005 通过数据类型、CHECK 约束、规则、DEFALUT 定义和 NOT NULL 可以实现域完整性。其中数据类型、DEFAULT、NOT NULL 的定义已经介绍过了，这里不再重复。下面将介绍如何使用 CHECK 约束和规则实现域完整性。

1. CHECK 约束的定义与删除

CHECK 约束实际上是字段输入内容的验证规则，表示一个字段的输入内容必须满足 CHECK 约束的条件，若不满足，则数据无法正常输入。

注意：对于 timestamp 类型字段和 identity 属性字段不能定义 CHECK 约束。

(1) 通过“图形向导方式”创建与删除 CHECK 约束。在 PXSCJ 数据库的 CJB 表中，学生每门功课的成绩一般在 0～100 的范围内。如果对用户的输入数据要施加限制，可按如下步骤进行：

第 1 步：启动“SQL Server Management Studio”→在“对象资源管理器”中展开“数据库”→“PXSCJ”数据库→“表”→选择“dbo.CJB”，右击鼠标，在出现的快捷菜单中选择“修改”菜单项。

第 2 步：在打开的“表设计器”窗口中选择“成绩”属性列，右击鼠标，在弹出的快捷菜单中选择“CHECK 约束”菜单项。

第 3 步：在打开的（如图 6.4 所示）“CHECK 约束”窗口中，单击“添加”按钮，添加一个“CHECK 约束”。在常规属性区域中的“表达式”一栏后面单击“…”按钮（或直接在文本框中输入内容），打开“CHECK 约束表达式”窗口，并编辑相应的 CHECK 约束表达式为“成绩>=0 AND 成绩<=100”。

第 4 步：单击“确定”按钮，完成 CHECK 约束表达式的编辑，返回到“CHECK 约束”窗口中。在“CHECK 约束”窗口中选择“关闭”按钮，并保存修改，完成“CHECK 约束”的创建。此时若输入数据，如果成绩不是在 0～100 的范围内，系统将报告错误。

如果要删除上述约束，只需进入图 6.4 所示的“CHECK 约束”窗口，选中要删除的约束，单击“删除”按钮删除约束，然后单击“关闭”按钮即可。

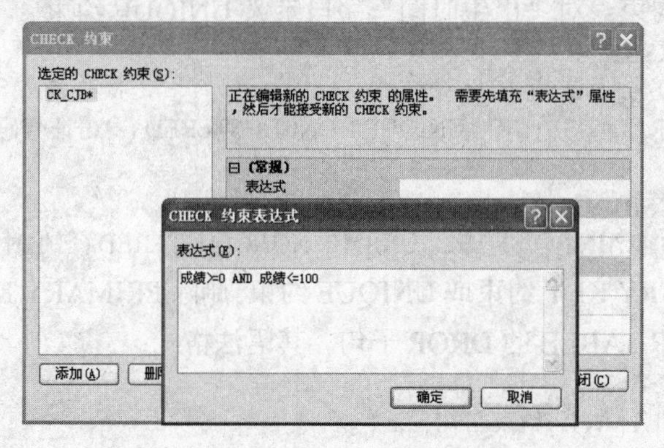

图 6.4 CHECK 选项卡属性窗口

(2) 利用 SQL 语句在创建表时创建 CHECK 约束。在创建表时可以使用 CHECK 约束表达式来定义 CHECK 约束。CHECK 约束表达式语法格式如下：

```
CHECK ( <CHECK 表达式> )
```

CHECK 表达式是逻辑表达式，返回值为 TRUE 或 FALSE，该表达式只能为标量表达式。

【例 6.13】 创建一个表 student，只考虑学号和性别两列，性别只能包含男或女。

```
USE PXSCJ
GO
CREATE   TABLE   student
(
    学号 char(6) NOT NULL,
    性别 char(1) NOT NULL CHECK(性别 IN ('男', '女'))
)
```

这里 CHECK 约束指定了性别允许哪个值，被定义为列的约束。CHECK 约束也可以定义为表的约束。

【例 6.14】 创建一个表 student1，只考虑学号和出生日期两列，出生日期必须大于 1980 年 1 月 1 日，并命名 CHECK 约束。

```
CREATE TABLE student1
(
    学号 char(6)      NOT NULL,
    出生时间 datetime    NOT NULL,
```

```
    CONSTRAINT  DF_student1_cjsj  CHECK(出生时间>'1980-01-01')
)
```

如果指定的一个 CHECK 约束中，要相互比较一个表的两个或多个列，那么该约束必须定义为表的约束。

【例 6.15】 创建表 student2，有学号、最好成绩和平均成绩三列，要求最好成绩必须大于平均成绩。

```
CREATE  TABLE  student2
(
    学号 char(6)      NOT NULL,
    最好成绩 INT   NOT NULL,
    平均成绩 INT   NOT NULL,
        CHECK(最好成绩>平均成绩)
)
```

也可以同时定义多个 CHECK 约束，中间用逗号隔开。

(3) 利用 SQL 语句在修改表时创建 CHECK 约束。在使用 ALTER TABLE 语句修改表时也能定义 CHECK 约束。

【例 6.16】 通过修改 PXSCJ 数据库的 CJB 表，增加成绩字段的 CHECK 约束。

```
USE PXSCJ
GO
ALTER TABLE CJB
    ADD CONSTRAINT cj_constraint  CHECK  (成绩>=0 AND  成绩<=100)
```

(4) 利用 SQL 语句删除 CHECK 约束。CHECK 约束的删除可在"SQL Server Management Studio"中通过界面删除，有兴趣的读者可以自己试一试。这里介绍如何利用 SQL 命令删除 CHECK 约束。

使用 ALTER TABLE 语句的 DROP 子句可以删除 CHECK 约束。语法格式：

```
ALTER TABLE <表名>
    DROP CONSTRAINT <约束名>
```

【例 6.17】 删除 CJB 表成绩字段的 CHECK 约束。

```
ALTER TABLE CJB
    DROP CONSTRAINT cj_constraint
```

2．规则对象的定义、使用与删除

规则是一组使用 T-SQL 语句组成的条件语句，提供了另外一种在数据库中实现域完整性与用户定义完整性的方法。规则对象的使用方法与默认值对象的使用步骤类似：

① 定义规则对象；

② 将规则对象绑定到列或用户自定义类型。

在 SQL Server 2005 中规则对象的定义可以利用 CREATE RULE 语句来实现。

(1) 规则对象的定义。语法格式：

```
CREATE RULE [ <架构名>. ] <规则名>
    AS <条件表达式>
[ ; ]
```

说明：

规则的条件表达式可为 WHERE 子句中任何有效的表达式，但规则表达式中不能包含列或其他数据库对象，可以包含不引用数据库对象的内置函数。

在条件表达式中包含一个局部变量，每个局部变量的前面都有一个@符号，使用 UPDATE 或 INSERT 语句修改或插入值时，该表达式用于对规则关联的列值进行约束。

创建规则时，一般使用局部变量表示 UPDATE 或 INSERT 语句输入的值。另外有几点需要说明：

- 创建的规则对先前已存在于数据库中的数据无效。
- 单个批处理中，CREATE RULE 语句不能与其他 T-SQL 语句组合使用。
- 规则表达式的类型必须与列的数据类型兼容，不能将规则绑定到 text、image 或 timestamp 列。要用单引号（'）将字符和日期常量引起来，在十六进制常量前加 0x。
- 对于用户定义数据类型，当在该类型的数据列中插入值或更新该类型的数据列时，绑定到该类型的规则才会激活。规则不检验变量，所以在向用户定义数据类型的变量赋值时，不能与列绑定的规则冲突。
- 如果列同时有默认值和规则与之相关联，则默认值必须满足规则的定义，与规则冲突的默认值不能插入列。

(2) 将规则对象绑定到用户定义数据类型或列。将规则对象绑定到列或用户定义数据类型中使用系统存储过程 sp_bindrule。其语法格式：

```
sp_bindrule [ @rulename = ] '<规则名>',
    [ @objname = ] '<对象>'
    [ , [ @futureonly = ] '<flag 参数>' ]
```

说明：<对象>是指绑定到规则的列或用户定义的数据类型。如果<对象>采用“表名.字段名”格式，则认为绑定到表的列，否则绑定到用户定义数据类型。<flag 参数>仅当将规则绑定到用户定义的数据类型时才使用。如果<flag 参数>设置为 futureonly，用户定义数据类型的现有列不继承新规则。如果为 NULL，当被绑定的数据类型当前无规则时，新规则将绑定到用户定义数据类型的每一列，默认值为 NULL。

(3) 应用举例。

【例 6.18】 创建一个规则，并绑定到表 KCB 的课程号列，限制课程号的输入范围。

```
USE PXSCJ
GO
CREATE RULE  kc_rule
      AS @range like '[1-5][0-9][0-9]'
GO
EXEC sp_bindrule 'kc_rule', 'KCB.课程号'
GO
```

程序正确执行将提示：“已将规则绑定到表的列”。

启动“SQL Server Management Studio”→在“对象资源管理器”中展开“数据库”→“表”→“dbo.KCB”→“列”→选择“课程号”，在 KCB 表的“列属性-课程号”窗口的“规则”栏查看已经新建的规则。

【例 6.19】　创建一个规则，限制输入到该规则所绑定的列中的值只能是该规则中列出的值。

```
CREATE RULE list_rule
    AS @list IN ('C 语言', '离散数学', '微机原理')
GO
EXEC sp_bindrule 'list_rule', 'KCB.课程名'
GO
```

【例 6.20】　定义一个用户数据类型 course_num，然后将前面定义的规则“kc_rule”绑定到用户数据类型 course_num 上，最后创建表 KCB1，其课程号的数据类型为 course_num。

```
EXEC sp_addtype 'course_num', 'char(3)', 'not null'        /*创建用户定义数据类型*/
EXEC sp_bindrule 'kc_rule', 'course_num'                   /*将规则对象绑定到用户定义数据类型*/
GO
CREATE TABLE KCB1
(
    课程号  course_num,                                      /*将学号定义为 course_num 类型*/
    课程名  char(16) NOT NULL,
    开课学期  tinyint ,
    学时  tinyint,
    学分  tinyint
)
GO
```

(4) 规则对象的删除。删除规则对象前，首先应使用系统存储过程 sp_unbindrule 解除被绑定对象与规则对象之间的绑定关系，语法格式如下：

```
sp_unbindrule [@objname =] '对象名'
    [, [@futureonly =] '<flag 参数>']
```

在解除列或自定义类型与规则对象之间的绑定关系后，即可以删除规则对象。语法格式：

```
DROP RULE { [ <架构名> . ] <规则名> } [ ,...n ] [ ; ]
```

【例 6.21】　解除规则 kc_rule 与列或用户定义类型的的绑定关系，并删除规则对象 kc_rule。

```
EXEC sp_unbindrule 'KCB.课程号'
EXEC sp_unbindrule 'course_num'
GO
DROP RULE kc_rule
GO
```

说明：规则 kc_rule 绑定了 KCB 表的课程号列和用户定义数据类型 course_num，只有在和这二者都解除绑定关系后才能删除该规则。当解除与用户定义数据类型 course_num 的关系后，系统自动解除使用 course_num 定义的列与规则的绑定关系。

6.2.4　参照完整性的实现

对两个相关联的表（主表与从表，也称为父表和子表）进行数据插入和删除时，通过参照完整性保证它们之间数据的一致性。

利用 FOREIGN KEY 定义从表的外键，PRIMARY KEY 或 UNIQUE 约束定义主表中的主键或唯一键（不允许为空），可实现主表与从表之间的参照完整性。

定义表间参照关系：先定义主表的主键（或唯一键），再对从表定义外键约束（根据查询的需要可先对从表的该列创建索引）。

下面首先介绍利用“图形向导方式”定义表间参照关系，然后介绍利用“T-SQL 命令”定义表间参照关系。

1．利用“图形向导方式”定义表间的参照关系

例如，要实现 XSB 表与 CJB 表之间的参照完整性，操作步骤如下：

第 1 步：按照前面所介绍的方法定义主表的主键。由于之前在创建表的时候已经定义 XSB 表中的学号字段为主键，所以这里就不需要再定义主表的主键。

第 2 步：启动“SQL Server Management Studio”→在“对象资源管理器”中展开“数据库”→“PXSCJ”→选择“数据库关系图”，右击鼠标，在出现的快捷菜单中选择“新建数据库关系图”菜单项，打开“添加表”窗口。

第 3 步：在出现的“添加表”窗口中选择要添加的表，本例选择了表 XSB 和表 CJB。单击“添加”按钮完成表的添加，之后单击“关闭”按钮退出窗口。

第 4 步：在“数据库关系图设计”窗口将鼠标指向主表的主键，并拖动到从表，即将 XSB 表中的“学号”字段拖动到从表 CJB 中的“学号”字段。

第 5 步：在弹出的“表和列”窗口中输入关系名、设置主键表和列名，如图 6.5 所示，单击“表和列”窗口中的“确定”按钮，再单击“外键关系”窗口中的“确认”按钮，进入如图 6.6 所示的界面。

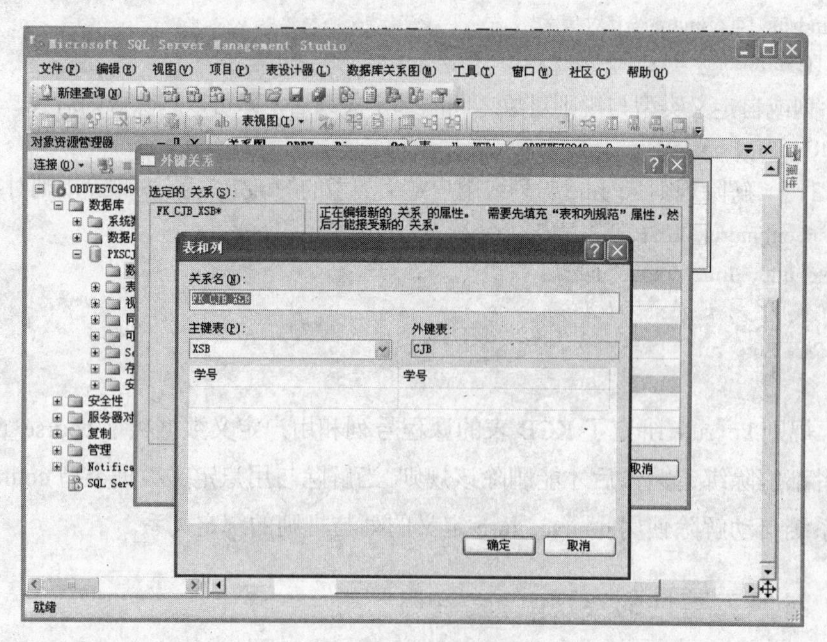

图 6.5　设置参照完整性

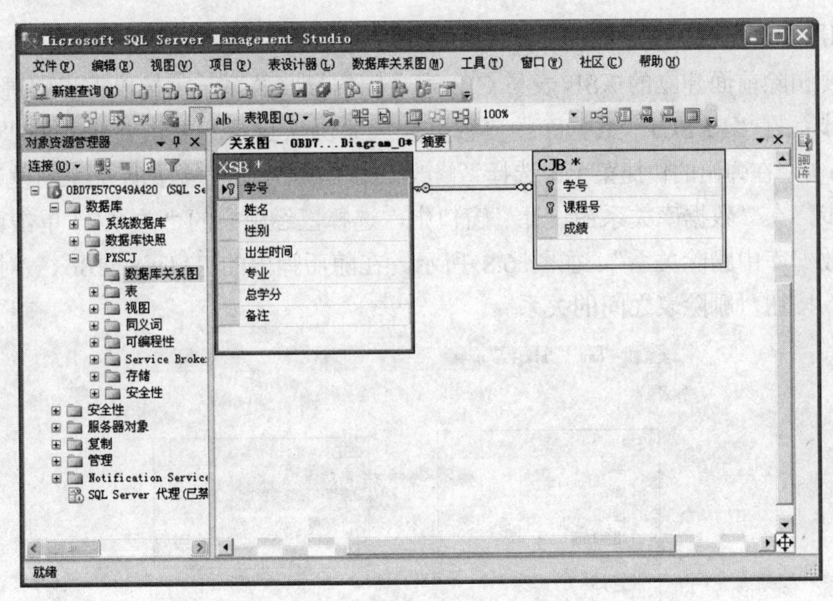

图 6.6 主表和从表的参照关系图

第 6 步：单击“保存”按钮，在弹出的“选择名称”对话框中输入关系图的名称。单击“确定”按钮，在弹出的“保存”对话框中单击“是”按钮，保存设置。

到此，关系图的创建过程全部完成。然后可以在 PXSCJ 数据库的“数据库关系图”目录下查看所创建的参照关系。读者可在主表和从表中插入或删除数据来验证它们之间的参照关系。

为提高查询效率，在定义主表与从表的参照关系之前，可考虑先对从表的外键定义索引，然后定义主表与从表间的参照关系。

如果要在图 6.6 的基础上再添加 KCB 表并建立相应的参照完整性关系，可以使用以下步骤：右击图 6.6 的空白区域，选择“添加表”选项，在随后弹出的“添加表”窗口中添加 KCB 表，之后定义 CJB 表和 KCB 表之间的参照关系，结果如图 6.7 所示。

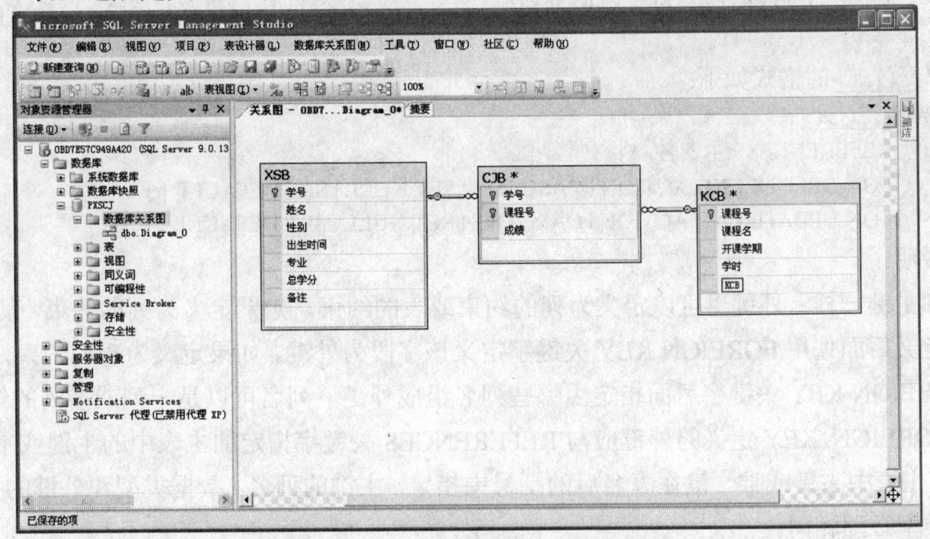

图 6.7 三个表之间的参照关系图

2．利用图形向导方式删除表间的参照关系

如果要删除前面建立的 XSB 表与 CJB 表之间的参照关系，可按以下步骤进行：

第 1 步：在“PXSCJ”数据库的“数据库关系图”目录下右击要修改的“关系图”，如 Diagram_0，在弹出的快捷菜单中选择“修改”菜单项，打开“数据库关系图设计”窗口。

第 2 步：在“数据库关系图设计”窗口中，选择已经建立的“关系”，单击鼠标右键，选择“从数据库中删除关系”，如图 6.8 所示。在随后弹出的“MessageBox”对话框中，单击“是”按钮，删除表之间的关系。

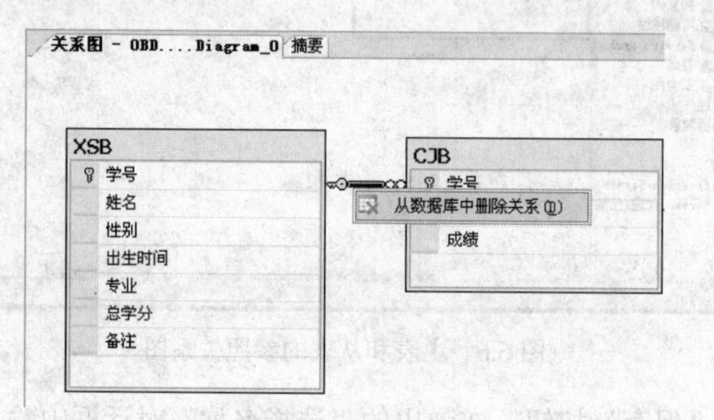

图 6.8　删除关系

3．利用“T-SQL 命令”定义表间的参照关系

前面已介绍了创建主键（PRMARY KEY 约束）及唯一键（UNIQUE 约束）的方法，在此将介绍通过“T-SQL 命令”创建外键的方法。

(1) 创建表的同时定义外键约束。语法格式在 6.2.2 小节中已经列出，这里只列出定义外键部分的语法。

```
CREATE TABLE <表名>
(
    <列定义> [ CONSTRAINT <约束名> ] [FOREIGN KEY [<参照表达式>] ][,…n]
    [ [ CONSTRAINT <约束名> ] [FOREIGN KEY (<列名> [ ,...n ] ) [<参照表达式>] ] [,…n] ]
)
```

<参照表达式>的格式如下：

```
<参照表达式>::=
    REFERENCES <主表名> [ (<列名> [ ,...n ] ) ]
    [ ON DELETE { NO ACTION | CASCADE | SET NULL | SET DEFAULT } ]
    [ ON UPDATE { NO ACTION | CASCADE | SET NULL | SET DEFAULT } ]
```

说明：

和主键一样，外键也可以定义为列的约束或表的约束。如果定义为列的约束，则直接在列定义后面使用 FOREIGN KEY 关键字定义该字段为外键。如果定义为表的约束，需要在 FOREIGN KEY 关键字后面指定由哪些列名组成外键，列名可以是一列或多列的组合。

FOREIGN KEY 定义的外键应与 REFERENCES 关键字指定的主表中的主键或唯一键对应，主表中主键或唯一键在表名后的括号中指定。主键的列名、数据类型和外键的列名、数据类型必须相同。

定义外键时还可以指定参照动作 ON DELETE 或 ON UPDATE。可以为每个外键定义

参照动作。一个参照动作包含 2 部分：

① 在第一部分中指定这个参照动作应用哪一条语句。这里有两条相关的语句，即 DELETE 和 UPDATE 语句，即对表进行删除和更新操作。

② 在第二部分中指定采取哪个动作。可能采取的动作是 CASCADE、NO ACTION、SET NULL 和 SET DERAULT。其中：

- CASCADE：表示从父表删除或更新行时自动删除或更新子表中匹配的行。
- NO ACTION：NO ACTION 意味着不采取动作，就是如果有一个相关的外键值在子表中，删除或更新父表中主要键值的企图不被允许。
- SET NULL：当从父表删除或更新行时，设置子表中与之对应的外键列为 NULL。如果外键列没有指定 NOT NULL 限定词，这就是合法的。
- SET DEFAULT：作用和 SET NULL 一样，只不过 SET DEFAULT 是指定子表中的外键列为默认值。如果没有指定动作，2 个参照动作就会默认地使用 NO ACTION。

【例 6.22】 创建 stu 表，要求 stu 表中所有的学生学号都必须出现在 XSB 表中，假设已经使用学号列作为主键创建 XSB 表。

```
USE PXSCJ
GO
CREATE TABLE stu
(
    学号 char(6)   NOT NULL        FOREIGN KEY (学号) REFERENCES XSB (学号),
    姓名 char(8) NOT NULL,
    出生时间 datetime NULL
)
```

【例 6.23】 创建 point 表，要求表中所有的学号、课程号组合都必须出现在 CJB 表中。

```
CREATE TABLE point
(
    学号 char(6)   NOT NULL,
    课程号 char(3) NOT NULL,
    成绩 int NULL,
    CONSTRAINT FK_point FOREIGN KEY (学号,课程号) REFERENCES CJB (学号,课程号)
        ON DELETE NO ACTION
)
```

(2) 通过修改表定义外键约束。

使用 ALTER TABLE 语句的 ADD 子句也可以定义外键约束，语法格式与定义其他约束类似，这里不再列出。

【例 6.24】 假设 KCB 表为主表，KCB 的课程号字段已定义为主键。CJB 表为从表，如下示例用于将 CJB 表的课程号字段定义为外键。

```
ALTER TABLE CJB
    ADD  CONSTRAINT kc_foreign
        FOREIGN KEY  (课程号)
            REFERENCES   KCB(课程号 )
```

4．利用“T-SQL 命令”删除表间的参照关系

删除表间的参照关系，实际上删除从表的外键约束即可。

语法格式与前面其他约束删除的格式类似。

【例 6.25】 删除上例对 CJB 表的课程号字段定义的外键约束。

```
ALTER TABLE CJB
    DROP CONSTRAINT kc_foreign
```

第7章 存储过程和触发器

存储过程是数据库对象之一。存储过程可以理解成数据库的子程序，在客户端和服务器端可以直接调用。而触发器是与表直接关联的特殊的存储过程，是在对表记录进行操作时触发的。

7.1 存储过程

在 SQL Server 2005 中，使用 T-SQL 语句编写存储过程。存储过程可以接受输入参数、返回表格或标量结果和消息，调用“数据定义语言（DDL）”和“数据操作语言（DML）”语句，然后返回输出参数。使用存储过程的优点如下：

- 存储过程在服务器端运行，执行速度快；
- 存储过程执行一次后，驻留在高速缓冲存储器，在以后的操作中，只需从高速缓冲存储器中调用已编译好的二进制代码执行，提高了系统性能；
- 使用存储过程可以完成所有数据库操作，并可通过编程方式控制对数据库信息访问的权限，确保数据库的安全；
- 自动完成需要预先执行的任务。存储过程可以在 SQL Server 启动时自动执行，而不必在系统启动后再进行手工操作，大大方便了用户的使用，可以自动完成一些需要预先执行的任务。

7.1.1 存储过程的类型

在 Microsoft SQL Server 2005 中有下列几种类型存储过程：

(1) 系统存储过程。系统存储过程是由 SQL Server 提供的存储过程，可以作为命令执行。系统存储过程定义在系统数据库 master 中，其前缀是“sp_”，例如，常用的显示系统对象信息的“sp_help”系统存储过程，为检索系统表的信息提供了方便快捷的方法。

系统存储过程允许系统管理员执行修改系统表的数据库管理任务，可以在任何一个数据库中执行。SQL Server 2005 提供了很多的系统存储过程，通过执行系统存储过程，可以实现一些比较复杂的操作，本书也介绍了其中一些系统存储过程。要了解所有的系统存储过程，请参考 SQL Server 联机丛书。

(2) 扩展存储过程。扩展存储过程是指在 SQL Server 2005 环境之外，使用编程语言（例如 C++语言）创建的外部例程形成的动态链接库（DLL）。使用时，先将 DLL 加载到 SQL Server 2005 系统中，并且按照使用系统存储过程的方法执行。扩展存储过程在 SQL Server 实例地址空间中运行。但因为扩展存储过程不易撰写，而且可能会引发安全性问题，所以微软可能会在未来的 SQL Server 中删除这个功能，本书将不详细介绍扩展存储过程。

(3) 用户存储过程。Microsoft SQL Server 2005 中，用户存储过程可以使用 T-SQL 语言编写，也可以使用 CLR 方式编写。本书中 T-SQL 存储过程就称为存储过程。

① 存储过程：存储过程保存 T-SQL 语句集合，可以接收和返回用户提供的参数。存储过程中可以包含根据客户端应用程序提供的信息，在一个或多个表中插入新行所需的语句。存储过程也可以从数据库向客户端应用程序返回数据。例如，电子商务 Web 应用程序可能使用存储过程根据联机用户指定的搜索条件返回有关特定产品的信息。

② CLR 存储过程：CLR 存储过程是对 Microsoft .NET Framework 公共语言运行时（CLR）方法的引用，可以接收和返回用户提供的参数。它们在“.NET Framework 程序集”中是作为类的公共静态方法实现的。简单地说，CLR 存储过程就是可以使用 Microsoft Visual Studio 2005 环境下的语言作为脚本编写的、可以对 Microsoft .NET Framework 公共语言运行时（CLR）方法进行引用的存储过程。

7.1.2 存储过程的创建与执行

存储过程只能定义在当前数据库中，可以使用 T-SQL 命令或“对象资源管理器”创建。在 SQL Server 中创建存储过程，必须具有 CREATE ROUTINE 权限。

1. 使用 T-SQL 命令创建存储过程

创建存储过程的语句是 CREATE PROCEDURE 或 CREATE PROC，二者同义。语法格式：

```
CREATE { PROC | PROCEDURE } <存储过程名>
  [ { @<参数名> <数据类型> }                          /*定义参数的类型*/
    [ VARYING ] [ = default ] [ OUT | OUTPUT ]        /*定义参数的属性*/
  ][ ,...n ]
[WITH ENCRYPTION]                                     /*对语句文本加密*/
AS
{
    <T-SQL 语句> [ ...n ]                             /*执行的操作*/
}
[;]
```

说明：

- 存储过程名，必须符合标识符规则，且对于数据库及所在架构必须唯一。这个名称应当尽量避免取与系统内置函数相同的名称，否则会发生错误。另外，也应当尽量避免使用“sp_”作为前缀，此前缀是由 SQL Server 指定系统存储过程的。创建局部临时存储过程，可以在名称前面加一个“#”。创建全局临时存储过程，可以加“##”。

- @<参数名>：存储过程的形参，@符号作为第一个字符来指定参数名称。参数名必须符合标识符规则。创建存储过程时，可声明一个或多个参数。执行存储过程时应提供相应的参数，除非定义了该参数的默认值，默认参数值只能为常量。
- <数据类型>：用于指定形参的数据类型，形参可为 SQL Server 2005 支持的任何类型，但 cursor 类型只能用于 OUTPUT 参数，如果指定参数的数据类型为 cursor，必须同时指定 VARYING 和 OUTPUT 关键字，OUT 与 OUTPUT 关键字意义相同。
- VARYING：指定作为输出参数支持的结果集。该参数由存储过程动态构造，其内容可能发生改变，仅适用于 cursor 参数。
- default：指定存储过程输入参数的默认值，默认值必须是常量或 NULL。如果存储过程使用了带 LIKE 关键字的参数，默认值中可以包含通配符（%、_、[]和[^]），如果定义了默认值，执行存储过程时根据情况可不提供实参。
- OUTPUT：指示参数为输出参数，输出参数可以从存储过程返回信息。
- AS：在 AS 关键字后指定存储过程体中包含的 T-SQL 语句，存储过程体中可以包含一条或多条 T-SQL 语句，除了 DCL、DML 与 DDL 命令外，还能包含过程式语句，如变量的定义与赋值、流程控制语句等。但需要注意的是，以下语句必须使用对象的架构名对数据库对象进行限定：CREATE TABLE、ALTER TABLE、DROP TABLE、TRUNCATE TABLE、CREATE INDEX、DROP INDEX 等语句。而以下语句不能出现在 CREATE PROCEDURE 定义中：CREATE FUNCTION、ALTER FUNCTION、CREATE PROCEDURE、ALTER PROCEDURE、CREATE TRIGGER、ALTER TRIGGER、CREATE VIEW、ALTER VIEW、USE 等语句。

成功执行 CREATE PROCEDURE 语句后，存储过程名称存储在 sysobjects 系统表中，而 CREATE PROCEDURE 语句的文本存储在 syscomments 中。

注意：存储过程的定义只能在单个批处理中。

2．存储过程的执行

通过 EXECUTE 或 EXEC 命令可以执行一个已定义的存储过程，EXEC 是 EXECUTE 的简写。语法格式：

```
[ { EXEC | EXECUTE } ]
  {   [@return_status = ] <存储过程名>
        [ [ @<参数名>= ] {<值> | <变量名>[ OUTPUT ] | [ DEFAULT ] }][ ,...n ]
  }
[;]
```

说明：

- @return_status：为可选的整型变量，保存存储过程的返回状态。EXECUTE 语句使用该变量前，必须对其声明。
- @<参数名>：为 CREATE PROCEDURE 或 CREATE FUNCTION 语句中定义的参数名，<值>为实参。如果省略参数名，则后面的实参顺序要与定义时参数的顺序一致。在使用@<参数名>=<值>格式时，参数名称和实参不必按存储过程或函数中定义的顺序提供。如果任何参数使用这样的格式，则对后续的所有参数均必须使用该格式。

- @<变量>：局部变量，用于保存 OUTPUT 参数返回的值。
- DEFAULT：DEFAULT 关键字表示不提供实参，而是使用对应的默认值。

存储过程的执行要注意以下几点：

(1) 如果存储过程名的前缀为“sp_”，SQL Server 首先会在 master 数据库中寻找符合该名称的系统存储过程。如果没能找到合法的过程名，SQL Server 才寻找架构名称为 dbo 的存储过程。

(2) 执行存储过程时，若语句是批处理中的第一个语句，不一定要指定 EXECUTE 关键字。

3. 举例

(1) 设计简单的存储过程。

【例 7.1】 返回 081101 号学生的成绩情况，该存储过程不使用任何参数。

```
USE PXSCJ
GO
CREATE PROCEDURE student_info
    AS
        SELECT *
            FROM CJB
            WHERE 学号= '081101'
GO
```

存储过程定义后，执行存储过程 student_info：

```
EXECUTE student_info
```

如果该存储过程是批处理中的第一条语句，则可使用：

```
student_info
```

执行结果如下图所示：

	学号	课程号	成绩
1	081101	101	80
2	081101	102	78
3	081101	206	76

(2) 使用带参数的存储过程。

【例 7.2】 从 PXSCJ 数据库的三个表中查询某人指定课程的成绩和学分。该存储过程接收与传递参数精确匹配的值。

```
USE PXSCJ
GO
CREATE PROCEDURE student_info1 @name char (8), @cname char(16)
    AS
        SELECT a.学号, 姓名, 课程名, 成绩, t.学分
            FROM XSB  a  INNER JOIN  CJB  b
                ON a.学号 = b.学号 INNER  JOIN  KCB  t
                ON b.课程号= t.课程号
                WHERE a.姓名=@name and t.课程名=@cname
GO
```

执行存储过程 student_info1：

```
EXECUTE student_info1 '王林', '计算机基础'
```

执行结果如下图所示：

	学号	姓名	课程名	成绩	学分
1	081101	王林	计算机基础	80	5
2	081202	王林	计算机基础	65	5

以下命令的执行结果与上面相同：

```
EXECUTE student_info1 @name='王林', @cname='计算机基础'
```

或者：

```
DECLARE @proc char(20)
SET @proc= 'student_info1'
EXECUTE @proc @name='王林', @cname='计算机基础'
```

(3) 使用带 OUPUT 参数的存储过程。

【例 7.3】 创建一个存储过程 do_insert，作用是向 XSB 表中插入一行数据。创建另外一个存储过程 do_action，在其中调用第一个存储过程，并根据条件处理该行数据，处理后输出相应的信息。

第一个存储过程：

```
CREATE PROCEDURE ado.do_insert
    AS
        INSERT INTO XSB VALUES('091201', '陶伟', 1, '1990-03-05', '软件工程',50, NULL);
```

第二个存储过程：

```
CREATE PROCEDURE do_action @X bit, @STR CHAR(8) OUTPUT
AS
    BEGIN
        EXEC do_insert
        IF @X=0
        BEGIN
            UPDATE XSB SET 姓名='刘英', 性别=0 WHERE 学号='091201'
            SET @STR='修改成功'
        END
        ELSE
            IF @X=1
            BEGIN
                DELETE FROM XSB WHERE 学号='091201'
                SET @STR='删除成功'
            END
    END
```

接下来执行存储过程 do_action，并查看结果：

```
DECLARE @str char(8)
EXEC dbo.do_action 0, @str OUTPUT
SELECT @str;
```

执行结果如下图所示：

	(无列名)
1	修改成功

说明：在存储过程执行时，所使用的 OUTPUT 参数需要用 DECLARE 命令进行定义。

(4) 使用带有通配符参数的存储过程。

【例 7.4】 从三个表的连接中返回指定学生的学号、姓名、所选课程名称及该课程的成绩。该存储过程在参数中使用了模式匹配，如果没有提供参数，则使用预设的默认值。

```
CREATE PROCEDURE st_info @name varchar(30) = '李%'
    AS
        SELECT a.学号,a.姓名,c.课程名,b.成绩
            FROM   XSB a   INNER JOIN   CJB   b
                ON a.学号  =b.学号  INNER JOIN KCB c
                ON c.课程号= b.课程号
            WHERE  姓名  LIKE @name
GO
```

执行存储过程：

```
EXECUTE st_info                                  /*参数使用默认值*/
```

或者：

```
EXECUTE st_info '王%'                            /*传递给@name  的实参为'王%'*/
```

(5) 使用 OUTPUT 游标参数的存储过程。OUTPUT 游标参数用于返回存储过程的局部游标。

【例 7.5】 在 PXSCJ 数据库的 XSB 表上声明并打开一个游标。

```
CREATE PROCEDURE st_cursor @st_cursor cursor VARYING OUTPUT
    AS
        SET @st_cursor = CURSOR   FORWARD_ONLY STATIC FOR
            SELECT *
                FROM XSB
        OPEN @st_cursor
GO
```

在如下的批处理中，声明一个局部游标变量，执行上述存储过程，并将游标赋值给局部游标变量，然后通过该游标变量读取记录。

```
DECLARE @MyCursor cursor
EXEC st_cursor @st_cursor = @MyCursor OUTPUT      /*执行存储过程*/
FETCH NEXT FROM @MyCursor
WHILE (@@FETCH_STATUS = 0)
    BEGIN
        FETCH NEXT FROM @MyCursor
    END
CLOSE @MyCursor
DEALLOCATE @MyCursor
GO
```

(6) 使用 WITH ENCRYPTION 选项。WITH ENCRYPTION 子句用于对用户隐藏存储过程的文本。

【例 7.6】 创建加密过程，使用 sp_helptext 系统存储过程获取关于加密过程的信息，然后尝试直接从 syscomments 表中获取关于该过程的信息。

```
CREATE PROCEDURE encrypt_this    WITH ENCRYPTION
    AS
```

```
        SELECT *
            FROM XSB
GO
```

通过系统存储过程 sp_helptext 可显示规则、默认值、未加密的存储过程、用户定义函数、触发器或视图的文本。执行如下语句：

```
EXEC sp_helptext encrypt_this
```

结果为提示信息："对象'encrypt_this' 的文本已加密"。

7.1.3　存储过程的修改

使用 ALTER PROCEDURE 命令可修改已存在的存储过程并保留以前赋予的许可。语法格式：

```
ALTER { PROC | PROCEDURE } <存储过程名>
  [ { @<参数名> <数据类型> }
    [ VARYING ] [ = default ] [ OUT | OUTPUT ]
  ][ ,...n ]
[WITH ENCRYPTION]
AS
{
    <T-SQL 语句> [ ...n ]
}
[;]
```

如果原来的存储过程定义是用 WITH ENCRYPTION 选项创建的，那么只有在 ALTER PROCEDURE 中也包含该选项时，该选项才有效。

【例 7.7】　对例 7.2 中创建的存储过程 student_info1 进行修改，将第一个参数改成学生的学号。

```
USE PXSCJ
GO
ALTER PROCEDURE student_info1
    @number char(6),@cname char(16)
    AS
        SELECT 学号, 课程名, 成绩
            FROM    CJB, KCB
            WHERE CJB.学号=@number AND KCB.课程名=@cname
GO
```

【例 7.8】　创建名为 select_students 的存储过程，默认情况下，该存储过程可查询所有学生信息，随后授予权限。当该存储过程需更改为能检索计算机专业的学生信息时，用 ALTER PROCEDURE 重新定义该存储过程。

- 创建 select_students 存储过程：

```
CREATE PROCEDURE select_students            /*创建存储过程*/
    AS
        SELECT *
            FROM    XSB
            ORDER BY 学号
```

```
GO
```

● 修改存储过程 select_students：

```
ALTER PROCEDURE select_students WITH ENCRYPTION
    AS
        SELECT *
            FROM    XSB
            WHERE  专业='计算机'
            ORDER BY  学号
GO
```

7.1.4 存储过程的删除

当不再使用一个存储过程时，就要将其从数据库中删除。使用 DROP PROCEDURE 语句可永久删除存储过程。在此之前，必须确认该存储过程没有任何依赖关系。语法格式：

```
DROP { PROC | PROCEDURE } <存储过程名> [ ,...n ]
```

【例 7.9】 删除 PXSCJ 数据库中的 student_info1 存储过程。

```
USE PXSCJ
GO
IF EXISTS(SELECT name FROM sysobjects WHERE name='student_info1')
    DROP PROCEDURE student_info1
```

说明：删除存储过程之前可以先查找系统表 sysobjects 中是否存在这一存储过程，然后再删除。

7.1.5 界面方式操作存储过程

存储过程的创建、修改和删除也可以通过界面方式来实现。

(1) 创建存储过程。例如，如果要通过图形向导方式定义一个存储过程来查询 PXSCJ 数据库中每个同学各门功课的成绩，其主要步骤为：启动“SQL Server Management Studio”，在“对象资源管理器”中展开“数据库”→“PXSCJ”→选择其中的“可编程性”→选择“存储过程”项，右击鼠标→在弹出的快捷菜单中选择“新建存储过程”菜单项，打开“存储过程脚本编辑”窗口，如图 7.1 所示。在该窗口中输入要创建的存储过程的代码，输入完成后单击“执行”按钮，若执行成功则创建完成。

(2) 修改存储过程。选择要修改的存储过程，右击鼠标，在弹出的快捷菜单中选择“修改”菜单项，打开“存储过程脚本编辑”窗口，在该窗口中修改相关的 T-SQL 语句。修改完成后，执行修改后的脚本，若执行成功则修改存储过程。

(3) 删除存储过程。选择要删除的存储过程，右击鼠标，在弹出的快捷菜单中选择“删除”菜单项，根据提示删除该存储过程。

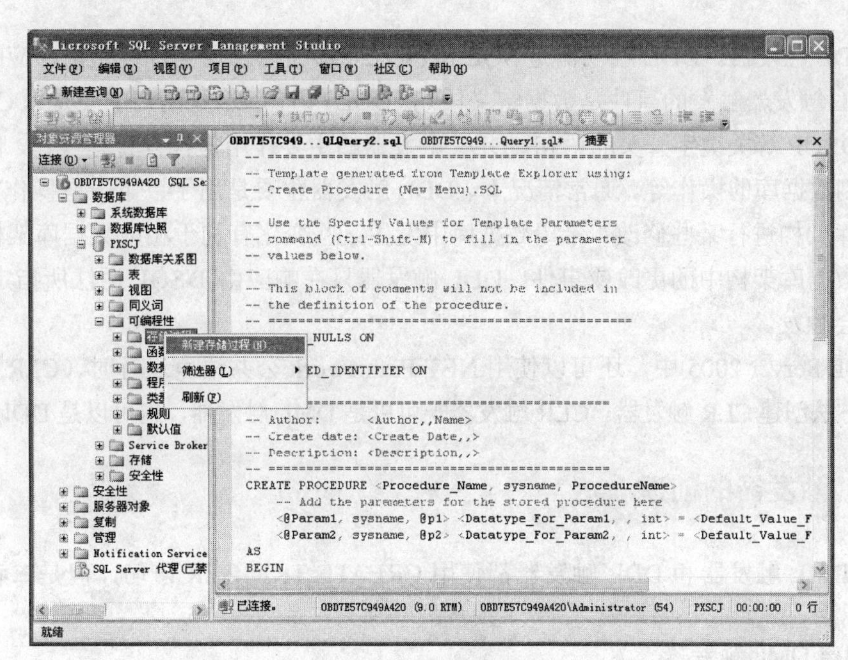

图 7.1　创建存储过程

7.2　触发器

触发器是一个被指定关联到一个表的数据对象，触发器是不需要调用的，当一个表的特别事件出现时，它就会被激活。触发器的代码也是由 SQL 语句组成，因此用于存储过程中的语句也可以用于触发器的定义中。触发器是一类特殊的存储过程，与表的关系密切，用于保护表中的数据。当有操作影响到触发器保护的数据时，触发器将自动执行。

7.2.1　触发器的类型

在 SQL Server 2005 中，按照触发事件的不同可以将触发器分为 2 大类：DML 触发器和 DDL 触发器。

(1) DML 触发器。当数据库中发生数据操纵语言（DML）事件时将调用 DML 触发器。一般情况下，DML 事件包括对表或视图的 INSERT 语句、UPDATE 语句和 DELETE 语句，因而 DML 触发器可分为 3 种类型：INSERT、UPDATE 和 DELETE。

利用 DML 触发器可以方便地保持数据库中数据的完整性。例如，PXSCJ 数据库有 XSB 表、CJB 表和 KCB 表，当插入某一学号的学生某一课程成绩时，该学号应是 XSB 表中已存在的，课程号应是 KCB 表中已存在的，此时，可通过定义 INSERT 触发器实现上述功能。通过 DML 触发器可以实现多个表间数据的一致性。例如，对于 PXSCJ 数据库，在 XSB 表中删除一个学生时，在 XSB 表的 DELETE 触发器中要同时删除 CJB 表中所有该学生的记录。

(2) DDL 触发器。DDL 触发器是 SQL Server 2005 新增的功能，也是由相应的事件触发，但 DDL 触发器触发的事件是数据定义语句（DDL）语句。这些语句主要是以 CREATE、ALTER、DROP 等关键字开头的语句。DDL 触发器的主要作用是执行管理操作，例如审核系统、控制数据库的操作等。通常情况下，DDL 触发器主要是用于以下一些操作需求：防止对数据库架构进行某些修改；希望数据库中发生某些变化有利于相应数据库架构中的更改；记录数据库架构中的更改或事件。DDL 触发器只在响应由 T-SQL 语法所指定的 DDL 事件时才会触发。

在 SQL Server 2005 中，还可以使用.NET Framework 公共语言运行时（CLR）创建的程序集的方法创建 CLR 触发器。CLR 触发器既可以是 DML 触发器，也可以是 DDL 触发器。

7.2.2 触发器的创建

创建 DML 触发器和 DDL 触发器都使用 CREATE TRIGGER 语句，但是二者语法略有不同。

1．创建 DML 触发器

语法格式：

```
CREATE TRIGGER [<架构名>.]<触发器名>
    ON <表名或视图名>                                   /*指定操作对象*/
        [ WITH ENCRYPTION ]                             /*说明是否采用加密方式*/
    { AFTER | INSTEAD OF }
    { [ INSERT ] [ , ] [ UPDATE ] [ , ] [ DELETE ] }
    AS
    {
        <T-SQL 语句> [ ; ] [ ...n ]
    }
```

说明：

- ON：指定在其上执行触发器的表或视图，该表或视图有时称为触发器表或触发器视图。使用 WITH ENCRYPTION 选项可以对 CREATE TRIGGER 语句的文本进行加密。
- AFTER：用于说明触发器在指定操作都成功执行后触发，如 AFTER INSERT 表示向表中插入数据时激活触发器，不能在视图上定义 AFTER 触发器。
- INSTEAD OF：指定用 DML 触发器中的操作代替触发语句的操作。在表或视图上，每个 INSERT、UPDATE 或 DELETE 语句最多可以定义一个 INSTEAD OF 触发器。

如果触发器表存在约束，则在 INSTEAD OF 触发器执行之后和 AFTER 触发器执行之前检查这些约束。如果违反了约束，则回滚 INSTEAD OF 触发器操作，且不执行 AFTER 触发器。

- {[DELETE] [,] [INSERT] [,] [UPDATE]}：指定激活触发器的语句的类型，必须至少指定一个选项。在触发器定义中允许使用上述选项的任意顺序组合。INSERT 表示将新行插入表时激活触发器。UPDATE 表示更改某一行时激活触发器。DELETE 表示从表中删除某一行时激活触发器。
- AS：在 AS 关键字后指定触发器触发后执行的 T-SQL 语句，可以有一条或多条语句。

(1) 触发器中使用的特殊表。执行触发器时，系统创建了两个特殊的临时表 inserted 表和 deleted 表。当向表中插入数据时，INSERT 触发器触发执行，新的记录插入到触发器表和 inserted 表中。deleted 表用于保存已从表中删除的记录，当触发一个 DELETE 触发器时，被删除的记录存放到 deleted 表中。

修改一条记录等于插入一条新记录，同时删除旧记录。当对定义了 UPDATE 触发器的表记录修改时，表中原记录移到 deleted 表中，修改过的记录插入到 inserted 表中。由于 inserted 表和 deleted 表都是临时表，它们在触发器执行时被创建，触发器执行完后就消失了，所以只可以在触发器的语句中使用 SELECT 语句查询这两个表。

(2) 创建 DML 触发器的说明。创建 DML 触发器时主要有以下几点说明：

① CREATE TRIGGER 语句必须是批处理中的第一条语句，并且只能应用到一个表中。

② DML 触发器只能在当前的数据库中创建，但可以引用当前数据库的外部对象。

③ 创建 DML 触发器的权限默认分配给表的所有者。

④ 在同一 CREATE TRIGGER 语句中，可以为多种操作（如 INSERT 和 UPDATE）定义相同的触发器操作。

⑤ 不能对临时表或系统表创建 DML 触发器。

⑥ 对于含有 DELETE 或 UPDATE 操作定义的外键表，不能使用 INSTEAD OF DELETE 和 INSTEAD OF UPDATE 触发器。

⑦ TRUNCATE TABLE 语句虽然能够删除表中记录，但它不会触发 DELETE 触发器。

⑧ 在触发器内可以指定任意的 SET 语句，所选择的 SET 选项在触发器执行期间有效，并在触发器执行完后恢复到以前的设置。

⑨ DML 触发器最大的用途是返回行级数据的完整性，而不是返回结果，所以应当尽量避免返回任何结果集。

⑩ CREATE TRIGGER 权限默认授予定义触发器的表所有者、sysadmin 固定服务器角色成员、db_owner 和 db_ddladmin 固定数据库角色成员，并且不可转让。

⑪ DML 触发器中不能包含以下语句：ALTER DATABASE、CREATE DATABASE、DROP DATABASE、LOAD DATABASE、LOAD LOG、RECONFIGURE、RESTORE DATABASE、RESTORE LOG。

(3) 创建 INSERT 触发器。INSERT 触发器是当对触发器表执行 INSERT 语句时就会激活的触发器。INSERT 触发器可以用来修改，甚至拒绝接受正在插入的记录。

【例 7.10】 创建一个表 table1，其中只有一列 a。在表上创建一个触发器，每次插入操作时，将变量@str 的值设为“TRIGGER IS WORKING”并显示。

```
USE PXSCJ
GO
CREATE TABLE table1(a int)
GO
CREATE TRIGGER table1_insert
        ON table1 AFTER INSERT
    AS
    BEGIN
```

```
        DECLARE @str char(50)
        SET @str='TRIGGER IS WORKING'
        PRINT @str
    END
```

向 table1 中插入一行数据：

```
INSERT INTO table1 VALUES(10)
```

执行结果如下图所示：

```
消息
TRIGGER IS WORKING

(1 行受影响)
```

说明：本例定义的是 INSERT 触发器，每次向表中插入一行数据时就会激活该触发器，从而执行触发器中的操作。PRINT 命令的作用是向客户端返回用户定义的消息。

【例 7.11】 创建触发器，当向 CJB 表中插入一个学生的成绩时，将 XSB 表中该学生的总学分加上所添加课程的学分。

```
CREATE TRIGGER cjb_insert
        ON CJB AFTER INSERT
    AS
    BEGIN
        DECLARE @num char(6), @kc_num char(3)
        DECLARE @xf int
        SELECT @num=学号, @kc_num=课程号  from inserted
        SELECT @xf=学分  FROM KCB WHERE  课程号=@kc_num
        UPDATE XSB SET  总学分=总学分+@xf    WHERE  学号=@num
        PRINT '修改成功'
    END
```

说明：本例使用 SELECT 语句从 inserted 临时表查找出插入到 CJB 表的一行记录，然后根据课程号的值查找到学分值，最后修改 XSB 表中的总学分。本例的执行结果请读者自行验证。

(4) 创建 UPDATE 触发器。UPDATE 触发器在对触发器表执行 UPDATE 语句后触发。在执行 UPDATE 触发器时，将触发器表的原记录保存到 deleted 临时表中，将修改后的记录保存到 inserted 临时表中。

【例 7.12】 创建触发器，当修改 XSB 表中的学号时，同时也要将 CJB 表中的学号修改成相应的学号（假设 XSB 表和 CJB 表之间没有定义外键约束）。

```
CREATE TRIGGER xsb_update
    ON XSB AFTER UPDATE
    AS
    BEGIN
        DECLARE @old_num char(6), @new_num char(6)
        SELECT @old_num=学号  FROM deleted
        SELECT @new_num=学号  FROM inserted
        UPDATE CJB SET  学号=@new_num WHERE  学号=@old_num
    END
```

接着修改 XSB 表中的一行数据，并查看触发器执行结果：

```
UPDATE XSB SET 学号='081120' WHERE 学号='081101'
GO
SELECT *  FROM CJB WHERE 学号='081120'
```

执行结果如下图所示：

	学号	课程号	成绩
1	081120	101	80
2	081120	102	78
3	081120	206	76

说明：为了便于下面举例，将学号值 081120 仍改回为 081101。

(5) 创建 DELETE 触发器。

【例 7.13】 在删除 XSB 表中的一条学生记录时将 CJB 表中该学生的相应记录也删除。

```
CREATE TRIGGER xsb_delete
    ON XSB AFTER DELETE
    AS
    BEGIN
        DELETE FROM CJB
            WHERE 学号 IN(SELECT 学号 FROM deleted)
    END
```

执行结果请读者自行验证。

创建 DML 触发器时还可以同时创建多个类型的触发器。

【例 7.14】 在 KCB 表中创建 UPDATE 和 DELETE 触发器，当修改或删除 KCB 表中的课程号字段时，同时修改或删除 CJB 表中的该课程号。

```
CREATE TRIGGER kcb_trig
    ON KCB AFTER UPDATE, DELETE
    AS
    BEGIN
        IF (UPDATE(课程号))
            UPDATE CJB SET 课程号=(SELECT 课程号 FROM inserted)
                WHERE 课程号=(SELECT 课程号 FROM deleted)
        ELSE
            DELETE FROM CJB
                WHERE 课程号 IN(SELECT 课程号 FROM deleted)
    END
```

说明：UPDATE()函数返回一个布尔值，指示是否对表或视图的指定列进行 INSERT 或 UPDATE 操作。

(6) 创建 INSTEAD OF 触发器。AFTER 触发器是在触发语句执行后触发的。与 AFTER 触发器不同的是，INSTEAD OF 触发器触发时只执行触发器内部的 SQL 语句，而不执行激活该触发器的 SQL 语句。一个表或视图中只能有一个 INSTEAD OF 触发器。

【例 7.15】 创建表 table2，值包含一列 a，在表中创建 INSTEAD OF INSERT 触发器，当向表中插入记录时显示相应消息。

```
USE PXSCJ
GO
CREATE TABLE table2(a int)
GO
```

```
CREATE TRIGGER table2_insert
        ON table2 INSTEAD OF INSERT
    AS
        PRINT 'INSTEAD OF TRIGGER IS WORKING'
```

向表中插入一行数据：

```
INSERT INTO table2 VALUES(10)
```

执行结果如下图所示：

```
消息
INSTEAD OF TRIGGER IS WORKING

(1 行受影响)
```

说明：使用 SELECT 语句查询表 table2 可以发现，table2 中并没有插入数据。

INSTEAD OF 触发器的主要作用是使不可更新的视图支持更新。如果视图的数据来自于多个基表，则必须使用 INSTEAD OF 触发器支持引用表中数据的插入、更新和删除操作。例如，若在一个多表视图上定义了 INSTEAD OF INSERT 触发器，视图各列的值可能允许为空也可能不允许为空。若视图某列的值不允许为空，则 INSERT 语句必须为该列提供相应的值。如果视图的列为以下情况的任何一种：基表中的计算列；基表中的标识列；具有 timestamp 数据类型的基表列，则该视图的 INSERT 语句必须为这些列指定值，INSTEAD OF 触发器在构成将值插入基表的 INSERT 语句时会忽略指定的值。

【例 7.16】 在 PXSCJ 数据库中创建视图 stu_view，包含学生学号、专业、课程号、成绩。该视图依赖于表 XSB 和 CJB，是不可更新视图。可以在视图上创建 INSTEAD OF 触发器，当向视图中插入数据时分别向表 XSB 和 CJB 插入数据，从而实现向视图插入数据的功能。

首先创建视图：

```
CREATE VIEW stu_view
AS
SELECT XSB.学号, 专业, 课程号, 成绩
    FROM XSB, CJB
    WHERE XSB.学号=CJB.学号
```

创建 INSTEAD OF 触发器：

```
CREATE TRIGGER InsteadTrig
    ON stu_view
    INSTEAD OF INSERT
    AS
    BEGIN
        DECLARE @XH char(6), @XM char(8),
                @ZY char(12), @KCH char(3), @CJ int
        SET @XM='佚名'
        SELECT @XH=学号, @ZY=专业, @KCH=课程号, @CJ=成绩
            FROM inserted
        INSERT INTO XSB(学号, 姓名, 专业)
            VALUES(@XH, @XM, @ZY)
        INSERT INTO CJB VALUES(@XH, @KCH, @CJ)
    END
```

```
GO
```

向视图插入一行数据：

```
INSERT INTO stu_view VALUES('091102', '计算机', '101', 85 )
```

查看数据是否插入：

```
SELECT * FROM stu_view WHERE 学号= '091102'
```

执行结果如下图所示：

	学号	专业	课程号	成绩
1	091102	计算机	101	85

查看与视图关联的 XSB 表的情况：

```
SELECT * FROM XSB WHERE 学号= '091102'
```

执行结果如下图所示：

	学号	姓名	性别	出生时间	专业	总学分	备注
1	091102	佚名	1	NULL	计算机	5	NULL

说明：向视图插入数据的 INSERT 语句实际并没有执行，实际执行插入操作的语句是 INSTEAD OF 触发器中的 SQL 语句。由于 XSB 表中“姓名”列不能为空，所以在向 XSB 表插入数据时给姓名设置了一个默认值，总学分默认值为 0，结果中为 5 是因为之前在例 7.11 中在 CJB 表中定义了一个 INSERT 触发器。

2. 创建 DDL 触发器

语法格式：

```
CREATE TRIGGER <触发器名>
    ON { ALL SERVER | DATABASE }
    [ WITH ENCRYPTION ]
    AFTER { event_type | event_group } [ ,...n ]
    AS
    {
        <T-SQL 语句>  [ ; ] [ ...n ]
    }
```

说明：

- ALL SERVER | DATABASE：ALL SERVER 关键字是指将当前 DDL 触发器的作用域应用于当前服务器。DATABASE 指将当前 DDL 触发器的作用域应用于当前数据库。
- event_type：执行之后将导致触发 DDL 触发器的 T-SQL 语句事件的名称。当 ON 关键字后面指定 DATABASE 选项时使用该名称。值得注意的是，每个事件对应的 T-SQL 语句有一些修改，如要在使用 CREATE TABLE 语句时激活触发器，AFTER 关键字后面的名称为 CREATE_TABLE，在关键字之间包含下画线（“_”）。event_type 选项的值可以是 CREATE_TABLE、ALTER_TABLE、DROP_TABLE、CREATE_USER、CREATE_VIEW 等。
- event_group：预定义的 T-SQL 语句事件分组的名称。ON 关键字后面指定为 ALL SERVER 选项时使用该名称，如 CREATE_DATABASE、ALTER_DATABASE 等。

【例 7.17】 创建 PXSCJ 数据库作用域的 DDL 触发器，当删除一个表时，提示禁止该操作，然后回滚删除表的操作。

```
USE PXSCJ
GO
CREATE TRIGGER safety
    ON DATABASE
    AFTER DROP_TABLE
    AS
        PRINT '不能删除该表'
        ROLLBACK TRANSACTION
```

尝试删除表 table1：

```
DROP TABLE table1
```

执行结果如下图所示：

```
消息
不能删除该表
消息 3609，级别 16，状态 2，第 1 行
事务在触发器中结束。批处理已中止。
```

读者可以自行查看 table1 表是否被删除。

说明：ROLLBACK TRANSACTION 语句用于回滚之前所做的修改，将数据库恢复到原来的状态。

【例 7.18】 创建服务器作用域的 DDL 触发器，当删除一个数据库时，提示禁止该操作并回滚删除数据库的操作。

```
CREATE TRIGGER safety_server
    ON ALL SERVER
    AFTER DROP_DATABASE
    AS
        PRINT '不能删除该数据库'
        ROLLBACK TRANSACTION
```

7.2.3 触发器的修改

要修改触发器执行的操作，可以使用 ALTER TRIGGER 语句。

(1) 修改 DML 触发器的语法格式：

```
ALTER TRIGGER [<架构名>.]<触发器名>
    ON <表名或视图名>                                    /*指定操作对象*/
        [ WITH  ENCRYPTION ]                            /*说明是否采用加密方式*/
    { AFTER | INSTEAD OF }
        { [ INSERT ] [ , ] [ UPDATE ] [ , ] [ DELETE ] }
    AS
    {
        <T-SQL 语句> [ ; ] [ ...n ]
    }
```

(2) 修改 DDL 触发器的语法格式：

```
ALTER  TRIGGER  <触发器名>
    ON { ALL SERVER | DATABASE }
    [ WITH ENCRYPTION ]
    { FOR | AFTER } { event_type | event_group } [ ,...n ]
```

```
AS
{
    <T-SQL 语句>  [ ; ] [ ...n ]
}
```

【例 7.19】 修改 PXSCJ 数据库中在 XSB 表上定义的触发器 xsb_delete，将其修改为 UPDATE 触发器。

```
USE PXSCJ
GO
ALTER TRIGGER xsb_delete ON XSB
    FOR UPDATE
    AS
    PRINT '执行的操作是修改'
GO
```

7.2.4 触发器的删除

触发器本身是存在表中的，因此，当表被删除时，表中的触发器也将被删除。删除触发器使用 DROP TRIGGER 语句。语法格式：

```
DROP TRIGGER 架构名.<触发器名> [ ,...n ] [ ; ]                    /*删除 DML 触发器*/
DROP TRIGGER <触发器名> [ ,...n ] ON { DATABASE | ALL SERVER }[ ; ] /*删除 DDL 触发器*/
```

【例 7.20】 删除 DML 触发器 xsb_delete。

```
USE PXSCJ
GO
IF EXISTS (SELECT name FROM sysobjects WHERE name = 'xsb_delete')
    DROP TRIGGER xsb_delete
```

说明：DML 触发器创建后名称一般保存在系统表 sysobjects 中，在删除前可以先判断该触发器的名称是否存在。

【例 7.21】 删除 DDL 触发器 safety。

```
DROP TRIGGER safety ON DATABASE
```

7.2.5 界面方式操作触发器

1. 创建触发器

(1) 通过界面方式只能创建 DML 触发器。

以在表 XSB 上创建触发器为例，利用“对象资源管理器”创建 DML 触发器步骤如下：启动“SQL Server Management Studio”，在“对象资源管理器”中展开“数据库”→“PXSCJ”→“表”→“dbo.XSB”→选择其中的“触发器”项，在该选项列表上可以看到之前已经创建的 XSB 表的触发器。右击“触发器”，在弹出的快捷菜单中选择“新建触发器”菜单项。在打开的“触发器脚本编辑”窗口（如图 7.2 所示）输入相应的创建触发器的命令。输入完成后，单击“执行”按钮，若执行成功，则触发器创建完成。

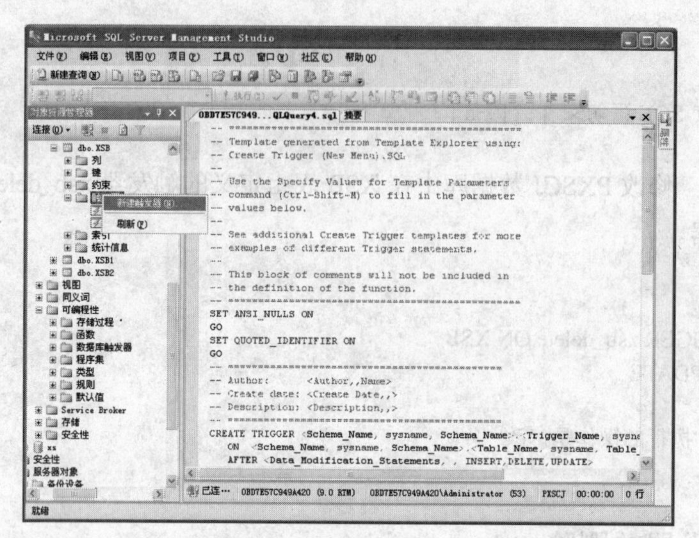

图 7.2 “对象资源管理器”中定义触发器的界面

(2) 查看 DDL 触发器。DDL 触发器不可以使用界面方式创建，DDL 触发器分为数据库触发器和服务器触发器，展开“数据库”→“PXSCJ”→“可编程性”→“数据库触发器”就可以查看到有哪些数据库触发器。展开“数据库”→“服务器对象”→“触发器”就可以查看到有哪些服务器触发器。

2. 修改触发器

DML 触发器能够使用界面方式修改，DDL 触发器则不可以。进入“对象资源管理器”，修改触发器的步骤与创建的步骤相同，在“对象资源管理器”中选择要修改的“触发器”，右击鼠标，在弹出的快捷菜单中选择“修改”菜单项，打开“触发器脚本编辑”窗口，在该窗口中可以进行触发器的修改，修改后单击“执行”按钮重新执行即可。但是被设置成“WITH ENCRYPTION”的触发器是不能被修改的。

3. 删除触发器

(1) 删除 DML 触发器。以 XSB 表的 DML 触发器为例，启动“SQL Server Management Studio”→在“对象资源管理器”中展开“数据库”→“PXSCJ”→“表”→“dbo.XSB”→“触发器”→选择要删除的触发器名称，右击鼠标，在弹出的快捷菜单中选择“删除”菜单项，在弹出的“删除对象”窗口中单击“确定”按钮，即可完成触发器的删除操作。

(2) 删除 DDL 触发器。删除 DDL 触发器与删除 DML 触发器的方法类似，首先找到要删除的触发器，右击鼠标，然后选择“删除”选项即可。

第 8 章

备份恢复与导入/导出

尽管数据库管理系统中采取各种措施来保证数据库的安全性和完整性，但硬件故障、软件错误、病毒、误操作或故意破坏仍可能发生。这些故障会造成运行事务的异常中断，影响数据正确性，甚至会破坏数据库，使数据库中的数据破坏和丢失。因此数据库管理系统都提供了把数据库从错误状态恢复到某一正确状态的功能，这种功能称为**恢复**。

数据库的恢复是以**备份**为基础的，SQL Server 2005 的备份和恢复组件为存储在 SQL Server 中的关键数据提供了重要的保护手段。本章着重讨论备份恢复策略和过程。

SQL Server 与其他软件环境之间经常要进行数据的迁移和转换，这就是数据的导入/导出。SQL Server 2005 提供了导入/导出向导进行数据的导入/导出。

8.1 备份和恢复概述

8.1.1 备份和恢复需求分析

数据库中的数据丢失或破坏可能是由以下原因造成的：

(1) 计算机硬件故障。由于使用不当或产品质量等原因，计算机硬件可能会出现故障，不能使用。如硬盘损坏会使得存储数据丢失。

(2) 软件故障。由于软件设计上的失误或用户使用不当，软件系统可能会误操作引起数据破坏。

(3) 病毒。破坏性病毒会破坏系统软件、硬件和数据。

(4) 误操作。如用户误使用了诸如 DELETE、UPDATE 等命令而引起数据丢失或被破坏。

(5) 自然灾害。如火灾、洪水或地震等自然灾害会造成极大破坏，会毁坏计算机系统及其数据。

(6) 盗窃。计算机系统的一些重要数据可能会遭窃。

因此，必须制作数据库的复本，即进行数据库备份，在数据库遭到破坏时能够修复数据库，即进行数据库恢复。数据库恢复就是把数据库从错误状态恢复到某一正确状态。

备份和恢复数据库也可以用于其他目的，如通过备份与恢复将数据库从一个服务器移动或复制到另一个服务器。

8.1.2 数据库备份的基本概念

SQL Server 2005 提供了多种备份方法，这些方法都有其自己的特点。如何根据具体的应用状况选择合适的备份方法是很重要的。设计备份策略的指导思想是：以最小的代价恢复数据。备份与恢复是互相联系的，备份策略与恢复应结合起来考虑。

1．备份内容

数据库中数据的重要程度决定了数据恢复的必要与重要性，也就决定了数据是否以及如何备份。数据库需备份的内容可分为数据文件（又分为主要和次要数据文件）、日志文件 2 部分。其中，数据文件中所存储的系统数据库是确保 SQL Server 2005 系统正常运行的重要依据，无疑系统数据库必须完全备份。

2．由谁做备份

在 SQL Server 2005 中，下列角色的成员可以做备份操作：

(1) 固定的服务器角色 sysadmin（系统管理员）；

(2) 固定的数据库角色 db_owner（数据库所有者）；

(3) 固定的数据库角色 db_backupoperator（允许进行数据库备份的用户）。

除了以上 3 个角色之外，还可以通过授权允许其他角色进行数据库备份。有关角色的内容将在第 9 章中介绍。

3．备份介质

备份介质是指将数据库备份到的目标载体，即备份到何处。SQL Server 2005 中，允许使用 2 种类型的备份介质：

(1) 硬盘：最常用的备份介质。硬盘可以用于备份本地文件，也可以用于备份网络文件。

(2) 磁带：大容量的备份介质，磁带仅可用于备份本地文件。

4．何时备份

对于系统数据库和用户数据库，其备份时机是不同的。

(1) 系统数据库。当系统数据库 master、msdb 和 model 中的任何一个被修改后，都要将其备份。

master 数据库包含了 SQL Server 2005 系统有关数据库的全部信息，即它是“数据库的数据库”，如果 master 数据库损坏，那么 SQL Server 2005 可能无法启动，并且用户数据库可能无效。当 master 数据库被破坏而没有 master 数据库的备份时，就只能重建全部的系统数据库。由于在 SQL Server 2005 中已废止 SQL Server 2000 中的 Rebuildm.exe 程序，若要重新生成 master 数据库，只能使用 SQL Server 2005 的安装程序来恢复。

当修改了系统数据库 msdb 或 model 时，也必须对它们进行备份，以便在系统出现故障时恢复作业以及用户创建的数据库信息。

注意：不要备份数据库 tempdb，因为它仅包含临时数据。

(2) 用户数据库。当创建数据库或加载数据库时，应备份数据库。当为数据库创建索引时，应备份数据库，以便恢复时节省时间。

当清理日志或执行不记日志的 T-SQL 命令时，应备份数据库，这是因为若日志记录被清除或命令未记录在事务日志中，日志中将不包含数据库的活动记录，因此不能通过日志恢复数据。不记日志的命令有：BACKUP LOG WITH NO_LOG、WRITETEXT、UPDATETEXT、SELECT INTO、命令行实用程序、BCP 命令等。

5．限制的操作

SQL Server 2005 在执行数据库备份的过程中，允许用户对数据库继续操作，但不允许用户在备份时执行下列操作：创建或删除数据库文件、创建索引、不记日志的命令。

若系统正执行上述操作中的任何一种时试图进行备份，则备份进程不能执行。

6．备份方法

数据库备份常用的两类方法是完全备份和差异备份。完全备份每次都备份整个数据库或事务日志，差异备份则只备份自上次备份以来发生过变化的数据库的数据。差异备份也称为增量备份。

SQL Server 2005 中有两种基本的备份：一是只备份数据库，二是备份数据库和事务日志，它们又都可以与完全或差异备份相结合。另外，当数据库很大时，也可以进行个别文件或文件组的备份，从而将数据库备份分割为多个较小的备份过程。这样就形成了以下 4 种备份方法：

(1) 完全数据库备份。这种方法按常规定期备份整个数据库，包括事务日志。当系统出现故障时，可以恢复到最近一次数据库备份时的状态，但是在该备份以后提交的数据都将丢失。

完全数据库备份的主要优点是简单，备份是单一操作，可按一定时间间隔预先设定，恢复时只需一个步骤就可以完成。

若数据库不大，或者数据库中的数据变化很少甚至是只读的，那么就可以对其进行全量数据库备份。

(2) 数据库和事务日志备份。这种方法无须频繁地定期进行数据库备份，而是在两次完全数据库备份期间，进行事务日志备份，所备份的事务日志记录了两次数据库备份之间所有的数据库活动记录。当系统出现故障后，能够恢复所有备份的事务，而只丢失未提交或提交但未执行完的事务。

执行恢复时，首先恢复最近的完全数据库备份，然后恢复在该完全数据库备份以后的所有事务日志备份。

(3) 差异备份。差异备份只备份自上次数据库备份后发生更改的部分数据库，用来扩充完全数据库备份或数据库和事务日志备份。对于一个经常修改的数据库，采用差异备份策略可以减少备份和恢复时间。差异备份比全量备份工作量小而且备份速度快，对正在运行的系统影响也较小，因此可以更经常备份。经常备份将减少丢失数据的危险。

使用差异备份方法，执行恢复时，若是数据库备份，则用最近的完全数据库备份和最近的差异数据库备份来恢复数据库；若是差异数据库和事务日志备份，则需用最近的完全数据库备份和最近的差异备份后的事务日志备份来恢复数据库。

(4) 数据库文件或文件组备份。这种方法只备份特定的数据库文件或文件组，同时还要定期备份事务日志，这样在恢复时可以只还原已损坏的文件，而不用还原数据库的其余部分，从而加快了恢复速度。

对于被分割在多个文件中的大型数据库，可以使用这种方法进行备份。例如，如果数据库由几个在物理上位于不同磁盘上的文件组成，当其中一个磁盘发生故障时，只需还原发生了故障的磁盘上的文件。文件或文件组备份和还原操作必须与事务日志备份一起使用。

文件或文件组备份能够更快地恢复已隔离的媒体故障，迅速还原损坏的文件，在调度和媒体处理上具有更大的灵活性。

8.1.3 数据库恢复概念

数据库恢复就是当数据库出现故障时，将备份的数据库加载到系统，从而使数据库恢复到备份时的正确状态。

恢复是与备份相对应的系统维护和管理操作。系统进行恢复操作时，先执行一些系统安全性的检查，包括检查所要恢复的数据库是否存在、数据库是否变化以及数据库文件是否兼容等，然后根据所采用的数据库备份类型采取相应的恢复措施。

与备份操作相比，恢复操作较为复杂，因为它是在系统异常的情况下执行的操作。通常恢复要经过以下步骤：

1. 准备工作

数据库恢复的准备工作包括系统安全性检查和备份介质验证。

进行恢复时，系统先执行安全性检查、重建数据库及其相关文件等操作，保证数据库安全地恢复，这是数据库恢复必要的准备，可以防止错误的恢复操作。例如，用不同的数据库备份或用不兼容的数据库备份信息覆盖某个已存在的数据库。当系统发现出现了以下情况时，恢复操作将不进行：

(1) 指定的要恢复的数据库已存在，但在备份文件中记录的数据库与其不同；

(2) 服务器上数据库文件集与备份中的数据库文件集不一致；

(3) 未提供恢复数据库所需的所有文件或文件组。

安全性检查是系统在执行恢复操作时自动进行的。

恢复数据库时，要确保数据库的备份是有效的，即要验证备份介质，得到数据库备份的信息。这些信息包括：

- 备份文件或备份集名及描述信息；
- 所使用的备份介质类型（磁带或磁盘等）；
- 所使用的备份方法；
- 执行备份的日期和时间；
- 备份集的大小；

- 数据库文件及日志文件的逻辑和物理文件名；
- 备份文件的大小。

2．执行恢复数据库的操作

SQL Server 2005 可以使用图形向导方式或 T-SQL 语句执行恢复数据库的操作，具体的恢复操作步骤将在 8.3 节进行详细介绍。

8.2 备份操作和备份命令

数据库备份时，首先必须创建用来存储备份的备份设备。创建备份设备后才能通过图形向导方式或 T-SQL 命令将需要备份的数据库备份到备份设备中。备份设备可以是磁盘或磁带，可分为永久备份设备和临时备份设备两类。

8.2.1 创建备份设备

备份设备总有一个物理名称，这个物理名称是操作系统访问物理设备时所使用的名称，但使用逻辑名访问更加方便。要使用备份设备的逻辑名进行备份，就必须先创建命名的备份设备，否则就只能使用物理名访问备份设备。将可以使用逻辑名访问的备份设备称为命名的备份设备，而将只能使用物理名访问备份设备称为临时备份设备。

1．创建永久备份设备

如果使用备份设备的逻辑名引用备份设备，就必须在使用之前创建命名备份设备。当希望所创建的备份设备能够重新使用或设置系统自动备份数据库时，就要使用永久备份设备。

若使用磁盘设备备份，那么备份设备实际上就是磁盘文件；若使用磁带设备备份，那么备份设备实际上就是一个或多个磁带。

创建该备份设备有两种方法：使用图形向导方式或使用系统存储过程 sp_addumpdevice。

(1) 使用系统存储过程创建命名备份设备。执行系统存储过程 sp_addumpdevice 可以在磁盘或磁带上创建命名备份设备，也可以将数据定向到命名管道。

创建命名备份设备时，要注意以下几点：

① SQL Server 2005 将在系统数据库 master 的系统表 sysdevice 中创建该命名备份设备的物理名和逻辑名。

② 必须指定该命名备份设备的物理名和逻辑名，当在网络磁盘上创建命名备份设备时要说明网络磁盘文件路径名。

语法格式：

```
sp_addumpdevice [ @devtype = ] '<介质类型>',
      [ @logicalname = ] '<逻辑名>',
      [ @physicalname = ] '<物理名>'
```

说明：介质类型可以是 DISK 或 TAPE，DISK 表示硬盘文件，TAPE 表示是磁带设备。

【例 8.1】 在本地硬盘上创建一个备份设备。

```
USE   master
```

```
GO
EXEC sp_addumpdevice 'DISK', 'mybackupfile',
        'E:\mybackupfile.bak'
```

所创建的备份设备的逻辑名是：mybackupfile。

所创建的备份设备的物理名是：E:\mybackupfile.bak。

【例 8.2】 在磁带上创建一个备份设备。

```
USE   master
GO
EXEC sp_addumpdevice 'TAPE', 'tapebackupfile', ' \\.\tape0'
```

(2) 使用“对象资源管理器”创建永久备份设备。在“SQL Server Management Studio”中创建备份设备，其步骤是：启动“SQL Server Management Studio”→在“对象资源管理器”中展开“服务器对象”→选择“备份设备”，在“备份设备”的列表上可以看到上例中使用系统存储过程创建的备份设备，右击鼠标，在弹出的快捷菜单中选择“新建备份设备”菜单项。

在打开的“备份设备”窗口中分别输入备份设备的名称和完整的物理路径名→单击“确定”按钮，完成备份设备的创建。

当不再需要所创建的“命名备份设备”时，可用图形向导方式或系统存储过程 sp_dropdevice 将其删除。在“SQL Server Management Studio”中删除“命名备份设备”时，若删除的“命名备份设备”是磁盘文件，那么必须在其物理路径下手动删除该文件。

使用系统存储过程 sp_dropdevice 删除命名备份文件时，若删除的“命名备份设备”的类型为磁盘，那么必须指定 DELFILE 选项。例如：

```
USE master
GO
EXEC sp_dropdevice 'mybackupfile' , DELFILE
```

2．创建临时备份设备

临时备份设备，顾名思义，就是只作为临时性存储，这种设备只能使用物理名引用。如果不准备重用备份设备，那么就可以使用临时备份设备。例如，如果只进行数据库的一次性备份或测试自动备份操作，那么就采用临时备份设备。

创建临时备份设备时，要指定介质类型（磁盘、磁带）、完整的路径名及文件名称。可使用 T-SQL 的 BACKUP DATABASE 语句创建临时备份设备。对使用临时备份设备进行的备份，SQL Server 2005 系统将创建临时文件存储备份的结果。

语法格式：

```
BACKUP DATABASE <数据库名>
      TO <备份设备> [, …n ]
```

其中：

```
<备份设备>::=
   <逻辑名> | {DISK | TAPE } = <物理名>
```

【例 8.3】 在磁盘上创建一个临时备份设备，它用来备份数据库 PXSCJ。

```
USE master
GO
BACKUP DATABASE PXSCJ TO   DISK= 'E:\tmppxscj.ba'
```

3. 使用多个备份设备

SQL Server 可以同时向多个备份设备写入数据，即进行并行备份。并行备份将需备份的数据分别备份在多个设备上，这些备份设备构成了备份集。如图 8.1 所示要在多个备份设备上进行备份以及由备份的各组成部分形成备份集。

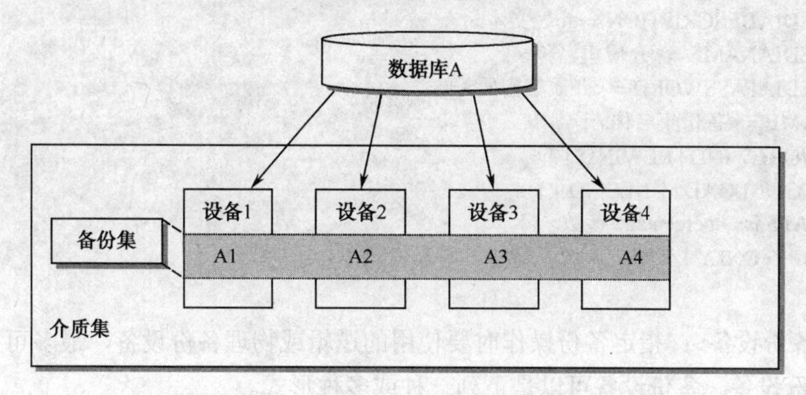

图 8.1 使用多个备份设备及备份集

使用并行备份可以减少备份操作的时间。例如，使用 3 个磁盘设备进行并行备份，比只使用一个磁盘设备进行备份正常情况下可以减少 2/3 的时间。

用多个备份设备进行并行备份时，要注意：

(1) 设备备份操作使用的所有设备必须具有相同的介质类型；

(2) 多设备备份操作使用的设备其存储容量和运行速度可以不同；

(3) 可以使用命名备份设备与临时备份设备的组合；

(4) 从多设备备份恢复时，不必使用与备份时相同数量的设备。

8.2.2 备份命令

规划了备份策略，确定了备份设备后，就可以执行实际的备份操作。使用 SQL Server 2005 中的“对象资源管理器”、“备份向导”或“T-SQL 命令”执行备份操作。

本小节讨论 T-SQL 提供的备份命令——BACKUP，该语句用于备份整个数据库、差异备份数据库、备份特定的文件或文件组及备份事务日志。

1. 备份整个数据库

备份整个数据库使用 BACKUP DATABASE 语句，语法格式：

```
BACKUP DATABASE <数据库名>                    /*被备份的数据库名*/
    TO <备份设备> [ ,...n ]                   /*指出备份目标设备*/
  [ WITH <选项> ]
```

其中，*<u><选项></u>*如下

```
[ BLOCKSIZE = <字节数> ]                      /*块大小*/
[ [ , ] { CHECKSUM | NO_CHECKSUM } ]
[ [ , ] { STOP_ON_ERROR | CONTINUE_AFTER_ERROR } ]
[ [ , ] DESCRIPTION = <text 文本>]
[ [ , ] DIFFERENTIAL ]
[ [ , ] EXPIREDATE =<日期>                    /*备份集到期和允许被重写的日期*/
```

```
    |RETAINDAYS =<天数> ]
[ [ , ] PASSWORD = <密码字符串> ]
[ [ , ] { FORMAT | NOFORMAT } ]
[ [ , ] { INIT | NOINIT } ]                    /*指定是覆盖还是追加*/
[ [ , ] { NOSKIP | SKIP } ]
[ [ , ] MEDIADESCRIPTION =<text 文本>]
[ [ , ] MEDIANAME = <介质集名称> ]
[ [ , ] MEDIAPASSWORD = <介质集密码> ]
[ [ , ] NAME = <备份集名称> ]
[ [ , ] { NOREWIND | REWIND } ]
[ [ , ] { NOUNLOAD | UNLOAD } ]
[ [ , ] STATS [ = <percentage 参数> ] ]
[ [ , ] COPY_ONLY ]
```

说明：

- <备份设备>：指定备份操作时要使用的逻辑或物理备份设备，最多可指定 64 个备份设备。备份设备可以是下列一种或多种形式。

格式一：

```
{<逻辑名>}
```

这是由界面方式或系统存储过程 sp_addumpdevice 已经创建的备份设备的逻辑名称，数据库将备份到该设备中，其名称必须遵循标识符规则。

格式二：

```
{ DISK | TAPE } = '<物理路径>'
```

这种格式允许在指定的磁盘或磁带设备上创建备份。在执行 BACKUP 语句之前不必创建指定的物理设备。如果指定的备份设备已存在且 BACKUP 语句中没有指定 INIT 选项，则备份将追加到该设备。

当指定 TO DISK 或 TO TAPE 时，必须输入完整路径和文件名。例如，DISK='C:\Program Files\Microsoft SQL Server\MSSQL10.SQL2008\MSSQL\Backup\MBOOK.bak'。

- WITH 子句：BACKUP 语句可以使用 WITH 子句附加一些选项，它们对使用“对象资源管理器”或“备份向导”进行备份操作也适用。常用的选项如下：

(1) BLOCKSIZE 选项：用字节数指定物理块的大小。通常，无须使用该选项，因为 BACKUP 会自动选择适于磁盘或磁带设备的块大小。

(2) CHECKSUM 或 NO_CHECKSUM 选项：CHECKSUM 表示使用备份校验和，NO_CHECKSUM 则是显式禁用备份校验和的生成。默认为 NO CHECKSUM。

(3) STOP_ON_ERROR 或 CONTINUE_AFTER_ERROR 选项：STOP_ON_ERROR 表示如果未验证校验和，则指示 BACKUP 失败；CONTINUE_AFTER_ERROR 表示指示 BACKUP 继续执行，不管是否遇到无效校验和之类的错误。默认为 STOP_ON_ERROR。

(4) DESCRIPTION 选项：指定说明备份集的自由格式文本。

(5) DIFFERENTIAL 选项：指定数据库备份或文件备份应该只包含上次完整备份后更改的数据库或文件部分。这个选项用于差异备份。

(6) EXPIREDATE 或 RETAINDAYS 选项：EXPIREDATE 选项指定备份集到期和允许被重写的日期。RETAINDAYS 选项指定必须经过多少天才可以重写该备份媒体集。

(7) PASSWORD 选项：PASSWORD 选项为备份集设置密码，它是一个字符串。如果为备份集定义了密码，必须提供这个密码才能对该备份集执行恢复操作。

(8) FORMAT 选项：使用 FORMAT 选项即格式化介质，可以覆盖备份设备上的所有内容，并且将介质集拆分开来。使用 FORMAT 选项时，系统执行以下操作：

① 将新的标头信息写入本次备份操作所涉及的所有备份设备；

② 覆盖包括介质标头信息和介质上的所有数据在内的内容。

因此要特别小心使用 FORMAT 选项。因为只要格式化介质集中的一个备份设备就会使该介质集不可用，而且系统执行 FORMAT 选项时不进行介质名检查，所以可能会改变已有设备的介质名，且不发出警告。所以若指定错了备份设备，将破坏该设备上的所有内容。NOFORMAT 则指定不应将媒体标头写入用于此备份操作的所有卷，这是默认行为。

(9) INIT 或 NOINIT 选项：进行数据库备份时，可以覆盖备份设备上的已有数据，也可以在已有数据之后进行追加备份。NOINIT 选项指定追加备份集到已有的备份设备的数据之后，它是备份的默认方式。INIT 选项则指定备份为覆盖式的，在此选项下，SQL Server 将只保留介质的标头，而从备份设备的开始写入备份集数据，因此将覆盖备份设备上已有的数据。

(10) SKIP 与 NOSKIP 选项：若使用 SKIP，禁用备份集的过期和名称检查，这些检查一般由 BACKUP 语句执行以防止覆盖备份集。若使用 NOSKIP，则 SQL Server 将指示 BACKUP 语句在可以覆盖媒体上的所有备份集之前先检查它们的过期日期，这是默认值。

(11) MEDIADESCRIPTION 选项：指定媒体集的自由格式文本说明，最多为 255 个字符。

(12) MEDIANAME 选项：备份时，可用 BACKUP 语句的 MEDIANAME 选项指定介质集的名称，或在“对象资源管理器”中备份数据库功能选项中的媒体集名称输入框中输入介质集的名称。所谓介质集是指用来保存一个或多个备份集的备份设备的集合，它可以是一个备份设备，也可以是多个备份设备。如果多设备介质集中的备份设备是磁盘设备，那么每个备份设备实际上就是一个文件。如果多设备介质集中的备份设备是磁带设备，那么每个备份设备实际上是由一个或多个磁带组成的。

(13) NAME 选项：NAME 选项指定备份集的名称，备份集名最长可达 128 个字符。若没有指定 NAME，它将为空。

(14) STATS 选项：STATS 选项指截止报告下一个间隔的阈值时的完成百分比。这是指定百分比的近似值，例如，当 STATS=10 时，如果完成进度为 40%，则该选项可能显示 43%。

每当另一个<percentage 参数>结束时显示一个消息，它被用于测量进度。如果省略<percentage 参数>，则 SQL Server 在每完成 10%就显示一条消息。

(15) COPY_ONLY 选项：指定此备份不影响正常的备份序列。

使用“对象资源管理器”查看备份设备的内容，步骤为：在“对象资源管理器”中展开“服务器对象”→“备份设备”→选定要查看的备份设备，右击鼠标，在弹出的快捷菜单中选择“属性”菜单项，在打开的“备份设备”窗口中显示所要查看的备份设备的内容。

以下是一些使用 BACKUP 语句进行完全数据库备份的举例。

【例 8.4】 使用逻辑名 test1 在 E 盘中创建一个命名的备份设备，并将数据库 PXSCJ 完全备份到该设备。

```
USE master
GO
EXEC sp_addumpdevice 'disk' , 'test1', 'E:\test1.bak'
BACKUP DATABASE PXSCJ TO test1
```

执行结果如图 8.2 所示。

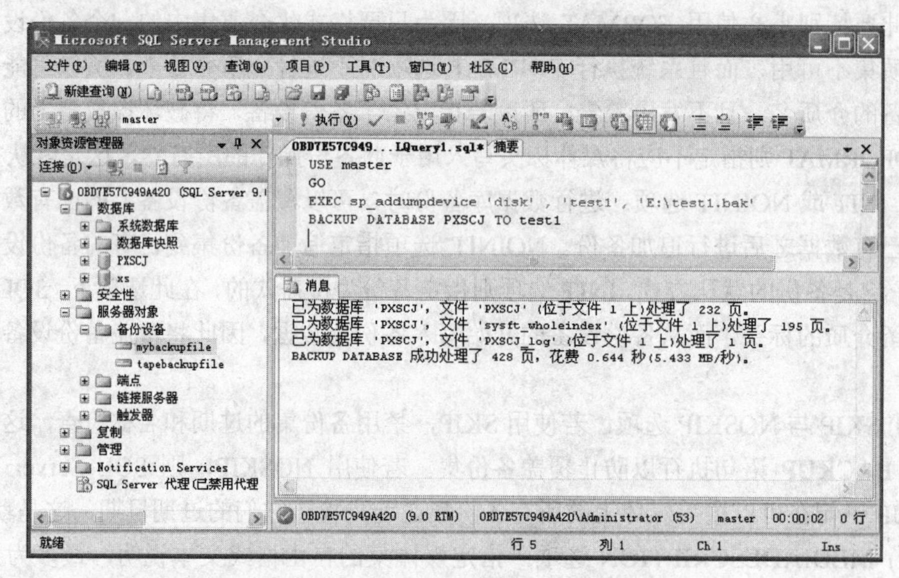

图 8.2　使用 BACKUP 语句进行完全数据库备份

以下举例将数据库 PXSCJ 完全数据库备份到备份设备 test1，并覆盖该设备上原有的内容。

```
BACKUP DATABASE PXSCJ TO test1 WITH INIT
```

以下举例将数据库 PXSCJ 备份到备份设备 test1 上，执行追加的完全数据库备份，该设备上原有的备份内容都被保存。

```
BACKUP DATABASE PXSCJ TO test1 WITH NOINIT
```

【例 8.5】 将数据库 PXSCJ 备份到多个备份设备。

```
USE master
GO
EXEC sp_addumpdevice 'disk','test2','E:\test2.bak'
EXEC sp_addumpdevice 'disk','test3','E:\test3.bak'
BACKUP DATABASE PXSCJ TO test2, test3
    WITH NAME = 'pxscjbk'
```

2．差异备份数据库

对于需频繁修改的数据库，进行差异备份可以缩短备份和恢复的时间。只有当已经执行了完全数据库备份后才能执行差异备份。进行差异备份时，SQL Server 将备份从最近的完全数据库备份后数据库发生了的变化的部分。语法格式：

```
BACKUP DATABASE <数据库名>
    TO <备份设备> [ , … n ]
 [ WITH
    {[[,] DIFFERENTIAL ]
    /*其余选项与数据库的完全备份相同*/
    }
]
```

说明：DIFFERENTIAL 选项是表示差异备份的关键字。BACKUP 语句其余项的功能与数据库完全备份的 BACKUP 相同。

SQL Server 执行差异备份时需注意以下几点：

(1) 若在上次完全数据库备份后，数据库的某行被修改了，则执行差异备份只保存最后依次改动的值；

(2) 为了使差异备份设备与完全数据库备份设备能区分开来，应使用不同的设备名。

【例 8.6】 创建临时备份设备并在所创建的临时备份设备上进行差异备份。

```
BACKUP DATABASE PXSCJ   TO
    DISK ='E:\pxscjbk.bak'   WITH DIFFERENTIAL
```

3．备份数据库文件或文件组

当数据库非常大时，可以进行数据库文件或文件组的备份。语法格式：

```
BACKUP DATABASE <数据库名>
  {   FILE = <文件名>
    | FILEGROUP =<文件组名>} [ ,...n ]                    /*指定文件或文件组名*/
TO <备份设备> [ ,...n ]
[ WITH
    {     [[,] DIFFERENTIAL ]
          /*选项与数据库的完全备份相同*/
    }
]
```

说明：该语句将 FILE 和 FILEGROUP 指定的数据库文件或文件组备份到<备份设备>上。

注意：必须先通过使用 BACKUP LOG 将事务日志单独备份，才能使用文件和文件组备份来恢复数据库。

使用数据库文件或文件组备份时，要注意以下几点：

(1) 必须指定文件或文件组的逻辑名；

(2) 必须执行事务日志备份，以确保恢复后的文件与数据库的其他部分的一致性；

(3) 应轮流备份数据库中的文件或文件组，以使数据库中的所有文件或文件组都定期得到备份；

(4) 最多可以指定 16 个文件或文件组。

【例 8.7】 设 TT 数据库有 2 个数据文件 t1 和 t2，事务日志存储在文件 tlog 中。将文件 t1 备份到备份设备 t1backup 中，将事务日志文件备份到 tbackuplog 中。

```
EXEC sp_addumpdevice 'disk',   't1backup',   'E:\t1backup.bak'
EXEC sp_addumpdevice 'disk',   'tbackuplog',   'E:\tbackuplog.bak'
GO
BACKUP DATABASE TT
    FILE ='t1'   TO   t1backup
```

```
BACKUP LOG TT TO  tbackuplog
```

本例中的语句 BACKUP LOG 的作用是备份事务日志。

4. 事务日志备份

备份事务日志用于记录前一次的数据库备份或事务日志备份后数据库所做出的改变。事务日志备份需在一次完全数据库备份后进行，这样才能将事务日志文件与数据库备份一起用于恢复。当进行事务日志备份时，系统进行下列操作：

(1) 将事务日志中从前一次成功备份结束位置开始到当前事务日志的结尾处的内容进行备份。

(2) 标识事务日志中活动部分的开始，所谓事务日志的活动部分指从最近的检查点或最早的打开位置开始至事务日志的结尾处。

进行事务日志备份使用 BACKUP LOG 语句。语法格式：

```
BACKUP LOG <数据库名>
  TO <备份设备> [ ,...n ]
  [ WITH
      {
        { NORECOVERY | STANDBY = <撤销文件名> }
      | NO_TRUNCATE
      /*其余选项与数据库的完全备份相同*/
      }
  ]
```

说明：BACKUP LOG 语句指定只备份事务日志，所备份的日志内容是从上一次成功执行了事务日志备份之后到当前事务日志的尾部。该语句的大部分选项的含义与 BACKUP DATABASE 语句中同名选项的含义是相同的。下面讨论 3 个专用于事务日志备份的选项。

- NO_TRUNCATE 选项：若数据库被损坏，则应使用 NO_TRUNCATE 选项备份数据库。使用该选项可以备份最近的所有数据库活动，SQL Server 将保存整个事务日志。使用此选项进行数据库备份，当执行恢复时，可以恢复数据库和采用 NO_TRUNCATE 选项创建的事务日志。
- NORECOVERY 选项：该选项将数据备份到日志末尾，不覆盖原有的数据。
- STANDBY 选项：该选项将备份日志末尾，并使数据库处于只读或备用模式。其中的撤销文件名指定了容纳回滚（roll back）更改的存储。如果随后执行 RESTORE LOG 操作，则必须撤销这些回滚更改。如果指定的撤销文件不存在，SQL Server 将创建该文件。如果该文件已存在，则 SQL Server 将对其进行重写。

【例 8.8】 创建一个命名的备份设备 PXSCJLOGBK，并备份 PXSCJ 数据库的事务日志。

```
USE master
GO
EXEC sp_addumpdevice 'disk' , 'PXSCJLOGBK' , 'E:\testlog.bak'
BACKUP LOG PXSCJ TO PXSCJLOGBK
```

执行结果如图 8.3 所示。

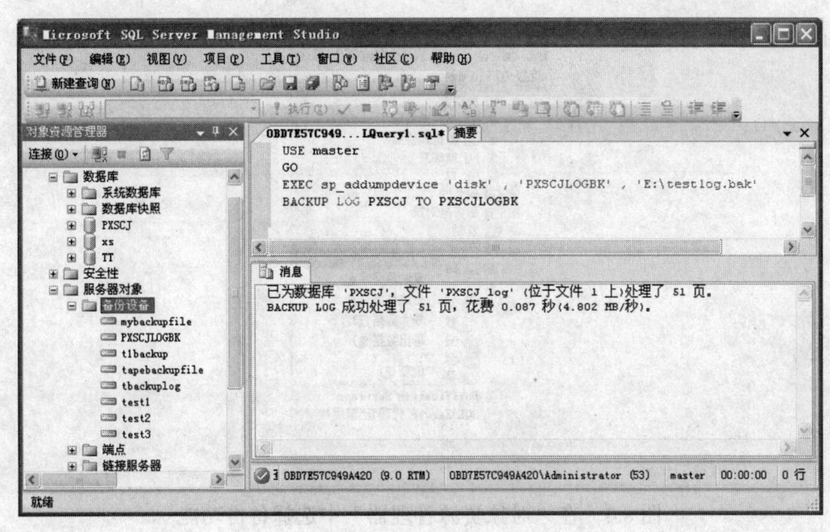

图 8.3　事务日志备份

5. 清除事务日志

在创建数据库时，为事务日志分配了一定的存储空间，对该数据库的操作都记录在事务日志中。如果事务日志满了，那么用户就不能修改数据库，并且不能完全恢复系统故障时的数据库，因此，应经常备份事务日志，然后清除事务日志已有内容，使其保持合适的大小。清除事务日志使用如下语句。其语法格式：

```
BACKUP LOG <数据库名>
{ [ WITH { NO_LOG | TRUNCATE_ONLY } ] }
```

清除事务日志语句中，由于并不进行事务日志备份，因此不指定备份设备。

TRUNCATE_ONLY 选项表示，SQL Server 系统将删除事务日志中不活动部分的内容，而不进行任何备份，因此可以释放事务日志所占用的部分磁盘空间。NO_LOG 选项与 TRUNCATE_ONLY 是同义的。

执行带有 NO_LOG 或 TRUNCATE_ONLY 选项的 BACK LOG 语句后，记录在日志中的更改将不可恢复。因此执行该语句后，应立即执行 BACKUP DATABASE 语句，进行数据库备份。

以下举例将清除数据库 PXSCJ 的事务日志：

```
BACKUP LOG PXSCJ WITH TRUNCATE_ONLY
```

8.2.3　使用“对象资源管理器”进行备份

除了使用 BACKUP 语句进行备份外，还可以使用“对象资源管理器”进行备份操作。

以备份 PXSCJ 数据库为例，在备份之前先在 E 盘根目录下创建一个备份设备，名称为 PXSCJBK，备份设备的文件名为 pxscjbk.bak。

在“SQL Server Management Studio”中进行备份的步骤是：

第 1 步：启动“SQL Server Management Studio”，在“对象资源管理器”中选择“管理”，右击鼠标，如图 8.4 所示，在弹出的快捷菜单上选择“备份”菜单项。

图 8.4 在“对象资源管理器”中选择备份功能

第 2 步：在打开的“备份数据库”窗口（如图 8.5 所示）中设置要备份的数据库名，如 PXSCJ；在“备份类型”栏选择备份的类型，分别为：完整、差异、事务日志，这里选择完整备份；在“备份组件”栏选择备份“数据库”或者“文件和文件组”，如果选择“文件或文件组”，则在弹出的“选择文件和文件组”窗口中选择需要备份的文件和文件组，这里选择“数据库”；在选定了要备份的数据库后，可以在“名称”栏填写备份集的名称，在“说明”栏填写备份的描述；若系统未安装磁带机，则介质类型默认为磁盘，“备份到”栏不必选择。

图 8.5 “备份数据库”窗口

第 3 步：选择数据库后，窗口最下方的目标栏中会列出与 PXSCJ 数据库相关的备份设备。可以单击“添加”按钮在“选择备份目标”对话框中选择另外的备份目标（即命名的备份介质的名称或临时备份介质的位置），有 2 个选项：“文件名”和“备份设备”。选择“文件名”，单击后面的按钮，找到 E 盘的 pxscjbk.bak 文件，如图 8.6 所示，选择完后单击“确定”按钮，保存备份目标设置。当然，也可以选择“备份设备”选项，然后选择备份设备的逻辑名来进行备份。

第 4 步：在“备份数据库”窗口中，选择不需要的备份目标，单击“删除”按钮删除，最后备份目标选择为“E:\pxscjbk.bak”，单击“确定”按钮，执行备份操作。完成备份操作后，将出现提示对话框，单击“确定”按钮，完成所有步骤。

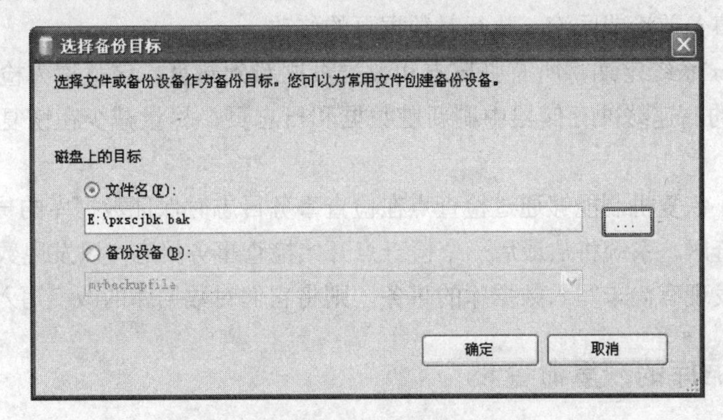

图 8.6 “选择备份目标”对话框

在“对象资源管理器”中进行备份时，也可以将数据库备份到多个备份介质，只需在选择备份介质时，多次使用“添加”按钮，指定多个备份介质。然后单击“备份数据库”窗口左边的“选项”页，选择“备份到新媒体集并清除所有现有备份集”，单击“确定”按钮。

8.3 恢复操作和恢复命令

恢复是与备份相对应的操作，备份的主要目的是在系统出现异常情况（如硬件失败、系统软件瘫痪或误操作而删除重要数据等）时能够将数据库恢复到某个正常状态。

8.3.1 检查点

首先了解一个与数据库恢复操作关系密切的概念——检查点（check point）。在 SQL Server 运行过程中，数据库的大部分数据页存储于磁盘的主数据文件和辅数据文件中，而正使用的数据页则存储在主存储器的缓冲区中，所有对数据库的修改都被记录在事务日志中。日志记录每个事务的开始和结束，并将每个修改与一个事务相关联。

SQL Server 系统在日志中存储有关信息，以便在需要时可以恢复（前滚）或撤销（回滚）构成事务的数据修改。日志中的每条记录都由一个唯一的日志序号（LSN）标识，事务的所有日志记录都链接在一起。

SQL Server 系统对被修改过的数据缓冲区的内容并不是立即写回磁盘，而是控制写入磁盘的时间，它将缓冲区内修改过的数据页存入高速缓存一段时间后再写入磁盘，从而实现优化磁盘写入。将包含被修改过但尚未写入磁盘的缓冲区页称为“脏页”，将脏缓冲区页写入磁盘称为“刷新页”。对已修改的数据页进行高速缓存时，要确保在将相应的内存日志映像写入日志文件之前没有刷新任何数据修改，否则将不能在需要时进行回滚。

为了保证能够恢复所有数据页的修改，SQL Server 采用预写日志的方法，即将所有内存日志映像都在相应的数据修改之前写入磁盘。只要所有日志记录都已刷新到磁盘，即使已修改的数据页未被刷新到磁盘的情况下，系统也能够恢复。这时系统恢复可以只使用日志记录，进行事务前滚或回滚，执行对数据页的修改。

SQL Server 系统定期将所有脏日志和数据页刷新到磁盘，这就称为检查点。检查点从当前数据库的高速缓冲存储器中刷新脏数据和日志页，尽量减少在恢复时必须前滚的修改量。

SQL Server 恢复机制能够通过检查点在检查事务日志时保证数据库的一致性，在对事务日志进行检查时，系统将从最后一个检查点开始检查事务日志，以发现数据库中所有数据的改变。若发现有尚未写入数据库的事务，则将它们对数据库的改变写入数据库。

8.3.2 数据库的恢复命令

SQL Server进行数据库恢复时，将自动执行下列操作以确保数据库迅速而完整地还原：

(1) 安全检查。安全检查是系统的内部机制，是数据库恢复时的必要操作，可以防止由于偶然的误操作而使用了不完整的信息或其他数据库备份覆盖了现有的数据库。

当出现以下情况时，系统将不能恢复数据库：

- 使用与被恢复的数据库名称不同的数据库名来恢复数据库；
- 服务器上的数据库文件组与备份的数据库文件组不同；
- 需恢复的数据库名或文件名与备份的数据库名或文件名不同，例如，当试图将 northwind 数据库恢复到名为 accounting 的数据库中，而 accounting 数据库已经存在，那么 SQL Server 将拒绝此恢复过程。

(2) 重建数据库。当从完全数据库备份中恢复数据库时，SQL Server 将重建数据库文件，并把所重建的数据库文件置于备份数据库时这些文件所在的位置，所有的数据库对象都将自动重建，用户无需重建数据库结构。

在 SQL Server 中，恢复数据库的语句是 RESTORE。

1. 恢复数据库的准备

在恢复数据库之前，RESTORE 语句要校验有关备份集或备份介质的信息，其目的是确保数据库备份介质是有效的。下面是使用界面方式查看所有备份介质的属性的方法。

启动“SQL Server Management Studio”→在“对象资源管理器”中展开“服务器对象”，在其中的“备份设备”里面选择欲查看的备份介质，右击鼠标，如图 8.7 所示，在弹出的快捷菜单中选择“属性”菜单项。在打开的“备份设备”窗口中单击“媒体内容”选项卡，如图 8.8 所示，将显示所选备份介质的有关信息，例如备份介质所在的服务器名、备份数据库名、备份类型、备份日期、到期日及大小等信息。

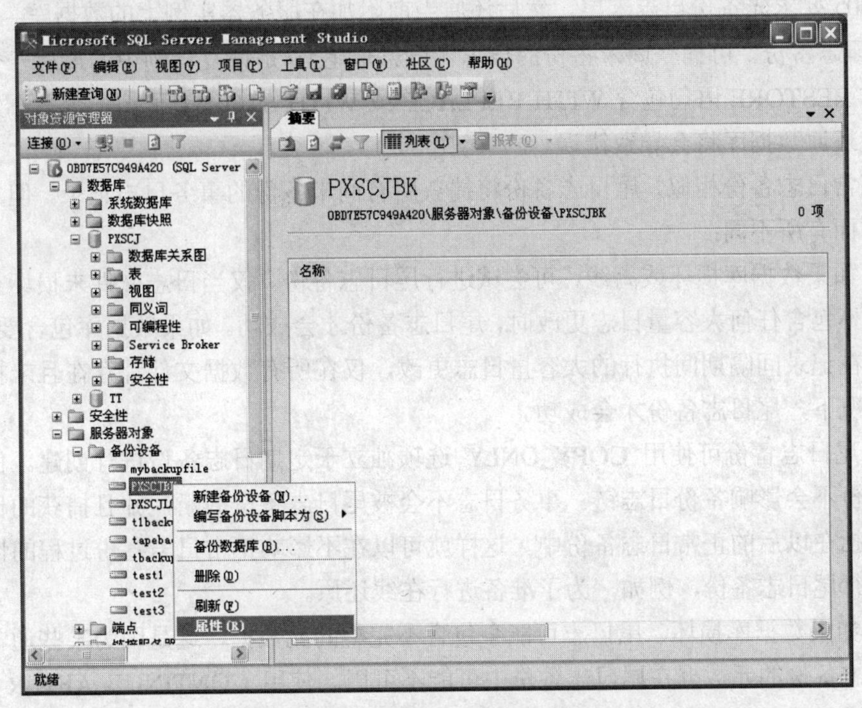

图 8.7 查看备份介质的属性

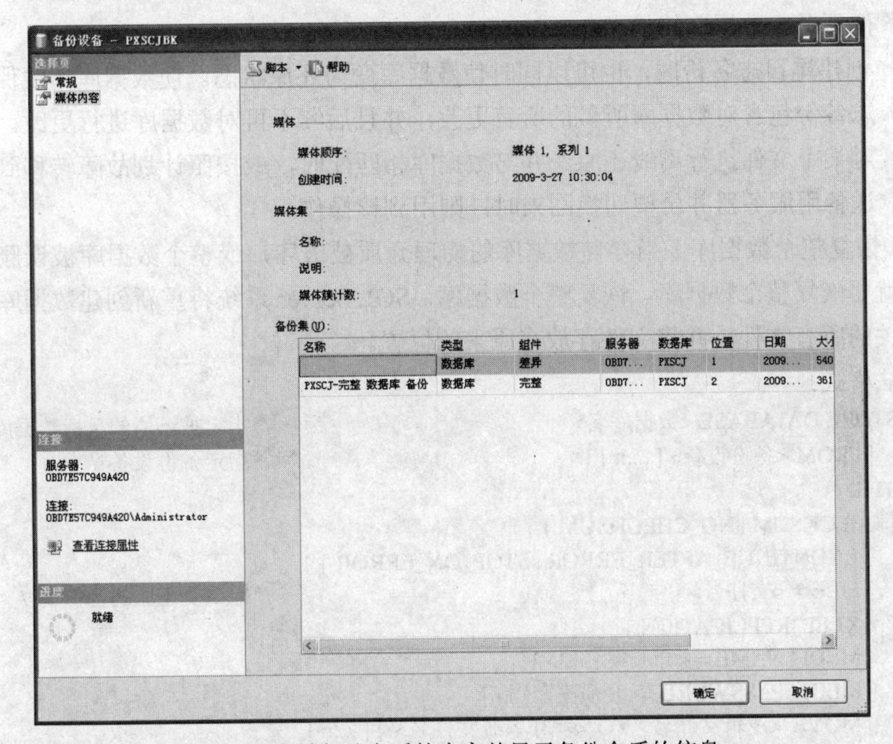

图 8.8 查看备份介质的内容并显示备份介质的信息

2．使用 RESTORE 语句进行数据库恢复

使用 RESTORE 语句可以恢复采用 BACKUP 命令所做的各种类型的备份。但是需要注意的是：对于使用完全恢复模式或大容量日志恢复模式的数据库，大多数情况下，SQL Server 2005 要求先备份日志末尾，然后还原当前附加在服务器实例上的数据库。

“尾日志备份”可捕获尚未备份的日志（日志末尾），是恢复计划中的最后一个相关备份。除非 RESTORE 语句包含 WITH REPLACE 或 WITH STOPAT 子句，否则不先备份日志尾部就还原数据库将会导致错误。

与正常日志备份相似，尾日志备份将捕获所有尚未备份的事务日志记录。但二者在下列几个方面有所不同：

- 如果数据库损坏或离线，可尝试进行尾日志备份。仅当日志文件未损坏且数据库不包含任何大容量日志更改时，尾日志备份才会成功。如果数据库包含要备份的、在记录间隔期间执行的大容量日志更改，仅在所有数据文件都存在且未损坏的情况下，尾日志备份才会成功。
- 尾日志备份可使用 COPY_ONLY 选项独立于定期日志备份进行创建。仅复制备份不会影响备份日志链。事务日志不会被尾日志备份截断，并且捕获的日志将包括在以后的正常日志备份中。这样就可以在不影响正常日志备份过程的情况下进行尾日志备份，例如，为了准备进行在线还原。
- 如果数据库损坏，尾日志可能会包含不完整的元数据，这是因为某些通常用于日志备份的元数据在尾日志备份中可能不可用。使用 CONTINUE_AFTER_ERROR 进行的日志备份可能包含不完整的元数据，这是因为此选项将通知进行日志备份而不考虑数据库的状态。
- 创建尾日志备份时，也可以同时使数据库变为还原状态。使数据库离线保证尾日志备份包含对数据库所做的所有更改，并且后续不再对数据库进行更改。当需要对某个文件执行离线还原，并与数据库相匹配时，或按照计划故障转移到日志传送备用服务器并希望切换回来时，则用到该操作。

(1) 恢复整个数据库。当存储数据库的物理介质被破坏，或整个数据库被误删除或破坏时，就要恢复整个数据库。恢复整个数据库，SQL Server 系统将重新创建数据库及与数据库相关的所有文件，并将文件存放在原来的位置。

语法格式：

```
RESTORE DATABASE <数据库名>                          /*指定被还原的目标数据库*/
    [ FROM <备份设备> [ ,...n ] ]                     /*指定备份设备*/
[ WITH
  [ { CHECKSUM | NO_CHECKSUM } ]
  [ [ , ] { CONTINUE_AFTER_ERROR | STOP_ON_ERROR } ]
  [ [ , ] FILE = <文件号> ]                           /*标识要还原的备份集*/
  [ [ , ] KEEP_REPLICATION ]
  [ [ , ] MEDIANAME = <介质集名称> ]
  [ [ , ] MEDIAPASSWORD =<介质集密码> ]
  [ [ , ] MOVE '<逻辑文件名>' TO '<操作系统文件名>' ] [ ,...n ]
  [ [ , ] PASSWORD = <密码字符串> ]
```

```
  [ [ , ] { RECOVERY | NORECOVERY | STANDBY=<文件名> } ]
  [ [ , ] REPLACE ]
  [ [ , ] RESTRICTED_USER ]
  [ [ , ] { REWIND | NOREWIND } ]
  [ [ , ] STATS [ = <percentage 参数> ] ]
  [ [ , ] {     STOPAT = <日期时间>
          | STOPATMARK =<恢复点> [ AFTER datetime ]
          | STOPBEFOREMARK = <恢复点>  [ AFTER <日期时间> ]
      } ]
  [ [ , ] { UNLOAD | NOUNLOAD } ]
]
[;]
```

说明：

- FROM 子句：指定用于恢复的备份设备，如果省略 FROM 子句，则必须在 WITH 子句中指定 NORECOVERY、RECOVERY 或 STANDBY。
- FILE：标识要还原的备份集。例如，文件号为 1 指示备份媒体中的第一个备份集，文件号为 2 指示备份第二个备份集。未指定时，文件号默认值是 1。
- KEEP_REPLICATION：将复制设置为与日志传送同时使用，则使用该选项。
- MOVE…TO 子句：SQL Server 2005 能够记忆原文件备份时的存储位置，因此如果备份来自 C 盘的文件，恢复时 SQL Server 2005 会将其恢复到 C 盘。如果希望将备份 C 盘的文件恢复到 D 盘或其他地方，就要使用 MOVE…TO 子句，该选项指定应将给定的<逻辑文件名>移动到<操作系统文件名>。
- RECOVERY | NORECOVERY | STANDBY：RECOVERY 指示还原操作回滚任何未提交的事务。NORECOVERY 指示还原操作不回滚任何未提交的事务。STANDBY 指定一个允许撤销恢复效果的备用文件。默认为 RECOVERY。
- REPLACE：如果存在相同名称的数据库，恢复时指定该选项时备份的数据库将覆盖现有的数据库。
- RESTART：指定重新启动被中断的还原操作。
- RESTRICTED_USER：只有 db_owner、dbcreator 或 sysadmin 角色的成员才能访问新近还原的数据库。
- STOPAT | STOPATMARK | STOPBEFOREMARK：STOPAT 指定将数据库还原到所指定日期和时间时的状态。STOPATMARK 指定恢复到所指定的恢复点，恢复中包括指定的事务。STOPBEFOREMARK 指定恢复到所指定的恢复点为止，恢复中不包括指定的事务。如果省略 AFTER，恢复操作将在含有指定名称的第一个标记处停止，否则，将于达到指定时间或之后，停止在含有指定名称的第一个标记处。

其他选项与之前介绍的 BACKUP 语句意义类似。

【例 8.9】 使用 RESTORE 语句从一个已存在的命名备份介质 PXSCJBK1（假设已经创建）中恢复整个数据库 PXSCJ。

首先使用 BACKUP 命令对 PXSCJ 数据进行完全备份：

```
USE master
```

```
GO
BACKUP DATABASE PXSCJ
    TO PXSCJBK1
```

接着，在恢复数据库之前，用户可以对 PXSCJ 数据库做一些修改，例如删除其中一个表，以便确认是否恢复数据库。

恢复数据库的命令如下：

```
RESTORE DATABASE PXSCJ
    FROM PXSCJBK1
    WITH   FILE=1, REPLACE
```

执行结果如图 8.9 所示。

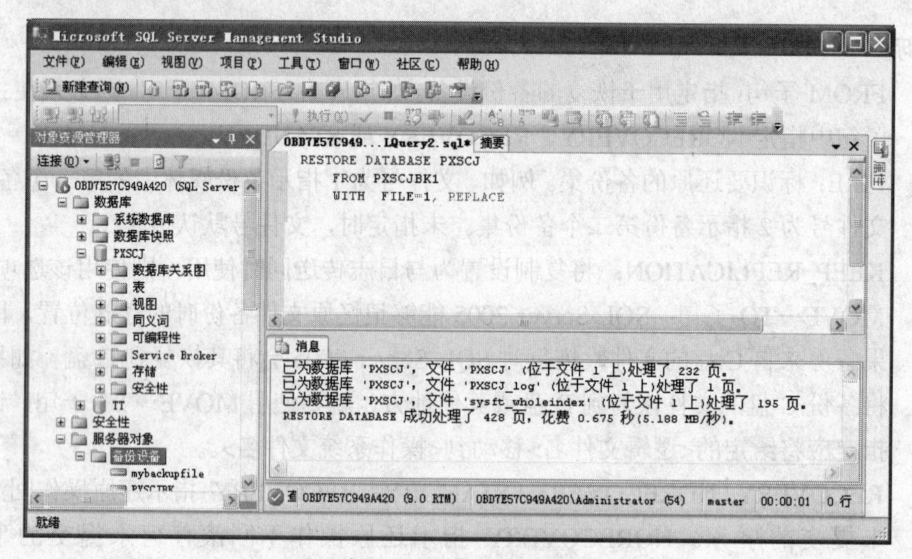

图 8.9 恢复整个数据库

说明：命令执行成功后用户可查看数据库是否恢复。

注意：在恢复前需要打开备份设备的属性页，查看数据库备份在备份设备中的位置，如果备份的位置为 2，WITH 子句的 FILE 选项值就要设为 2。

(2) 恢复数据库的部分内容。应用程序或用户的误操作，如无效更新或误删表格等，往往只影响到数据库某些相对独立的部分。这种情况下，SQL Server 提供了将数据库的部分内容还原到另一个位置的机制，以使损坏或丢失的数据可复制回原始数据库。

语法格式：

```
RESTORE DATABASE <数据库名>
    {   FILE = <文件名>
      | FILEGROUP =<文件组名>} [ ,...n ]            /*指定需恢复的逻辑文件或文件组的名称*/
[ FROM <备份设备> [ ,...n ] ]
[ WITH
        PARTIAL
    [ [ , ] { CHECKSUM | NO_CHECKSUM } ]
    [ [ , ] { CONTINUE_AFTER_ERROR | STOP_ON_ERROR } ]
    [ [ , ] FILE = <文件号> ]
    [ [ , ] MEDIANAME = <介质集名称>]
```

```
    /*其他的选项与恢复整个数据库的选项相同*/
]
[;]
```

说明：恢复数据库部分内容时，在 WITH 关键字的后面要加上 PARTIAL 关键字。其他的选项与恢复整个数据库的语法相同。

(3) 恢复特定的文件和文件组。若某个或某些文件被破坏或误删除，可以从文件和文件组备份中进行恢复，而不必对整个数据库进行恢复。

语法格式：

```
RESTORE DATABASE { database_name | @database_name_var }
    {   FILE = <文件名>
      | FILEGROUP =<文件组名>} [ ,...n ]
[ FROM <备份设备> [ ,...n ] ]
[ WITH
    [ { CHECKSUM | NO_CHECKSUM } ]
    [ [ , ] { CONTINUE_AFTER_ERROR | STOP_ON_ERROR } ]
    [ [ , ] FILE =<文件号> ]
    [ [ , ] MEDIANAME =<介质集名称> ]
    [ [ , ] MEDIAPASSWORD =<介质集密码> ]
    [ [ , ] MOVE '<逻辑文件名>' TO '<操作系统文件名>' ] [ ,...n ]
    [ [ , ] PASSWORD = <密码字符串> ]
    [ [ , ] NORECOVERY ]
    [ [ , ] REPLACE ]
    [ [ , ] RESTART ]
    [ [ , ] RESTRICTED_USER ]
    [ [ , ] { REWIND | NOREWIND } ]
    [ [ , ] STATS [ =<percentage 参数> ] ]
    [ [ , ] { UNLOAD | NOUNLOAD } ]
]
[;]
```

(4) 恢复事务日志。使用事务日志恢复，可将数据库恢复到所指定的时间点。

语法格式：

```
RESTORE LOG <数据库名>
    {   FILE = <文件名>
      | FILEGROUP =<文件组名>} [ ,...n ]
 [ FROM <备份设备> [ ,...n ] ]
[ WITH
    /*选项与备份整个数据库相同*/]
[;]
```

执行事务日志恢复必须在进行完全数据库恢复以后。以下语句是先从备份介质 PXSCJBK1 进行完全恢复数据库 PXSCJ，再进行事务日志事务恢复，假设已经备份了 PXSCJ 数据库的事务日志到备份设备 PXSCJLOGBK1 中。

```
RESTORE DATABASE PXSCJ
    FROM PXSCJBK1
    WITH NORECOVERY, REPLACE
GO
RESTORE LOG PXSCJ
```

```
FROM PXSCJLOGBK1
```

8.3.3 使用图形向导方式恢复数据库

使用图形向导方式恢复数据库的主要过程如下：

第 1 步：启动“SQL Server Management Studio”→在“对象资源管理器”中展开“数据库”→选择需要恢复的数据库。

第 2 步：如图 8.10 所示，选择“PXSCJ”数据库，右击鼠标，在弹出的快捷菜单中选择“任务”菜单项→在弹出的“任务”子菜单中选择“还原”菜单项→在弹出的“还原”子菜单中选择“数据库”菜单项，进入“还原数据库-PXSCJ”窗口。

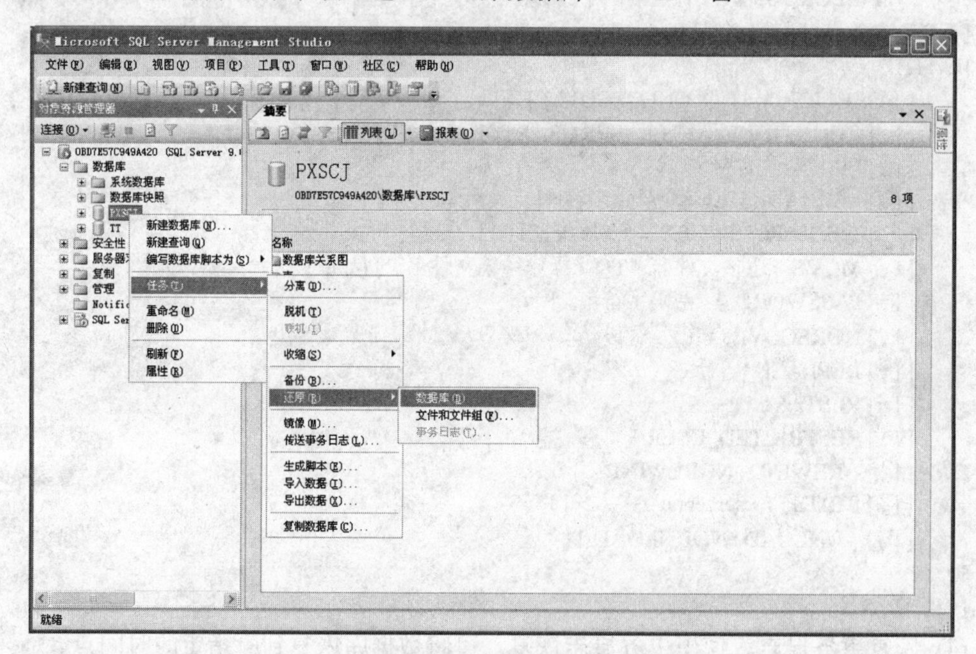

图 8.10 选择还原数据库

如果要恢复特定的文件和文件组，则可以选择“文件和文件组”菜单项，之后的操作与还原数据库类似，这里不再重复。

第 3 步：如图 8.11 所示，这里单击“源设备”后面的按钮，在打开的“指定备份”窗口中选择备份媒体为“备份设备”，单击“添加”按钮。在打开的“选择备份设备”对话框中，在“备份设备”栏的下拉菜单中选择需要指定恢复的备份设备，如图 8.12 所示，单击“确定”按钮，返回“指定备份”窗口，再单击“确定”按钮，返回“还原数据库-PXSCJ”窗口。

当然，也可以在“指定备份”窗口中选择备份媒体为“文件”，然后手动选择备份设备的物理名称。

第 4 步：选择备份设备后，“还原数据库-PXSCJ”窗口的“选择用于还原的备份集”栏中会列出可以进行还原的备份集，在复选框中选中备份集，如图 8.13 所示。

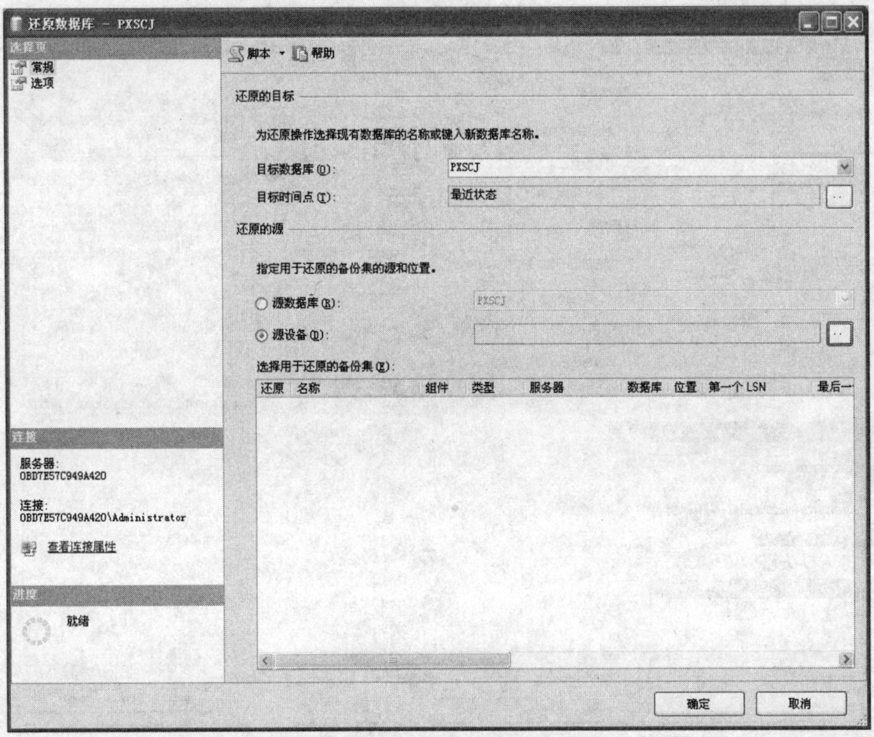

图 8.11　还原数据库的“常规”选项卡

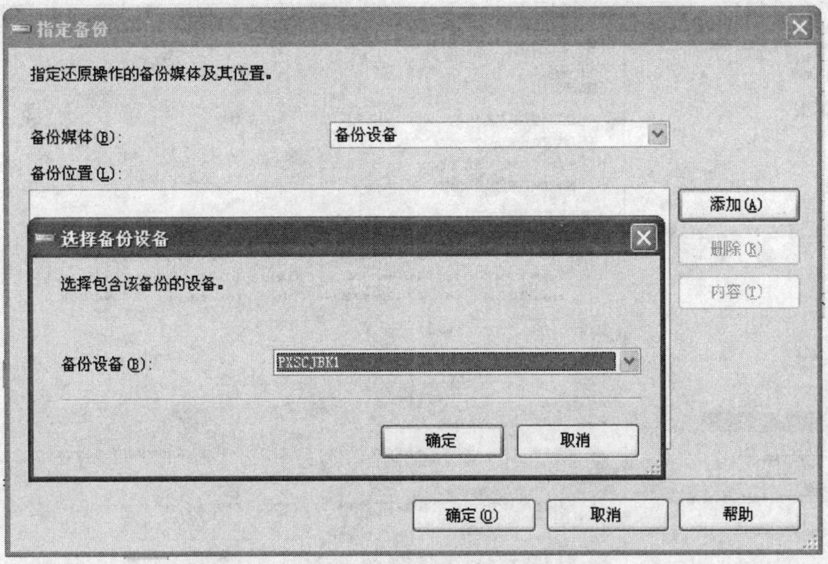

图 8.12　指定备份设备

第 5 步：在图 8.13 所示的窗口中单击最左边“选项”选项卡，在“选项”选项卡中勾选“覆盖现有数据库”项，如图 8.14 所示，单击“确定”按钮，系统将进行恢复并显示恢复进度。恢复执行结束后，将出现一个提示完成的对话框，单击“确定”按钮，退出图形向导界面。这时，数据库就恢复完成。

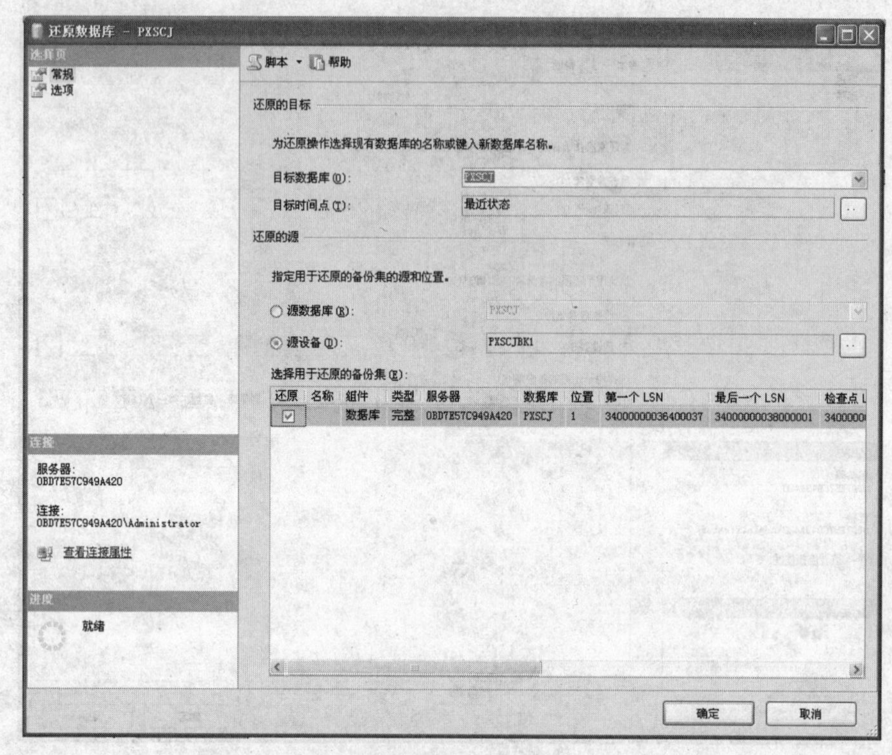

图 8.13 选择备份集

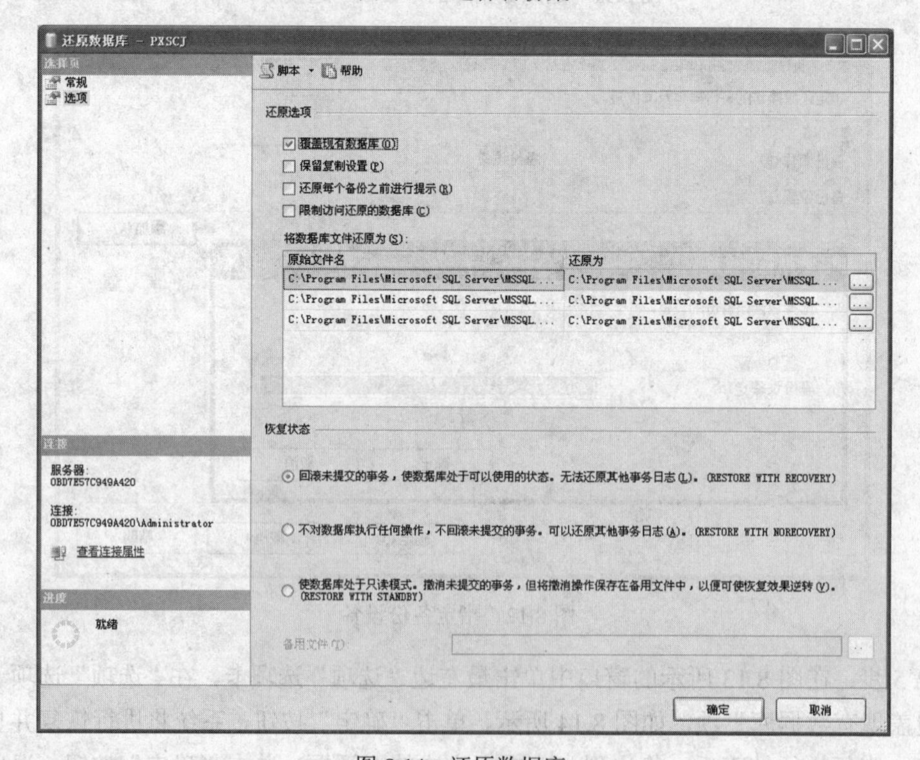

图 8.14 还原数据库

如果需要还原的数据库不存在，则选中“对象资源管理器”的“数据库”，右击鼠标，选择“还原数据库”菜单项，在弹出的“还原数据库_”对话框中进行相应的还原操作。

8.4　导入与导出

8.4.1 导入/导出概念

在 SQL Server 中，导入和导出是数据库系统和外部进行数据交换的操作。导入数据是从外部数据源（如 ASCII 文本文件）中检索数据，并将数据插入到 SQL Server 表的过程，即把其他系统的数据引入到 SQL Server 数据库中，例如，将数据从一个 Oracle 数据库传递到 SQL Server 数据库。而导出数据是将 SQL Server 数据库中的数据转换成某些用户指定格式的过程，即把数据从 SQL Server 数据库中引入其他系统，例如，将 SQL Server 表的内容复制到 Microsoft Access 数据库中，或者将一个 SQL Server 的数据转移到另一个 SQL Server 中。

SQL Server 可以导入的数据源包括 ODBC 数据源（例如 Oracle 数据库）、OLE DB 数据源（例如其他 SQL Server 实例）、ASCII 文本文件和 Excel 电子表格等，同样，也可以将 SQL Server 的数据导出成这些格式。

导入/导出操作包括数据传输和数据转换，如在同类系统间进行数据的导入导出，则不需要进行数据转换；在不同系统间进行时，则需要进行数据传输和转换。数据转换包括改变数据格式、重构数据（如把来自多个数据源的数据组合起来）以及数据验证等。

SQL Server 2005 提供了多种方法实现数据的导入/导出，本节主要介绍如何使用 SQL Server 2005 导入和导出向导和 bcp 实用程序来进行数据的导入和导出。

8.4.2 导出操作

使用 SQL Server 导入和导出向导来导出数据的操作可以通过以下步骤来完成：

第 1 步：启动“SQL Server Management Studio”→在“对象资源管理器”中展开“数据库”→选择需要导出数据的数据库，例如 PXSCJ。

第 2 步：右击鼠标，在弹出的快捷菜单中选择“任务”菜单项→在弹出的“任务”子菜单中选择“导出数据(X)”菜单项，进入“SQL Server 导入和导出向导”欢迎窗口，如图 8.15 所示。

第 3 步：单击“下一步”按钮进入“选择数据源”窗口，如图 8.16 所示。该窗口的“数据源”下拉框中包含了前面所列的各种数据源的类型供用户选择，这里选择“Microsoft OLE DB Provider for SQL Server”；“服务器”下拉框中可以选择数据源所在的服务器的名称、身份认证方式。如果选择“使用 SQL Server 身份验证”，则需要输入登录 SQL Server 的用户名和密码；“数据库”下拉框中是可操作的数据库的名称；“刷新”按钮可使该窗口的内容恢复为系统的默认设置值。

图 8.15 “SQL Server 导入和导出向导”欢迎窗口

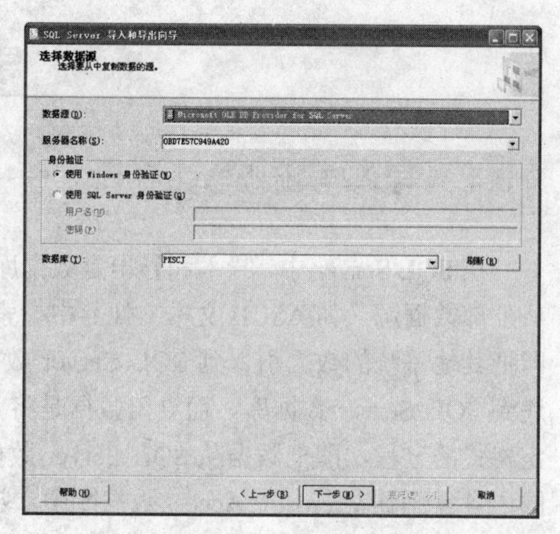

图 8.16 “选择数据源”窗口

第 4 步：单击“下一步”按钮，进入“选择目标”窗口，如图 8.17 所示。在该窗口中，可以从“目标”下拉框中选择目标数据源的类型，可选的类型与数据源相同，根据所选的目标数据源类型的不同，导出数据的格式也不同。例如，选择“Microsoft Excel”，则数据将被导出成 Excel 表格格式，选择“平面文件目标”，则数据将导出成平面文件格式（如文本文档）。这里以导出成 Excel 表格格式为例，如图 8.17 所示。

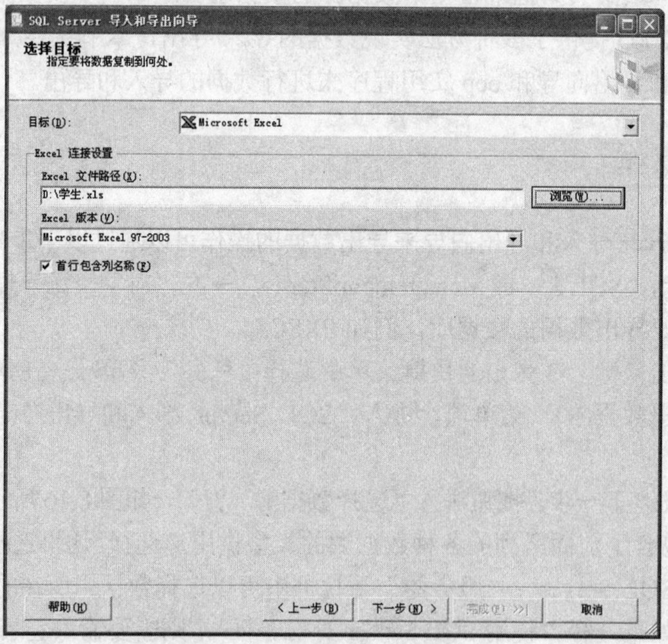

图 8.17 “选择目标”窗口

第 5 步：单击“下一步”按钮，进入“指定表复制或查询”窗口，在该窗口中可以选择“复制一个或多个表或视图的数据”，也可以选择“编写查询以指定要传输的数据”，这里选择前者，如图 8.18 所示。

第 6 步：单击“下一步”按钮，进入“选择源表或源视图”，这里选择 XSB 表，在 Excel 文件的目标使用默认设置，如图 8.19 所示。单击“编辑映射”按钮可以查看源表和目标表格的列映射关系，单击“预览”按钮可以查看将要被导出的数据。

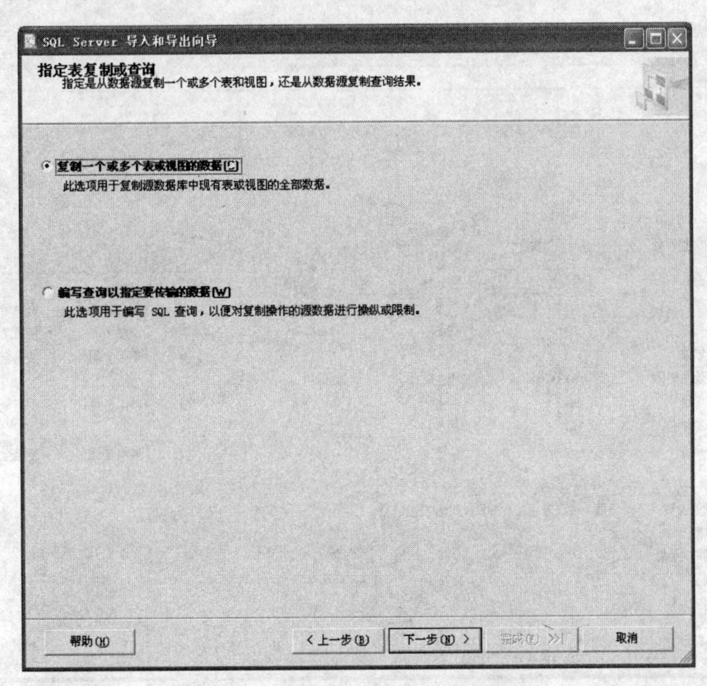

图 8.18　“指定表复制或查询”

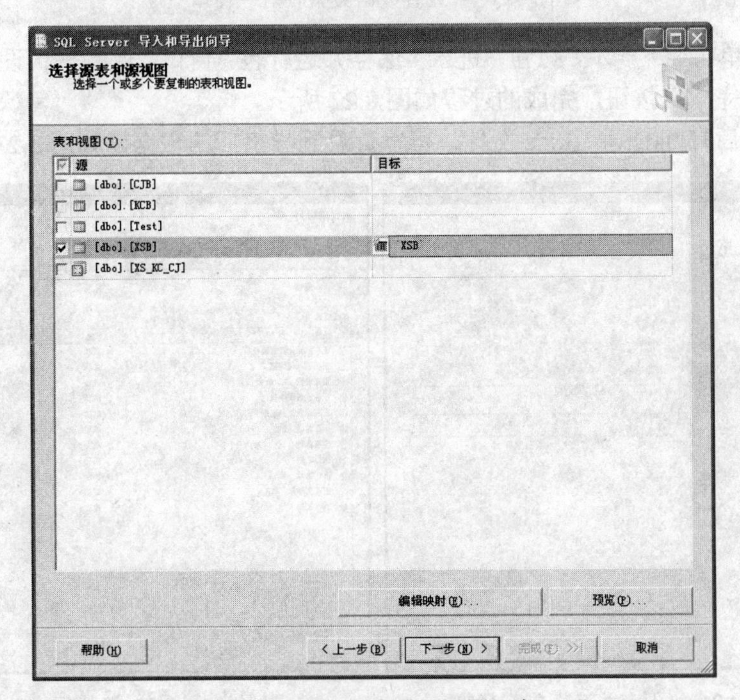

图 8.19　“选择源表或源视图”窗口

第 7 步：单击“下一步”按钮，进入“查看数据类型映射”窗口，如图 8.20 所示。这里将自动转换从源列中导出后到目标列的类型。

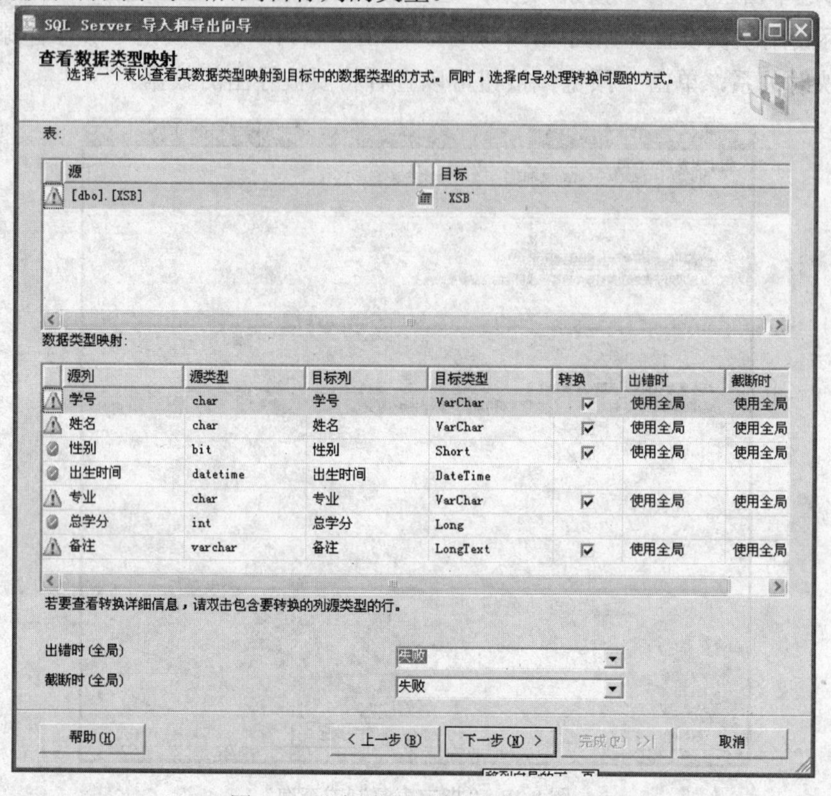

图 8.20 “查看数据类型映射”窗口

第 8 步：单击“下一步”按钮，进入“保存并运行包”窗口，保持默认设置，如图 8.21 所示，单击“完成”按钮，完成的过程如图 8.22 所示。

导出成功后打开 D:\学生.xls 文件，可以查看到导出后的数据，如图 8.23 所示。

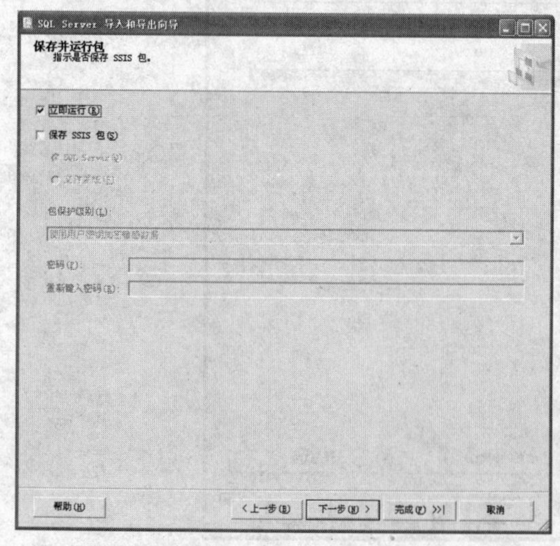

图 8.21 “保存并运行包”窗口

图 8.22 “执行成功”窗口

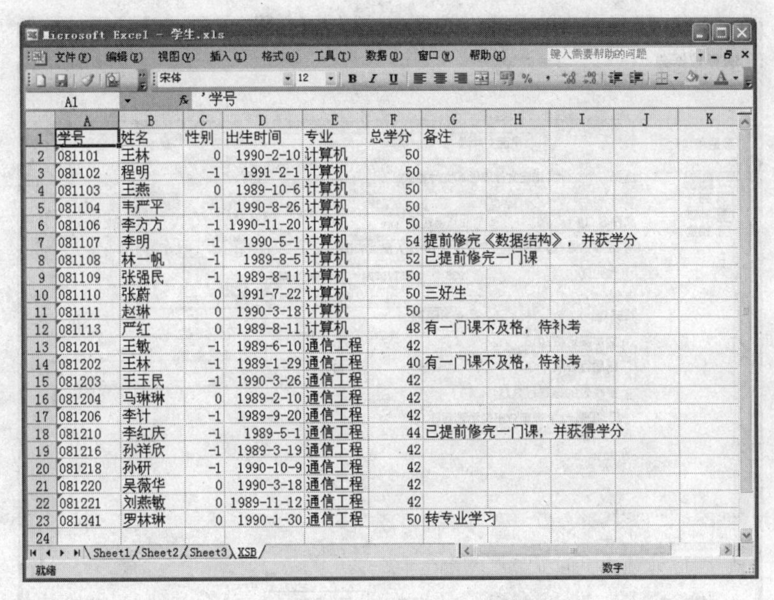

学号	姓名	性别	出生时间	专业	总学分	备注
081101	王林	0	1990-2-10	计算机	50	
081102	程明	-1	1991-2-1	计算机	50	
081103	王燕	0	1989-10-6	计算机	50	
081104	韦严平	-1	1990-8-26	计算机	50	
081106	李方方	-1	1990-11-20	计算机	50	
081107	李明	-1	1990-5-1	计算机	54	提前修完《数据结构》，并获学分
081108	林一帆	-1	1989-8-5	计算机	52	已提前修完一门课
081109	张强民	-1	1989-8-11	计算机	50	
081110	张蔚	0	1991-7-22	计算机	50	三好生
081111	赵琳	0	1990-3-18	计算机	50	
081113	严红	0	1989-8-11	计算机	48	有一门课不及格，待补考
081201	王敏	-1	1989-6-10	通信工程	42	
081202	王林	-1	1989-1-29	通信工程	40	有一门课不及格，待补考
081203	王玉民	-1	1990-3-26	通信工程	42	
081204	马琳琳	0	1989-2-10	通信工程	42	
081206	李计	-1	1989-9-20	通信工程	42	
081210	李红庆	-1	1989-5-1	通信工程	44	已提前修完一门课，并获得学分
081216	孙祥欣	-1	1989-3-19	通信工程	42	
081218	孙研	-1	1990-10-9	通信工程	42	
081220	吴薇华	0	1990-3-18	通信工程	42	
081221	刘燕敏	0	1989-11-12	通信工程	42	
081241	罗林琳	0	1990-1-30	通信工程	50	转专业学习

图 8.23　导出后的 XSB 表数据

8.4.3　导入操作

在 SQL Server 2005 中，从外部导入数据到 SQL Server 中的操作与导出操作过程类似，下面给出一个从文本文件导入数据的实例来说明导入数据操作的过程。

第 1 步：使用 SQL Server 导入和导出向导将 PXSCJ 数据库的表 KCB 中的数据导出到“E:\课程表.txt”文件中（目标指定为“平面文件目标”，过程略）。导出后的“课程表.txt”文件如图 8.24 所示。

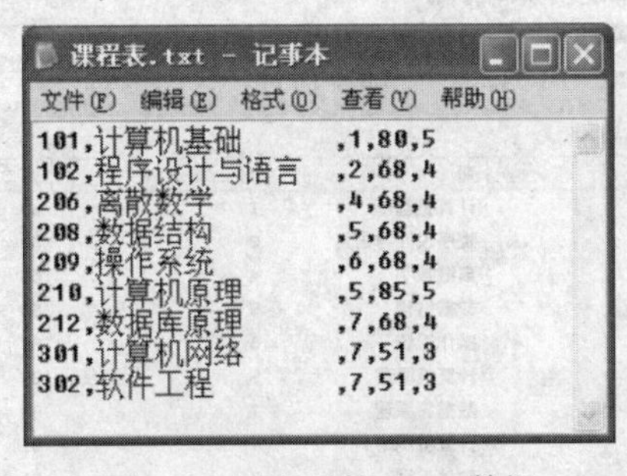

```
101,计算机基础        ,1,80,5
102,程序设计与语言    ,2,68,4
206,离散数学          ,4,68,4
208,数据结构          ,5,68,4
209,操作系统          ,6,68,4
210,计算机原理        ,5,85,5
212,数据库原理        ,7,68,4
301,计算机网络        ,7,51,3
302,软件工程          ,7,51,3
```

图 8.24　导出后的 KCB 数据

第 2 步：在“对象资源管理器”中右击数据库 PXSCJ，选择“任务”菜单项的“导入数据”子菜单项，启动 SQL Server 导入和导出向导。单击“下一步”按钮进入“选择数据源”窗口，这里选择“平面文件源”。

在“常规”选项卡中，如图 8.25 所示，单击“浏览”按钮选择要导入数据的文件。如果“格式”下拉框中可以选择“带分隔符”，则文本文件中的各行和各字段之间应该使用指定的分隔符分隔。如果选择“固定宽度”，则文本文件中各字段应该使用固定的长度，没有分隔符。

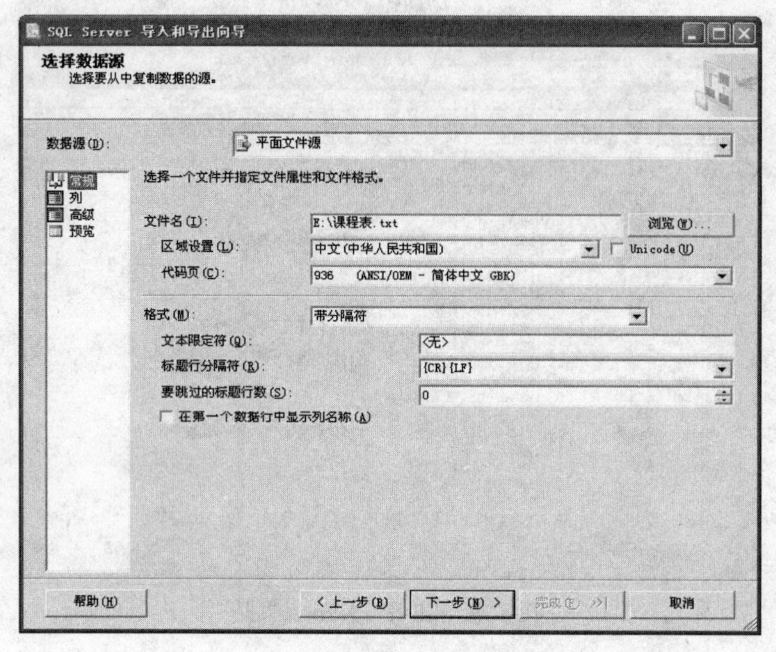

图 8.25 从平面文件源导入数据

在“列”选项卡中，如图 8.26 所示，可以在“行分隔符”栏选择文本文件中分隔行的符号（默认为回车换行），在“列分隔符”栏选择分隔各个字段使用的符号（默认为逗号）。

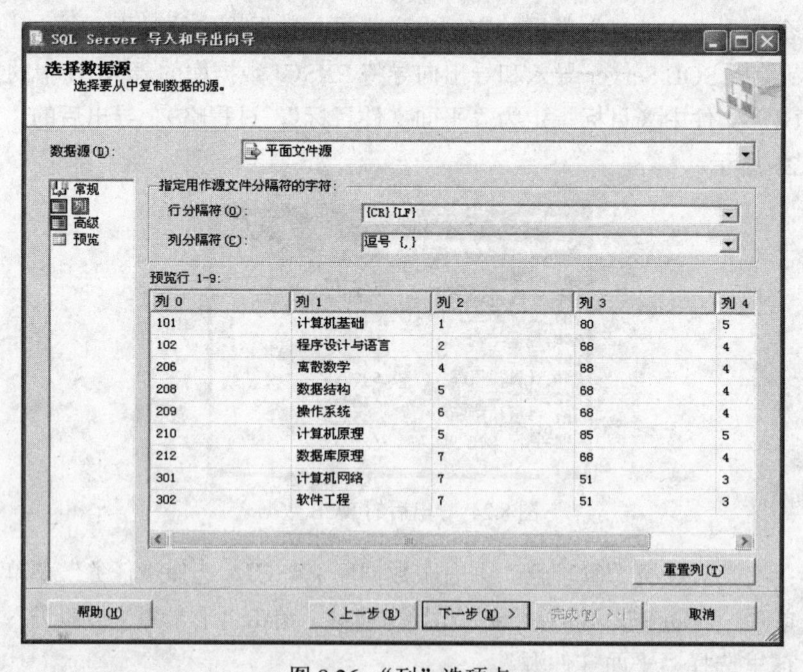

图 8.26 “列”选项卡

第 3 步：单击“下一步”按钮，进入“选择目标”窗口，“目标”选择为“Microsoft OLE DB Provider for SQL Server”，如图 8.27 所示。

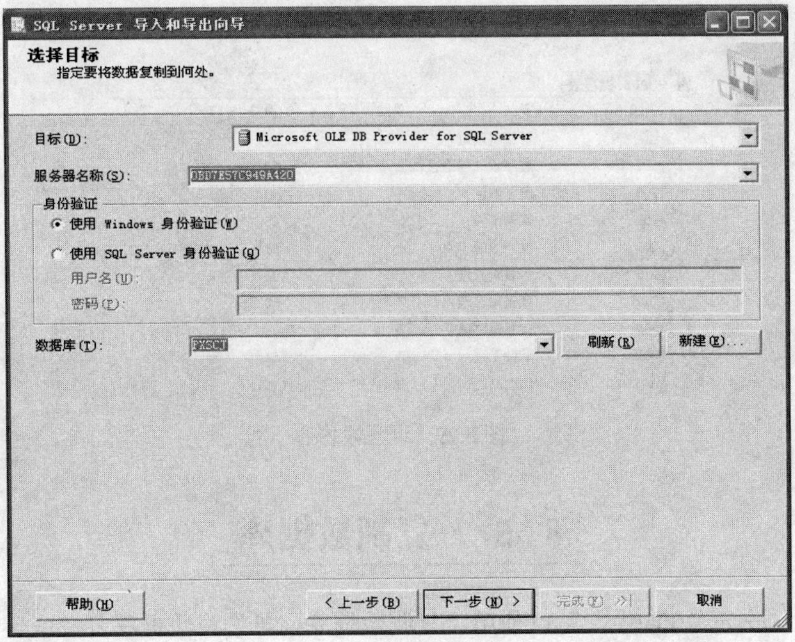

图 8.27 “选择目标”窗口

第4步：单击“下一步”按钮，进入“选择源表或源视图”窗口，如图 8.28 所示。单击“编辑”按钮，可以选择将数据导入到现有表或新表中，这里创建一个新表“课程表”，将文本文件中的数据导入到该表中。

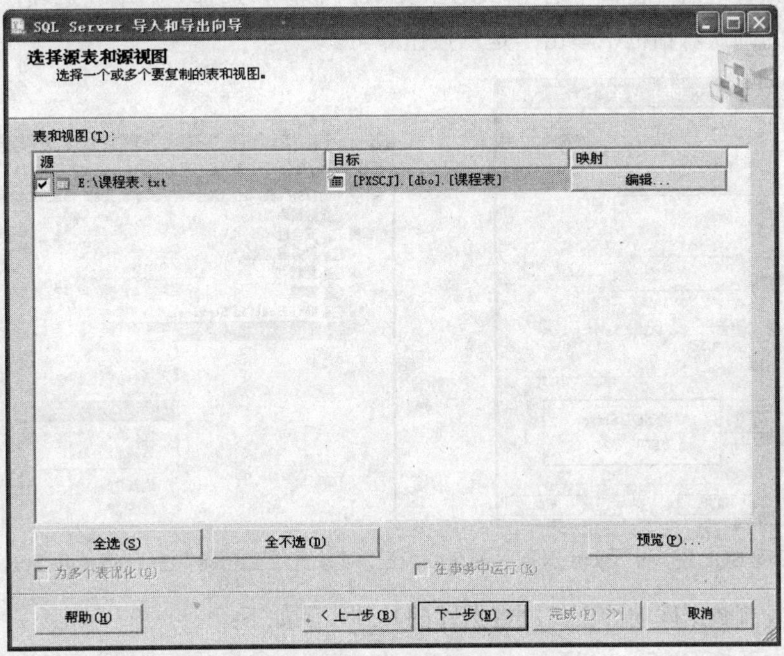

图 8.28 “选择源表或源视图”窗口

第5步：单击“下一步”按钮，进入“执行”窗口，在该窗口中单击“完成”按钮即可开始执行导入操作，导入成功后，即可在 PXSCJ 数据库中查看新表“课程表”的内容，如图 8.29 所示。

表 - dbo.课程表

	列0	列1	列2	列3	列4
▶	101	计算机基础	1	80	5
	102	程序设计与语言	2	68	4
	206	离散数学	4	68	4
	208	数据结构	5	68	4
	209	操作系统	6	68	4
	210	计算机原理	5	85	5
	212	数据库原理	7	68	4
	301	计算机网络	7	51	3
	302	软件工程	7	51	3
*	NULL	NULL	NULL	NULL	NULL

图 8.29　课程表内容

8.5　复制数据库

在 SQL Server 2005 中，可以使用“复制数据库向导”将数据库复制或转移到另一个服务器中。使用“复制数据库向导”前需要启动 SQL Server Agent 服务，可以使用 SQL Server 配置管理器来完成。进入 SQL Server 配置管理器后，双击 SQL Server Agent 服务，弹出 SQL Server Agent 的属性框，如图 8.30 所示，单击“启动”按钮，启动该服务后就可以使用“复制数据库向导”。也可以直接在“对象资源管理器”中启动 SQL Server Agent 服务：在“对象资源管理器”窗口中右击“SQL Server 代理”，选择“启动”选项，如图 8.31 所示。在弹出的确认对话框中单击“是”按钮即可。

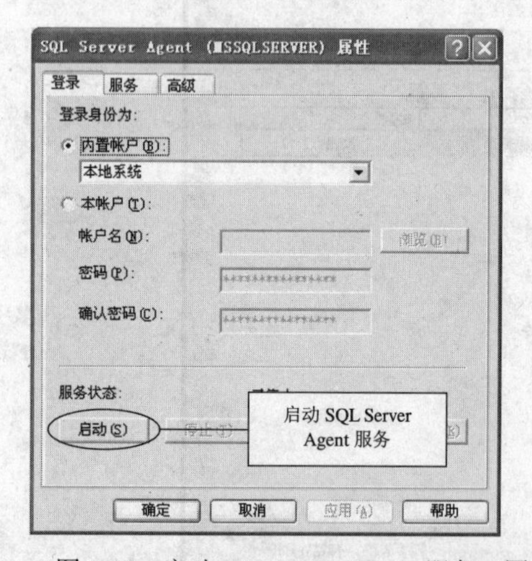

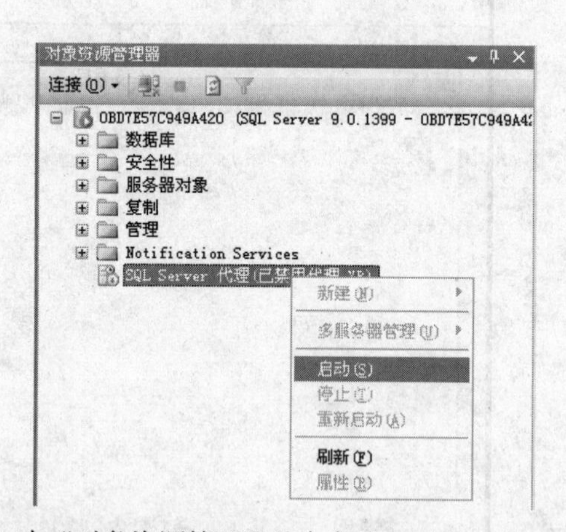

图 8.30　启动 SQL Server Agent 服务　图 8.31 在“对象资源管理器”中启动 SQL Server Agent 服务

使用“复制数据库向导”复制数据库的具体步骤如下：

第 1 步：启动 SQL Server Management Studio，在“对象资源管理器”窗口中右击“管理”，选择“复制数据库”选项，打开“欢迎使用复制数据库向导”窗口，单击“下一步”按钮。

第 2 步：进入“选择源服务器”窗口，如图 8.32 所示，按照默认设置，单击“下一步”按钮。

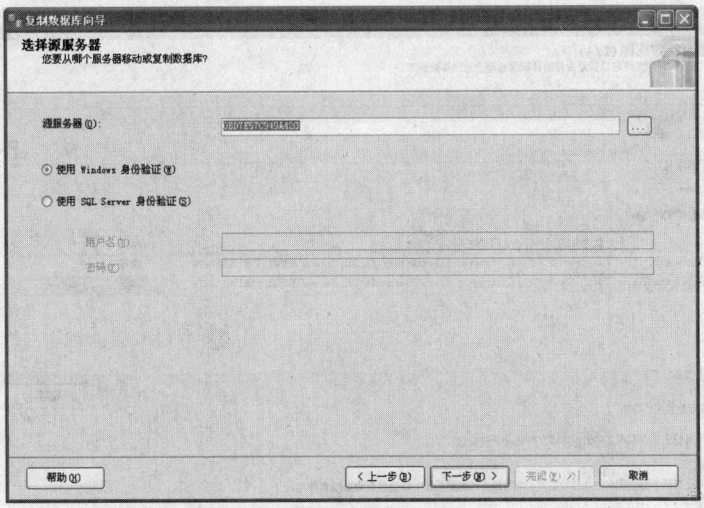

复制数据库向导

选择源服务器

您要从哪个服务器移动或复制数据库?

源服务器(O): 0BD7E57C949A420

使用 Windows 身份验证(W)

使用 SQL Server 身份验证(S)

用户名(U):

密码(P):

帮助(H) < 上一步(B) 下一步(N) > 完成(F) >>| 取消

图 8.32 选择源服务器

第 3 步：进入“选择目标服务器”窗口，目标服务器默认为（local），表示本地服务器。这里不做修改，单击“下一步”按钮。

第 4 步：进入“选择传输方法”窗口，这里选择默认的方法，单击“下一步”按钮。

第 5 步：进入“选择数据库”窗口，这里选择要复制的数据库，如 PXSCJ，在要选择的数据库前的复选框中打钩，如果要复制数据库，在“复制”选项中打钩；如果要移动数据库，在“移动”选项中打钩。如图 8.33 所示，单击“下一步”按钮。

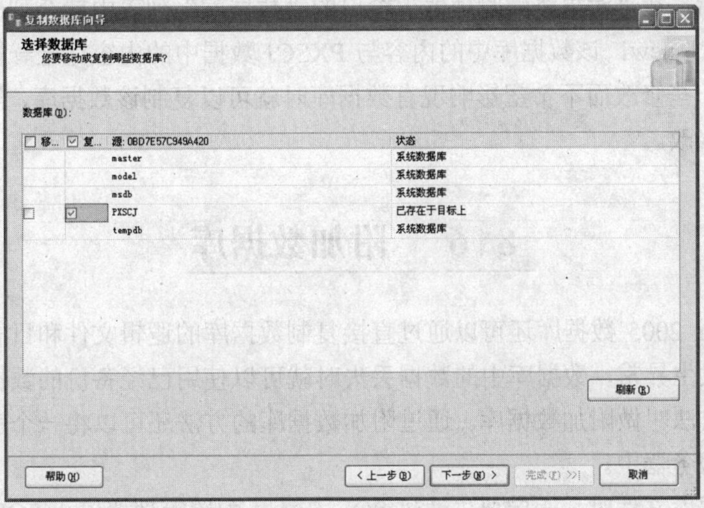

复制数据库向导

选择数据库

您要移动或复制哪些数据库?

数据库(D):

移...	复...	源: 0BD7E57C949A420	状态
		master	系统数据库
		model	系统数据库
		msdb	系统数据库
☐	☑	PXSCJ	已存在于目标上
		tempdb	系统数据库

刷新(R)

帮助(H) < 上一步(B) 下一步(N) > 完成(F) >>| 取消

图 8.33 选择数据库

第 6 步：进入“配置目标数据库”窗口，在“目标数据库”中可以改写目标数据库的名称，另外还可以修改目标数据库的逻辑文件和日志文件的文件名和路径，如图 8.34 所示。

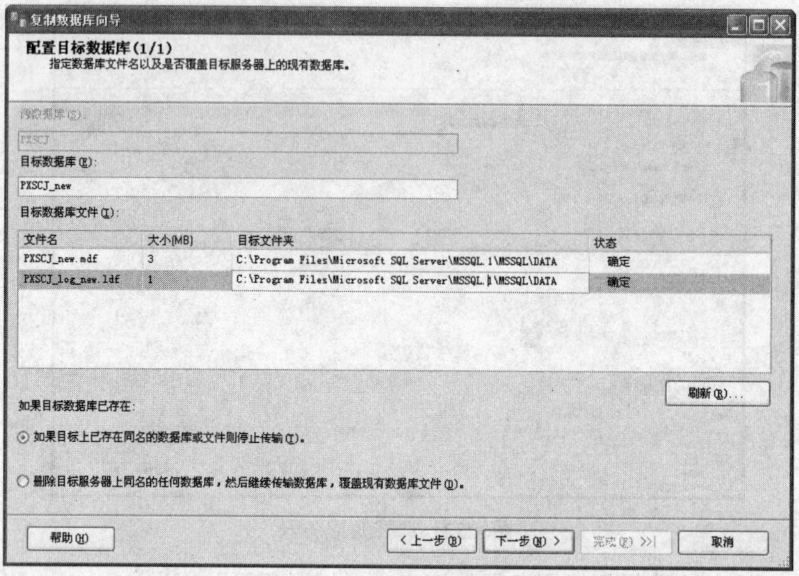

图 8.34 配置目标数据库

第 7 步：单击“下一步”按钮进入“配置包”窗口，这里按照默认设置，单击“下一步”按钮。

第 8 步：进入“安排运行包”窗口，这里选择“立即运行”选项，单击“下一步”按钮。进入“完成该向导”窗口，单击“完成”按钮开始复制数据库。

复制完成后，在“对象资源管理器”窗口的“数据库”列表中就会列出复制后的数据库名称为 PXSCJ_new，该数据库中的内容与 PXSCJ 数据中的内容完全一样。如果用户需要对数据库做一些修改而不希望影响现有数据库时就可以复制该数据库，然后对这个数据库的副本进行修改。

8.6 附加数据库

SQL Server 2005 数据库还可以通过直接复制数据库的逻辑文件和日志文件来进行备份。当数据库发生异常，数据库中的数据丢失时就可以使用已经备份的数据库文件来恢复数据库。这种方法叫做附加数据库。通过附加数据库的方法还可以将一个服务器的数据库转移到另一个服务器中。

在复制数据库文件时，一定要先通过 SQL Server 配置管理器停止 SQL Server 服务，然后才能复制数据文件，否则将无法复制。

假设有一个 JSCJ 数据库的数据文件和日志文件都保存在 E 盘根目录下，通过附加数据库的方法将数据库 JSCJ 导入本地服务器的具体步骤如下：

第 1 步：启动 SQL Server Management Studio，在“对象资源管理器”中右击“数据库”，选择“附加”选项，进入“附加数据库”窗口，单击“添加”按钮，选择要导入的数据库文件，如图 8.35 所示。

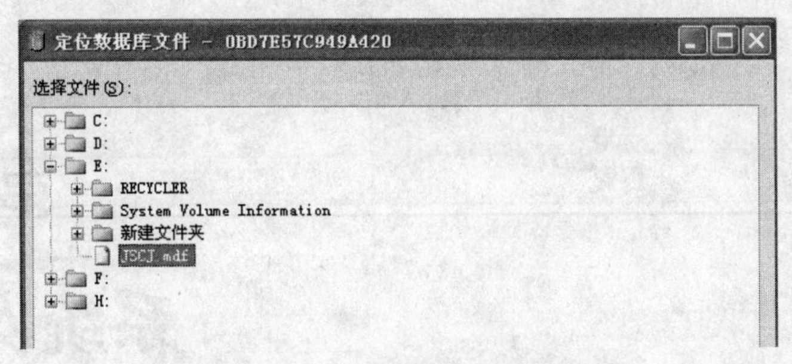

图 8.35　选择要导入的数据库文件

第 2 步：选择后单击“确定”按钮，返回“附加数据库”窗口。此时“附加数据库”窗口中列出附加的数据库的原始文件和日志文件的信息，如图 8.36 所示。确认后单击“确定”按钮开始附加 JSCJ 数据库。成功后将会在“数据库”列表中找到 JSCJ 数据库。

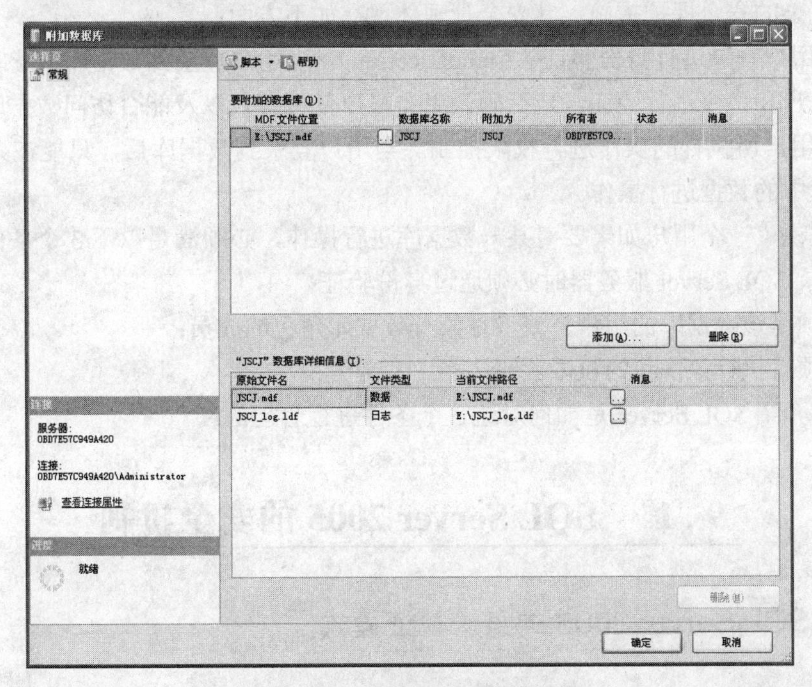

图 8.36　附加数据库文件的信息

注意： 如果当前数据库中存在与要附加的数据库相同名称的数据库时，附加操作将失败。数据库附加完成后，附加时选择的文件就是数据库的文件，不可以随意删除。

第 9 章

系统安全管理

数据的安全性管理是数据库服务器应该实现的重要功能之一。SQL Server 2005 数据库采用非常复杂的安全保护措施，其安全管理体现在如下方面：

(1) 对用户登录进行身份验证（Authentication）。当用户登录到数据库系统时，系统对该用户的账户和口令进行验证，包括确认用户账户是否有效以及能否访问数据库系统。

(2) 对用户所执行的操作进行权限控制。当用户登录到数据库后，只能在允许的权限内对数据库中的数据进行操作。

也就是说，一个用户如果要对某一数据库进行操作，必须满足以下 3 个条件：

- 登录 SQL Server 服务器时必须通过身份验证；
- 必须是该数据库的用户，或者是某一数据库角色的成员；
- 必须有执行该操作的权限。

下面将介绍 SQL Server 是如何对这 3 个条件进行管理的。

9.1　SQL Server 2005 的安全机制

9.1.1　SQL Server 2005 的身份验证模式

SQL Server 2005 的身份验证模式是指系统确认用户的方式。SQL Server 2005 有两种身份验证模式：Windows 验证模式和 SQL Server 验证模式。图 9.1 给出了这两种方式登录 SQL Server 服务器的情形。

1. Windows 验证模式

用户登录 Windows 时进行身份验证，登录 SQL Server 时就不再进行身份验证。以下是对于 Windows 验证模式登录的几点重要说明：

(1) 必须将 Windows 账户加入到 SQL Server 中，才能采用 Windows 账户登录 SQL Server。

(2) 如果使用 Windows 账户登录到另一个网络的 SQL Server，必须在 Windows 中设置彼此的托管权限。

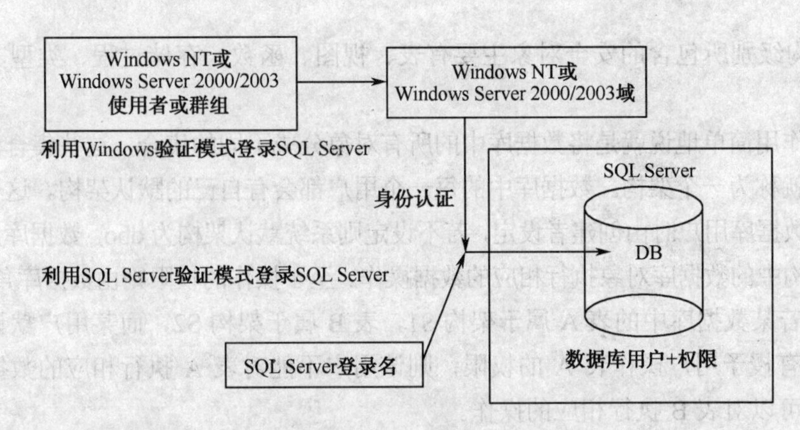

图 9.1 两种验证方式登录 SQL Server 服务器的情形

2. SQL Server 验证模式

在 SQL Server 验证模式下，SQL Server 服务器要对登录的用户进行身份验证。当 SQL Server 在 Windows XP 或 Windows 2000/2003 上运行时，系统管理员设定登录验证模式的类型可为 Windows 验证模式和混合模式。当采用混合模式时，SQL Server 系统既允许使用 Windows 登录名登录，也允许使用 SQL Server 登录名登录。

9.1.2 SQL Server 2005 的安全性机制

SQL Server 2005 的安全性机制主要是通过 SQL Server 的安全性主体和安全对象来实现的。SQL Server 2005 安全性主体主要有 3 个级别，分别是：服务器级别、数据库级别、架构级别。

(1) 服务器级别所包含的安全对象主要有登录名、固定服务器角色等。其中登录名用于登录数据库服务器，而固定服务器角色用于给登录名赋予相应的服务器权限。

SQL Server 2005 中的登录名主要有两种：一是 Windows 登录名；二是 SQL Server 登录名。

Windows 登录名对应 Windows 验证模式，该验证模式所涉及的账户类型主要有 Windows 本地用户账户、Windows 域用户账户和 Windows 组。

SQL Server 登录名对应 SQL Server 验证模式，在该验证模式下，能够使用的账户类型主要是 SQL Server 账户。

(2) 数据库级别所包含的安全对象主要有用户、角色、应用程序角色、证书、对称密钥、非对称密钥、程序集、全文目录、DDL 事件以及架构等。

用户安全对象是用来访问数据库的。如果某人只拥有登录名，而没有在相应的数据库中为其创建登录名所对应的用户，则该用户只能登录数据库服务器，而不能访问相应的数据库。

若此时为其创建登录名所对应的数据库用户，而没有赋予相应的角色，则系统默认为该用户自动具有 public 角色。因此，该用户登录数据库后对数据库中的资源只拥有一些公共的权限。如果想让该用户对数据库中的资源拥有一些特殊的权限，则应该将该用户添加到相应的角色中。

(3) 架构级别所包含的安全对象主要有表、视图、函数、存储过程、类型、同义词、聚合函数等。

架构的作用简单地说就是将数据库中的所有对象分成不同的集合，这些集合没有交集，每一个集合就称为一个架构。数据库中的每一个用户都会有自己的默认架构。这个默认架构可以在创建数据库用户时由创建者设定，若不设定则系统默认架构为 dbo。数据库用户只能对属于自己架构中的数据库对象执行相应的数据操作。至于操作的权限则由数据库角色所决定。

例如，若某数据库中的表 A 属于架构 S1，表 B 属于架构 S2，而某用户默认的架构为 S2，如果没有授予用户操作表 A 的权限，则该用户不能对表 A 执行相应的数据操作。但是，该用户可以对表 B 执行相应的操作。

一个数据库使用者想要登录服务器上的 SQL Server 数据库，并对数据库中的表执行数据更新操作，则该使用者必须经过图 9.2 所示的安全验证。

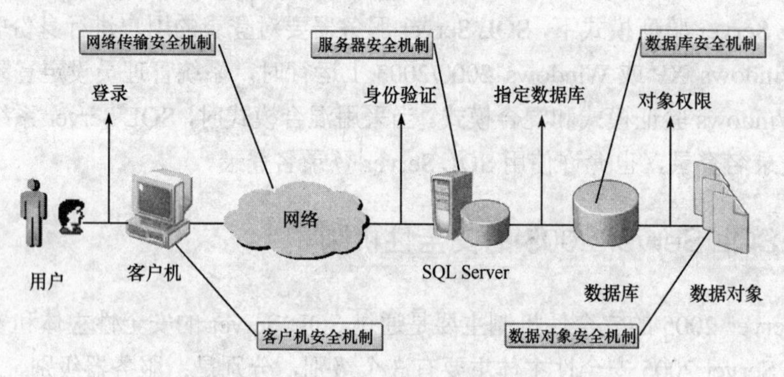

图 9.2 SQL Server 数据库安全验证

9.2 建立和管理用户账户

不管使用哪种验证方式，用户都必须具备有效的 Windows 用户登录名。SQL Server 有两个常用的默认的登录名：sa（系统管理员，在 SQL Server 中拥有系统和数据库的所有权限）和 BUILTIN\Administrators（SQL Server 为每个 Windows 系统管理员提供的默认用户账户，在 SQL Server 中拥有系统和数据库的所有权限）。

9.2.1 界面方式管理用户账户

1. 建立 Windows 验证模式的登录名

对于 Windows XP 或 Windows 2000/2003 操作系统，安装本地 SQL Server 2005 的过程中，允许选择验证模式。例如，安装时选择 Windows 身份验证方式，在此情况下，如果要增加一个 Windows XP 或 Windows 2000/2003 的新用户 liu，如何授权该用户，使其能通过信任连接访问 SQL Server 呢？

其相关步骤如下（在此以 Windows XP 为例）：

第 1 步：创建 Windows 的用户。以管理员身份登录到 Windows XP，选择“开始”，打开“控制面板”中的“性能和维护”，选择其中的“管理工具”，双击“计算机管理”，进入“计算机管理”窗口。

在该窗口中选择“本地用户和组”中的“用户”图标右击，在弹出的快捷菜单中选择“新用户”菜单项，打开“新用户”窗口。如图 9.3 所示，在该窗口中输入用户名、密码，单击“创建”按钮，然后单击“关闭”按钮，完成新用户的创建。

第 2 步：将 Windows 账户加入到 SQL Server 中。以管理员身份登录到“SQL Server Management Studio”，在“对象资源管理器”中，找到并选择如图 9.4 所示的“登录名”项。右击鼠标，在弹出的快捷菜单中选择“新建登录名”，打开“登录名-新建”窗口。如图 9.5 所示，可以通过单击“常规”选项卡的“搜索”按钮，在“选择用户或组”对话框中选择相应的用户名或用户组添加到 SQL Server 2005 登录用户列表中。例如，本例的用户名为：0BD7E57C949A420\liu（0BD7E57C949A420 为本地计算机名）。

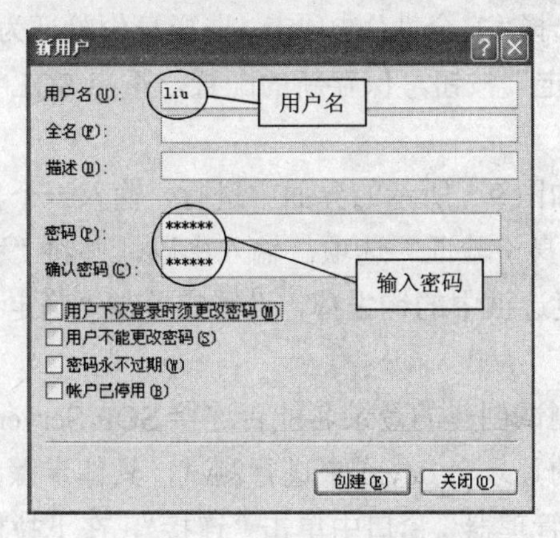

图 9.3　创建新用户的界面

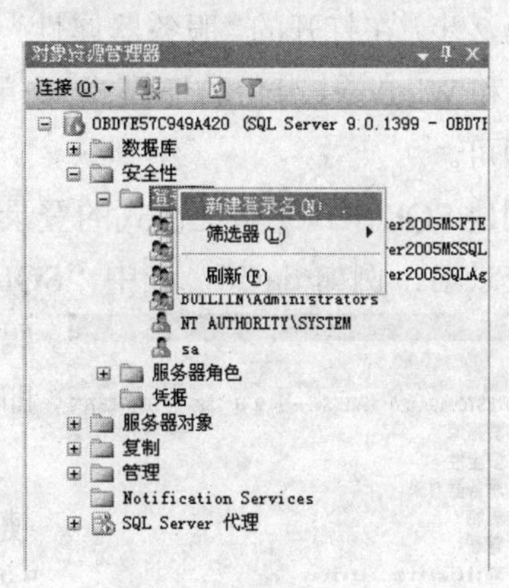

图 9.4　新建登录名

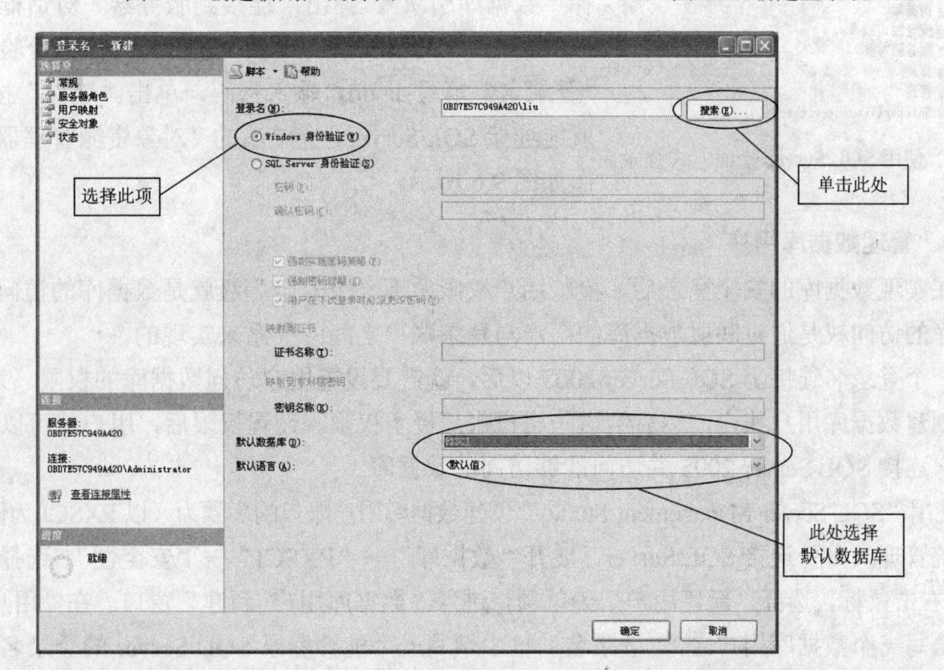

图 9.5　新建登录名

在"默认数据库"栏中选择 PXSCJ 数据库为默认数据库。接着在"用户映射"选项卡中选中"PXSCJ"数据库前面的复选框以允许用户访问这个默认数据库。设置完后单击"确定"按钮即可新建一个 Windows 验证方式的登录名。

创建完后可以使用用户名 liu 登录 Windows，然后使用 Windows 身份验证模式连接 SQL Server。对比一下与用系统管理员身份连接 SQL Server 有什么不同。

2. 建立 SQL Server 验证模式的登录名

要建立 SQL Server 验证模式的登录名，首先应将验证模式设置为混合模式。本书在安装 SQL Server 时已经将验证模式设为了混合模式。如果用户在安装 SQL Server 时验证模式没有设置为混合模式，则先要将验证模式设为混合模式。相关步骤如下：

第 1 步：在"对象资源管理器"中选择要登录的 SQL Server 服务器图标，右击鼠标，在弹出的快捷菜单中选择"属性"菜单项，打开"服务器属性"窗口。

第 2 步：在打开的"服务器属性"窗口中选择"安全性"选项卡。选择身份验证为"SQL Server 和 Windows 身份验证模式"，单击"确定"按钮，保存新的配置，重启 SQL Server 服务即可。

创建 SQL Server 验证模式的登录名也在如图 9.5 所示的界面中进行，输入一个自己定义的登录名，例如 david，选中"SQL Server 身份验证"选项，输入密码，并将"强制密码过期"复选框中的钩去掉，设置完单击"确定"按钮即可。

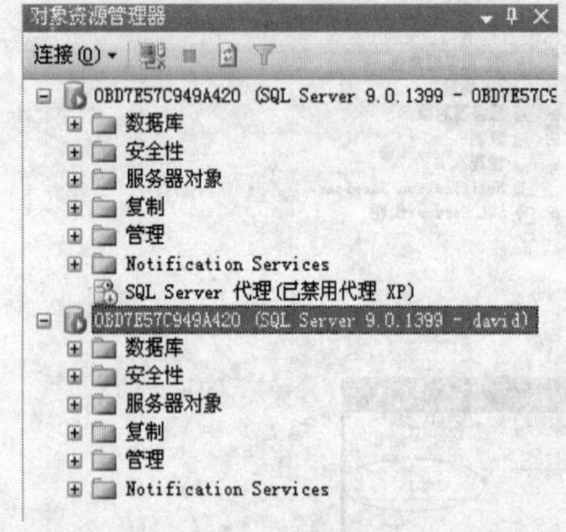

图 9.6 使用 SQL Server 验证方式登录

为了测试创建的登录名能否连接 SQL Server，可以使用新建的登录名 david 来进行测试，具体步骤为：在"对象资源管理器"窗口中单击"连接"，在下拉框中选择"数据库引擎"，弹出"连接到服务器"对话框。在该对话框中，"身份验证"选择"SQL Server 身份验证"，"登录名"填写 david，输入密码，单击"连接"按钮，就能连接 SQL Server。登录后的"对象资源管理器"界面如图 9.6 所示。

3. 管理数据库用户

在实现数据库的安全登录后，检验用户权限的下一个安全等级就是数据库的访问权。数据库的访问权是通过映射数据库的用户与登录账户之间的关系来实现的。

一个登录名连接上 SQL Server 2005 以后，就需要设置用户访问数据库的权限。为此，需要创建数据库用户账户，然后给这些用户账户授予权限。设置权限后，用户就可以用这个账户连接 SQL Server 2005 并访问能够访问的数据库。

使用"SQL Server Management Studio"创建数据库用户账户的步骤为（以 PXSCJ 为例）：以系统管理员身份连接 SQL Server，展开"数据库"→"PXSCJ"→"安全性"，选择"用户"，右击鼠标，选择"新建用户"菜单项，进入"数据库用户-新建"窗口。在"用户名"框中填写一个数据库用户名，"登录名"框中填写一个能够登录 SQL Server 的登录名，如 david。注意，一个登录名在本数据库中只能创建一个数据库用户。选择默认架构为 dbo，如图 9.7 所示，单击“确定”按钮完成创建。

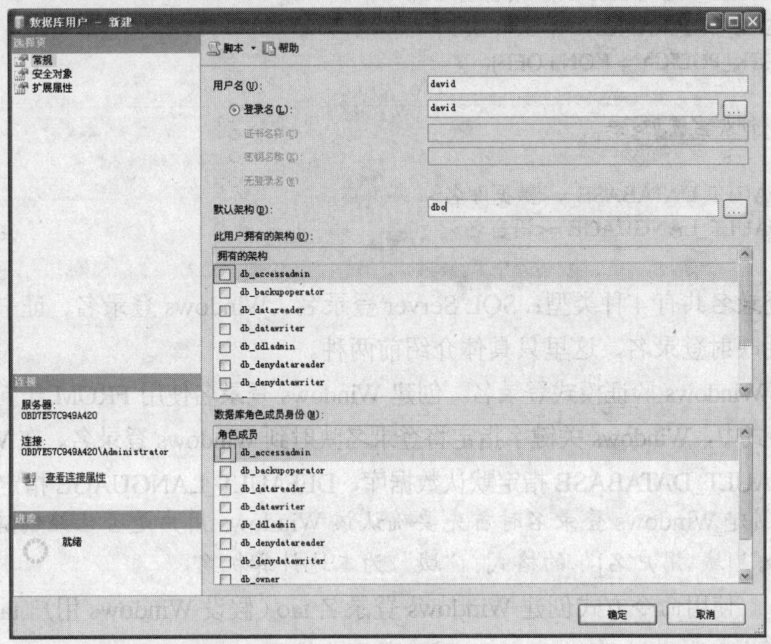

图 9.7　新建数据库用户账户

用户创建成功后，会在“对象资源管理器”窗口中的“用户”栏查看到该用户。在“用户”列表中，还可以修改现有的数据库用户的属性，或者删除该用户，这些操作比较简单，这里不再介绍。

9.2.2　命令方式管理用户账户

在 SQL Server 2005 中，还可以使用命令方式操作用户账户，例如创建登录名、创建数据库用户等。

1. 创建登录名

在 SQL Server 2005 中，创建登录名可以使用 CREATE LOGIN 命令。语法格式：

```
CREATE LOGIN <登录名>
{    WITH PASSWORD = '<密码字符串>' [ HASHED ] [ MUST_CHANGE ]
         [ , <SQL Server 登录名选项> [ ,... n] ]          /*WITH 子句用于创建 SQL Server 登录名*/
  | FROM                                                  /*FROM 子句用于创建其他登录名*/
         {    WINDOWS [ WITH <Windows 登录名选项> [ ,... n] ]
              | CERTIFICATE <证书名>
              | ASYMMETRIC KEY <非对称密钥名>
         }
}
```

其中：

```
<SQL Server 登录名选项> ::=
{
    SID = sid
```

```
    | DEFAULT_DATABASE =<数据库名>
    | DEFAULT_LANGUAGE = <语言名>
    | CHECK_EXPIRATION = { ON | OFF}
    | CHECK_POLICY = { ON | OFF}
}
<Windows 登录名选项> ::=
{
     DEFAULT_DATABASE = <数据库名>
    | DEFAULT_LANGUAGE =<语言名>
}
```

说明：登录名共有 4 种类型：SQL Server 登录名、Windows 登录名、证书映射登录名和非对称密钥映射登录名，这里只具体介绍前两种。

(1) 创建 Windows 验证模式登录名。创建 Windows 登录名使用 FROM 子句，在 FROM 子句的语法格式中，Windows 关键字指定将登录名映射到 Windows 登录名。在 WITH 关键字选项中，DEFAULT_DATABASE 指定默认数据库，DEFAULT_LANGUAGE 指定默认语言。

注意：创建 Windows 登录名时首先要确认该 Windows 用户是否已经创建，在指定登录名时要符合“[域\用户名]”的格式，“域”为本地计算机名。

【例 9.1】 使用命令方式创建 Windows 登录名 tao（假设 Windows 用户 tao 已经创建，本地计算机名为 0BD7E57C949A420），默认数据库设为 PXSCJ。

```
USE master
GO
CREATE LOGIN [0BD7E57C949A420\tao]
     FROM WINDOWS
          WITH DEFAULT_DATABASE= PXSCJ
```

命令执行成功后在“登录名”→“安全性”目录上就可以查看到该登录名。

FROM 子句中还有另外两个选项：CERTIFICATE 选项和 ASYMMETRIC KEY 选项，其中前者用于指定将与登录名关联的证书名称；后者用于指定将与此登录名关联的非对称密钥的名称。

(2) 创建 SQL Server 验证模式登录名。创建 SQL Server 登录名使用 WITH 子句，其中：

- PASSWORD：用于指定正在创建的登录名的密码。HASHED 选项指定在 PASSWORD 参数后输入的密码已经进行过哈希运算，如果未选择此选项，则在作为密码输入的字符串存储到数据库之前，对其进行哈希运算。如果指定 MUST_CHANGE 选项，则 SQL Server 会在首次使用新登录名时提示用户输入新密码。
- *<SQL Server 登录名选项>*：用于指定在创建 SQL Server 登录名时的一些选项，如下：

① SID：指定新 SQL Server 登录名的全局唯一标识符，如果未选择此选项，则自动指派。

② DEFAULT_DATABASE：指定默认数据库，如果未指定此选项，则默认数据库将设置为 master。

③ DEFAULT_LANGUAGE：指定默认语言，如果未指定此选项，则此默认语言将设置为服务器的当前默认语言。

④ CHECK_EXPIRATION：指定是否对此登录名强制实施密码过期策略，默认值为 OFF。

⑤ CHECK_POLICY：指定应对此登录名强制实施运行 SQL Server 的计算机的 Windows

密码策略，默认值为 ON。

只有在 Windows Server 2003 以及更高版本上才会强制执行 CHECK_EXPIRATION 和 CHECK_POLICY。

【例 9.2】 创建 SQL Server 登录名 sql_tao，密码为 123456，默认数据库设为 PXSCJ。

```
CREATE LOGIN sql_tao
    WITH PASSWORD='123456',
        DEFAULT_DATABASE=PXSCJ
```

2. 删除登录名

删除登录名使用 DROP LOGIN 命令。语法格式：

```
DROP LOGIN <登录名>
```

【例 9.3】 删除 Windows 登录名 tao。

```
DROP LOGIN [0BD7E57C949A420\tao]
```

【例 9.4】 删除 SQL Server 登录名 sql_tao。

```
DROP LOGIN sql_tao
```

3. 创建数据库用户

创建数据库用户使用 CREATE USER 命令。语法格式：

```
CREATE USER <数据库用户名>
[{ FOR | FROM }
    {
        LOGIN <登录名>
      | CERTIFICATE <证书名>
      | ASYMMETRIC KEY <非对称密钥名>
    }
    | WITHOUT LOGIN
]
[ WITH DEFAULT_SCHEMA = <架构名> ]
```

说明：

- FOR 或 FROM 子句：用于指定相关联的登录名。
- LOGIN：指定要创建数据库用户的登录名。登录名必须是服务器中有效的登录名。当此登录名进入数据库时，它将获取正在创建的数据库用户的名称和 ID。
- WITHOUT LOGIN：指定不将用户映射到现有登录名。
- WITH DEFAULT_SCHEMA：指定服务器为此数据库用户解析对象名称时将搜索的第一个架构，默认为 dbo。

【例 9.5】 使用 SQL Server 登录名 sql_tao（假设已经创建）在 PXSCJ 数据库中创建数据库用户 tao，默认架构名使用 dbo。

```
USE PXSCJ
GO
CREATE USER tao
    FOR LOGIN sql_tao
    WITH DEFAULT_SCHEMA=dbo
```

命令执行成功后，可以在数据库 PXSCJ 的“用户”列表中查看到该数据库用户。

4．删除数据库用户

删除数据库用户使用 DROP USER 语句。语法格式：

```
DROP USER <数据库用户名>
```

在删除之前要使用 USE 语句指定数据库。

【例 9.6】 删除 PXSCJ 数据库的数据库用户 tao。

```
USE PXSCJ
GO
DROP USER tao
```

9.3 服务器角色与数据库角色

在 SQL Server 中，通过角色可将用户分为不同的类，相同类用户（相同角色的成员）进行统一管理，赋予相同的操作权限。

SQL Server 给用户提供了预定义的服务器角色（固定服务器角色）和数据库角色（固定数据库角色），固定服务器角色和固定数据库角色都是 SQL Server 内置的，不能进行添加、修改和删除。用户也可根据需要，创建自己的数据库角色，以便对具有同样操作的用户进行统一管理。

9.3.1 固定服务器角色

服务器角色独立于各个数据库。如果在 SQL Server 中创建一个登录名后，要赋予该登录者具有管理服务器的权限，此时可设置该登录名为服务器角色的成员。SQL Server 提供了以下固定服务器角色：

- sysadmin：系统管理员，可对 SQL Server 服务器进行所有的管理工作，为最高管理角色。这个角色一般适合于数据库管理员（DBA）。
- securityadmin：安全管理员，可以管理登录和 CREATE DATABASE 权限，还可以读取错误日志和更改密码。
- serveradmin：服务器管理员，具有服务器设置及关闭的权限。
- setupadmin：设置管理员，添加和删除链接服务器，并执行某些系统存储过程。
- processadmin：进程管理员，可结束进程。
- diskadmin：用于管理磁盘文件。
- dbcreator：数据库创建者，可以创建、更改、删除或还原任何数据库。
- bulkadmin：可执行 BULK INSERT 语句，但是这些成员对要插入数据的表必须有 INSERT 权限。BULK INSERT 语句的功能是以用户指定的格式复制一个数据文件至数据库表或视图。

用户只能将一个用户登录名添加为上述某个固定服务器角色的成员，不能自行定义服务器角色。例如，对于前面已建立的登录名“0BD7E57C949A420\liu”，如果要给其赋予系统管理员权限，可通过“对象资源管理器”或“系统存储过程”将该用户登录名加入 sysadmin 角色。

1. 通过“对象资源管理器”添加服务器角色成员

第 1 步：以系统管理员身份登录到 SQL Server 服务器，在“对象资源管理器”中展开“安全性”→“登录名”，选择登录名，例如“0BD7E57C949A420\liu”，双击或单击右键选择“属性”菜单项，打开“登录属性”窗口。

第 2 步：在打开的“登录属性”窗口中选择“服务器角色”选项卡。如图 9.8 所示，在“登录属性”窗口右边列出了所有的固定服务器角色，用户可以根据需要，在服务器角色前的复选框中打钩，为登录名添加相应的服务器角色。单击“确定”按钮完成添加。

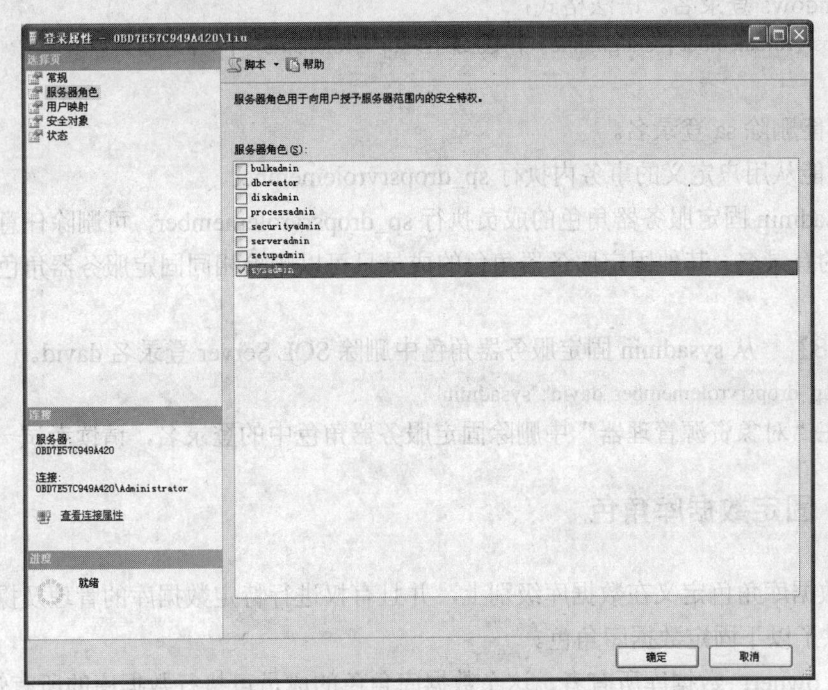

图 9.8 SQL Server 服务器角色设置窗口

说明：服务器角色的设置也可在新建用户登录名时进行。

2. 利用系统存储过程添加固定服务器角色成员

利用系统存储过程 sp_addsrvrolemember 可将一登录名添加到某一固定服务器角色中，使其成为固定服务器角色的成员。语法格式：

```
sp_addsrvrolemember [ @loginame = ] '<登录名>', [@rolename =] '<服务器角色名>'
```

登录名可以是 SQL Server 登录名或 Windows 登录名；对于 Windows 登录名，如果还没有授予 SQL Server 访问权限，将自动对其授予访问权限。固定服务器角色名必须为 sysadmin、securityadmin、serveradmin、setupadmin、processadmin、diskadmin、dbcreator、bulkadmin 之一。

说明：

(1) 为登录名添加固定服务器角色后，该登录名就得到与此固定服务器角色相关的权限。

(2) 不能更改 sa 角色成员资格。

(3) 不能在用户定义的事务内执行 sp_addsrvrolemember 存储过程。

(4) sysadmin 固定服务器的成员可以将任何固定服务器角色添加到某个登录名，其他固定服务器角色的成员可以执行 sp_addsrvrolemember 为某个登录名添加同一个固定服务器角色。

(5) 如果不想让用户有任何管理权限，就不要为用户指派给服务器角色，这样就可以将他们限定为普通用户。

【例 9.7】 将 Windows 用户 0BD7E57C949A420\liu 添加到 sysadmin 固定服务器角色中。

```
EXEC sp_addsrvrolemember '0BD7E57C949A420\liu', 'sysadmin'
```

3. 利用系统存储过程删除固定服务器角色成员

利用 sp_dropsrvrolemember 系统存储过程可从固定服务器角色中删除 SQL Server 登录名或 Windows 登录名。语法格式：

```
sp_dropsrvrolemember [ @loginame = ] '<登录名>' , [ @rolename = ] '<服务器角色名>'
```

说明：

(1) 不能删除 sa 登录名。

(2) 不能从用户定义的事务内执行 sp_dropsrvrolemember。

(3) sysadmin 固定服务器角色的成员执行 sp_dropsrvrolemember，可删除任意固定服务器角色中的登录名，其他固定服务器角色的成员只可以删除相同固定服务器角色中的其他成员。

【例 9.8】 从 sysadmin 固定服务器角色中删除 SQL Server 登录名 david。

```
EXEC sp_dropsrvrolemember 'david', 'sysadmin'
```

也可在“对象资源管理器”中删除固定服务器角色中的登录名，请读者试一试。

9.3.2 固定数据库角色

固定数据库角色定义在数据库级别上，并且有权进行特定数据库的管理及操作。SQL Server 提供了以下固定数据库角色。

(1) db_owner：数据库所有者，这个数据库角色的成员可执行数据库的所有管理操作。

用户发出的所有 SQL 语句均受限于该用户具有的权限。例如，CREATE DATABASE 仅限于 sysadmin 和 dbcreator 固定服务器角色的成员使用。

sysadmin 固定服务器角色的成员、db_owner 固定数据库角色的成员以及数据库对象的所有者都可授予、拒绝或废除某个用户或某个角色的权限。使用 GRANT 赋予执行 T-SQL 语句或对数据进行操作的权限；使用 DENY 拒绝权限，并防止指定的用户、组或角色从组和角色成员的关系中继承权限；使用 REVOKE 取消以前授予或拒绝的权限。

(2) db_accessadmin：数据库访问权限管理者，具有添加、删除数据库使用者、数据库角色和组的权限。

(3) db_securityadmin：数据库安全管理员，可管理数据库中的权限，如设置数据库表的增加、删除、修改和查询等存取权限。

(4) db_ddladmin：数据库 DDL 管理员，可增加、修改或删除数据库中的对象。

(5) db_backupoperator：数据库备份操作员，具有执行数据库备份的权限。

(6) db_datareader：数据库数据读取者。

(7) db_datawriter：数据库数据写入者，具有对表进行增加、删修、修改的权限。

(8) db_denydatareader：数据库拒绝数据读取者，不能读取数据库中任何表的内容。

(9) db_denydatawriter：数据库拒绝数据写入者，不能对任何表进行增加、删修、修改操作。

(10) public：是一个特殊的数据库角色，每个数据库用户都是 public 角色的成员，因此不能将用户、组或角色指派为 public 角色的成员，也不能删除 public 角色的成员。通常将一些公共的权限赋给 public 角色。

在创建一个数据库用户之后，可以将该数据库用户加入到数据库角色中从而授予其管理数据库的权限。例如，对于前面已建立的 PXSCJ 数据库上的数据库用户“david”，如果要给其赋予数据库管理员权限，可通过“对象资源管理器”或“系统存储过程”将该用户加入 db_owner 角色。

1．使用“对象资源管理器”添加固定数据库角色成员

第 1 步：以系统管理员身份登录到 SQL Server 服务器，在“对象资源管理器”中展开“数据库”→“PXSCJ”→“安全性”→“用户”，选择一个数据库用户，例如“david”，双击或单击右键选择“属性”菜单项，打开“数据库用户”窗口。

第 2 步：在打开的窗口中，在“常规”选项卡中的“数据库角色成员身份”栏，用户可以根据需要，在数据库角色前的复选框中打钩，为数据库用户添加相应的数据库角色，如图 9.9 所示。单击“确定”按钮完成添加。

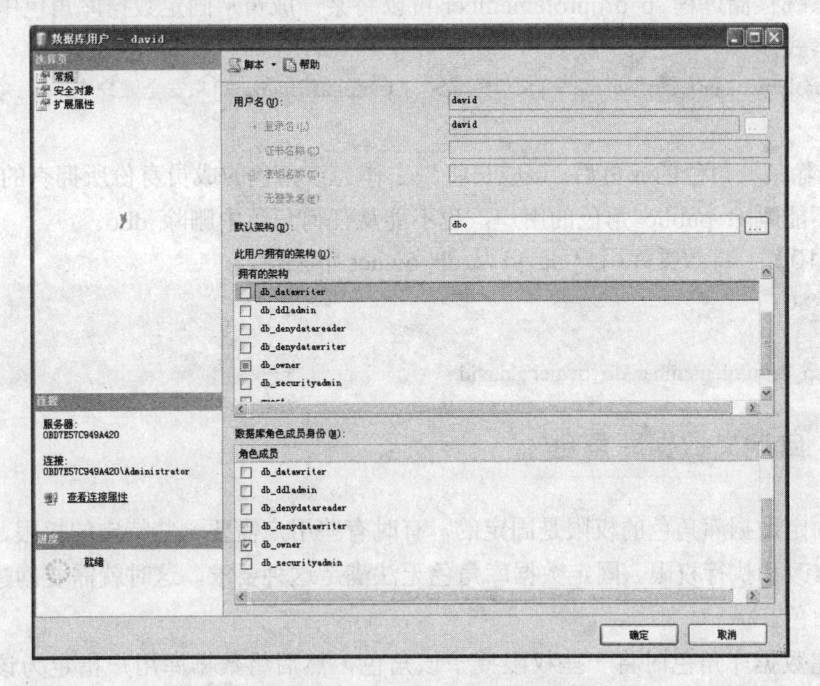

图 9.9 添加固定数据库角色成员

2．使用系统存储过程添加固定数据库角色成员

利用系统存储过程 sp_addrolemember 可以将一个数据库用户添加到某一固定数据库角色中，使其成为该固定数据库角色的成员。语法格式：

```
sp_addrolemember [ @rolename = ] '<角色名>', [ @membername = ] '<安全账户名>'
```

<角色名>为当前数据库中的数据库角色的名称。<安全账户名>为添加到该角色的安全账户，可以是数据库用户或当前数据库角色。

说明：

(1) 使用 sp_addrolemember 将用户添加到角色时，新成员将继承所有应用到角色的权限。

(2) 不能将固定数据库、固定服务器角色或 dbo 添加到其他角色。例如，不能将 db_owner 固定数据库角色添加成为用户定义的数据库角色的成员。

(3) 在用户定义的事务中不能使用 sp_addrolemember。

(4) 只有 sysadmin 固定服务器角色和 db_owner 固定数据库角色中的成员可以执行 sp_addrolemember，以将成员添加到数据库角色。

(5) db_securityadmin 固定数据库角色的成员可以将用户添加到任何用户定义的角色。

【例 9.9】 将 PXSCJ 数据库上的数据库用户 david（假设已经创建）添加为固定数据库角色 db_owner 的成员。

```
USE PXSCJ
GO
EXEC sp_addrolemember 'db_owner', 'david'
```

3. 使用系统存储过程删除固定数据库角色成员

利用系统存储过程 sp_droprolemember 可以将某一成员从固定数据库角色中去除。

语法格式：

```
sp_droprolemember [ @rolename = ] '<角色名>' , [ @membername = ] '<安全账户名>'
```

说明：

（1）删除某一角色的成员后，该成员将失去作为该角色的成员身份所拥有的任何权限。

（2）不能删除 public 角色的用户，也不能从任何角色中删除 dbo。

【例 9.10】 将数据库用户 david 从 db_owner 中去除。

```
USE PXSCJ
GO
EXEC sp_droprolemember 'db_owner', 'david'
```

9.3.3 自定义数据库角色

由于固定数据库角色的权限是固定的，有时有些用户需要一些特定的权限，如数据库的删除、修改和执行权限。固定数据库角色无法满足这种要求，这时就需要创建一个自定义数据库角色。

在创建数据库角色时将一些权限授予该角色，然后将数据库用户指定为该角色的成员，这样用户将继承这个角色的所有权限。

例如，要在数据库 PXSCJ 上定义一个数据库角色 ROLE1，该角色中的成员有“david”，对 PXSCJ 可进行查询、插入、删除、修改等操作。下面将介绍如何实现这些功能。

1．通过"对象资源管理器"创建数据库角色

第 1 步：创建数据库角色。以系统管理员身份登录 SQL Server，在"对象资源管理器"中展开"数据库"，选择要创建角色的数据库（如 PXSCJ），展开其中的"安全性"→"角色"，右击鼠标，在弹出的快捷菜单中选择"新建"菜单项，在弹出的子菜单中选择"新建数据库角色"菜单项，如图 9.10 所示。进入"数据库角色-新建"窗口。在"数据库角色-新建"窗口中，选择"常规"选项卡，在"常规"选项卡中输入要定义的角色名称(如 ROLE1)，并配置相应的权限。完成相应的配置后，单击"确定"按钮，完成数据库角色的创建。

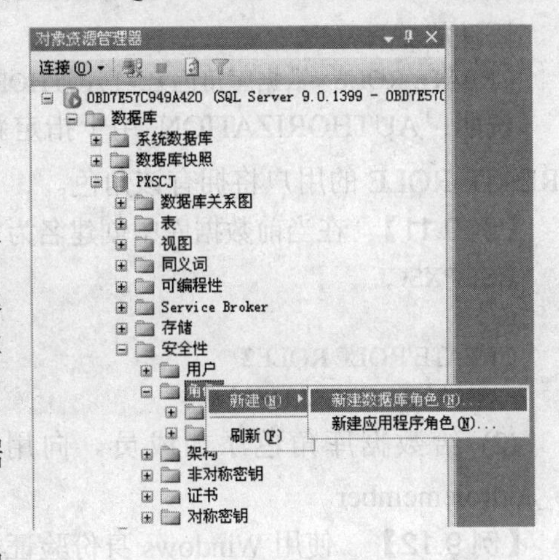

图 9.10　新建数据库角色

第 2 步：将数据库用户加入数据库角色。当数据库用户成为某一数据库角色的成员后，该数据库用户就获得该数据库角色所拥有的对数据库操作的权限。

将用户加入自定义数据库角色的方法与 9.3.2 小节中将用户加入固定数据库角色的方法类似，这里不再重复。如图 9.11 所示的是将用户 david 加入 ROLE1 角色。

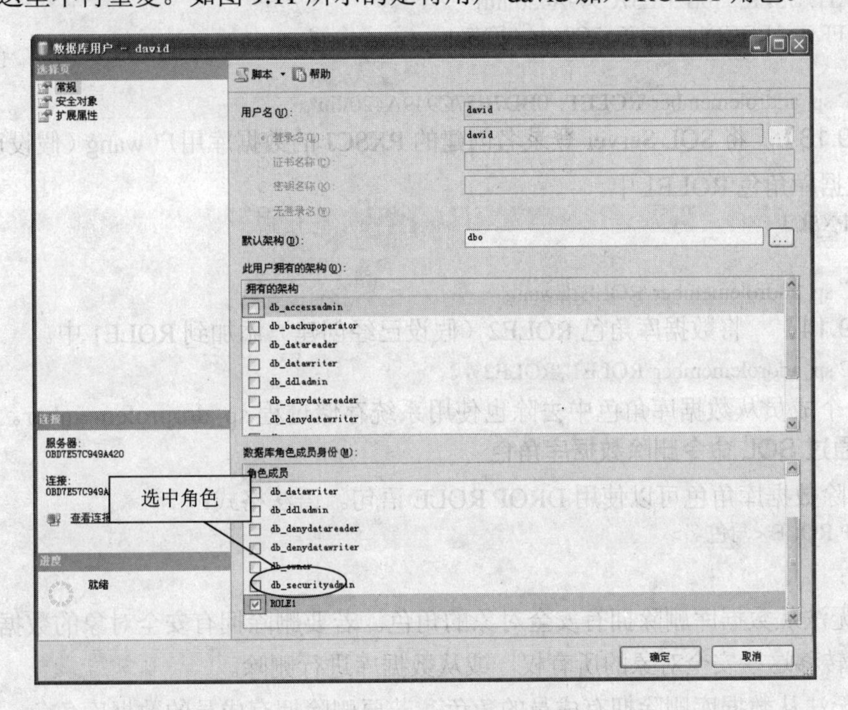

图 9.11　添加到数据库角色

此时数据库角色成员还没有任何的权限，当授予数据库角色权限时，这个角色的成员也将获得相同的权限。权限的授予将在 9.4 节中介绍。

2. 通过 SQL 命令创建数据库角色

(1) 定义数据库角色。创建用户自定义数据库角色可以使用 CREATE ROLE 语句。

语法格式：

```
CREATE ROLE <数据库角色名> [ AUTHORIZATION <所有者> ]
```

说明：AUTHORIZATION 用于指定新的数据库角色的所有者，如果未指定，则执行 CREATE ROLE 的用户将拥有该角色。

【例 9.11】 在当前数据库中创建名为 ROLE2 的新角色，并指定 dbo 为该角色的所有者。

```
USE PXSCJ
GO
CREATE ROLE ROLE2
    AUTHORIZATION dbo
```

(2) 给数据库角色添加成员。向用户定义数据库角色添加成员也使用存储过程 sp_addrolemember。

【例 9.12】 使用 Windows 身份验证模式的登录名（如 0BD7E57C949A420\liu）创建 PXSCJ 数据库的用户（如 0BD7E57C949A420\liu），并将该数据库用户添加到 ROLE1 数据库角色中。

```
USE PXSCJ
GO
CREATE USER [0BD7E57C949A420\liu]
    FROM LOGIN [0BD7E57C949A420\liu]
GO
EXEC sp_addrolemember 'ROLE1', '0BD7E57C949A420\liu'
```

【例 9.13】 将 SQL Server 登录名创建的 PXSCJ 的数据库用户 wang（假设已经创建）添加到数据库角色 ROLE1 中。

```
USE PXSCJ
GO
EXEC sp_addrolemember 'ROLE1','wang'
```

【例 9.14】 将数据库角色 ROLE2（假设已经创建）添加到 ROLE1 中。

```
EXEC sp_addrolemember 'ROLE1','ROLE2'
```

将一个成员从数据库角色中去除也使用系统存储过程 sp_droprolemember。

3. 通过 SQL 命令删除数据库角色

要删除数据库角色可以使用 DROP ROLE 语句。语法格式：

```
DROP ROLE <角色名>
```

说明：

(1) 无法从数据库删除拥有安全对象的角色。若要删除拥有安全对象的数据库角色，必须首先转移这些安全对象的所有权，或从数据库进行删除。

(2) 无法从数据库删除拥有成员的角色。若要删除拥有成员的数据库角色，首先必须删除角色的所有成员。

(3) 不能使用 DROP ROLE 删除固定数据库角色。

【例 9.15】 删除数据库角色 ROLE2。

在删除 ROLE2 之前，首先需要删除 ROLE2 中的成员，可以使用界面方式，也可以使用命令方式。若使用界面方式，只需在 ROLE2 的属性页中操作即可。命令方式在删除固定数据库成员时已经介绍过。

确认 ROLE2 可以删除后，使用以下命令删除 ROLE2：

```
DROP ROLE ROLE2
```

9.4 数据库权限的管理

数据库的权限指明了用户能够获得哪些数据库对象的使用权，以及用户能够对哪些对象执行何种操作。用户在数据库中拥有的权限取决于用户账户的数据库权限和用户所在数据库角色的类型。本节主要介绍数据库权限的内容。

在 SQL Server 中，可授予数据库用户或角色的权限分为 3 个层次：

(1) 在当前数据库中创建数据库对象及进行数据库备份的权限，主要有创建表、视图、存储过程、规则、函数的权限及备份数据库、日志文件的权限等。

(2) 用户对数据库表的操作权限及执行存储过程的权限主要有：

SELECT：对表或视图执行 SELECT 语句的权限。

INSERT：对表或视图执行 INSERT 语句的权限。

UPDATE：对表或视图执行 UPDATE 语句的权限。

DELETE：对表或视图执行 DELETE 语句的权限。

REFERENCES：用户对表的主键和唯一索引字段生成外键引用的权限。

EXECUTE：执行存储过程的权限。

(3) 用户对数据库中指定表字段的操作权限主要有：

SELECT：对表字段进行查询操作的权限。

UPDATE：对表字段进行更新操作的权限。

9.4.1 授予权限

权限的授予可以使用命令方式或界面方式完成。

(1) 使用命令方式授予权限。利用 GRANT 语句可以给数据库用户或数据库角色授予数据库级别或对象级别的权限。语法格式：

```
GRANT ALL | <权限名> [ (<列名> [ ,...n ] ) ] [ ,...n ]
    [ ON <对象名> ]
    TO <用户或角色名 > [ ,...n ]
    [ WITH GRANT OPTION ]
    [ AS <用户或角色名>]
```

说明：

- ALL：表示授予所有可用的权限。ALL PRIVILEGES 是 SQL-92 标准的用法。对于语句权限，只有 sysadmin 角色成员可以使用 ALL；对于对象权限，sysadmin 角色成员和数据库对象所有者都可以使用 ALL。

- <权限名>：根据安全对象的不同，权限名的取值也不同。对于数据库，取值可为 BACKUP DATABASE、BACKUP LOG、CREATE DATABASE、CREATE DEFAULT、CREATE FUNCTION、CREATE PROCEDURE、CREATE RULE、CREATE TABLE 或 CREATE VIEW；对于表、表值函数或视图，可为 SELECT、INSERT、DELETE、UPDATE 或 REFERENCES；对于存储过程，permission 取值为 EXECUTE；对于用户函数，可为 EXECUTE 和 REFERENCES。
- <列名>：指定表、视图或表值函数中要授予对其权限的列的名称。只能授予对列的 SELECT、REFERENCES 及 UPDATE 权限。列名可以在权限子句中指定，也可以在安全对象名称之后指定。
- ON 子句：指定将授予其权限的安全对象。例如，要授予表 XSB 上的权限时 ON 子句为 ON XSB。对于数据库级的权限不需要指定 ON 子句。
- TO 子句：指定被授予权限的对象，可为当前数据库的用户、数据库角色，指定的数据库用户、角色必须在数据库中存在，不可将权限授予其他数据库中的用户、角色。
- WITH GRANT OPTION：表示允许被授权者在获得指定权限的同时还可以将指定权限授予其他用户、角色或 Windows 组，WITH GRANT OPTION 子句仅对对象权限有效。
- AS：指定当前数据库中执行 GRANT 语句的用户所属的角色名或组名。当对象上的权限被授予一个组或角色时，用 AS 将对象权限进一步授予不是组或角色成员的用户。

GRANT 语句可使用两个特殊的用户账户：public 角色和 guest 用户。授予 public 角色的权限可应用于数据库中的所有用户；授予 guest 用户的权限可为所有在数据库中没有数据库用户账户的用户使用。

【例 9.16】 给 PXSCJ 数据库上的用户 david 和 wang 授予创建表的权限。

以系统管理员身份登录 SQL Server，新建一个查询，输入以下语句：

```
USE PXSCJ
GO
GRANT CREATE TABLE
    TO david, wang
GO
```

说明：授予数据库级权限时，CREATE DATABASE 权限只能在 master 数据库中被授予。如果用户账户含有空格、反斜杠（\），则要用引号或中括号将安全账户括起来。

【例 9.17】 首先在数据库 PXSCJ 中给 public 角色授予表 XSB 的 SELECT 权限。然后，将其他的权限也授予用户 david 和 wang，使用户有对 XSB 表的所有操作权限。

以系统管理员身份登录 SQL Server，新建一个查询，输入以下语句：

```
USE PXSCJ
GO
GRANT SELECT
    ON XSB
    TO public
GO
```

```
GRANT INSERT, UPDATE, DELETE, REFERENCES
    ON XSB
    TO david, wang
GO
```

【例 9.18】　将 CREATE TABLE 权限授予数据库角色 ROLE1 的所有成员。

以系统管理员身份登录 SQL Server，新建一个查询，输入以下语句：

```
GRANT CREATE TABLE
    TO ROLE1
```

【例 9.19】　以系统管理员身份登录 SQL Server，将表 XSB 的 SELECT 权限授予 ROLE2 角色（指定 WITH GRANT OPTION 子句）。用户 li 是 ROLE2 的成员（创建过程略），在 li 用户上将表 XSB 上的 SELECT 权限授予用户 huang（创建过程略），huang 不是 ROLE2 的成员。

首先在以 Windows 系统管理员身份登录，授予角色 ROLE2 在 XSB 表上的 SELECT 权限：

```
USE PXSCJ
GO
GRANT SELECT
    ON XSB
    TO ROLE2
    WITH GRANT OPTION
```

在“SQL Server Management Studio”窗口上单击“新建查询”按钮旁边的数据库引擎查询按钮“”，在弹出的连接窗口中以 li 用户的身份登录名登录，如图 9.12 所示。单击“连接”按钮连接到 SQL Server 服务器，出现“查询分析器”窗口。

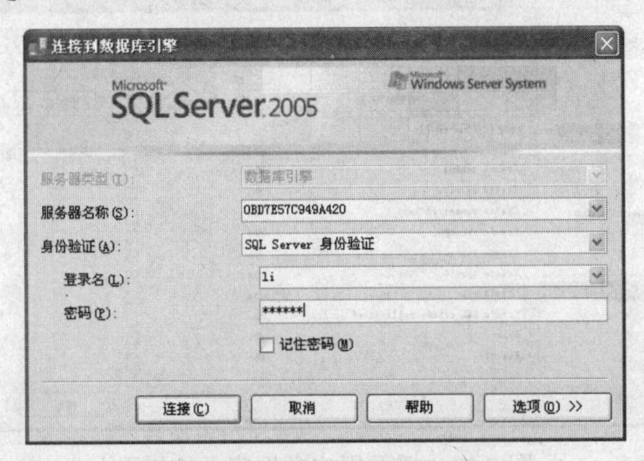

图 9.12　以 li 用户身份登录

在“查询分析器”窗口中使用如下语句将用户 li 的在 XSB 表上的 SELECT 权限授予 huang：

```
GRANT SELECT
    ON XSB TO huang
    AS ROLE2
```

说明：由于 li 是 ROLE2 角色的成员，因此必须用 AS 子句对 huang 授予权限。

【例 9.20】　在当前数据库 PXSCJ 中给 public 角色赋予对表 XSB 中学号、姓名字段的 SELECT 权限。

以系统管理员身份登录 SQL Server，新建一个查询，输入以下语句：

```
USE PXSCJ
GO
GRANT SELECT
    (学号,姓名) ON XSB
    TO public
GO
```

(2) 使用界面方式授予语句权限。

① 授予数据库上的权限。以给数据库用户 wang（假设该用户已经使用 SQL Server 登录名“wang”创建）授予 PXSCJ 数据库的 CREATE TABLE 语句的权限为例，在 SQL Server Management Studio 中授予用户权限的步骤如下：

以系统管理员身份登录到 SQL Server 服务器，在“对象资源管理器”中展开“数据库”→“PXSCJ”，右击鼠标，选择“属性”菜单项进入 PXSCJ 数据库的属性窗口，选择“权限”选项卡。

在用户或角色栏中选择需要授予权限的用户或角色（如 wang），在窗口下方列出的权限列表中找到相应的权限（如 Create table），在复选框中打钩，如图 9.13 所示。

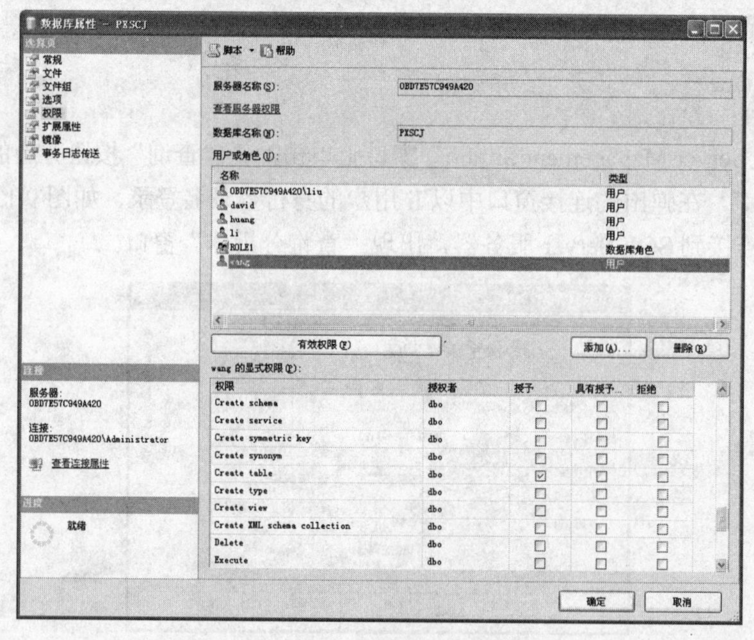

图 9.13 授予用户数据库上的权限

单击“确定”按钮即可完成。如果需要授予权限的用户在列出的用户列表中不存在，则可以单击“添加”按钮将该用户添加到列表中再选择。选择用户后单击“有效权限”按钮可以查看该用户在当前数据库中有哪些权限。

② 授予数据库对象上的权限。以给数据库用户 wang 授予 KCB 表上的 SELECT、INSERT 的权限为例，步骤如下：

以系统管理员身份登录到 SQL Server 服务器，在“对象资源管理器”中展开“数据库”→“PXSCJ”→“表”→“KCB”，右击鼠标，选择“属性”菜单项进入 KCB 表的属性窗口，选择“权限”选项卡。

单击“添加”按钮，在弹出的“选择用户或角色”窗口中单击“浏览”按钮，选择需要授权的用户或角色（如 wang），选择后单击“确定”按钮回到 KCB 表的属性窗口。在该窗口中选择用户（如 huang），在权限列表中选择需要授予的权限（如 Select、Insert），如图 9.14 所示，单击“确定”按钮完成授权。

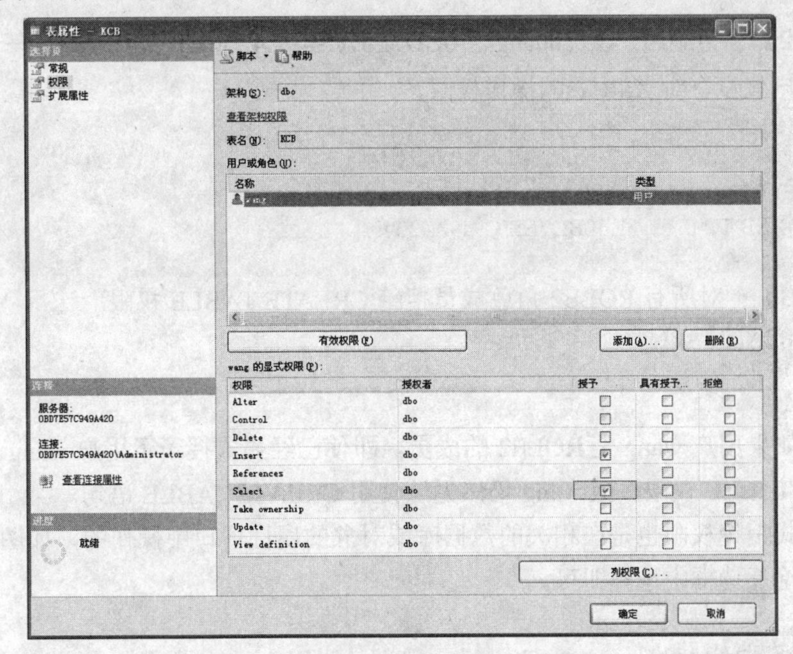

图 9.14　授予用户数据库对象上的权限

对用户授予权限后，读者可以以用户身份登录 SQL Server，然后对数据库执行相关的操作，以测试是否得到已授予的权限。

9.4.2　拒绝权限

使用 DENY 命令可以拒绝给当前数据库内的用户授予的权限，并防止数据库用户通过其组或角色成员资格继承权限。语法格式：

```
DENY  ALL
      | <权限名> [ ( <列名> [ ,...n ] ) ] [ ,...n ]
         [ ON <对象名> ]
    TO <用户或角色名> [ ,...n ]
    [ CASCADE] [ AS <用户或角色名> ]
```

说明：CASCADE 表示拒绝授予指定用户或角色该权限，同时对该用户或角色授予该权限的所有其他用户和角色也拒绝授予该权限。当主体具有带 WITH GRANT OPTION 的权限时，为必选项。DENY 命令语法格式的其他各项的含义与 GRANT 命名中的相同。

需要注意的是：

(1) 如果使用 DENY 语句禁止用户获得某个权限，那么可将该用户添加到已得到该权限的组或角色，该用户就不能访问这个权限。

(2) 默认情况下，sysadmin、db_securityadmin 角色成员和数据库对象所有者具有执行

DENY 的权限。

【例 9.21】 对多个用户不允许使用 CREATE VIEW 和 CREATE TABLE 语句。

```
DENY CREATE VIEW, CREATE TABLE
    TO li, huang
GO
```

【例 9.22】 拒绝用户 li、huang、[0BD7E57C949A420\liu]对表 XSB 的一些权限，这样，这些用户就没有对 XSB 表的操作权限。

```
USE PXSCJ
GO
DENY SELECT, INSERT, UPDATE, DELETE
    ON XSB TO li, huang, [0BD7E57C949A420\liu]
GO
```

【例 9.23】 对所有 ROLE2 角色成员拒绝 CREATE TABLE 权限。

```
DENY CREATE TABLE
    TO ROLE2
GO
```

说明：如果用户 wang 是 ROLE2 的成员，即使已经显式授予了用户 wang 在数据库上的 CREATE TABLE 权限，但 wang 仍然无法使用 CREATE TABLE 语句。

界面方式拒绝权限也是在相关的数据库或对象的属性窗口中操作的，如图 9.14 所示，在相应的拒绝复选框中选择即可。

9.4.3 撤销权限

利用 REVOKE 命令可撤销以前给当前数据库用户授予或拒绝的权限。语法格式：

```
REVOKE [ GRANT OPTION FOR ]
    { [ ALL ]
        | <权限名>[ ( <列名> [ ,...n ] ) ] [ ,...n ]
    }
    [ ON <对象名> ]
    { TO | FROM } <用户或角色名> [ ,...n ]
    [ CASCADE] [ AS <用户或角色名> ]
```

说明：REVOKE 只适用于当前数据库内的权限。GRANT OPTION FOR 表示将撤销授予指定权限的能力。

REVOKE 只在指定的用户、组或角色上取消授予或拒绝的权限。例如，给 wang 用户账户授予了查询 XSB 表的权限，该用户账户又是 ROLE1 角色的成员。若取消了 ROLE1 角色查询 XSB 表的访问权，如果已显式授予 wang 查询 XSB 表的权限，则 wang 仍能查询该表；如果未显式授予 wang 查询 XSB 表的权限，那么取消 ROLE1 角色的权限也将禁止 wang 查询该表。

REVOKE 权限默认授予 sysadmin 固定服务器角色成员、db_owner 和 db_securityadmin 固定数据库角色成员。

【例 9.24】 取消已授予用户 wang 的 CREATE TABLE 权限。

```
REVOKE CREATE TABLE
```

```
    FROM wang
GO
```

【例 9.25】　取消授予多个用户的多个语句权限。

```
REVOKE CREATE TABLE, CREATE DEFAULT
    FROM wang, li
GO
```

【例 9.26】　取消以前对 wang 授予或拒绝的在 XSB 表上的 SELECT 权限。

```
REVOKE SELECT
    ON XSB
    FROM wang
```

【例 9.27】　角色 ROLE2 在 XSB 表上拥有 SELECT 权限，用户 li 是 ROLE2 的成员，li 使用 WITH GRANT OPTION 子句将 SELECT 权限转移给了用户 huang，用户 huang 不是 ROLE2 的成员。现要以用户 li 的身份撤销用户 huang 的 SELECT 权限。

以用户“li”的身份登录 SQL Server 服务器，新建一个查询，使用如下语句撤销 huang 的 SELECT 权限：

```
USE PXSCJ
    GO
    REVOKE SELECT
        ON XSB
        TO huang
        AS ROLE2
```

9.5　数据库架构的定义和使用

在 SQL Server 2005 中，数据库架构是一个独立于数据库用户的非重复命名空间，数据库中的对象都属于某一个架构。一个架构只能有一个所有者，该所有者可以是用户、数据库角色等。架构的所有者可以访问架构中的对象，并且还可以授予其他用户访问该架构的权限。可以使用“对象资源管理器”和 T-SQL 语句两种方式来创建架构，但必须具有 CREATE SCHEMA 权限。

9.5.1　使用界面方式创建架构

以在 PXSCJ 数据库中创建架构为例，具体步骤如下：

第 1 步：以系统管理员身份登录 SQL Server，在“对象资源管理器”中展开“数据库”→“PXSCJ”→“安全性”，选择“架构”，右击鼠标，在弹出的快捷菜单中选择“新建架构”菜单项。

第 2 步：在打开的“架构-新建”窗口中选择“常规”选项卡，在窗口的右边“架构名称”下面的文本框中输入架构名称（如 test）。单击“搜索”按钮，在打开的“搜索角色和用户”对话框中单击“浏览”按钮。如图 9.15 所示，在打开的“查找对象”对话框中，在用户 david 前面的复选框打钩，单击“确定”按钮，返回“搜索角色和用户”对话框。单击“确定”按钮，返回“架构-新建”窗口。单击“确定”按钮，完成架构的创建。这样就将用户 david 设置为架构 test 的所有者。

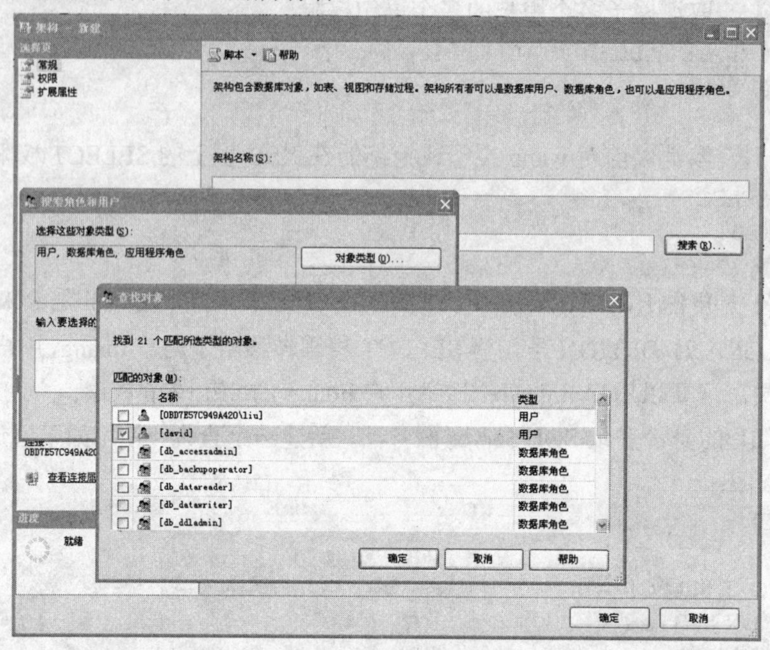

图 9.15 新建架构

创建完后在“数据库”→“PXSCJ”→“安全性”→“架构”中，可以找到该创建后的新架构，打开该架构的属性窗口可以更改架构的所有者。

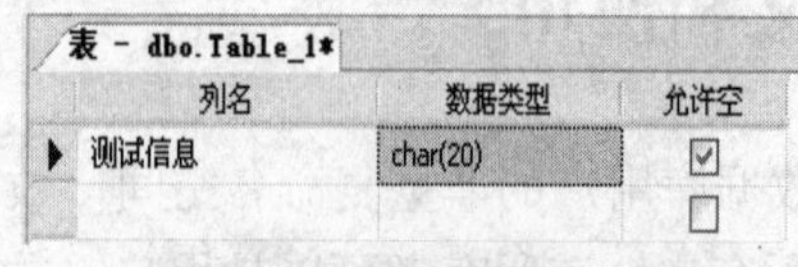

图 9.16 新建一个测试表

第 3 步：架构创建完后可以新建一个测试表来测试如何访问架构中的对象。在 PXSCJ 数据库中新建一个名称为 table_1 的表，表的结构如图 9.16 所示。

在创建表时，表的默认架构为 dbo，要将其架构修改为 test。在进行表结构设计时，表设计窗口右边有一个表 table_1 的属性窗口，在创建表时，应在表的属性窗口中将该表的架构设置成 test，如图 9.17 所示。如果没有找到属性窗口，单击“视图”菜单栏，选择“属性窗口”子菜单就能显示出属性窗口。

设置完成后保存该表，保存后的表可以在“对象资源管理器”中找到，此时表名就已经变成 test. table_1，如图 9.18 所示。

打开表 test. table_1，在表中输入一行数据为：“测试架构的使用”。

第 4 步：在“对象资源管理器”中展开数据库“PXSCJ”→“安全性”→“架构”，选择新创建的架构 test，右击鼠标，在弹出的快捷菜单中选择“属性”菜单项，打开“架构属性”窗口，在该架构属性的“权限”选项卡中，单击“添加”按钮，选择用户 owner（假设已经创建），为用户 owner 分配权限，如 SELECT 权限，如图 9.19 所示。单击“确定”按钮，保存上述设置。用同样的方法，还可以授予其他用户访问该架构的权限。

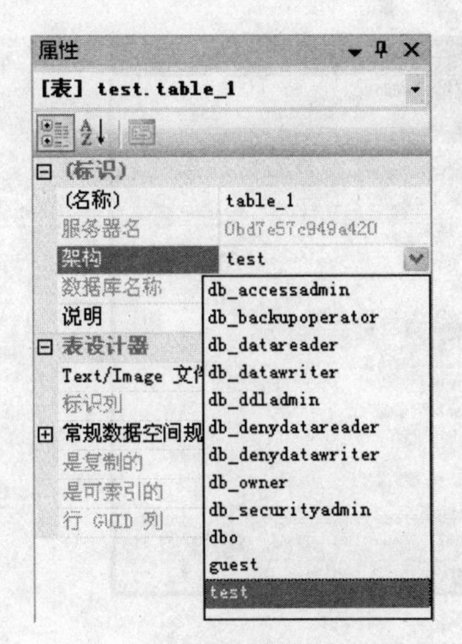

图 9.17　属性窗口

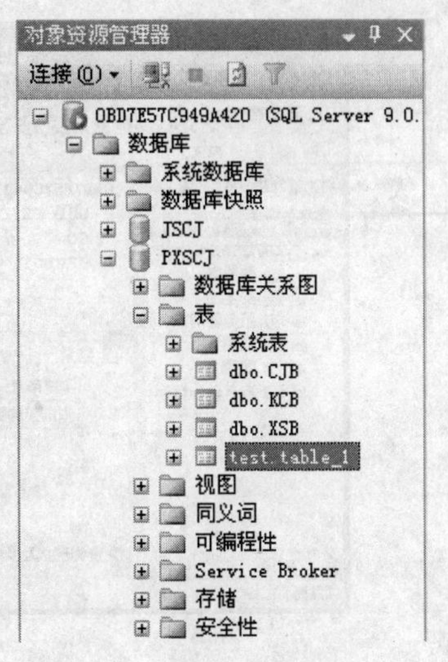

图 9.18　新建的表 test.table_1

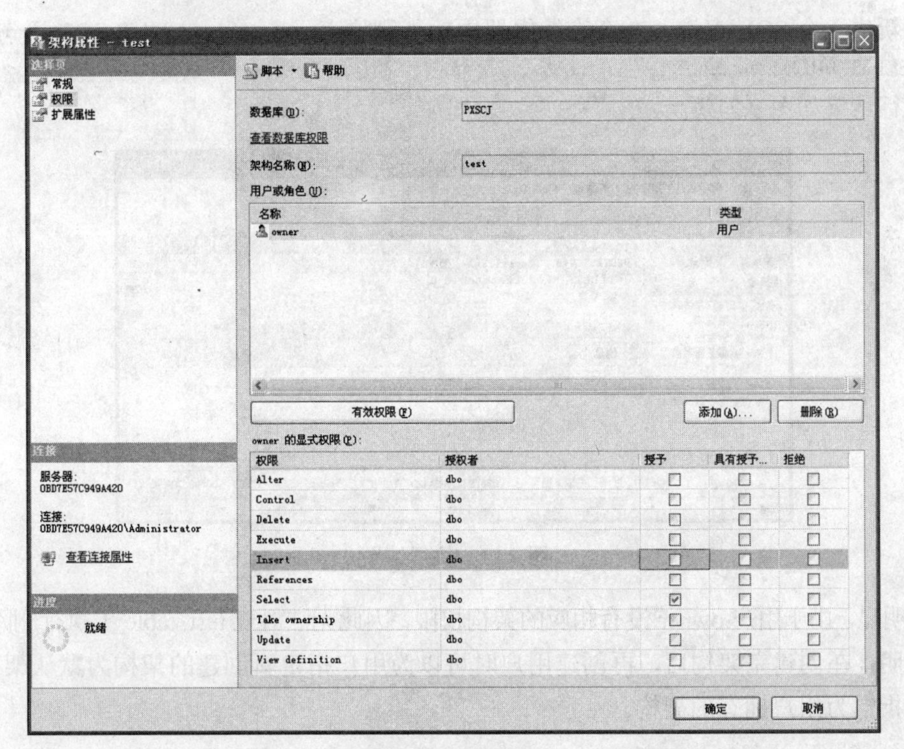

图 9.19　分配权限

第 5 步：重新启动 SQL Server Management Studio，使用 SQL Server 身份验证方式以用户 owner 登录 SQL Server。在登录成功后，创建一个新的查询，在“查询分析器”窗口中输入查询表 test. table_1 中数据的 T-SQL 语句：

```
USE PXSCJ
GO
SELECT * FROM test.table_1
```

执行结果如图 9.20 所示。

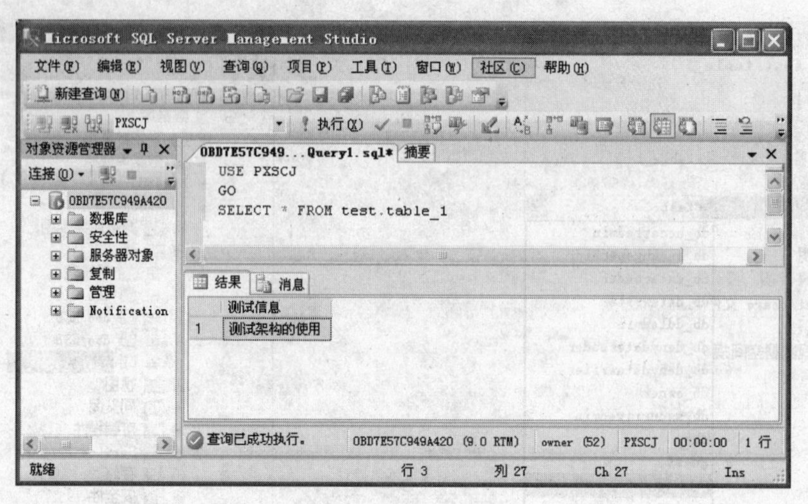

图 9.20　执行结果

再新建一个 SQL 查询，在查询编辑器中输入删除表 test. table_1 的 T-SQL 语句：

```
DELETE FROM test.table_1
```

执行结果如图 9.21 所示。

图 9.21　执行结果

很明显，由于用户 owner 没有相应的架构权限，因此无法对表 test. table_1 执行删除操作。

说明：在创建完架构后，再创建用户时可以为用户指定新创建的架构为默认架构或者将架构指定为用户拥有的架构。

9.5.2　使用命令方式创建架构

使用 CREATE SCHEMA 语句创建数据库架构。

语法格式：

```
CREATE SCHEMA <架构名称> [<架构元素> [ , ...n ] ]
```

其中：

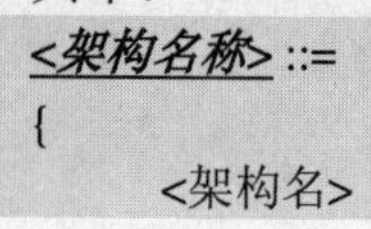

```
<架构名称> ::=
{
    <架构名>
```

```
      | AUTHORIZATION <主体名>
      | <架构名> AUTHORIZATION <主体名>
}

<架构元素> ::=
{
    <CREATE TABLE 语句> | <CREATE VIEW 语句> | <GRANT 语句>
    | <REVOKE 语句> | <DENY 语句>
}
```

说明：

- <架构名>：在数据库内标识架构的名称，架构名在数据库中要唯一。
- AUTHORIZATION：指定将拥有架构的数据库级主体（如用户、角色等）的名称。此主体还可以拥有其他架构，并且可以不使用当前架构作为其默认架构。
- <CREATE TABLE 语句>：指定在架构内创建表的 CREATE TABLE 语句。执行此语句的主体必须对当前数据库具有 CREATE TABLE 权限。
- <CREATE VIEW>：指定在架构内创建视图的 CREATE VIEW 语句。执行此语句的主体必须对当前数据库具有 CREATE VIEW 权限。
- <GRANT 语句>：指定可对除新架构外的任何安全对象授予权限的 GRANT 语句。
- <REVOKE 语句>：指定可对除新架构外的任何安全对象撤销权限的 REVOKE 语句。
- <DENY 语句>: 指定可对除新架构外的任何安全对象拒绝授予权限的 DENY 语句。

【例 9.28】　创建架构 test_schema，其所有者为用户 david。

以系统管理员身份登录 SQL Server，新建一个查询，输入以下语句：

```
USE PXSCJ
GO
CREATE SCHEMA test_schema
    AUTHORIZATION david
```

第 10 章

SQL Server 2005 与 XML

Microsoft 公司在推出 SQL Server 2000 时还提供了与 XML 相关的功能，这使得开发人员可以编写 T-SQL 代码来获取 XML 流形式的查询结果。SQL Server 2005 对 XML 功能进行扩展，推出了支持 XSD Schema 验证、基于 XQuery 的操作和 XML 索引的本地 XML 数据类型。本章将重点介绍 XML 的基本语法以及 XML 在 SQL Server 2005 中的应用。

10.1 XML 概述

XML（eXtensible Markup Language）即可扩展标记语言，它与 HTML 一样，都是 SGML（Standard Generalized Markup Language，标准通用标记语言）。XML 是 Internet 环境中跨平台的、依赖于内容的技术，是当前处理结构化文档信息的有力工具。扩展标记语言 XML 是一种简单的数据存储语言，使用一系列简单的标记描述数据，而这些标记可以用方便的方式建立，虽然 XML 占用的空间比二进制数据占用的更多，但 XML 极其简单，易于掌握和使用。

10.1.1 XML 简介

XML 的前身是 SGML，是自 IBM 从 20 世纪 60 年代就开始发展的 GML（Generalized Markup Language）标准化后的名称。

SGML 是一种非常严谨的文件描述法，导致过于庞大复杂，难以理解和学习，进而影响其推广与应用。作为 SGML 的替代品，开发人员采用了超文本标记语言 HTML，用于在浏览器中显示网页文件。但是 HTML 也存在一些缺点，HTML 缺乏可扩展性，不同的浏览器对 HTML 的支持也不一样。HTML 中只有固定的标记集，用户无法自定义标记，这就极大地阻碍了 HTML 的发展。

1996 年，一个工作小组在 W3C（万维网协会）的支持下，创建了一种新的标准标记语言 XML，用于解决 HTML 和 SGML 的一些问题。XML 是一种标准化的文档格式语言，它使得发布者可以创建一个以不同方式查看、显示或打印的文档资源。XML 与 HTML 的设计区别是：XML 是用来存储数据的，重在数据本身；而 HTML 是用来定义数据的，重在数据的显示模式。另外，XML 是可扩展的，因为它提供了一个标准机制，使得任意文档构造者都能在任意 XML 文档中定义新的 XML 标记，这使得综合的、多平台的、应用到应用的协议的创建降低了门槛。

XML 的简单使其易于在任何应用程序中读写数据，这使 XML 很快成为数据交换的唯一公共语言，虽然不同的应用软件也支持其他的数据交换格式，但不久之后它们都将支持 XML，那就意味着程序可以更容易地与 Windows、Mac OS、Linux 以及其他平台下产生的信息结合，很容易加载 XML 数据到程序中进行分析，并以 XML 格式输出结果。

XML 文档是由 DTD 和 XML 文本组成的。所谓 DTD（Document Type Definition），简单地说是一组关于标记符的语法规则，表明 XML 文本是如何组织的。它是保证 XML 文档格式正确的有效方法，可以通过比较 XML 文档和 DTD 文件来确定文档是否符合规范，元素和标签使用是否正确。

与 DTD 一样，XML Schema 也是一种保证 XML 文档格式正确的方法，可以用一个指定的 XML Schema 来验证某个文档是否符合要求。如果符合，则该 XML 文档称为有效的（valid），否则称为非有效的（invalid）。

10.1.2　XML 基本语法

这里将从一个简单的 XML 实例开始介绍 XML 的语法，实例代码如下：

```
<?xml version="1.0" encoding="ISO-8859-1"?>
<note>
      <to>wang</to>
      <from age="20">zhang</from>
      <heading>Reminder</heading>
      <body>Don't forget me this weekend!</body>
      <number>12</number>
</note>
```

上面的代码描述了 zhang 写给 wang 的便签，这个标签有标题及留言，也包含了发送者和接收者的信息。在记事本中输入以上语句，文件名保存为 note.xml。以 IE 方式打开该文件，会发现页面上显示了所有的语句。由此可以看出 XML 文件只是起了存储数据的作用，其本身不会对数据做操作和处理。使用者需要编写软件或者程序，才能传送、接收和显示出这个文档。

在上述语句中，第 1 行“<?xml version="1.0" encoding="ISO-8859-1"?>”中指定了 XML 的版本（1.0）和编码格式（ISO-8859-1）。

第 2 行开始是 XML 的主体部分，采用树状结构，以标签的形式存储数据。XML 文档必须包含一个或一个以上的元素。例如，“<to>wang</to>”称为一个元素，其中，“<to>”称为标签，每个标签都必须成对出现，如“<to></to>”，标签之间的数据“wang”为元素的内容。

元素和元素之间有一定的层次关系，每个元素可以依次包含一个或多个元素。其中，有一个元素不能作为其他元素的一部分，这个元素称为文档的根元素，即上述语句中的“<note>”标签。一个 XML 文档有且只能有一个根元素。根元素“<note>”下面包含了“<to>”、“<from>”、“<heading>”、“<body>”、“<number>”5 个子元素，分别表示标签的接收人、发送人、主题、内容和编号。

值得注意的是，在上述语句中，所有的标签名称都是自己定义的。这一点和 HTML 不同，HTML 中都是预定义的标签，而 XML 允许用户定义自己的标签和文档结构。

XML 文档中的元素还可以带有若干个属性，属性的名称也是由用户自己定义的，属性的值必须添加引号。格式如下：

```
<标签名 属性名="值"…>元素内容</标签名>
```

文件中的“age="20"”即为元素的属性和值。

在编写 XML 文本时需要注意以下几点：

- XML 标签的名称可以包含字母、数字及其他字符。不能以数字或标点符号开始；不能以字符“xml”、“XML”或“Xml”等开始；不能包含空格。
- XML 语法是区分大小写的，所以在定义 XML 标签时必须保持大小写的一致性，例如，打开开始标签为“<head>”，结束标签为“</Head>”就是错误的写法。
- XML 必须正确地嵌套，例如，以下的标签嵌套关系是**错误**的：

```
<b><i>This text is bold and italic</b></i>
```

必须修改为

```
<b><i>This text is bold and italic</i></b>
```

- XML 文档中允许空元素的存在，所谓的空元素就是只有标签没有实际内容的元素，空元素有两种表示方法，例如“<a></a>”或“<a/>”。
- 在 XML 文档中所有的空格都会被保留。
- 可以在 XML 文档中写注释，注释形式与 HTML 中一样，例如：

```
<!--这是注释内容-->
```

- XML 中的实体引用。在 XML 文档中有一些字符具有特殊意义，例如，把字符“<”放在 XML 元素中会出错，因为解析器会把它当做新元素的开始。为了避免错误，需要用其对应的实体引用来表示。XML 中有 5 个预定义的实体引用，如表 10.1 所示。

表 10.1 XML 中的实体引用

名 称	符 号	实体引用	名 称	符 号	实体引用
大于号	>	>	单引号	'	'
小于号	<	<	双引号	"	"
连接符	&	&			

10.2 XML 在 SQL Server 2005 中的应用

SQL Server 2005 对 XML 的功能进行了很大的改进，XML 在 SQL Server 2005 中的应用主要有：创建 XML 类型的字段并导入 XML 文件内容；定义 XML 类型的变量；为 XML 类型的字段设置 XML 索引；使用 XQuey 对 XML 字段的内容进行查询；使用 FOW XML 子句将 SELECT 查询结果转换为 XML 格式等。

10.2.1　XML 数据类型

在 SQL Server 2005 中，新增加了一个 XML 数据类型，就像 char、int 等数据类型一样，XML 数据类型可以用于定义表中列的类型、变量的类型以及存储过程的参数类型，甚至可以作为函数的返回值类型。

XML 数据类型可以用来存储 XML 文档和片段（XML 片段是指缺少了根元素的 XML 实例），用户可以直接在数据库中存储、查询和管理 XML 文件。

用户可以将 XML 架构的集合与 XML 类型的变量、参数或列关联起来。在这种情况下，XML 数据类型实例称为“类型化”的 XML 实例，否则称为“非类型化”的 XML 实例。

虽然在 SQL Server 2005 中可以像其他数据类型一样使用 XML 数据类型，但是使用时还存在一些限制：

- XML 数据类型实例所占据的存储空间大小不能超过 2 GB；
- XML 列不能指定为主键或外键的一部分；
- 不支持转换或转换为 text 或 ntext；
- 不能用在 GROUP BY 语句中；
- 不能用做除 ISNULL、COALESCE 和 DATALENGTH 之外的系统标量函数的参数。

【例 10.1】　在 PXSCJ 数据库中创建一个表 Xmltable，表中包含两列：Name 和 Content，分别存储 XML 文件名和 XML 文件的内容；定义一个 XML 类型的变量并赋值。

创建表 Xmltable 的 T-SQL 语句，如下所示：

```
USE PXSCJ
GO
CREATE TABLE Xmltable
(
    Name       char(20)    NOT NULL PRIMARY KEY,
    Content    xml         NULL,
)
```

定义 XML 类型变量的 T-SQL 语句，如下所示：

```
DECLARE @doc xml
SELECT @doc=N'<XMLdata><name>note.xml</name><content>Hello!</content></XMLdata>'
```

说明：也可以以界面方式新建包含 XML 类型列的表，方法略。

10.2.2　SQL Server 2005 中导入 XML 数据

在表中新建了 XML 类型的列以后，需要将 XML 文件中的数据导入到 SQL Server 的相关数据表中才能进行 XML 数据的查询。要导入 XML 数据，首先要保证相应的数据表中有 XML 类型的字段。导入 XML 数据的方法一般有两种。

1．使用 INSERT 语句直接插入

可以使用 INSERT 语句将 XML 数据以字符串形式直接插入 XML 类型列中。

【例 10.2】　向例 10.1 新建的表 Xmltable 中插入一行包含 XML 数据的记录，示例数据为之前定义的 note.xml 文件的内容。

```
INSERT INTO Xmltable VALUES('note.xml', '<note><to>wang</to><from age="20">zhang</from>
    <heading>Reminder</heading><body>Don&apos;t forget me this weekend!</body></note>')
```

2．使用行集函数 OPENROWSET 语句

当 XML 文件的内容很多时，直接插入的方式显然不太合适。这时可以使用行集函数 OPENROWSET 来完成。OPENROWSET 函数返回一个表，可以在查询的 FROM 子句中像引用表名那样引用 OPENROWSET 函数。将 OPENROWSET 函数返回的内容用做 INSERT 或 MERGE 语句的源表，就可以将数据文件中的数据导入到 SQL Server 表中。

OPENROWSET 函数的语法格式：

```
OPENROWSET
(   BULK '<数据文件>'
  , { FORMATFILE = '<路径>' [ <BULK 选项> ]
      | SINGLE_BLOB | SINGLE_CLOB | SINGLE_NCLOB }
)
```

说明：

- BULK：使用 OPENROWSET 的 BULK 行集访问接口读取文件中的数据。在 SQL Server 中，OPENROWSET 无须将数据文件中的数据加载到目标表，便可读取这些数据。这样便可在单个 SELECT 语句中使用 OPENROWSET。
- <数据文件>：数据文件的完整路径，该文件的数据将被复制到目标表中。
- FORMATFILE：指定格式化文件的完整路径。<BULK 选项>用于指定 BULK 选项的一个或多个参数，这里不展开讨论。
- SINGLE_BLOB | SINGLE_CLOB | SINGLE_NCLOB：SINGLE_BLO 表示将<数据文件>的内容作为类型为 varbinary(MAX)的单行单列行集返回。SINGLE_CLOB 表示通过以 ASCII 格式读取数据文件，使用当前数据库的排序规则将内容作为类型为 varchar(MAX)的单行单列行集返回。SINGLE_NCLOB 表示通过以 UNICODE 格式读取数据文件，使用当前数据库的排序规则将内容作为类型为 nvarchar(MAX)的单行单列行集返回。这里建议用户仅使用 SINGLE_BLOB 选项（而不是 SINGLE_CLOB 和 SINGLE_NCLOB）导入 XML 数据，因为只有 SINGLE_BLOB 支持所有的 Windows 编码转换。

与 SELECT 一起使用的 FROM 子句可以调用 OPENROWSET(BULK...)而非表名，同时可以实现完整的 SELECT 功能。带有 BULK 选项的 OPENROWSET 函数在 FROM 子句中需要使用 AS 子句指定一个别名。也可以指定列别名，如果未指定列别名列表，则格式化文件必须具有列名，指定列别名会覆盖格式化文件中的列名，例如：

```
SELECT … FROM OPENROWSET(BULK...) AS <表别名>
SELECT … FROM OPENROWSET(BULK...) AS <表别名> (<列名>[,...n])
```

【例 10.3】 假设 note.xml 文件保存在 D 盘根目录下，使用 OPENROWSET 函数将该文件导入到数据表 Xmltable 中。插入数据使用如下语句：

```
INSERT INTO Xmltable(name, content)
    SELECT 'note2.xml' AS name, *
        FROM OPENROWSET(BULK N'D:\note.xml', SINGLE_BLOB)   AS note
```

XML 数据插入后可以使用 SELECT 语句查看插入了哪些数据：

```
SELECT * FROM Xmltable
```

结果如图 10.1 所示。

	Name	Content
1	note.xml	<note><to>wang</to><from age="20">zhang</from><heading>Reminder</heading><body>Don't forget me this weekend!</body></note>
2	note2.xml	<note><to>wang</to><from age="20">zhang</from><heading>Reminder</heading><body>Don't forget me this weekend!</body><number>12</number...

图 10.1　查询表中 XML 数据

另外，OPENROWSET 函数还可以用于插入图片文件、文本文件、Word 文件、Excel 文件等内容。这里以插入图片文件为例，具体的操作步骤如下。

(1) 建立测试表。

```
USE PXSCJ
GO
CREATE TABLE Test
(
    TestID   int     IDENTITY(1,1),
    BLOBName     varChar(50),
    BLOBData     varBinary(MAX)
)
```

(2) 使用 OPENROWSET 函数将图片文件导入数据库表字段。

```
INSERT INTO Test(BLOBName, BLOBData)
        SELECT 'picture', BulkColumn
            FROM OPENROWSET(Bulk 'D:\picture.jpg', SINGLE_BLOB) AS BLOB
```

(3) 查询导入数据。

若上述脚本执行成功，则可以通过下述查询语句来查询表 BLOBTest 中插入的数据：

```
SELECT   *
    FROM   Test
```

执行结果如图 10.2 所示。

	TestID	BLOBName	BLOBData
1	1	picture	0xFFD8FFE000104A46494600010200000100010000FFE100...

图 10.2　查询图片数据

从图 10.2 中可以看到，BLOBdata 的值是该图片所包含的二进制数据。

10.2.3　XQuery 的基本用法

XQuery 是一种从 XML 文档中查找和提取元素及属性的查询语言，可以查询结构化甚至半结构化的 XML 数据。由于 SQL Server 2005 数据库引擎中提供 XML 数据类型支持，因此可以将文档存储在数据库中，然后使用 XQuery 进行查询。XQuery 基于现有的 XPath 查询语言，并支持更好的迭代、更好的排序结果以及构造必需的 XML 的功能。XQuery 支持目前市场上主流的数据库管理系统，如 SQL Server、Oracle、DB2 等。本小节将简单介绍 XQuery 的用法。

在介绍 XQuery 语言之前，首先了解一下 XPath 的基本用法，因为 XQuery 语言的语法结构是建立在 XPath 基础之上的，然后再介绍几个 XML 数据类型方法，这些方法可以在 XQuery 查询中使用。

1. XPath 语法

XPath 是一种在 XML 文档中查找信息的语言，使用 XPath 的标准路径表达式可以在 XML 文档中选取相应的 XML 节点。在 XPath 中有 7 种类型的节点：元素、属性、文本、命名空间、处理指令、注释和文档（根）节点。例如，在之前创建的 note.xml 文件中，“<note>”是根节点，“<to>wang</to>”是元素节点，“age="20"”是属性节点。

XPath 是根据路径表达式在 XML 文档中查找信息的，其路径表达式与 Windows 的文件路径类似。可以把 XPath 比成文件管理路径：通过文件管理路径，可以按照一定的规则查找到所需要的文件；同样，依据 XPath 所制定的规则，也可以很方便地找到 XML 结构文档树中的任何一个节点。XPath 中常用的基本表达式在表 10.2 中列出。表 10.3 中给出了一些 XPath 中路径表达式的实例。

表 10.2 XPath 中的常用表达式

表 达 式	描 述
nodename	选取此节点的所有子节点
/	从根节点选取
//	从匹配选择的当前节点选择文档中的节点，而不考虑它们的位置
.	选取当前节点
..	选取当前节点的父节点
@	选取属性

表 10.3 XPath 路径表达式实例

路径表达式实例	含 义
school	选择 school 下的所有子节点
/school	选取根元素 school，假如路径起始于正斜杠“/”，则此路径始终代表到某元素的绝对路径
school/class	选取所有属于 school 的子元素的 class 元素
//class	选取所有 class 子元素，而不管它们在文档中的位置
school//book	选择所有属于 school 元素的后代的 class 元素，而不管它们位于 school 之下的什么位置
//@property	选取所有名为 property 的属性

另外，还可以使用谓词和通配符表达更为复杂的路径表达式，如表 10.4 所示。

表 10.4 复杂的路径表达式实例

路径表达式实例	含 义
/school/class[1]	选取属于 school 的第 1 个 class 元素
/school/class[last()]	选取属于 school 的最后 1 个 class 元素
/school/class[last()-1]	选取属于 school 的倒数第 2 个 class 元素
/school/class[position<4]	选取属于 school 的最前面 3 个 class 元素
/school/class[student_count>35]	选取所有 school 元素的 class 元素，且其中 student_count 元素的值须大于 35
//school[@property="20"]	选取所有属性 property 等于 20 的 school 元素
school/*	选取 school 下的所有子节点
//*	选取所有元素
//property=[@*]	选取所有带有 property 属性的元素

XPath 的作用是选取相应的 XML 节点，而在对 XML 文档的具体数据进行查询时，仅仅使用 XPath 是不够的。所以在 XPath 的基础上引入了 XQuery，XQuery 使用与 XPath 相同的函数和运算符，所以 XPath 中的路径表达式在 XQuery 中也适用。

2．XML 数据类型方法

SQL Server 2005 系统提供了一些内置的用于 XML 数据类型的方法。由于 XML 数据是分层次的，具有完整的结构和元数据，所以在查询 XML 实例时与普通数据类型不同。可以使用 XML 数据类型方法查询存储在 XML 类型的变量或列中的 XML 实例。常用的 XML 数据类型方法有以下几种。

(1) query()方法。语法格式：

```
query ('<XQuery 字符串>')
```

该方法只有一个参数，为一个字符串，用于指定查询 XML 实例中的 XML 节点（如元素、属性）的 XQuery 表达式。query()方法返回一个 XML 类型的结果。

【例 10.4】　声明一个 XML 变量并将有关学生信息的 XML 数据分配给它，再使用 query()方法对文档指定 XQuery 来查询<student>子元素。

```
DECLARE @xmldoc xml
SET @xmldoc=' <school>
    <class>
    <student>
        <name>王林</name>
        <sex>男</sex>
        <age>20</age>
    </student>
    <student>
        <name>何丽</name>
        <sex>女</sex>
        <age>21</age>
    </student>
</class>
</school>'
SELECT @xmldoc.query('/school/class/student') AS 学生信息
```

执行结果如图 10.3 所示。

	学生信息
1	<student><name>王林</name><sex>男</sex><age>20</age></student><student><name>何丽</name><sex>女</sex><age>21</age></student>

图 10.3　query()方法的使用及执行结果

(2) value()方法。语法格式：

```
value (<XQuery 字符串>, <数据类型>)
```

value()方法对 XML 执行 XQuery 查询，并返回 SQL 类型的标量值。通常可以使用此方法从 XML 类型列、参数或变量内存储的 XML 实例中提取值。这样就可以指定将 XML 数据与非 XML 列中的数据进行合并或比较 SELECT 查询。“<数据类型>”参数指定为要返回的首选 SQL 数据类型，value()方法的返回类型要与参数相匹配。

【例 10.5】　使用 value()方法从 XML 数据中查询出元素的属性值，并赋给 char 变量。

```
DECLARE @xmldoc xml
DECLARE @number char(6)
SET @xmldoc=' <school>
        <class><student number="081101">
                <name>王林</name>
                <sex>男</sex>
                <age>20</age>
        </student>
        <student number="081102">
                <name>何丽</name>
                <sex>女</sex>
                <age>21</age>
        </student></class>
</school>'
SET @number=@xmldoc.value('(/school/class/student/@number)[1]','char(6)')
SELECT @number AS 学号
```

执行结果如图 10.4 所示。

图 10.4　value()方法的使用

说明：vaule()方法返回一个带有结果的非 XML 数据类型，且只能返回单个值。

(3) exist()方法。语法格式：

```
exist (<XQuery 字符串>)
```

exist()方法返回一个“位”值，表示下列条件之一。

- 1，表示 True（如果查询中的 XQuery 表达式返回一个非空结果），即它至少返回一个 XML 节点。
- 0，表示 False（如果它返回一个空结果）。
- NULL（如果执行查询的 XML 数据类型实例包含 NULL）。

【例 10.6】　使用 exist()方法判断一个 XML 变量中是否存在某个属性。

```
DECLARE @xmldoc xml
SET @xmldoc= '<student name="王林"></student>'
SELECT @xmldoc.exist('/student/@name') AS 位值
```

执行结果如图 10.5 所示。

	位值
1	1

图 10.5　exist()方法的使用

(4) modify()方法。语法格式：

```
modify (<字符串>)
```

使用该方法可以修改 XML 文档的内容，也可以修改 XML 类型变量或列的内容等。参数是 XML 数据操作语言（DML）中的字符串，使用 XML DML 语句可以在 XML 数据中插入、更新或删除节点。modify()方法只能在 UPDATE 语句的 SET 子句中使用。

XML 数据操作语言（XML DML）是对 XQuery 语言的扩展，使 XQuery 语言能够进行数据操作（DML）。XML DML 将下列区分大小写的关键字添加到 XQuery 中：insert（插入）、delete（删除）、replace value of（替换）。

XML DML 中 insert 关键字的功能是将一个或多个节点作为 XML 实例中节点的子节点或同级节点插入 XML 实例中。语法格式如下：

```
insert   <节点 1> {{as first | as last} into | after | before}<节点 2>
```

说明：

- <节点 1>：标识要插入的一个或多个节点。
- <节点 2>：标识 XML 实例中的节点。<节点 1>标识的节点是相对于<节点 2>标识的节点插入的。<节点 2>可以是 XQuery 表达式，返回当前被引用的文档中现有节点的引用。如果返回多个节点，则插入失败。如果<节点 2>返回一个空序列，则不会发生插入操作，并且不会返回任何错误。
- into | after | before：into 关键字表示<节点 1>标识的节点作为<节点 2>标识的节点的子节点插入。如果<节点 2>中的节点已有一个或多个子节点，则必须使用 as first 或 as last 来指定所需的新节点的添加位置，分别在子列表的开头或末尾。插入属性时忽略 as first 和 as last 关键字。而 before 和 after 分别表示<节点 1>标识的节点作为<节点 2>标识的节点的同级节点直接插入在其前面和后面。

【例 10.7】 使用 XML DML 语句在一段 XML 数据中一个节点的后面添加一个节点。

```
DECLARE @xmldoc xml
SET @xmldoc='<student><name>王林</name><sex>男</sex><age>20</age></student>'
SELECT @xmldoc AS 插入节点前数据
SET @xmldoc.modify('insert <birthday>1991-02-10</birthday> after (/student/sex)[1]')
SELECT @xmldoc 插入节点后数据
```

执行结果如图 10.6 所示。

	插入节点前数据
1	<student><name>王林</name><sex>男</sex><age>20</age></student>

	插入节点后数据
1	<student><name>王林</name><sex>男</sex><birthday>1991-02-10</birthday><age>20</age></student>

图 10.6　插入节点

XML DML 语句的 delete 关键字的功能是删除 XML 实例中的节点。语法格式如下：

```
delete <节点>
```

删除的不能是根节点。

【例 10.8】 删除 XML 类型变量中的一个节点。

```
DECLARE @xmldoc xml
SET @xmldoc= '<student><name>王林</name><sex>男</sex><age>20</age></student>'
SELECT @xmldoc AS 删除节点前数据
SET @xmldoc.modify('delete (/student/age)[1]')
SELECT @xmldoc 删除节点后数据
```

执行结果如图 10.7 所示。

	删除节点前数据
1	<student><name>王林</name><sex>男</sex><age>20</age></student>

	删除节点后数据
1	<student><name>王林</name><sex>男</sex></student>

图 10.7 删除节点

XML DML 语句的 replace value of 关键字的功能是在 XML 文档中更新节点的值。语法格式如下：

```
replace value of  <节点 1>  with  <节点 2>
```

<节点 1>标识其值要更新的节点，它必须仅标识一个单个节点。<节点 2>用于指定节点的新值。

【例 10.9】 将学生信息的 XML 数据中的 name 节点的属性值“081101”使用“091101”来代替。

```
DECLARE @xmldoc xml
SET  @xmldoc=  '<student><name  number="081101"> 王 林 </name><sex> 男 </sex><age>20</age>
</student>'
SELECT @xmldoc AS 更新节点前数据
SET @xmldoc.modify('replace value of (/student/name/@number)[1] with "091101" ')
SELECT @xmldoc 更新节点后数据
```

执行结果如图 10.8 所示。

	更新节点前数据
1	<student><name number="081101">王林</name><sex>男</sex><age>20</age></student>

	更新节点后数据
1	<student><name number="091101">王林</name><sex>男</sex><age>20</age></student>

图 10.8 更新节点的值

(5) nodes()方法。

nodes()方法可以将 XML 实例拆分成关系数据。nodes()方法的结果是一个包含原始 XML 实例的逻辑副本的行集。在这些逻辑副本中，每个行示例的上下文节点都被设置成由查询表达式标识的节点之一。这样，后续的查询可以浏览与这些上下文节点相关的节点。

其语法格式：

```
nodes (<XQuery 字符串>) [AS] <表名>(<列名>)
```

如果查询表达式构造节点，这些已构造的节点将在结果行集中显示。<表名>(<列名>)用于指定结果行集的表名称和列名称。

【例 10.10】 使用 nodes()方法查找并列的<student>节点。

```
DECLARE @xmldoc xml
SET @xmldoc='<class>
    <student number="081101">
        <name>王林</name>
        <sex>男</sex>
        <age>20</age>
    </student>
```

```
        <student number="081102">
            <name>王燕</name>
            <sex>女</sex>
            <age>21</age>
        </student>
</class>'
SELECT T.a.query('.') AS 结果
    FROM @xmldoc.nodes('/class/student') T(a)
```

执行结果如图 10.9 所示。

	结果
1	<student number="081101"><name>王林</name><sex>男</sex><age>20</age></student>
2	<student number="081102"><name>王燕</name><sex>女</sex><age>21</age></student>

图 10.9 nodes()方法的使用

3. XQuery 查询

SQL Server 2005 支持的 XQuery 基本语法中除了能够使用 XPath 路径表达式进行查询外，还包含一个通用标准格式：FLWOR 表达式。FLWOR 是“For，Let，Where，Order by，Return”的缩写。以下示例说明了 FLWOR 的用法（假设 book 元素是根元素）：

```
for $x in doc("note.xml")/book/note
let $y :=/book/note/to
where $x/number<20
order by $x/brand
return $x/brand
```

说明：FLWOR 表达式可以由以下部分组成：

- for 语句：将 note.xml 文件中 book 元素下所有的 note 元素提取出来赋给变量$x。其中，doc()是内置函数，作用是打开相应的 xml 文档。
- let 语句：该语句可选，用于在 XQuery 表达式中为变量赋值。
- where 语句：该语句可选，用于选取 note 元素下 number 元素小于 20 的 note 元素。
- order by 语句：该语句可选，用于指定查询结果按照 brand 升序排序。
- return 语句：return 语句中的表达式用于构造 FLWOR 表达式的结果。

【例 10.11】 查询 xml 文档中 age 元素小于 20 的 name 元素的数据。

```
DECLARE @xmldoc xml
SET @xmldoc='<class>
    <student number="081101">
        <name>王林</name><sex>男</sex><age>20</age>
    </student>
    <student number="081102">
        <name>王燕</name><sex>女</sex><age>19</age>
    </student>
        <student number="081103">
        <name>程明</name><sex>男</sex><age>18</age>
    </student>
</class>'
SELECT @xmldoc.query('/class/student [age<20]')
```

执行结果如图 10.10 所示。

	(无列名)
1	<student number="081102"><name>王燕</name><sex>女</sex><age>19</age></student><student number="081103"><name>程明</name><sex>男</sex><age>18</age></student>

图 10.10 例 10.11 中查询 age 元素小于 20 的 XML 数据

【例 10.12】 使用 FLWOR 表达式查询 XML 数据。

```
DECLARE @x XML
SET @x='<ManuInstructions ProductModelID="1" ProductModelName="SomeBike" >
              <Location LocationID="L1" >
                  <Step>Manu step 1 at Loc 1</Step>
                  <Step>Manu step 2 at Loc 1</Step>
                  <Step>Manu step 3 at Loc 1</Step>
              </Location>
              <Location LocationID="L2" >
                  <Step>Manu step 1 at Loc 2</Step>
                  <Step>Manu step 2 at Loc 2</Step>
                  <Step>Manu step 3 at Loc 2</Step>
              </Location>
          </ManuInstructions>'
SELECT @x.query( 'for $step in /ManuInstructions/Location[1]/Step
                  return string($step) ' )
```

执行结果如图 10.11 所示。

	(无列名)
1	Manu step 1 at Loc 1 Manu step 2 at Loc 1 Manu step 3 at Loc 1

图 10.11 例 10.12 中 FLWOR 表达式的使用

10.2.4 FOR XML 子句的使用

在 SELECT 语句中使用 FOR XML 子句可以将 SQL Server 2005 中表的数据检索出来并自动生成 XML 格式。语法格式：

```
FOR XML
{
    { RAW [ ( '<元素别名>' ) ] | AUTO }
    [    <公共选项>
         [ , ELEMENTS [ XSINIL | ABSENT ]
    ]
  | EXPLICIT <公共选项>
  | PATH [ ( '<元素别名>' ) ] <公共选项> [ , ELEMENTS [ XSINIL | ABSENT ] ] ]
}
```

其中：

```
<公共选项> ::=
[ , BINARY BASE64 ]
[ , TYPE ]
[ , ROOT [ ( '<根元素名>' ) ]]
```

由语法格式可以看出，FOR XML 子句可以分为 4 种模式：RAW、AUTO、EXPLICIT

和 PATH。下面将具体介绍这些模式。

1. FOR XML RAW

FOR XML RAW 是 FOR XML 查询模式中最简单的一种。它获得查询结果并将结果集内的每一行转换为以一般标识符<row/>作为元素标记的 XML 元素。在默认情况下，RAW 模式下元素名称为<row>，结果集中非空的列值将映射为<row>元素的一个属性，即<row>元素的属性名称为列名或列别名。如果需要定义别的元素名称，则可以使用参数来指定。

RAW 模式下可以使用以下选项。

- BINARY BASE64：指定查询返回二进制 base64 编码格式的二进制数据。
- TYPE：指定查询以 XML 类型返回结果。
- ROOT：指定将一个根元素添加到结果 XML 中。可以指定要使用指定的根元素名称，如果不指定则默认为<root>。
- ELEMENTS：指定列作为子元素返回。其中，ELEMENTS XSINIL 指定为空列值创建其 xsi:nil 属性设置为 True 的元素。ELEMENTS ABSENT 指示对于空列值，将不在 XML 结果中添加对应的 XML 元素。

【例 10.13】　查询 PXSCJ 数据库的 XSB 表中总学分大于 50 的学生信息，并将结果返回为 XML 元素。

```
USE PXSCJ
GO
SELECT 学号, 姓名, 性别, 出生时间
    FROM XSB
    WHERE 总学分>50
    FOR XML RAW
```

执行上述语句，查看结果窗口中的结果，如图 10.12 所示。

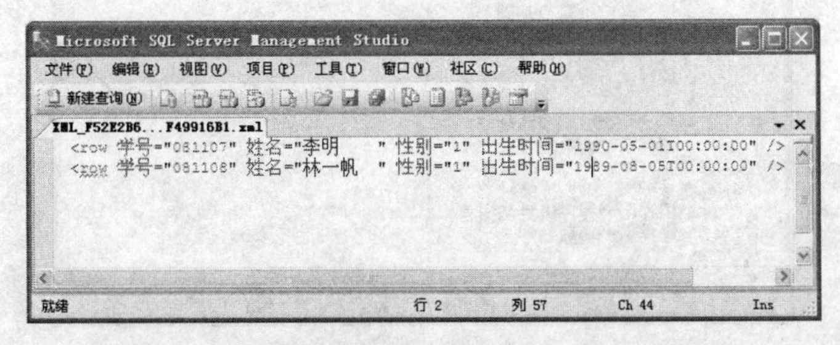

图 10.12　使用 RAW 模式将查询结果生成为 XML 元素

【例 10.14】　使用 RAW 模式指定以 XML 类型返回结果。

```
DECLARE @x XML
SET @x=( SELECT *
            FROM KCB
            FOR XML RAW('course'),TYPE)
SELECT @x
```

执行结果如图 10.13 所示。

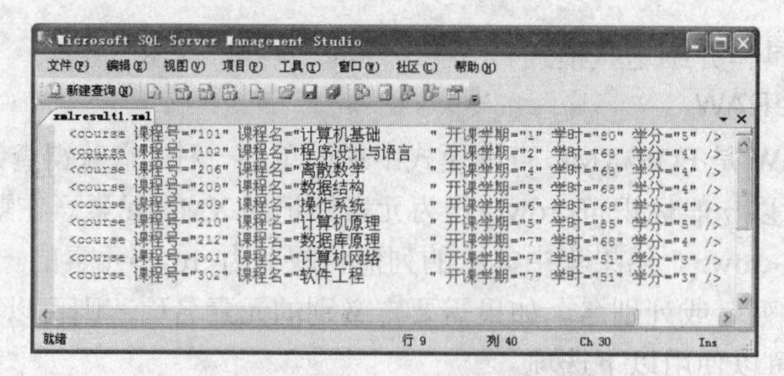

图 10.13 返回 XML 类型的结果

2. FOR XML AUTO

FOR XML AUTO 模式也返回 XML 文档，该模式将查询结果返回为嵌套的 XML 树形式。不过和 RAW 模式不同的是，在 AUTO 模式中使用表名作为元素名称，FROM 子句中每个在 SELECT 子句中至少列出一次的表都被表示为一个 XML 元素，使用列名作为属性名称。AUTO 模式中使用的选项命令与 RAW 模式的相同。

【例 10.15】 使用 AUTO 模式检索出学生的学号、课程名和成绩信息。

```
SELECT CJB.学号, 课程名, 成绩
    FROM CJB JOIN KCB
        ON CJB.课程号=KCB.课程号
    FOR XML AUTO
```

执行结果如图 10.14 所示。

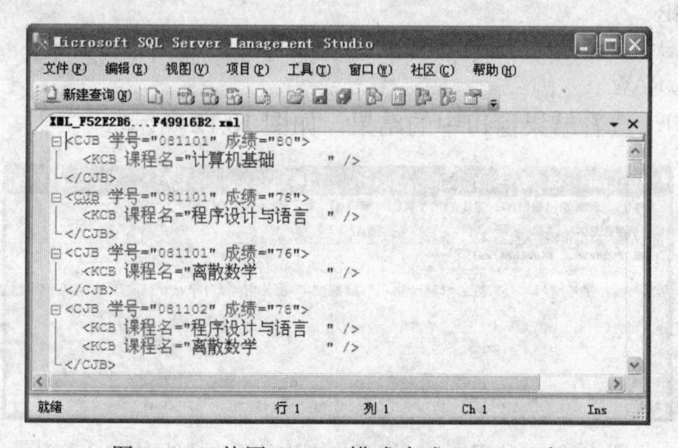

图 10.14 使用 AUTO 模式生成 XML 元素

3. FOR XML EXPLICIT

使用 RAW 和 AUTO 模式都不能很好地控制从查询结果生成的 XML 的形状，而 FOR XML EXPLICIT 模式允许用户显式地定义结果 XML 树的形状。EXPLICIT 模式产生独立于表的具有任意树形的层次结构。

如果直接在 SELECT 语句中使用 FOR XML EXPLICIT 子句，会出现错误。要正确使用 FOR XML EXPLICIT 模式，在 SELECT 关键字后必须增加两个数据列：Tag 和 Parent。第一列名称为 Tag，Tag 列必须提供当前元素的标记号（整数类型），查询必须为从行集构造的每个元素提供唯一标记号。第二列名称为 Parent，Parent 列必须提供父元素的标记号，如果父元素为根元素，则可以使用 NULL 或 0。这样，Tag 和 Parent 列将提供层次结构信

息。例如，Tag 列的值为 1，Parent 列的值为 NULL，则相应的元素将作为根元素。Tag 值为 2，Parent 值为 1，则标记号为 2 的数据列的一组元素将作为根元素的子元素添加。

除了在 SELECT 子句后包含 Tag 和 Parent 列外，还应该至少包含一个数据列。格式如下：

```
[ ElementName!TagNumber!AttributeName!Directive ]
```

说明：

- ElementName：所生成元素的通用标识符。例如，如果将 ElementName 指定为 Customers，将生成<Customers>元素。
- TagNumber：分配给元素的唯一标记值。
- AttributeName：提供要在指定的 ElementName 中构造的属性名称。
- Directive：Directive 是可选的，可以提供有关 XML 构造的其他信息。

可以将 HIDE、ELEMENT、ELEMENTXSINIL、XML、XMLTEXT 和 CDATA 关键字作为 Directive。“HIDE”指令会隐藏节点；“ELEMENT”指令生成的结果中包含元素而不是属性；如果要为 NULL 列值生成元素，可以指定“ELEMENTXSINIL”指令；除不发生实体编码外，“XML”指令与“ELEMENT”指令相同；如果指定了“XMLTEXT”指令，则列内容包装在与文档的其余部分集成在一起的单个标记中；“CDATA”指令通过将数据与 CDATA 部分包装在一起来包含数据。

一般使用一个 SELECT 语句往往不能体现出 FOR XML EXPLICIT 子句的优势，所以通常使用 UNION 语句将两个或两个以上的 SELECT 语句连接起来。

【例 10.16】 使用 EXPLICIT 模式检索出学号、姓名、总学分 3 列的信息。

```
SELECT DISTINCT 1 AS Tag, NULL AS Parent,
        XSB.学号  AS [学生信息!1!学号],
        姓名  AS [学生信息!1!姓名],
        NULL AS [成绩信息!2!成绩]
    FROM XSB, CJB
    WHERE XSB.学号=CJB.学号
UNION ALL
SELECT 2 AS Tag, 1 AS Parent,
        XSB.学号, 姓名, 成绩
    FROM XSB, CJB
    WHERE XSB.学号=CJB.学号
    ORDER BY [学生信息!1!学号],[成绩信息!2!成绩]
    FOR XML EXPLICIT
```

说明：上述语句中使用 UNION ALL 组合了两个查询，第一个查询将<学生信息>设为父元素，并设置属性“学号”和“姓名”，将值 2 赋给<成绩信息>元素的 Tag，将值 1 赋给 Parent，从而将<成绩信息>设为<学生信息>的子元素。应用 FOR XML EXPLICIT，并指定所需的 ORDER BY 子句。必须先按学号、再按成绩对行集进行排序，以便先显示成绩中的 NULL 值。执行上述语句后单击显示的结果，显示如图 10.15 所示的窗口。

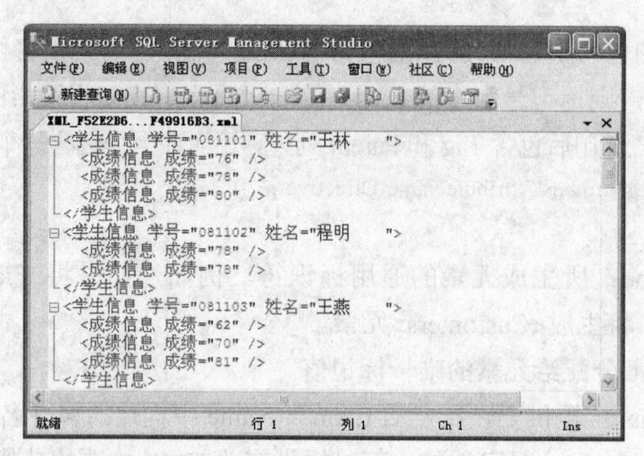

图 10.15 使用 EXPLICIT 模式生成 XML 元素

4. FOR XML PATH

FOR XML PATH 模式提供了一种更简单的方法来混合元素和属性。PATH 模式还是一种用于引入附加嵌套来表示复杂属性的较简单的方法。使用 PATH 模式可以为使用 EXPLICIT 指令所编写的查询提供更简单的代替方案。

在默认情况下，PATH 模式为结果集中的每一行生成一个<row>元素，也可以使用自定义元素的名称。如果提供了空字符串（如 FOR XML PATH('')），则不会生成任何元素。

在 PATH 模式中，列名或列别名被作为 XPath 表达式来处理。这些表达式指明了如何将值映射到 XML。每个 XPath 表达式都是一个相对 XPath，它提供了项类型（如属性、元素和标量值）以及将相对于行元素而生成的节点的名称和层次结构。

如果查询生成的结果集中包含了列名，则指定的列名将作为<row>元素的子元素，相应的列值将作为元素的内容。例如，

```
SELECT *
    FROM XSB
    WHERE 学号= '081101'
    FOR XML PATH
```

上述语句的执行结果如下：

```
<row>
  <学号>081101</学号>
  <姓名>王林      </姓名>
  <性别>0</性别>
  <出生时间>1990-02-10T00:00:00</出生时间>
  <专业>计算机        </专业>
  <总学分>50</总学分>
</row>
```

如果指定的列别名以“@”符号开始并且不包含“/”标记，则将创建包含相应列值的<row>元素的属性。例如，

```
SELECT 学号 AS '@编号', 姓名, 出生时间, 总学分
    FROM XSB
    WHERE 学号= '081101'
    FOR XML PATH
```

上述语句的执行结果如下：

```
<row 编号="081101">
  <姓名>王林      </姓名>
  <出生时间>1990-02-10T00:00:00</出生时间>
  <总学分>50</总学分>
</row>
```

使用“/”标记可以指定元素的层次，例如，“学生信息/学号”可以指定<学生信息>为父元素，<学号>为子元素。

【例 10.17】　查找总学分大于 50 的学生，<row>元素更名为<学生管理>，“备注”作为“学生管理”的属性。“学生管理”元素下是“学生信息”元素，“学号”、“姓名”和“总学分”作为“学生信息”的子元素。

```
SELECT 备注 AS '@备注',
        学号 AS '学生信息/学号',
        姓名 AS '学生信息/姓名',
        总学分 AS '学生信息/总学分'
    FROM XSB
    WHERE 总学分>50
    FOR XML PATH('学生管理')
```

执行结果如图 10.16 所示。

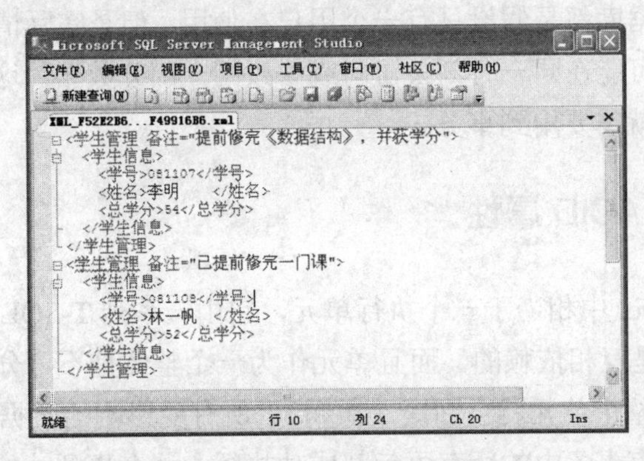

图 10.16　使用 PATH 模式生成 XML 元素

第11章 其他

本章主要讨论 SQL Server 中的一些其他概念，包括事务、锁定、数据库自动化等。事务与锁定概念与 SQL Server 的并发控制有关。数据库自动化是实现系统管理自动化的手段。

11.1 事务

到目前为止，数据库都是假设只有一个用户在使用，但是实际情况往往是多个用户共享数据库。多个用户可能在同一时刻去访问或修改同一部分数据，这样可能导致数据库中的数据不一致，这时就需要用到事务。

11.1.1 事务与 ACID 属性

事务在 SQL Server 中相当于一个执行单元，它由一系列 T-SQL 语句组成。这个单元中的每个 SQL 语句是互相依赖的，而且单元作为一个整体是不可分割的。如果单元中的一个语句不能完成，整个单元就会回滚（撤销），所有受影响的数据将返回到事务开始之前的状态。因而，只有事务中的所有语句都成功执行，这个事务才能被认为是成功执行。

在现实生活中，事务就在我们周围——银行交易、股票交易、网上购物等。在所有这些例子中，事务的成功取决于这些相互依赖的行为是否能够被成功地执行，是否互相协调。其中任何一个行为失败都将取消整个事务，而使系统返回到事务处理之前的状态。

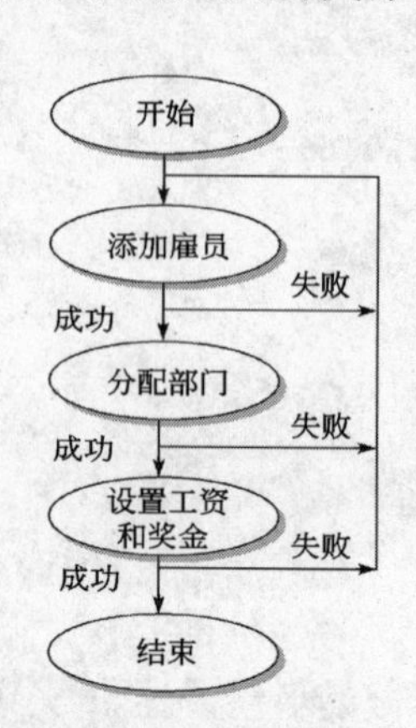

图 11.1 添加雇员事务

使用一个简单的例子来帮助大家理解事务：公司添加一名新的雇员（见图 11.1）。其过程由 3 个基本步骤组成：在雇员数据库中为雇员创建一条记录；为雇员分配部门；建立雇员的工资记录。如果这 3 个步骤中的任何一步失败，例如为新成员分配的雇员 ID 已经被其他人使用或者输入到工资系统中的值太大，系统就必须撤销在失败之前所有的变化，删除所有不完整记录的踪迹，避免以后的不一致和计算失误。前面的 3 项任务构成了一个事务。任何一个任务的失败都会导致整个事务被撤销，而使系统返回到之前的状态。

在形式上，事务是由 ACID 属性标识的。术语“ACID”是一个缩写，每个事务的处理必须满足 ACID 原则，即原子性（Atomicity）、一致性（Consistency）、隔离性（Isolation）和持久性（Durability）。

(1) 原子性。原子性意味着每个事务都必须被认为是一个不可分割的单元。假设一个事务由两个或者多个任务组成，其中的语句必须同时成功，才能认为事务是成功的。如果事务失败，系统将会返回到事务之前的状态。

在添加雇员这个例子中，原子性指如果没有创建雇员相应的工资表和部门记录，就不可能向雇员数据库添加雇员。

原子的执行是一个或者全部发生，或者什么也没有发生的命题。在一个原子操作中，如果事务中的任何一个语句失败，前面执行的语句都将返回，以保证数据的整体性没有受到影响。这在一些关键系统中尤其重要，现实世界的应用程序（如金融系统）执行数据输入或更新，必须保证不出现数据丢失或数据错误，以保证数据安全性。

(2) 一致性。不管事务是完全成功完成还是中途失败，当事务使系统中的所有数据处于一致的状态时存在一致性。参照前面的例子，一致性是指，如果从系统中删除了一个雇员，则所有与该雇员相关的数据，包括工资数据和组的成员资格也要被删除。

(3) 隔离性。隔离性是指每个事务在它自己的空间发生和其他发生在系统中的事务隔离，而且事务的结果只有在完全被执行时才能看到。即使在这样的一个系统中同时发生了多个事务，隔离性原则也保证某个特定事务在完全完成之前，其结果是看不到的。
当系统支持多个同时存在的用户和连接时（如 SQL Server），这就尤其重要。如果系统不遵循这个基本规则，就可能导致大量数据的破坏，如每个事务各自空间的完整性很快地被其他冲突事务所侵犯。

(4) 持久性。持久性意味着一旦事务执行成功，系统中产生的所有变化将是永久的。即使系统崩溃，一个提交的事务仍然存在。当一个事务完成，数据库的日志已经被更新时，持久性就开始发生作用。大多数 RDBMS 产品通过保存所有行为的日志来保证数据的持久性，这些行为是指在数据库中以任何方法更改数据。数据库日志记录所有对于表的更新、查询、报表等。

11.1.2 多用户使用的问题

当多个用户对数据库并发访问时，可能导致丢失更新、脏读、不可重复读和幻读等问题。

丢失更新（lost update）是指当两个或多个事务选择同一行，然后基于最初选定的值更新该行时，由于每个事务都不知道其他事务的存在，因此最后的更新将重写由其他事务所做的更新，这将导致数据丢失。

脏读（dirty read）是指一个事务正在访问数据，而其他事务正在更新该数据，但尚未提交，此时就会发生脏读问题，即第一个事务所读取的数据是“脏”（不正确）数据，它可能会引起错误。

当一个事务多次访问同一行而且每次读取不同的数据时，会发生不可重复读（unrepeatable read）问题。不可重复读与脏读有相似之处，因为该事务也是正在读取其他事务正在更改的数据。当一个事务访问数据时，另外的事务也访问该数据并对其进行修改，因此就发生了由于第二个事务对数据的修改而导致第一个事务两次读到的数据不一样的情况，这就是不可重复读。

当一个事务对某行执行插入或删除操作，而该行属于某个事务正在读取的行的范围时，会发生幻读（phantom read）问题。事务第一次读的行范围显示出其中一行已不复存在于第二次读或后续读中，因为该行已被其他事务删除。同样，由于其他事务的插入操作，事务的第二次读或后续读显示有一行已不存在于原始读中。

11.1.3 事务处理

SQL Server 2005 中的事务可以分为两类：系统提供的事务和用户定义的事务。

系统提供的事务是在执行某些 T-SQL 语句时，一条语句就构成了一个事务，这些语句包括 ALTER TABLE、CREATE、DELETE、DROP、FETCH、GRANT、INSERT、OPEN、REVOKE、SELECT、UPDATE、TRUNCATE TABLE。

例如，执行如下创建表的语句：

```
CREATE TABLE xxx
(
    f1 int NOT NULL,
    f2 char(10) NOT NULL,
    f3 varchar(30) NULL
)
```

以上语句本身构成一个事务，它要么建立起包含 3 列的表结构，要么对数据库没有任何影响，而不会建立包含 1 列或 2 列的表结构。

在实际应用中，大量使用的是用户自定义的事务。用户自定义事务的定义方法主要有以下步骤：

1．开始事务

在 SQL Server 中，显式地开始一个事务可以使用 BEGIN TRANSACTION 语句。

语法格式：

```
BEGIN { TRAN | TRANSACTION } <事务名>
    [ WITH MARK [ '<标记字符串>' ] ]
[ ; ]
```

说明：TRAN 是 TRANSACTION 的同义词。事务名不能超过 32 个字符；WITH MARK 指定在日志中标记事务，如果使用了 WITH MARK，则必须指定事务名。

2．结束事务

COMMIT TRANSCATION 语句是提交语句，它将事务开始以来所执行的所有数据都修改成为数据库的永久部分，也标志一个事务的结束，其语法格式：

```
COMMIT { TRAN | TRANSACTION } <事务名>
[ ; ]
```

标志一个事务的结束也可以使用 COMMIT WORK 语句。语法格式：

```
COMMIT [WORK]
```

此语句的功能与 COMMIT TRANSACTION 相同，但 COMMIT TRANSACTION 接受用户定义的事务名称，而 COMMIT WORK 不带参数。

3．撤销事务

若要结束一个事务，可以使用 ROLLBACK TRANSACTION 语句。它使得事务回滚到起点，撤销从最近一条 BEGIN TRANSACTION 语句以后对数据库的所有更改，同时也标志了一个事务的结束。其语法格式：

```
ROLLBACK { TRAN | TRANSACTION } <事务名>
[;]
```

说明：事务名必须是为 BEGIN TRANSACTION 语句上的事务分配的名称。ROLLBACK TRANSACTION 语句不能在 COMMIT 语句之后。

另外，一条ROLLBACK WORK语句也能撤销一个事务，功能与ROLLBACK TRANSACTION 语句一样，但 ROLLBACK TRANSACTION 语句接受用户定义的事务名称。语法格式：

```
ROLLBACK [ WORK ] [ ; ]
```

4．回滚事务

ROLLBACK TRANSACTION 语句除了能够撤销整个事务，还可以使事务回滚到某个点，不过在这之前需要使用 SAVE TRANSACTION 语句来设置一个保存点。

SAVE TRANSACTION 的语法格式：

```
SAVE { TRAN | TRANSACTION } <保存点名>
[;]
```

ROLLBACK TRANSACTION 语句可以向已命名的保存点回滚一个事务。如果在保存点被设置后，当前事务对数据进行更改，则这些更改会在回滚中被撤销。语法格式：

```
ROLLBACK { TRAN | TRANSACTION } <保存点名>
[;]
```

在事务中允许有重复的保存点名称，但指定保存点名称的 ROLLBACK TRANSACTION 语句只将事务回滚到使用该名称的最近的 SAVE TRANSACTION。

下面几个语句说明了有关事务的处理过程：

① BEGIN TRANSACTION mytran1

② UPDATE …

③ DELETE…

④ SAVE TRANSACTION S1

⑤ DELETE…

⑥ ROLLBACK TRANSACTION S1;

⑦ INSERT…

⑧ COMMIT TRANSACTION

说明：在以上语句中，语句①开始了一个事务 mytran1；语句②、③对数据进行修改，但没有提交；语句④设置一个保存点 S1；语句⑤删除数据，但没有提交；语句⑥将事务回滚到保存点 S1，这时语句⑤所做修改被撤销了；语句⑦添加数据；语句⑧结束这个事务

mytran1，这时只有语句②、③、⑦对数据库做的修改被持久化。

【例 11.1】 定义一个事务，向 PXSCJ 数据库的 XSB 表添加一行数据，然后删除该行数据；但执行后，新插入的数据行并没有删除，因为事务中使用 ROLLBACK 语句将操作回滚到保存点 My_sav，即删除前的状态。

```
BEGIN TRANSACTION My_tran
USE PXSCJ
INSERT INTO XSB
    VALUES('081115', '胡新华', 1, '1991-06-27', '计算机', 50, NULL)
SAVE TRANSACTION My_sav
DELETE FROM XSB WHERE 学号='081115'
ROLLBACK TRAN My_sav
COMMIT WORK
GO
```

执行完上述语句后使用 SELECT 语句查询 XSB 表中的记录：

```
SELECT *
    FROM XSB
    WHERE 学号='081115'
```

执行结果如下：

	学号	姓名	性别	出生时间	专业	总学分	备注
1	081115	胡新华	1	1991-06-27 00:00:00.000	计算机	50	NULL

在 SQL Server 2005 中，事务是可以嵌套的。例如，在 BEGIN TRANSACTION 语句之后还可以再使用 BEGIN TRANSACTION 语句在本事务中开始另外一个事务。在 SQL Server 2005 中有一个系统全局变量@@TRANCOUNT，这个全局变量用于报告当前等待处理的嵌套事务的数量。如果没有等待处理的事务，则这个变量值为 0。BEGIN TRANSACTION 语句将使@@TRANCOUNT 的值加 1。ROLLBACK TRANSACTION 语句将使@@TRANCOUNT 的值递减到 0，但 ROLLBACK TRANSACTION savepoint_name 语句不影响@@TRANCOUNT 的值。COMMIT TRANSACTION 和 COMMIT WORK 语句将使@@TRANCOUNT 的值减 1。

11.1.4 事务隔离级

每一个事务都有一个所谓的隔离级，它定义了用户彼此之间隔离和交互的程度。前面曾提到，事务型关系型数据库管理系统的一个最重要属性就是，它可以“隔离”在服务器上正在处理的不同会话。在单用户的环境中，这个属性无关紧要，因为在任意时刻只有一个会话处于活动状态。但是在多用户环境中，许多关系型数据库管理系统会话在任意给定时刻都是活动的。在这种情况下，能够隔离事务是很重要的，这样它们不互相影响，同时保证数据库性能不受到影响。

为了了解事务隔离的重要性，有必要来考虑如果不强加隔离将会产生何种结果。如果没有事务的隔离性，不同的 SELECT 语句将在同一个事务环境中检索到不同的结果。因为在这期间，数据已经被其他事务修改。这将导致不一致性，同时很难相信结果集，从而不能利用查询结果作为计算的基础。因而隔离性强制对事务进行某种程度的隔离，能够保证应用程序在事务中看到一致的数据。

较低的隔离级别可以增加并发，但代价是降低数据的正确性。相反，较高的隔离级别可以确保数据的正确性，但可能对并发产生负面影响。

在 SQL Server 2005 中，可以使用 SET TRANSACTION ISOLATION LEVEL 语句来设置事务的隔离级别。语法格式：

```
SET TRANSACTION ISOLATION LEVEL
{       READ UNCOMMITTED
        | READ COMMITTED
        | REPEATABLE READ
        | SNAPSHOT
        | SERIALIZABLE
}
[ ; ]
```

说明：SQL Server 2005 提供了 5 种隔离级：未提交读（READ UNCOMMITTED）、提交读（READ COMMITTED）、可重复读（REPEATABLE READ）、快照（SNAPSHOT）和序列化（SERIALIZABLE）。

(1) 未提交读。未提交读提供了事务之间最小限度的隔离，允许脏读，但不允许丢失更新。如果一个事务已经开始写数据，则另外一个事务不允许同时进行写操作，但允许其他事务读取此行数据。该隔离级别可以通过“排他锁”实现。

(2) 提交读。提交读是 SQL Server 2005 默认的隔离级别，处于这一级的事务可以看到其他事务添加的新记录，而且其他事务一旦提交对现存记录做出的修改，也可以看到。也就是说，这意味着在事务处理期间，如果其他事务修改了相应的表，那么同一个事务的多个 SELECT 语句可能返回不同的结果。提交读允许不可重复读取，但不允许脏读。该隔离级别可以通过“共享锁”和“排他锁”实现。

(3) 可重复读。处于这一级的事务禁止不可重复读取和脏读，但是有时可能出现幻读。读取数据的事务将会禁止写事务（但允许读事务），写事务则禁止任何其他事务。

(4) 快照。处于这一级别的事务只能识别在其开始之前提交的数据修改。在当前事务中执行的语句将看不到在当前事务开始以后，由其他事务所做的数据修改，其效果就好像事务中的语句获得了已提交数据的快照，因为该数据在事务开始时就存在。必须在每个数据库中将 ALLOW_SNAPSHOT_ISOLATION 数据库选项设置为 ON，才能开始一个使用 SNAPSHOT 隔离级别的事务。设置的方法如下：

```
ALTER DATABASE <数据库名>
        SET ALLOW_SNAPSHOT_ISOLATION ON
```

(5) 序列化。序列化是隔离事务的最高级别，提供严格的事务隔离。它要求事务序列化执行，事务只能一个接着一个地执行，不能并发执行。

隔离级别越高，越能保证数据的完整性和一致性，但是对并发性能的影响也越大。对于大多数应用程序，可以优先考虑把数据库的隔离级别设为 READ COMMITTED，它能够避免脏取，而且具有较好的并发性能。

下面就 PXSCJ 数据库的隔离级别设置做一个简单示范，在 SSMS 中打开两个“查询分析器”窗口，在第一个窗口中执行如下语句，更新课程表 KCB 中的信息：

```
USE PXSCJ
```

```
GO
BEGIN TRAN
UPDATE KCB set 课程名='计算机导论' WHERE 课程号='101'
```

由于代码中并没有执行 COMMIT 语句，所以数据变动操作实际上还没有最终完成。接下来，在另一个窗口里执行下列语句查询 KCB 表中的数据：

```
SELECT * FROM KCB
```

“结果”窗口中将不显示任何查询结果，窗口底部提示“正在执行查询...”。出现这种情况的原因是，PXSCJ 数据库的默认隔离级别是 READ COMMITTED，若一个事务更新了数据，但事务尚未结束，这时就发生了脏读的情况。

在第一个窗口中使用 ROLLBACK 语句回滚以上操作。这时使用 SET 语句设置事务的隔离级别为 READ UNCOMMITTED，执行如下语句：

```
SET TRANSACTION ISOLATION LEVEL READ UNCOMMITTED
```

这时再重新执行修改和查询的操作就能够查询到事务正在修改的数据行，因为 READ UNCOMMITTED 隔离级别允许脏读。

11.2 锁定

当用户对数据库并发访问时，为了确保事务完整性和数据库的一致性，需要使用锁定，锁定是实现数据库并发控制的主要手段，可以防止用户读取正在由其他用户更改的数据，并可以防止多个用户同时更改相同数据。如果不使用锁定，则数据库中的数据可能在逻辑上不正确，并且对数据的查询可能会产生意想不到的结果。具体地说，锁定可以防止丢失更新、脏读、不可重复读和幻读等。

当两个事务分别锁定某个资源，而又分别等待对方释放其锁定的资源时，就会发生死锁。

11.2.1 锁定粒度

在 SQL Server 中，可被锁定的资源从小到大分别是行、页、扩展盘区、表和数据库，被锁定的资源单位称为锁定粒度。可见，上述 5 种资源单位其锁定粒度是由小到大排列的。锁定粒度不同，系统的开销也不同，并且锁定粒度与数据库访问并发度是一对矛盾，锁定粒度大，系统开销小，但并发度降低；锁定粒度小，系统开销大，但并发度提高。

11.2.2 锁定模式

SQL Server 使用不同的锁定模式锁定资源，这些锁定模式确定了并发事务访问资源的方式。共有 6 种锁定模式，分别是：排他（Exclusive，X）、共享（Shared，S）、更新（Update，U）、意向（Intent）、架构（Schema）、键范围（Key-range）和大容量更新（Bulk Update，BU）。

(1) 排他锁。排他锁可以防止并发事务对资源进行访问。其他事务不能读取或修改排他锁锁定的数据。

(2) 共享锁。共享锁允许并发事务读取一个资源。当一个资源上存在共享锁时，任何其他事务都不能修改数据。一旦读取数据完毕，资源上的共享锁便立即释放，除非将事务隔离级别设置为可重复读或更高级别，或者在事务生存周期内用锁定提示保留共享锁。

(3) 更新锁。更新锁可以防止通常形式的死锁。一般更新模式由一个事务组成，此事务读取记录，获取资源（页或行）的共享锁，然后修改行，此操作要求锁转换为排他锁。如果两个事务获得了资源上的共享锁，然后试图同时更新数据，则其中的一个事务将尝试把锁转换为排他锁。共享模式到排他锁的转换必须等待一段时间，因为一个事务的排他锁与其他事务的共享锁不兼容，这就是锁等待。第二个事务试图获取排他锁以进行更新。由于两个事务都要转换为排他锁，并且每个事务都等待另一个事务释放共享锁，因此会发生死锁，这就是潜在的死锁问题。

要避免这种情况的发生，可使用更新锁。一次只允许有一个事务可获得资源的更新锁，如果该事务要修改锁定的资源，则更新锁将转换为排他锁；否则为共享锁。

(4) 意向锁。意向锁表示 SQL Server 需要在层次结构中的某些底层资源（如表中的页或行）上获取共享锁或排他锁，例如，放置在表级的共享意向锁表示事务打算在表中的页或行上放置共享锁。在表级设置意向锁可防止另一个事务随后在包含那一页的表上获取排他锁。意向锁可以提高性能，因为 SQL Server 仅在表级检查意向锁来确定事务是否可以安全地获取该表上的锁，而无须检查表中的每行或每页上的锁以确定事务是否可以锁定整个表。

意向锁包括意向共享（IS）、意向排他（IX）以及意向排他共享（ISX）等。

- 意向共享锁：通过在各资源上放置共享锁，表明事务的意向是读取层次结构中的部分底层资源。
- 意向排他锁：通过在各资源上放置排他锁，表明事务的意向是修改层次结构中部分底层资源。
- 意向排他共享锁：通过在各资源上放置意向排他锁，表明事务的意向是读取层次结构中的全部底层资源并修改部分底层资源。

(5) 键范围锁。键范围锁用于序列化的事务隔离级别，可以保护由 T-SQL 语句读取的记录集合中隐含的行范围。键范围锁可以防止幻读，还可以防止对事务访问的记录集进行幻像插入或删除。

(6) 架构锁。执行表的数据定义语言操作（如增加列或删除表）时使用架构修改锁。当编译查询时，使用架构稳定性锁。架构稳定性锁不阻塞任何事务锁，包括排他锁。因此在编译查询时，其他事务（包括在表上有排他锁的事务）都能继续运行，但不能在表上执行 DDL 操作。

(7) 大容量更新锁。当将数据大容量复制到表，且指定了 TABLOCK 提示或者使用 sp_tableoption 设置 table lock on bulk 表选项时，将使用大容量更新锁。大容量更新锁允许进程将数据并发地大容量复制到同一表，同时可防止其他不进行大容量复制数据的进程访问该表。

11.3 SQL Server 2005 自动化管理

SQL Server 2005 提供了使任务自动化的内部功能，本节主要介绍 SQL Server 2005 中任务自动化的基础知识，如作业、警报、操作员等

数据库的自动化管理实际上就是指，对预先能够预测到的服务器事件或必须按时执行的管理任务，根据已经制定好的计划做出必要的操作。通过数据库自动化管理，可以处理一些日常的事务和事件，减轻数据库管理员的负担；当服务器发生异常时通过自动化管理可以自动发出通知，以便让管理员及时获得信息，并及时做出处理。例如，如果希望在每个工作日下班后备份公司的所有服务器，就可以使该任务自动执行。将备份安排在星期一到星期五的 22:00 之后运行，如果备份出现问题将自动发出通知。

在 SQL Server 2005 中要进行自动化管理，需要按以下步骤进行操作：

(1) 确定哪些管理任务或服务器事件定期执行，以及这些任务或事件是否可以通过编程方式进行管理。

(2) 使用自动化管理工具定义一组作业、计划、警报和操作员。

(3) 运行已定义的 SQL Server 代理作业。

11.3.1 SQL Server 代理

要实现 SQL Server 2005 数据库自动化管理，首先必须启动并正确配置 SQL Server 代理。SQL Server 代理是一种 Microsoft Windows 服务，它执行安排的管理任务，即“作业”。SQL Server 代理运行作业、监视 SQL Server 并处理警报。

在安装 SQL Server 2005 时，SQL Server 代理服务默认是禁用的，要执行管理任务，首先必须启动 SQL Server 代理服务。可以在 SQL Server 配置管理器或 SSMS 的资源管理器中启动 SQL Server 代理服务，启动的方法在 8.4 节中已经介绍，这里不再赘述。

SQL Server 代理服务启动后需要正确配置 SQL Server 代理。SQL Server 代理的配置信息主要保存在系统数据库 msdb 的表中，使用 SQL Server 用户对象来存储代理的身份验证信息。在 SQL Server 中，必须将 SQL Server 代理配置为使用 sysadmin 固定服务器角色成员的账户，才能执行其功能。该账户必须拥有以下 Windows 权限：

- 调整进程的内存配额；
- 以操作系统方式操作；
- 跳过遍历检查；
- 作为批处理作业登录；
- 作为服务登录；
- 替换进程级记号。

如果需要验证账户是否已经设置所需的 Windows 权限，可以通过以下步骤进行：

(1) 单击“开始”菜单，选择“程序→管理工具→本地安全策略”。

(2) 在弹出的“本地安全设置”窗口中，选择“本地策略→用户权利指派”。

(3) 在右侧的权限列表中右击一个权限选项，如“作为服务器登录”，选择“属性”菜单项，如图 11.2 所示。在打开的“属性”窗口中，从列表中查看要设置的 SQL Server 代理的账户是否存在，如图 11.3 所示。

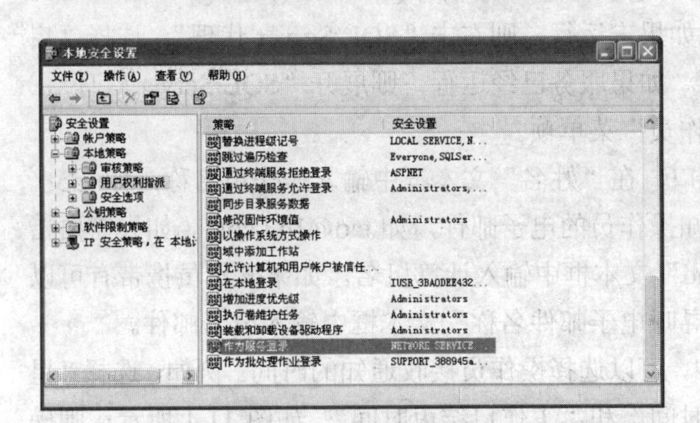

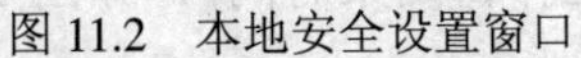
图 11.2 本地安全设置窗口

图 11.3 权限属性窗口

(4) 如果账户不在列表中，单击“添加用户或组”按钮，在打开的“选择用户或组”对话框中添加 SQL Server 代理服务账户，再单击“确定”按钮返回。

(5) 重复上述操作，对权限列表中的其他选项进行相同设置。

通常情况下，为 SQL Server 代理选择的账户都是为此目的创建的域账户，并且有严格控制的访问权限。使用域账户不是必需的，但是如果使用本地计算机上的账户，那么 SQL Server 代理就没有权限访问其他计算机上的资源。SQL Server 需要访问其他计算机的情况很常见，例如，当它在另一台计算机上的某个位置创建数据库备份和存储文件时。

SQL Server 代理服务可以使用 Windows 身份验证或 SQL Server 身份验证连接到 SQL Server 本地实例；但是无论选择哪种身份验证，账户都必须是 sysadmin 固定服务器角色的成员。

11.3.2 操作员

SQL Server 代理服务支持通过操作员通知管理员的功能。操作员是在完成作业或出现警报时可以接收电子通知的人员或组的别名。操作员主要有两个属性：操作员名称和联系信息。每一个操作员都必须具有一个唯一的名称，操作员的联系信息决定通知操作员的方式。通知方式有 3 种：

(1) 电子邮件通知。电子邮件通知是向操作员发送电子邮件。对于电子邮件通知，需要提供操作员的电子邮件地址；但是若要使用数据库邮件发送电子邮件，则必须具有访问支持 SMTP 的电子邮件服务器的权限。若要使用 SQL Mail 功能发送电子邮件，则必须具有访问 Exchange 服务器的权限，必须在运行 SQL Server 的计算机上安装 Outlook 和 Exchange Client。

(2) 寻呼通知。寻呼是通过电子邮件实现的。对于寻呼通知，需要提供操作员接收寻呼消息的电子邮件地址。若要设置寻呼通知，就必须在邮件服务器上安装软件，处理入站邮件并将其转换为寻呼消息。

(3) net send 通知。此方式通过 net send 命令向操作员发送消息。对于 net send，需要指定网络消息的收件人（计算机或用户）。

创建操作员的步骤如下：

第 1 步：使用系统管理员身份连接 SQL Server，启动 SQL Server Management Studio，查看 SQL Server 代理服务是否运行，如果未运行，则右击“SQL Server 代理”，选择“启动”菜单项启动 SQL Server 代理服务。如果服务已经运行，则展开“SQL Server 代理”，右击“操作员”节点，选择“新建操作员”菜单项。

第 2 步：进入“新建操作员”窗口，在“姓名”文本框中输入操作员名称，如 tao；在“电子邮件名称”文本框中输入通知操作员的电子邮件，如 tao@163.com。如果需要指定 net send 通知，则可以在“Net Send”文本框中输入计算机名。如果操作员携带有可以接收电子邮件的传呼机，则可以在“寻呼电子邮件名称”文本框中输入电子邮件。

第 3 步：在“寻呼值班计划”栏中，可以选择操作员接收通知的时间。例如，选择“星期一”复选框，并设置“工作日开始时间”和“工作日结束时间”，如图 11.4 所示，则操作员将在每个星期一的这个时间段接到通知。

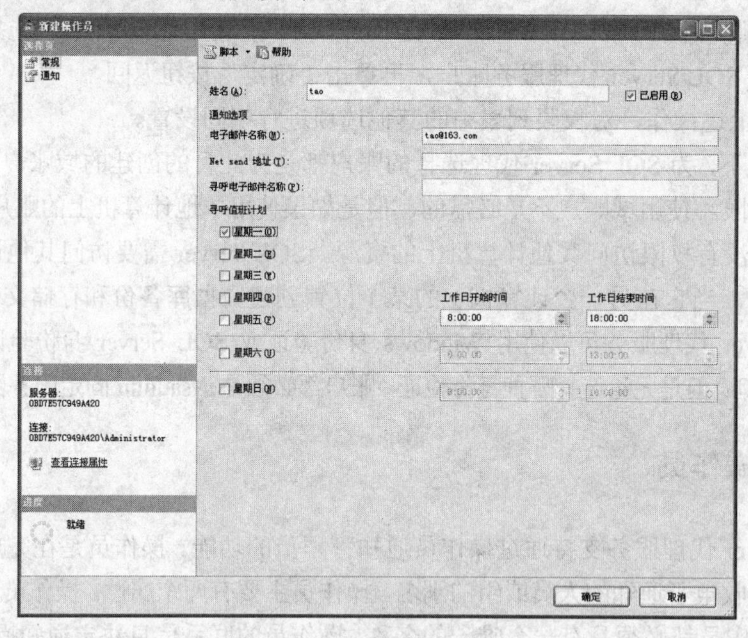

图 11.4 “新建操作员”窗口

第 4 步：设置完后单击“确定”按钮完成操作员的创建。

11.3.3 作业

在 SQL Server 2005 中，使用 SQL Server 代理作业自动执行日常管理任务并反复运行，从而提高管理效率。作业是一系列由 SQL Server 代理按顺序执行的指定操作。作业可以执行一系列活动，包括运行 Transact-SQL 脚本、命令行应用程序、Microsoft ActiveX 脚本、Integration Services 包、Analysis Services 命令、查询或复制任务。作业可以运行重复任务或那些可计划的任务，它们可以通过生成警报来自动通知用户作业状态，从而极大地简化了 SQL Server 管理。作业可以手动运行，也可以配置为根据计划或响应警报来运行。

创建作业时，可以给作业添加成功、失败或完成时接收通知的操作员。那么当作业结束时，操作员可以收到作业的输出结果。创建作业的操作步骤如下：

第 1 步：启动 SQL Server Management Studio，在“对象资源管理器”窗口中展开“SQL Server 代理”，右击“作业”，选择“新建作业”菜单项，打开“新建作业”窗口。

第 2 步：选择“常规”选项卡，在“名称”文本框中输入要定义的作业名称，如“创建并备份数据库”。“所有者”使用默认值。在“类别”下拉框中选择当前作业的类别，如“数据库维护”，如图 11.5 所示，默认是“未分类（本地）”。“说明”框中可以输入对作业的描述信息。

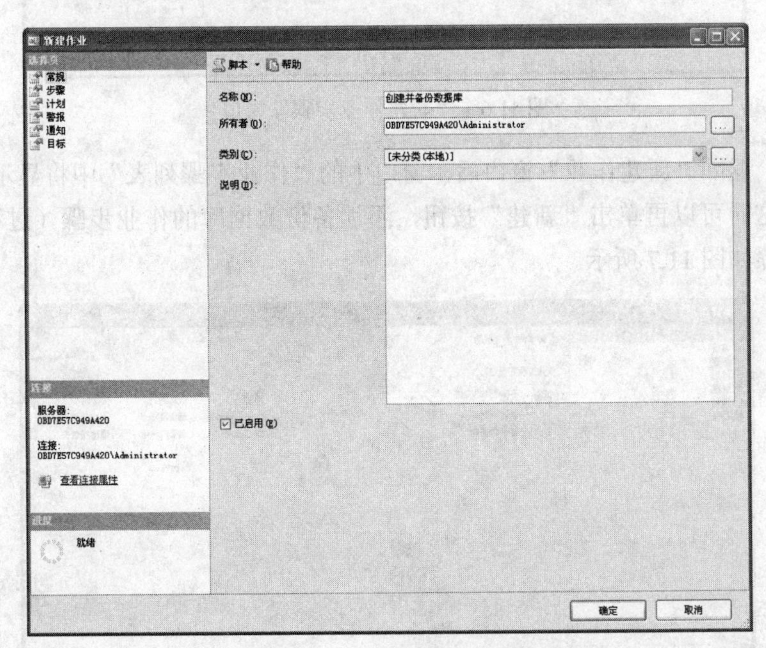

图 11.5 “新建作业”窗口

第 3 步：选择“步骤”选项卡，在右侧单击“新建”按钮，弹出“新建作业步骤”窗口。在窗口中的“步骤名称”文本框中定义一个作业步骤的名称，如“新建数据库”。在“类型”下拉框中选择作业步骤的类型，这里选择“Transact-SQL 脚本（T-SQL）”。如果作业步骤是对数据库直接操作，则可以在“数据库”下拉框中选择目标数据库，这里使用默认值。在“命令”文本框中输入创建新数据库的 T-SQL 语句，如图 11.6 所示。

说明：作业步骤是指对数据库或服务器进行的具体操作。每个作业必须至少包括一个作业步骤，用户可以定义这些步骤的执行顺序，该顺序称为控制流。

第 4 步：在“新建作业步骤”窗口中可以单击“分析”按钮分析 SQL 命令的正确性，如果语句正确则选择“高级”选项卡，可以设置“成功时要执行的操作”和“失败时要执行的操作”，这里使用默认值。单击“确定”按钮返回。

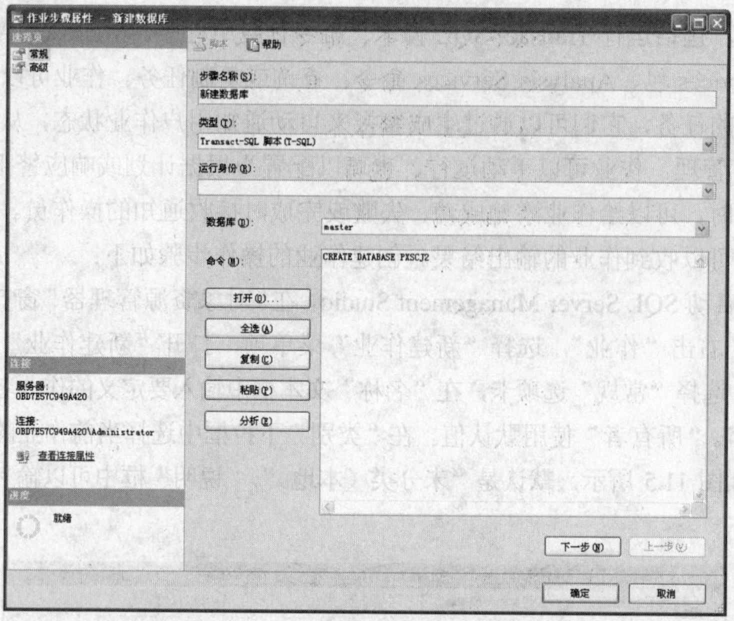

图 11.6 “新建作业步骤”窗口

第 5 步：返回“新建作业”窗口后，窗口中的“作业步骤列表”中将显示刚刚新建的作业步骤。这时可以再单击“新建”按钮，添加备份数据库的作业步骤（过程略），新建后的作业步骤如图 11.7 所示。

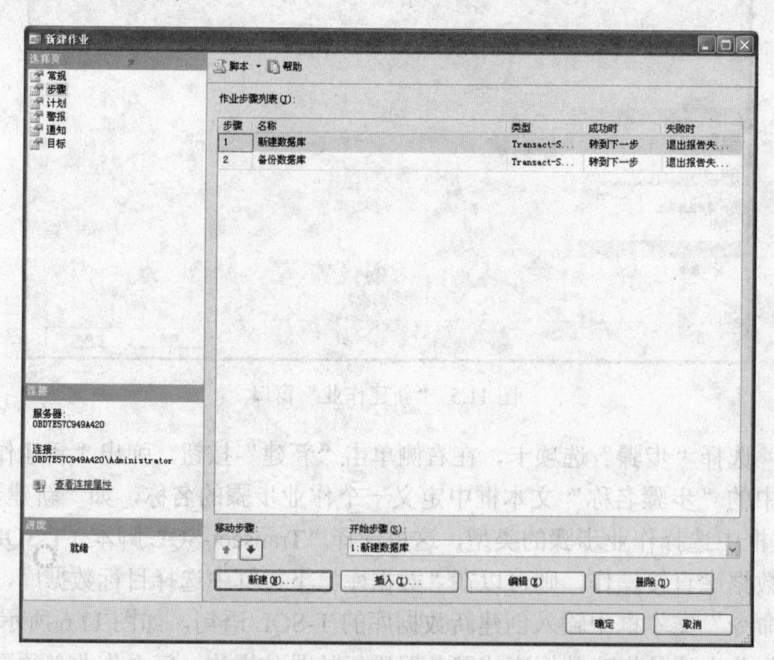

图 11.7 新建后的作业步骤

第 6 步：选择“计划”选项卡，单击“新建”按钮，弹出“新建作业计划”窗口，如图 11.8 所示。在窗口中，在“名称”文本框中输入要创建的作业计划的名称。在“计划类型”下拉框中可以选择“重复执行”、“执行一次”等选项。如果选择“重复执行”，还可以设置执行的频率、持续时间等选项。如果选择“执行一次”，可以设置具体的执行时间。设置完成后单击“确定”按钮返回“新建作业”窗口。

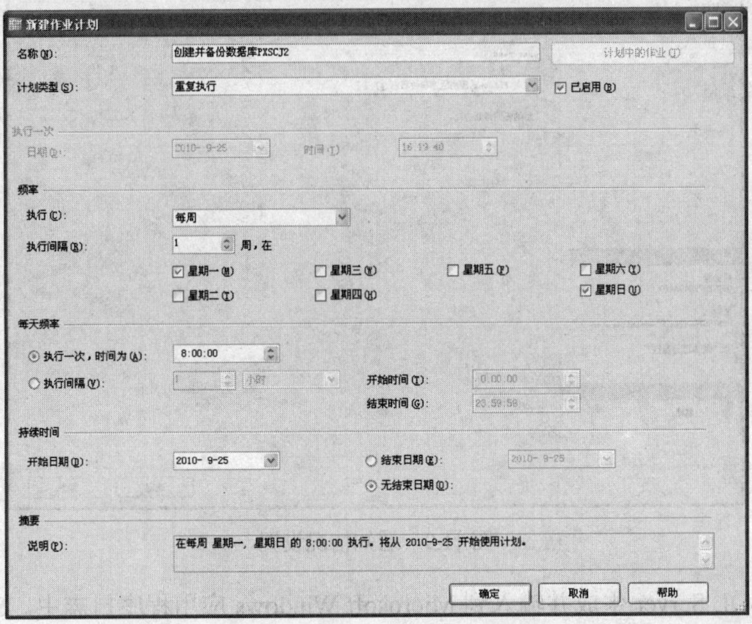

图 11.8 “新建作业计划”窗口

第 7 步：选择“通知”选项卡，选择作业完成时要执行的操作。例如，可以选择“电子邮件”复选框，在后面的第一个下拉框中选择要通知的操作员，如 tao。在第二个下拉框中选择通知操作员的时机，如果选择了“当作业完成时”选项则包括“当作业成功时”和“当作业失败时”。如图 11.9 所示，这样设置以后，在作业完成时可以使用电子邮件通知方式通知操作员。其他的选项可以根据用户需要自行设置，例如，如果需要在作业运行之后就将该作业删除，可以选择“自动删除作业”复选框。

第 8 步：单击“确定”按钮完成作业的创建。此后，作业会按照之前的设定开始按计划执行。如果要查看作业的执行情况，可以展开“SQL Server 代理”的“作业”节点，右击刚刚创建的作业“创建并备份数据库”，选择“查看历史记录”菜单项，在“日志文件查看器”窗口中即可查看作业执行的历史记录。

11.3.4 警报

对事件的自动响应称为“警报”。SQL Server 2005 允许创建警报来解决潜在的错误问题。用户可以针对一个或多个事件定义警报，指定希望 SQL Server 代理如何响应发生的这些事件。

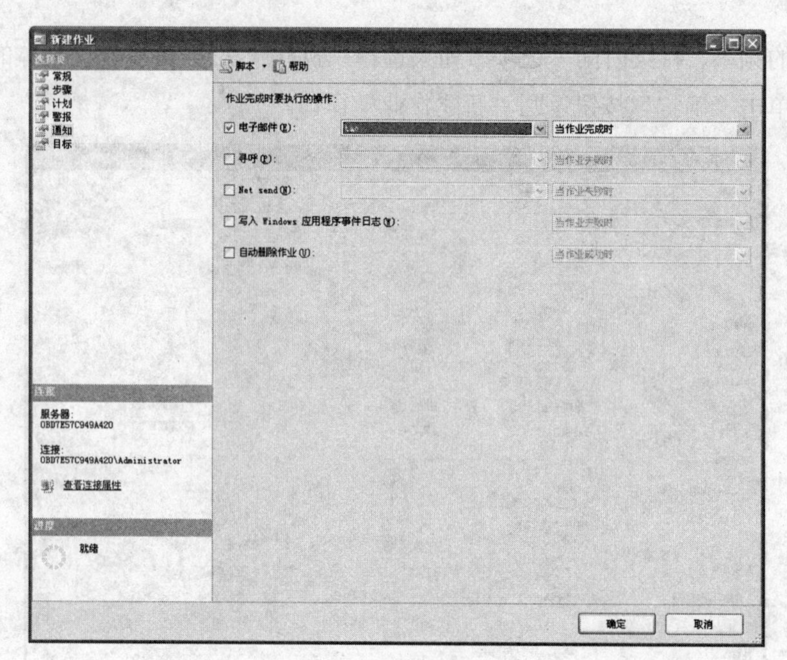

图 11.9 通知情况设置

事件由 SQL Server 生成并输入到 Microsoft Windows 应用程序日志中。SQL Server 代理读取应用程序日志，并将写入的事件与定义的警报相比较。当 SQL Server 代理找到匹配项时，它将发出自动响应事件的警报。除了监视 SQL Server 事件以外，SQL Server 代理还监视性能条件和 Windows Management Instrumentation（WMI）事件。

若要定义警报，需要指定警报的名称、触发警报的事件或性能条件、SQL Server 代理响应事件或性能条件所执行的操作。每个警报都响应一种特定的事件，事件类型可以是 SQL Server 事件、SQL Server 性能条件或 WMI 事件。事件类型决定了用于指定具体事件的参数。所以根据事件类型，警报可以分为事件警报、性能警报和 WMI 警报。

1. 事件警报

要创建基于 SQL Server 事件的警报，必须先把错误写到 Windows 事件日志上，因为 SQL Server 代理会从该事件日志上读取错误信息。一旦 SQL Server 代理读取了该事件日志并检测到了新错误，就会搜索整个数据库，查找匹配的警报。当这个代理发现匹配的警报时，该警报立即被激活，进而可以通知操作员，执行作业或者同时做这两件事情。可以指定一个警报来响应一个或多个事件。

使用下列参数来指定触发警报的 SQL Server 事件：

(1) 错误号。SQL Server 代理在发生特定错误时发出警报。例如，可以指定错误号 2571 来响应未经授权就尝试调用数据库控制台命令（DBCC）的操作。

(2) 严重级别。SQL Server 代理在发生特定级别的严重错误时发出警报。例如，可以指定严重级别 15 响应 T-SQL 语句中的语法错误。SQL Server 中的每个错误都有一个关联的严重级别，用于指示错误的严重程度。表 11.1 中列出了常见的错误严重级别及说明。

表 11.1 SQL Server 常见的错误严重级别及说明

级 别	说 明	是否写入应用程序日志
0~10	消息，不是错误	可选
11~16	用户错误，可纠正	可选
17	在服务器资源耗尽时产生的错误	可选
18	非致命的内部错误。语句将完成，并且用户连接将维持	可选
19	非可配置资源错误，产生这个错误的任何语句将被终止	是
20	当前数据库的一个单独进程遇到问题	是
21	当前数据库的所有进程都受到影响	是
22	正在使用的表或索引可能受到损坏	是
23	整个数据库遭到破坏	是
24	硬件发生故障	是

(3) 数据库。SQL Server 代理仅在特定数据库中发生事件时才发出警报。此选项是对错误号或严重级别的补充。例如，如果实例中包含一个用于生产的数据库和一个用于报告的数据库，可以定义仅响应生产数据库中的语法错误的警报。

(4) 事件文本。SQL Server 代理在指定事件的事件消息中包含特定文本字符串时发出警报。例如，可以定义警报来响应包含特定表名或特定约束的消息。

创建事件警报的具体步骤：

第 1 步：启动 SQL Server Management Studio，以 Windows 系统管理员身份连接 SQL Server 2005。在“对象资源管理器”窗口中，展开“SQL Server 代理”，右击“警报”，选择“新建警报”菜单项，打开“新建警报”窗口。

第 2 步：在“新建警报”窗口的“常规”选项卡的“名称”文本框中输入要定义的警报名称，如“警报_PXSCJ”。如果要禁用该警报，则将“启用”复选框中的勾去掉，这里保持默认值。在“类型”下拉框中选择警报的类型为“SQL Server 事件警报”。在“数据库名称”下拉框中选择警报作用于的数据库，这里选择“PXSCJ”。启用“错误号”单选按钮可以指定触发警报的错误号，如 208，如图 11.10 所示。也可以启用“严重性”单选按钮，在后面的下拉框中可以指定触发警报的错误严重级别，如果选择的严重级别在 19～25 之间，就会向 Windows 应用程序日志发送 SQL Server 消息，并触发一个警报。

第 3 步：选择“响应”选项卡，启用“通知操作员”复选框，在操作员列表中选择警报激活后要通知的操作员，如 tao，在其之后的复选框中选择通知方式，如图 11.11 所示。

说明：如果启用“执行作业”复选框，在文本框中输入或在下拉框中选择要执行的作业名称，则可以将警报配置成执行相应的作业，让作业来修改引起警报激活的问题。另外还可以单击“新建作业”按钮来新建要执行的作业。

第 4 步：选择“选项”选项卡，在“警报错误文本发送方式”下的复选框中选择发送警报的方式，如“电子邮件”和“Net Send”。

第 5 步：全部设置完成后单击“确定”按钮完成警报的创建。

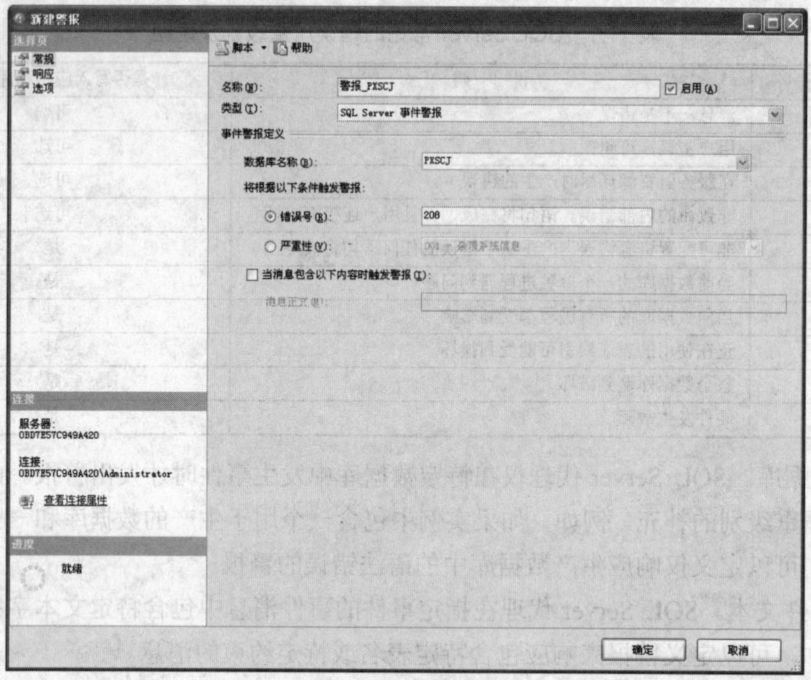

图 11.10 新建警报

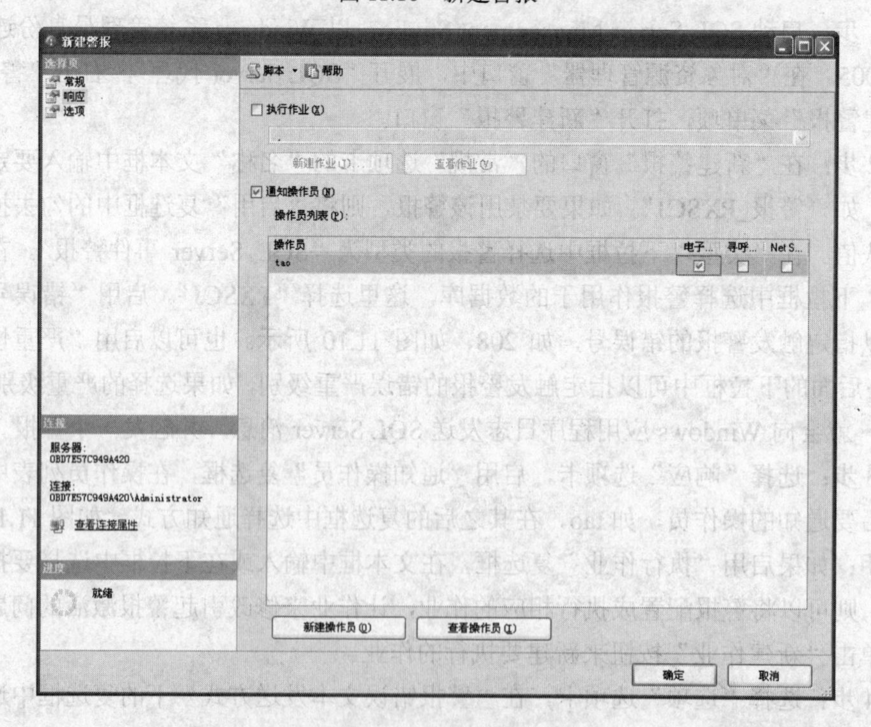

图 11.11 响应页面

在事件警报创建完成后，可以在“SQL Server 代理”节点的“警报”目录下找到刚新建的警报“警报_PXSCJ”，右击该警报，选择“属性”菜单项，在“历史记录”选项卡中可以查看警报的响应时间和次数。

2．性能警报

指定性能警报响应特定的性能条件。在定义性能警报时，需要指定要监视的性能计数器、警报的阈值以及警报发生时计数器必须执行的操作。

创建性能警报的具体步骤：

第 1 步：打开“新建警报”窗口（步骤略），在“常规”选项卡的“名称”文本框输入警报名称，如“性能警报（tempdb）”。在“类型”下拉框中选择“SQL Server 性能条件警报”选项后窗口会出现性能条件警报要定义的选项。

第 2 步：在“对象”（要监视的性能区域）下拉框中选择“SQLServer:Databases”选项，在“计数器”（要监视的区域的属性）下拉框中选择“Log File(s) Used Size (KB)”选项，在“实例”（要监视的属性的特定实例）下拉框中选择“PXSCJ”，在“计数器满足以下条件时触发警报”选项的第一个下拉框中选择“高于”选项，在“值”文本框中输入 5000，如图 11.12 所示。上述设置表示：为性能对象 Databases 设置当数据库 PXSCJ 的日志文件使用超过 5000 KB 时发出警报。当然，用户可以根据自己的需要定义性能条件警报。

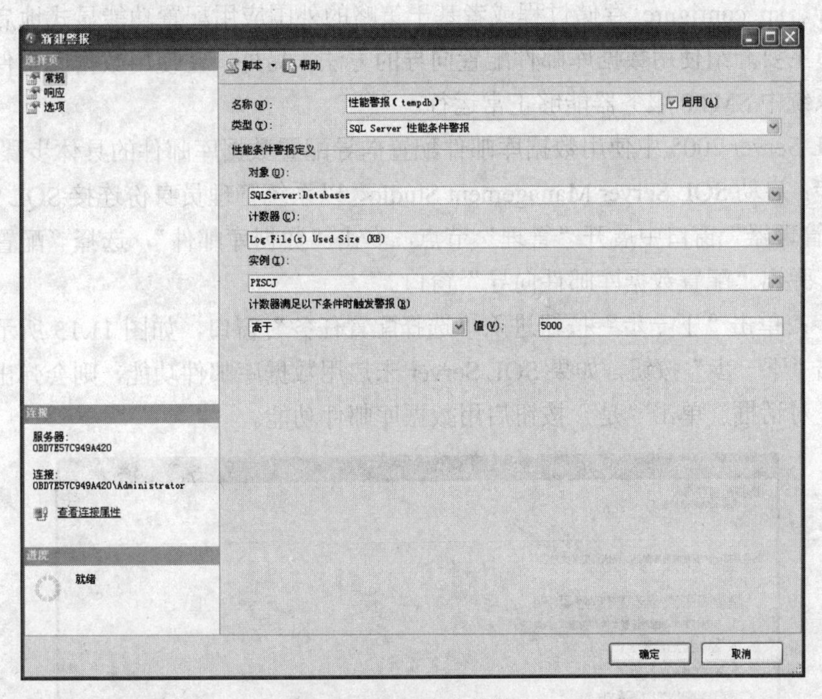

图 11.12　新建性能警报

第 3 步　在“响应”选项卡中设置要在警报激活时通知的操作员，在“选项”选项卡中设置警报错误的发送方式，这和设置事件警报的方法类似。最后单击“确定”按钮完成警报的创建。

3．WMI 警报

Windows Management Instrumentation（Windows 管理规范）是一项核心的 Windows 管理技术，用户可以使用 WMI 管理本地和远程计算机。WMI 是一种规范和基础结构，通过它可以访问、配置、管理和监视几乎所有的 Windows 资源，比如用户可以在远程计算机上启动一个进程，设定一个在特定日期和时间运行的进程，远程启动计算机，获得本地或远程计算机的已安装程序列表，查询本地或远程计算机的 Windows 事件日志，等等。WMI 警报就是指定发出警报来响应特定的 WMI 事件。创建 WMI 警报也是在“新建警报”窗口中进行的，这里不再详细介绍。

11.3.5 数据库邮件

数据库邮件（Database Mail）是从 SQL Server 2005 数据库引擎中发送电子邮件的企业解决方案。通过使用数据库邮件，数据库应用程序可以向用户发送电子邮件。邮件中可以包含查询结果，还可以包含来自网络中任何资源的文件。数据库邮件主要使用简单邮件传输协议（SMTP）服务器（而不是 SQL Mail 所要求的 MAPI 账号）来发送电子邮件。数据库邮件旨在实现可靠性、灵活性、安全性和兼容性。

在默认情况下，数据库邮件处于非活动状态。要使用数据库邮件，必须使用数据库邮件配置向导、sp_configure 存储过程或者基于策略的外围应用配置功能显式地启用数据库邮件。本节主要介绍使用数据库邮件配置向导的方法。另外，在使用数据库邮件功能之前还要确保系统中 SMTP 服务器能够正常运行。

在 SQL Server 2005 中使用数据库邮件配置向导配置数据库邮件的具体步骤：

第 1 步：启动 SQL Server Management Studio，以系统管理员身份连接 SQL Server。在“对象资源管理器”窗口中展开“管理”节点，右击“数据库邮件”，选择“配置数据库邮件”选项，弹出“配置数据库邮件向导”窗口。

第 2 步：单击“下一步”按钮进入“选择配置任务”窗口，如图 11.13 所示。按照默认选项单击“下一步”按钮，如果 SQL Server 未启用数据库邮件功能，则会弹出“是否启用此功能”对话框，单击“是”按钮启用数据库邮件功能。

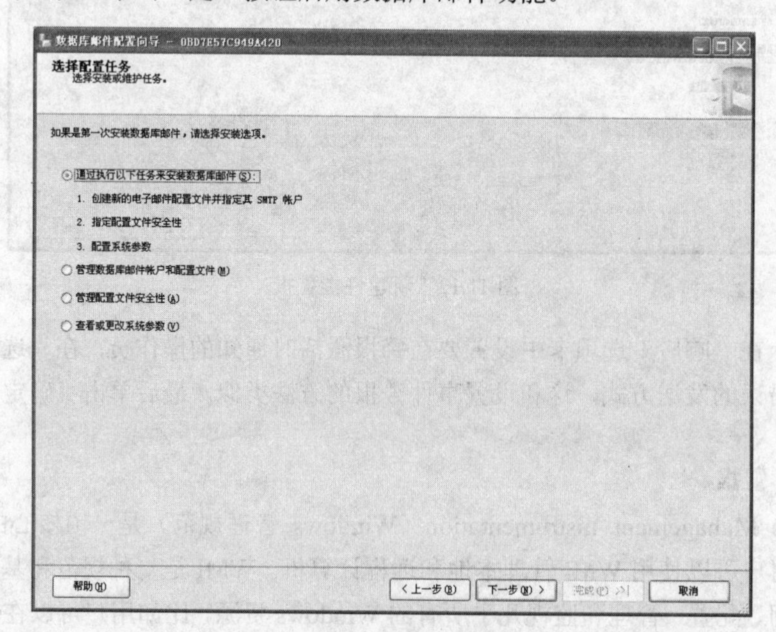

图 11.13　选择配置任务

第 3 步：进入"新建配置文件"窗口，在"配置文件名"文本框中输入要配置的文件名，如"DatabaseMail"，在"说明"文本框中可以输入对该配置文件的说明，如图 11.14 所示。

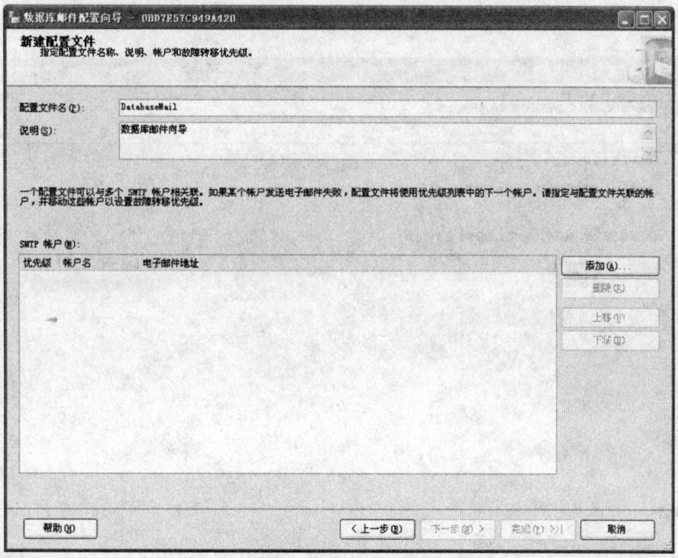

图 11.14　新建配置文件

第 4 步：单击"新建配置文件"窗口的"添加"按钮，弹出"新建数据库邮件账户"窗口，在"账户名"文本框中输入一个账户名；在"电子邮件地址"文本框输入用于发送电子邮件的 Email 地址，如"david@163.com"；"显示名称"和"答复电子邮件"文本框可以指定显示名称和答复邮件的地址；"服务器名称"文本框中指定邮箱服务器地址，如"smtp.163.com"，端口号默认为 25；在"SMTP 身份验证"栏，可以选择"基本身份验证"选项，在"用户名"和"密码"栏指定邮箱账户和密码，当然也可以根据需要选择其他选项。填写结果如图 11.15 所示。

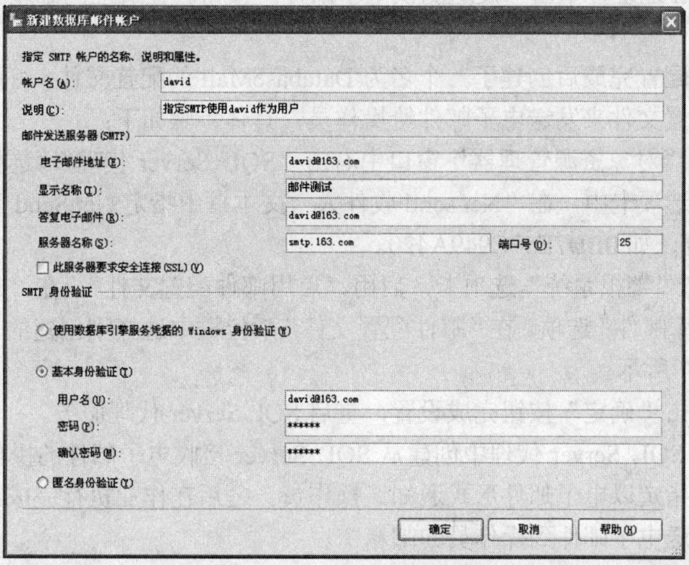

图 11.15　新建数据库邮件账户

第 5 步：单击“确定”按钮返回“新建配置文件”窗口，单击“下一步”按钮进入“管理配置文件安全性”窗口，在“公共配置文件”选项卡中，选中刚新建的配置文件的“公共”复选框，将“默认配置文件”选项设为“是”，如图 11.16 所示。

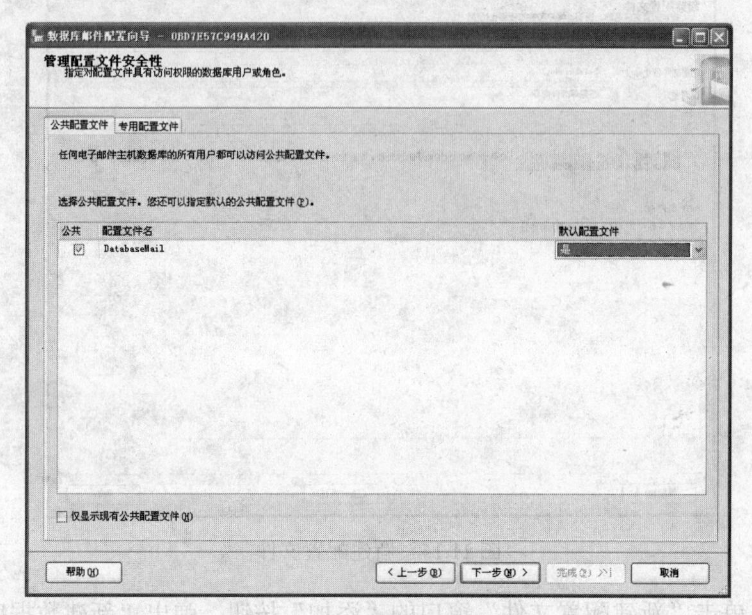

图 11.16　管理配置文件安全性

第 6 步：单击“下一步”按钮，进入“配置系统参数”窗口，可以配置系统参数。这里按照默认设置不做修改，单击“下一步”按钮进入“完成该向导”窗口，单击“完成”按钮。数据库邮件配置成功后单击“关闭”按钮关闭向导。

此时可在“对象资源管理器”窗口的“管理”节点下右击“数据库邮件”，选择“发送测试电子邮件”菜单项，在弹出的对话框中选择新建的配置文件“DatabaseMail”，并输入收件人的 Email 地址，单击“发送测试电子邮件”按钮。在对应的邮箱中查看是否收到此测试邮件。

数据库邮件配置完成后创建了一个名为 DatabaseMail 的配置文件，可以在 SQL Server 代理中使用该配置文件来发送电子邮件给操作员，具体步骤如下：

第 1 步：在“对象资源管理器”窗口中右击“SQL Server 代理”，选择“属性”菜单项。在“常规”选项卡中，在“Net send 收件人”文本框中指定 Net Send 收件人，一般为主机名或 IP 地址，如 0BD7E57C949A420。

第 2 步：在“警报系统”选项卡，启用“启用邮件配置文件”。在“邮件系统”下拉框中选择“数据库邮件”选项，在“邮件配置文件”下拉框中选择刚创建的“DatabaseMail”选项，如图 11.17 所示。

第 3 步：单击“确定”按钮完成设置，重启 SQL Server 代理服务。

这时可以在 SQL Server 代理中创建从 SQL Server 接收电子邮件的操作员，在要执行的作业或警报中指定以电子邮件形式通知该操作员。之后在作业执行完成或警报激活时，SQL Server 将发送电子邮件到操作员的邮箱中。

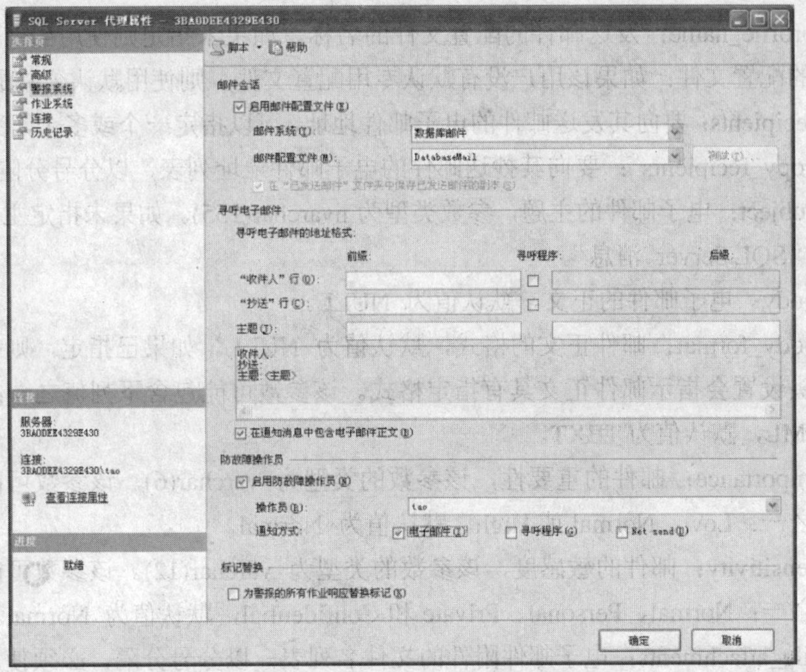

图 11.17　启用邮件配置文件

另外，还可以使用系统存储过程 sp_send_dbmail 向指定的收件人发送电子邮件，语法格式：

```
sp_send_dbmail
      [ [ @profile_name = ] '<配置文件名>' ]
      [ , [ @recipients = ] '<邮件地址> [ ; ...n ]' ]
      [ , [ @copy_recipients = ] '<超送件收件人>[ ; ...n ]' ]
      [ , [ @blind_copy_recipients = ] '<密件副本收件人> [ ; ...n ]' ]
      [ , [ @subject = ] '<邮件主题>' ]
      [ , [ @body = ] '<邮件正文>' ]
      [ , [ @body_format = ] '<邮件正文格式>' ]
      [ , [ @importance = ] '<邮件重要性>' ]
      [ , [ @sensitivity = ] '<邮件敏感度>' ]
      [ , [ @file_attachments = ] '<附件列表> [ ; ...n ]' ]
      [ , [ @query = ] '<要执行的查询>' ]
      [ , [ @execute_query_database = ] '<存储过程在其中运行查询的数据库上下文>' ]
      [ , [ @attach_query_result_as_file = ] <查询结果集是否作为附件返回> ]
      [ , [ @query_attachment_filename = ] <查询结果集附件使用的文件名> ]
      [ , [ @query_result_header = ] <查询结果是否包含列标题> ]
      [ , [ @query_result_width = ] <查询结果的格式的线条宽度> ]
      [ , [ @query_result_separator = ] '<分隔查询输出中的列的字符>' ]
      [ , [ @exclude_query_output = ] <是否使用电子邮件返回查询执行的输出> ]
      [ , [ @append_query_error = ] <是否在@query 参数指定的查询返回错误时发送电子邮件> ]
      [ , [ @query_no_truncate = ] <是否使用可避免截断大型可变长度数据类型的选项执行查询> ]
      [ , [ @mailitem_id = ] <消息号> ] [ OUTPUT ]
```

说明：sp_send_dbmail 存储过程执行成功后返回消息“邮件已排队”。常用的几个参数如下：

- @profile_name：发送邮件的配置文件的名称。如果未指定则使用当前用户默认专用的配置文件；如果该用户没有默认专用配置文件，则使用默认公共配置文件。
- @recipients：要向其发送邮件的电子邮件地址，可以指定一个或多个，以分号分隔。
- @copy_recipients ：要向其抄送邮件的电子邮件地址列表，以分号分隔。
- @subject：电子邮件的主题，参数类型为 nvarchar(255)。如果未指定主题，则默认为“SQL Server 消息”。
- @body：电子邮件的正文，默认值为 NULL。
- @body_format：邮件正文的格式，默认值为 NULL。如果已指定，则待发邮件的标头设置会指示邮件正文具有指定格式。该参数可能包含下列值之一：TEXT 和 HTML，默认值为 TEXT。
- @importance：邮件的重要性，该参数的类型为 varchar(6)。该参数可能包含下列值之一：Low、Normal 或 High，默认值为 Normal。
- @sensitivity：邮件的敏感度，该参数的类型为 varchar(12)。该参数可能包含下列值之一：Normal、Personal、Private 和 Confidential，默认值为 Normal。
- @file_attachments：电子邮件附件的文件名列表，以分号分隔，必须使用绝对路径指定列表中的文件。

【例 11.2】 使用已经创建的数据库邮件的配置文件 DatabaseMail 向“hello@163.com”发送一封电子邮件，邮件主题为“hello”，内容为“Hello World!”。

使用系统管理员账户连接 SQL Server，新建一个查询窗口，输入并执行以下语句：

```
EXEC msdb.dbo.sp_send_dbmail
    @profile_name='DatabaseMail',
    @recipients='hello@163.com',
    @subject='hello',
    @body='Hello World!'
```

说明：sp_send_dbmail 存储过程保存在 msdb 数据库中，在执行时必须指定其所属数据库和架构。

思考练习题

第1章 数据库的基本概念

1．什么是数据库？数据库有什么特点？

2．什么是数据库管理系统？它的主要功能有哪些？

3．什么是关系模型？关系模型的优点有哪些？

4．什么是关系数据库语言？它的主要功能是什么？

5．SQL Server 中使用的关系数据库语言是____。

6．数据库设计的主要步骤有哪些？

7．解释概念模型中的术语：实体、属性、E-R 图。

8．某高校中有若干个系部，每个系部都有若干个年级和教研室，每个教研室有若干个教师，其中有的教授和副教授每人带若干个研究生，每个年级有若干个学生，每个学生选修若干课程，每门课程可由若干个学生选修。试用 E-R 图描述此学校的关系概念模型。

9．试举出一个产品销售的关系模型，产品信息包括：产品编号、产品名称、价格、库存量；销售商信息包括：客户编号、客户名称、地区、负责人、电话；产品销售包括：销售日期、产品编号、客户编号、数量、销售额。使用 E-R 图来描述以上关系模型，然后根据 E-R 图给出关系模式。

10．数据库的连接方式有哪几种？

11．C/S 模式和 B/S 模式有什么不同？

12．SQL Server 2005 服务器包括哪些组件？

13．SQL Server 2005 用于启动、停止和暂停服务的是____。

14．SQL Server 2005 图形界面管理工具与 SQL Server 2000 有什么区别？

第2章 数据库创建

1．SQL Server 2005 的完全限定名包括____、____、____和____四部分。

2．SQL Server 2005 常用的数据库对象有哪些？

3．简述 SQL Server 2005 中文件和文件组的关系。

4．SQL Server 2005 的系统数据库有哪几个？作用分别是什么？

5．试简要说明在 SQL Server Management Studio 中以界面方式创建数据库的步骤。

6．请以最简单的形式列出创建数据库的语法格式。

7．写出创建一个产品销售数据库 CPXS 的 T-SQL 语句：数据库初始大小为 10MB，最大大小 100MB，数据库自动增长，增长方式是按 10%比例增长；日志文件初始为 2MB，最大可增长到 5MB（默认为不限制），按 1MB 增长（默认是按 10%比例增长）。

8．对已存在的数据库可以进行的修改包括哪几种？

9．写出将 CPXS 数据库文件的增长方式改为按 5MB 增长的 T-SQL 语句。

10．在什么情况下可以删除数据库？

11．什么是数据库快照？在创建数据库快照后，源数据库会有什么影响？

第 3 章　表与表数据操作

1．在 SQL Server 2005 中对表中数据的常用操作一般包括____、____、____和____。

2．举例说明 SQL Server 2005 表的逻辑结构。

3．SQL Server 2005 系统数据类型有哪些？

4．简要说明空值的概念及其作用。

5．如果列中包含的是一个产品的价格信息，应该使用____数据类型。

6．根据产品销售的关系模式设计出产品销售数据库 CPXS 中产品表、销售商表和产品销售表的表结构。包含的表具有以下信息：

产品表：产品编号、产品名称、价格、库存量

销售商表：客户编号、客户名称、地区、负责人、电话

产品销售表：销售日期、产品编号、客户编号、数量、销售额

7．在“对象资源管理器”中创建表时如何设置主键？

8．对一个已存在的表可以进行的修改操作包括哪些方面？在修改表时要注意什么？

9．使用命令方式创建表的语句是____。

10．写出创建产品 CPXS 数据库中所有表的 T-SQL 语句。

11．什么是分区表？在 SQL Server 2005 中如何创建分区表？

12．在使用界面方式插入表数据时，bit 类型的列上只能输入____或____。

13．在使用 INSERT 语句向表中插入数据时，INSERT 关键字后的列名在什么情况下可以省略？

14．写出 T-SQL 语句，对产品销售数据库产品表进行如下操作：

(1) 插入如下记录：

0001	空调	3000	200
0203	冰箱	2500	100
0301	彩电	2800	50
0421	微波炉	1500	50

(2) 将产品数据库的产品表中的每种商品的价格打 8 折。

(3) 将产品数据库的产品表中价格打 8 折后小于 50 的商品删除。

15．TRUNCATE TABLE 语句的作用是什么？

16．对于一个表 Student，分别执行 DROP TABLE Student 和 DELETE Student 两条命令，结果会有什么不同？

17．在 SQL Server 2005 的“对象资源管理器”中对数据进行操作，与使用 T-SQL 语句操作数据，两种方法相比较，哪一种功能更强大、更为灵活？试举例说明。

第 4 章　数据库的查询和视图

1．关系数据库中的关系运算包含____、____和____。

2．试说明 SELECT 语句的作用。

2．SELECT 语句中可以包含哪些子句？试分别简要说明这些子句的作用。

3．在查询某列数据时，如果需要为列定义别名，应该使用____关键字。

4．以下语句是否正确，为什么？

```
SELECT JG AS 价格
    FROM CPB
    WHERE 价格=2500
```

5．如果需要在查询结果中消除重复行，可以使用____关键字。

6．写出查询语句，返回 CPXS 数据库产品表中的前 6 行数据。

7．求产品表中产品的平均价格，可以使用____聚合函数。

8．试说明 WHERE 子句中 NOT、AND 和 OR 的含义。

9．能够在 WHERE 中使用的运算符有哪些？各运算符的功能是什么？

10．写出 SQL 语句，对产品销售数据库 CPXS 进行如下操作：

(1) 查找“冰箱”的产品编号；

(2) 查找名称中包含“冰”字的产品；

(3) 查找价格在 2000～2900 元之间的产品名；

11．使用 EXISTS 关键字引入的子查询与使用 IN 关键字引入的子查询在语法上有哪些不同？

12．什么是连接？内连接与外连接的区别是什么？连接与子查询的区别是什么？

13．写出查询语句，使用内连接的方式查询冰箱的库存量和销售额。

14．使用 GROUP BY 子句后，SELECT 关键字中的列表中只能指定什么列？。

15．WHERE 子句与 HAVING 子句有何不同？

16．写出查询语句，按价格从高到低的顺序对产品表中的所有数据进行排序。

17．将查询结果保存到一个新表中，使用____关键字。

18．什么是 CTE？它的作用是什么？

19．视图和表有什么区别？视图的优点有哪些？

20．请简单列出使用 T-SQL 语句创建视图的基本格式。

21．如果一个视图依赖于多个基本表，能否使用 INSERT 语句向视图直接插入数据？

22．试说明游标的种类和用途。

23．SQL Server 2005 对游标的使用要遵循的步骤为：____→____→____→____→____。

24．游标的执行状态保存在全局变量_____中。为 0 表示__________；为 1 表示______；为-1 表示________；为-2 表示________。

25．按照游标遵循的步骤，使用游标从产品表一行一行提取数据。

第 5 章　T-SQL 语言

1．T-SQL 语言主要有哪几部分构成？

2．什么是用户自定义数据类型？和系统数据类型有何区别？

3．局部变量定义后赋值的方法有哪两种？

4．在 SQL Server 中，标识符@、@@、#、##的意义是什么？

5．找出下列语句的错误。

```
DECLARE @ss INT
GO
SELECT @ss=89
GO
```

6．T-SQL 的运算符一共包括哪几类？运算符的优先级如何？

7．T-SQL 流程控制语句的关键字包括哪些？

8．写出一段 T-SQL 程序：使用循环计算一个数的阶乘。

9．系统内置函数主要分为哪几类？

10．以下哪几个函数是不确定性函数？

A．ABS　　B．CAST

C．GETDATE　　D．RAND

11．用于替换字符串中部分字符的标量函数是____。

12．返回指定日期的年、月、天部分的 3 个函数是____、____和____。

13．用户定义函数返回值的类型，分为两个类别：____和____。

14．调用用户定义标量函数的方法主要有哪两种？请分别列出调用格式。

15．内嵌表值函数和多语句表值函数的相同点和区别是什么？

第 6 章　索引与数据完整性

1．试描述索引的概念与作用。

2．SQL Server 2005 索引按索引的组织方式可分为____和____两种类型。

3．如果索引是根据多列组合创建的，这样的索引称为____。

4. 索引是否越多越好？为什么？

5. 如果要在 CPXS 数据库的产品表的产品名称列上创建一个唯一索引，试简要使用界面方式创建的步骤。

6. 使用 CREATE INDEX 语句创建索引时，如果不指定，则默认创建的是聚集索引还是非聚集索引？

7. ALTER INDEX 语句的作用是什么？

8. 什么是数据完整性？主要分为哪几类？

9. 实体完整性主要通过哪些方式来实现？

10. PRIMARY KEY 约束与 UNIQUE 约束的主要区别是什么？

11. 当表中的主键有多个列组成时，在使用 T-SQL 语句创建表时该如何定义主键？

12. 域完整性通过哪些方式来实现？

13. 如果规定产品的价格低于 5000 元，高于 100 元，使用 CHECK 约束该如何实现？

14. 创建规则对象使用____语句。在删除规则对象时需要注意____。

15. 规则与 CHECK 约束的不同之处在哪里？

16. 试简述使用界面方式定义表间参照关系的主要步骤。

17. 在使用 T-SQL 语句定义参照完整性时，可以为外键定义的参照动作分为哪两个部分？

18. 如果一个表被其他表通过外键约束引用，应该怎样删除？

第 7 章　存储过程和触发器

1. 什么是存储过程？它有什么特点？主要分为哪几类？

2. 在创建存储过程时，如果要对创建的语句文本进行加密，需要使用____选项。

3. 以下哪些语句不能出现在 CREATE PROCEDURE 定义中：

　A. INSERT　　　B. CREATE TABLE

　C. CREATE PROCEDURE　　　D. GRANT

4. 简述存储过程中输入参数和输出参数的区别。

5. 成功执行 CREATE PROCEDURE 语句后，存储过程的名称存储在系统表____中。

6. 写出在 CPXS 数据库中创建以下存储过程的代码：返回指定产品号码的价格，名称为 get_jg，参数为产品编号。

7. 执行存储过程时如何指定实参？

8. 某个存储过程具有输出参数，要求得到输出参数的值，请列出执行该存储过程的基本格式。

9. 什么是触发器？它有什么特点？

10. DML 触发器和 DDL 触发器最主要的区别是什么？

11. 以下哪个不是激活 DML 触发器的语句？

　A. INSERT　　　B. TRUNCATE TABLE

C．DELETE　　D．UPDATE

12．什么是 inserted 表和 deleted 表？

13．AFTER 触发器和 INSTEAD OF 触发器的区别是什么？

14．当删除一个表中的记录时，需要同步删除另外一个表中相关的记录，试举例说明，并分别使用 DELETE 触发器和参照完整性约束来实现。

15. 在创建 DDL 触发器时，指定 ALL SERVER 和 DATABASE 关键字的区别是什么？

16．删除触发器使用____语句。

第 8 章　备份恢复与导入/导出

1．数据库中的数据丢失或被破坏可能由哪些原因引起？为什么在 SQL Server 2005 中需设置备份与恢复功能？

2．SQL Server 设计备份策略的指导思想是什么？主要考虑哪些因素？

3．SQL Server 中的备份方法有哪些？

4．在数据库恢复前需要准备哪些工作？

5．创建逻辑备份设备的系统存储过程是____。

6．T-SQL 中用于备份整个数据库的语句为____。

7．在使用命令方式备份数据库时，如果需要覆盖备份设备上的原有内容，则需要使用____选项。

8．如何使用命令方式将数据库同时备份到多个备份设备？

9．差异备份数据库时使用____关键字。

10．使用命令方式进行事务日志备份时使用____语句。

11．简要描述使用对象资源管理器进行完整备份的步骤。

12．在 SQL Server 中使用命令方式恢复数据库使用的语句是____。

13．在使用命令方式恢复数据库时，FILE 选项的作用是什么？

14．在使用命令方式恢复数据库时，如果已经存在相同名称的数据库，恢复时指定____选项后备份的数据库将会覆盖现有的数据库。这在使用界面方式恢复数据库时如何实现？

15．使用 SQL Server 导入和导出向导可以导入导出的数据源有哪些？

16．复制数据库有什么好处？

17．附加数据库时有什么需要注意的地方？

第 9 章　系统安全管理

1．SQL Server 采用哪些措施实现数据库的安全管理？

2．Windows 身份验证模式与 SQL Server 身份验证模式有何区别？

3．SQL Server 2005 安全性主体主要有三个级别，分别是____、____和____。

4．使用界面方式创建 Windows 身份验证模式的登录名和 SQL Server 身份验证模式的登录名有什么不同的地方？

5．为什么要创建数据库用户？

6．在使用命令方式创建登录名时创建 Windows 登录名和 SQL Server 登录名分别使用____子句和____子句。

7．使用命令方式创建数据库用户的语句是____。

8．固定数据库角色分为哪几类？每类有哪些操作权限？

9．SQL Server 提供的固定服务器角色和固定数据库角色分别有哪几种？

10．为固定服务器库角色添加成员使用系统存储过程____，删除固定服务器角色成员使用系统存储过程____；为固定数据库角色添加成员使用系统存储过程____，删除固定服务器角色成员使用系统存储过程____。

11．为什么要创建自定义数据库角色？

12．使用命令方式创建自定义数据库角色使用____语句，为自定义数据库角色添加成员使用系统存储过程____，将一个成员从数据库角色中去除使用系统存储过程____，删除自定义数据库角色使用____语句。

13．什么是数据库权限？如何使用界面方式为数据库角色和用户授予权限？

14．在使用命令方式授予权限时使用 GRANT 语句，利用 GRANT 语句可以给____和____授予____级别或____级别的权限。

15．GRANT 语句中，根据安全对象的不同，可以授予的权限名取值分为哪几种情况？

16．____选项表示允许被授权者在获得指定权限的同时还可以将指定权限授予其他用户、角色或 Windows 组。

17．使用 DENY 语句拒绝权限时，____关键字表示拒绝授予指定用户或角色该权限，同时对该用户或角色授予该权限的所有其他用户和角色也拒绝授予该权限。

18．REVOKE 语句只在指定的用户、组或角色上取消授予或拒绝的权限，这句话如何理解？

19．在 SQL Server 2005 中，数据库架构概念是什么？创建数据库架构使用____语句。

第 10 章　SQL Server 2005 与 XML

1．请简要描述 XML 语言的优点。

2．在 XML 标签中如何定义一个属性，请给出基本格式。

3．在编写 XML 文本时需要注意哪些地方？

4．XML 数据类型与普通数据类型的区别有哪些？

5．向 SQL Server 2005 的数据表导入 XML 数据有哪些方法？

6．什么是 XQuery 语言？

7．请说明 XPath 的路径表达式“//school[@property="20"]”的意义。

8．SQL Server 2005 有哪几个 XML 数据类型方法？

9．在使用 modify()方法修改 XML 文档的内容时，使用_____语言。如果要添加 XML 实例，使用____关键字，请列出该关键字的语法格式。

10． XQuery 语言的 FLWOR 表达式中包含哪些语句，分别有什么作用？

11．FOR XML 子句的作用是什么？有哪几种模式？

第 11 章　其他

1．什么是事务？简述事务 ACID 原则的含义。

2．当多个用户对数据库并发访问时，可能就会导致____、____、____和____等问题。

3．当执行以下哪些语句时，一条语句就构成了一个事务？

A．INSERT　　B．SELECT

C．CREATE TABLE　　D．ROLLBACK

4．在 SQL Server 中，显式地开始一个事务可以使用____语句，结束一个事务可以使用____语句或____语句。

5．简述 ROLLBACK TRANSACTION 语句的作用。

6．全局变量@@TRANCOUNT 的作用是什么？

7．在 SQL Server 2005 中，使用____语句来设置事务的隔离级别，事务的隔离级别主要分为哪几种？

8．什么是锁定？SQL Server 2005 提供了哪几种锁定模式？

9．简述在 SQL Server 2005 中完成自动化管理所需的步骤。

10．什么是操作员？通知操作员的方式有哪几种？

11．什么是作业？请简述在“对象资源管理器”中创建一个定时备份数据库的作业的步骤。

12．什么是警报？主要分为哪几种？

13．在使用数据库邮件功能之前要确保系统中____服务器能够正常运行。

14．使用系统存储过程____可以向指定的收件人发送电子邮件。

SQL Server 2005 教程

上机练习

实验 1　SQL Server 2005 环境

1．目的与要求

- 熟悉 SQL Server 2005 环境；
- 掌握 SQL Server Management Studio“对象资源管理器”的使用方法；
- 掌握 SQL Server Management Studio“查询分析器”的使用方法；
- 对数据库及其对象有一个基本了解。

2．实验准备

- 了解 SQL Server 2005 的安装方法；
- 了解 SQL Server 2005 服务器的各个组件；
- 了解 SQL Server 2005 支持的身份验证模式；
- 对数据库、表及其他数据库对象有一个基本了解。

3．实验内容

(1) SQL Server 2005 的安装

检查软、硬件配置是否达到 SQL Server 2005 的安装要求，参照第 1 章内容安装 SQL Server 2005，熟悉 SQL Server 2005 的安装方法。

(2) 管理 SQL Server 服务的方法

单击“开始”→“所有程序”→“Microsoft SQL Server 2005”→“配置工具”→“SQL Server Configuration Manager”，在弹出窗口的左边栏中选择“SQL Server 2005 服务”，在窗口右边出现的服务列表中双击“SQL Server（MSSQLSERVER）”，在弹出的如图 T1.1 所示的“SQL Server 属性”对话框的“登录”选项卡中单击“启动”、“停止”、“暂停”和“重新启动”按钮，可以操作 SQL Server 服务。在“服务”选项卡中可以设置“启动模式”为“自动”、“手动”和“已禁用”。

(3) 对象资源管理器的使用

① 进入“SQL Server Management Studio”。

单击“开始”→选择“程序”→选择“Microsoft SQL Server 2005”→单击“SQL Server Management Studio”，打开“连接到服务器”窗口，如图 T1.2 所示。

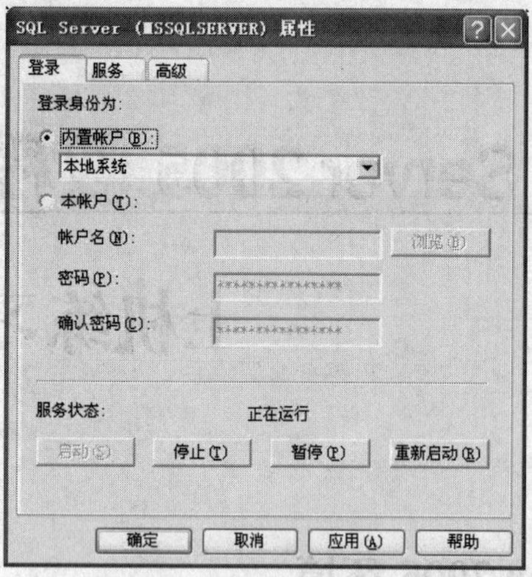

图 T1.1 SQL Server 属性对话框

图 T1.2 连接到服务器

在打开的“连接到服务器”窗口中使用系统默认设置连接服务器，单击“连接”按钮，系统显示“SQL Server Management Studio”窗口。

在此窗口中，左边是对象资源管理器，它以目录树的形式组织对象。单击指定对象，右边就会显示对应于该对象的信息。

② 了解系统数据库和数据库的对象。

在 SQL Server 2005 安装后，系统生成了 4 个数据库：master、model、msdb 和 tempdb。

在“对象资源管理器”中的“数据库”目录下单击“系统数据库”，右边显示 4 个系统数据库，如图 T1.3 所示，用户创建的数据库将直接在“数据库”目录下显示。选择系统数据库 master，观察 SQL Server 2005 对象资源管理器中数据库对象的组织方式。其中表、视图在数据库根目录下，存储过程、触发器、函数、类型、规则等在“可编程性”目录下，用户、角色、架构等在“安全性”目录下。

③ 了解不同数据库对象的操作功能。

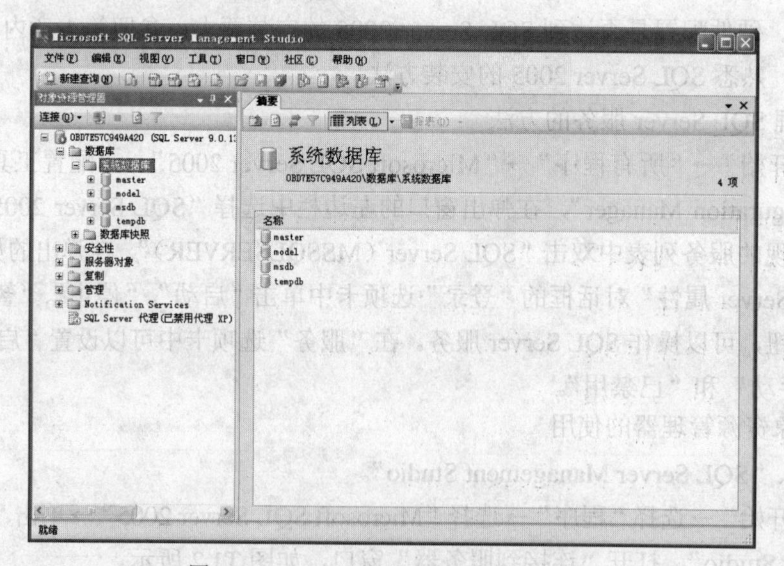

图 T1.3 SQL Server Management Studio

展开系统数据库“master”→展开“表”→“系统表”→选择“dbo.spt_values”，单击鼠标右键，系统显示操作快捷菜单，如图 T1.4 所示。由于 spt_values 是系统表，有些菜单（如“修改表”）不能随意使用。

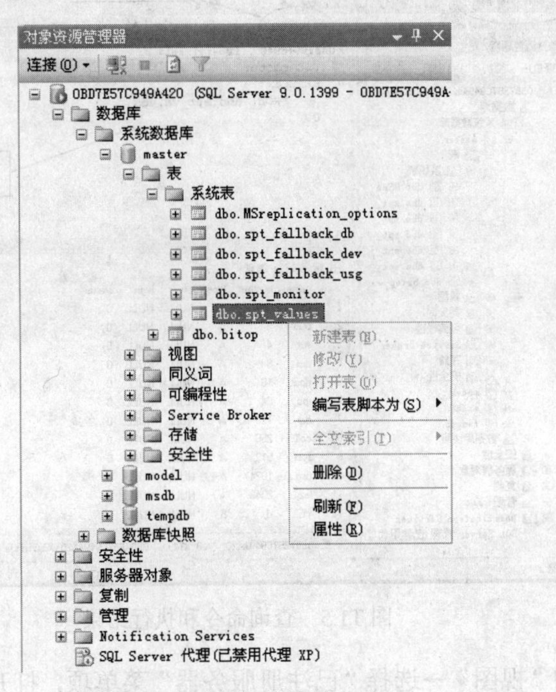

图 T1.4　对象操作快捷菜单

④ 认识表的结构。

展开图 T1.4 中的 dbo.spt_values 表的“列”目录，查看该表有哪些列。

(4) 查询分析器的使用

在“SQL Server Management Studio”窗口中单击“新建查询”按钮（单击菜单栏中的“视图”菜单→选择“工具栏”中的“标准”菜单项，就可以打开该工具）。在“对象资源管理器”的右边就会出现“查询分析器”窗口，如图 T1.5 所示，在该窗口中输入下列命令：

```
USE master
SELECT *
    FROM   dbo.spt_values
GO
```

单击“！执行”按钮（单击菜单栏中的“视图”菜单→选择“工具栏”中的“SQL 编辑器”菜单项，可以打开该工具），命令执行结果如图 T1.5 所示。

如果在“SQL 编辑器”工具栏的“可用数据库”下拉列表中选择当前数据库为“master”，则“USE master”命令可以省略。

使用 USE 命令选择当前数据库为 model：

```
USE model
```

(5) 了解 SQL Server Management Studio 的其他窗口的使用方法

单击菜单栏“视图”→选择“模板资源管理器”菜单项，主界面右侧将出现“模板资源管理器”窗口。在该窗口中找到“database”→双击“create database”，查看 CREATE

DATABASE 语句的结构。

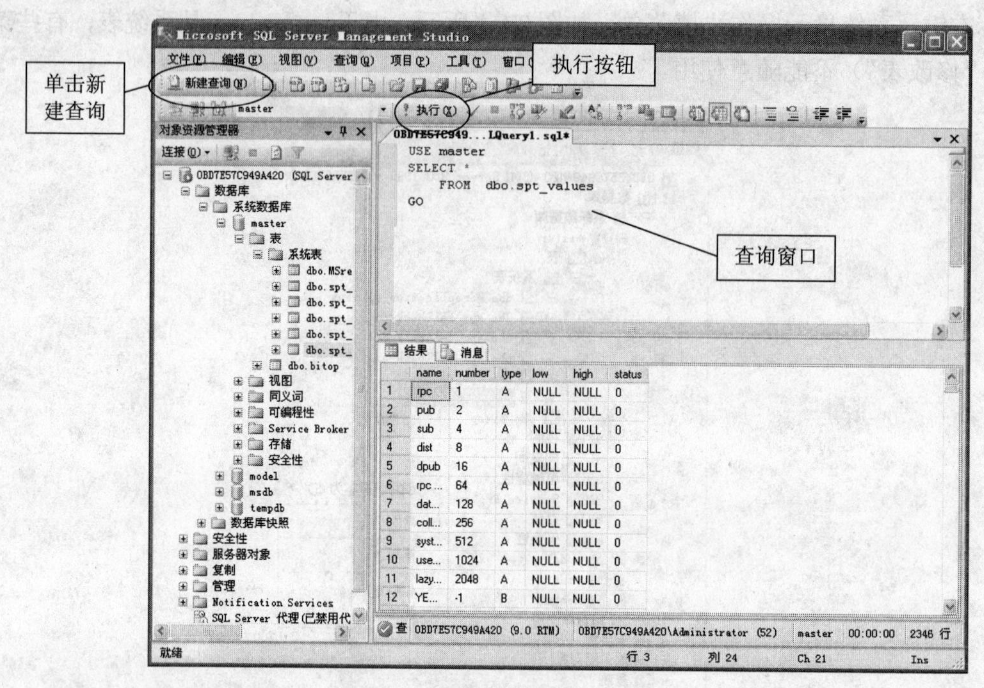

图 T1.5 查询命令和执行结果

单击菜单栏的“视图”→选择“已注册服务器”菜单项，打开“已注册服务器”窗口，查看已经注册的服务器的信息。

4．思考题

(1) 单击“开始”→选择“所有程序”→选择“Microsoft SQL Server 2005”→“文档和教程”→“SQL Server 联机丛书”，查看 SQL Server 2005 的帮助文档。

(2) 在“查询分析器”窗口中输入 T-SQL 语句，查询系统表 spt_monitor 中的内容。

实验 2 创建数据库和表

1．目的和要求

- 了解 SQL Server 数据库的逻辑结构和物理结构；
- 了解表的结构特点；
- 了解 SQL Server 的基本数据类型；
- 了解空值概念；
- 学会在“对象资源管理器”中创建数据库和表；
- 学会使用 T-SQL 语句创建数据库和表。

2．实验内容

(1) 实验题目

① 创建一个新的数据库

创建用于企业管理的员工管理数据库，数据库名为 YGGL。

数据库 YGGL 的逻辑文件初始大小为 10MB，最大为 50MB，数据库自动增长，增长方式是按 5%比例增长。日志文件初始为 2MB，最大可增长到 5MB（默认为不限制），按 1MB 增长（默认是按 10%比例增长）。

数据库的逻辑文件名和物理文件名均采用默认值。

事务日志的逻辑文件名和物理文件名也均采用默认值。

要求分别使用“对象资源管理器”和 T-SQL 命令完成数据库的创建工作。

② 在创建好的数据库 YGGL 中创建数据表。

考虑到数据库 YGGL 要求包含员工的信息、部门信息以及员工的薪水信息，所以数据库 YGGL 应包含下列 3 个表：Employees（员工自然信息）表、Departments（部门信息）表和 Salary（员工薪水情况）表，各表的结构分别为表 T2.1、表 T2.2 和表 T2.3 所示。

表 T2.1 Employees 表结构

列　名	数 据 类 型	长　度	是否可空	说　明
EmployeeID	定长字符串型（char）	6	×	员工编号，主键
Name	定长字符串型（char）	10	×	姓名
Education	定长字符串型（char）	4	×	学历
Birthday	日期时间型（datetime）	系统默认	×	出生日期
Sex	位型（bit）	系统默认	×	性别，默认值为 1
WorkYear	整数型（tinyint）	系统默认	√	工作时间
Address	不定长字符串型（varchar）	40	√	地址
PhoneNumber	定长字符串型（char）	12	√	电话号码
DepartmentID	定长字符串型（char）	3	×	员工部门号，外键

表 T2.2 Departments 表结构

列　名	数 据 类 型	长　度	是否可空	说　明
DepartmentID	定长字符串型（char）	3	×	部门编号，主键
DepartmentName	定长字符串型（char）	20	×	部门名
Note	不定长字符串（varchar）	100	√	备注

表 T2.3 Salary 表结构

列　名	数 据 类 型	长　度	是否可空	说　明
EmployeeID	定长字符串型（char）	6	×	员工编号，主键
InCome	浮点型（float）	系统默认	×	收入
OutCome	浮点型（float）	系统默认	×	支出

要求分别使用“对象资源管理器”和 T-SQL 语句完成数据表的创建工作。

(2) 实验准备

首先明确能够创建数据库的用户必须是系统管理员，或是被授权使用 CREATE DATABASE 语句的用户。

其次，创建数据库必须要确定数据库名、所有者（即创建数据库的用户）、数据库大小（最初的大小、最大的大小、是否允许增长及增长方式）和存储数据库的文件。

然后，确定数据库包含哪些表，以及所包含的各表的结构，还要了解SQL Server的常用数据类型，以创建数据库的表。

此外，还要了解两种常用的创建数据库、表的方法，即在“对象资源管理器”中创建和使用T-SQL的CREATE语句创建。

3．实验步骤

(1) 在“对象资源管理器”中创建数据库YGGL

使用系统管理员用户以Windows身份验证方式登录SQL Server服务器，启动“对象资源管理器”，右击其中的“数据库”目录，在弹出的快捷菜单中选择“新建数据库”菜单项，打开“新建数据库”窗口。

在“新建数据库”窗口的“常规”选项卡中输入数据库名“YGGL”，所有者为默认设置。在“数据库文件”下方的列表栏中，分别设置“数据文件”和“日志文件”的增长方式和增长比例，如图T2.1所示。设置完成后单击“确定”按钮完成数据库的创建，之后在“数据库”目录下可以找到YGGL数据库。

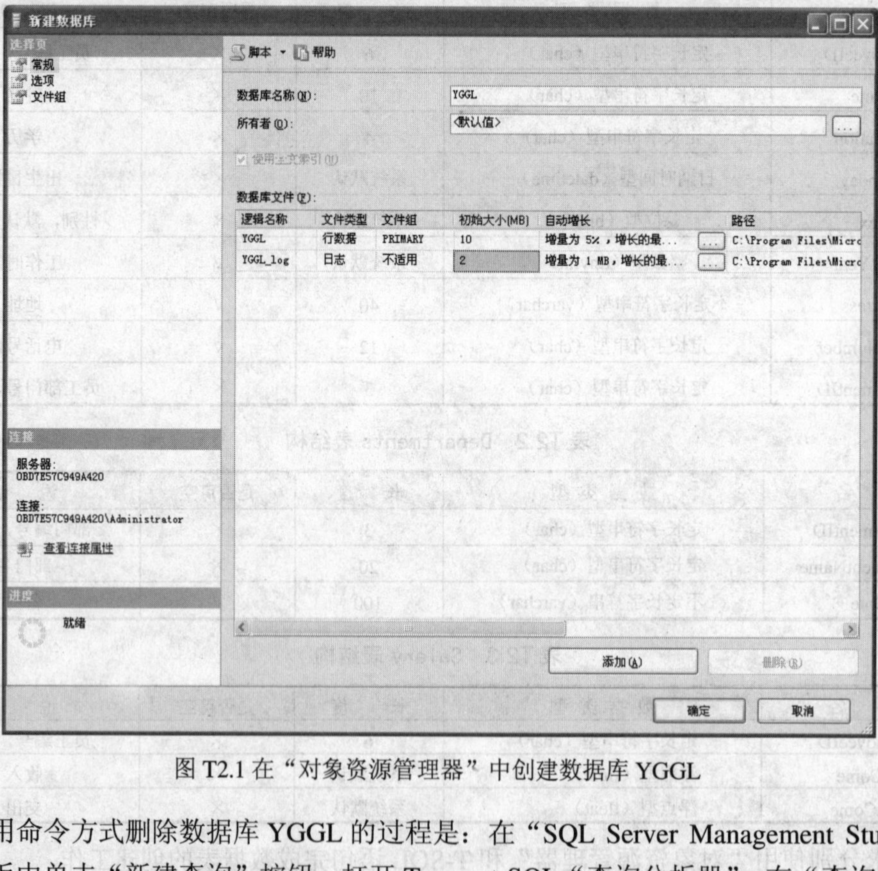

图T2.1 在“对象资源管理器”中创建数据库YGGL

使用命令方式删除数据库YGGL的过程是：在“SQL Server Management Studio”界面的面板中单击“新建查询”按钮，打开Transact-SQL“查询分析器”，在“查询分析器”窗口中输入如下脚本后单击“!执行”按钮执行：

```
USE  master
GO
DROP DATABASE YGGL
```

(3) 使用 T-SQL 语句创建数据库 YGGL

启动 SQL Server Management Studio 后，单击“新建查询”按钮，打开 Transact-SQL 查询分析器，在“查询分析器”窗口中输入如下语句：

```
CREATE  DATABASE  YGGL
ON
(
    NAME='YGGL_Data',
    FILENAME='C:\Program Files\Microsoft SQL Server\MSSQL.1\MSSQL\Data\YGGL.mdf',
    SIZE=10MB,
    MAXSIZE=50MB,
    FILEGROWTH=5%
)
LOG ON
(
    NAME='YGGL_Log',
    FILENAME='C:\Program Files\Microsoft SQL Server\MSSQL.1\MSSQL\Data\YGGL_Log.ldf',
    SIZE=2MB,
    MAXSIZE=5MB,
    FILEGROWTH=1MB
)
GO
```

单击快捷工具栏的“！执行”按钮，执行上述语句，并在“对象资源管理器”窗口中查看执行结果。如果“数据库”列表中未列出 YGGL 数据库，则右击“数据库”目录，选择“刷新”菜单项。

(4) 在“对象资源管理器”中创建表

① 创建表。

以创建 Employees 表为例，在“对象资源管理器”中展开数据库“YGGL”，右击“表”目录，在弹出的快捷菜单中选择“新建表”菜单项。在表设计窗口中输入 Employees 表的各字段信息，单击“工具栏”中的“保存”按钮，在弹出的“保存”对话框中输入表名 Employees，单击“确定”按钮即创建了表 Employees。创建后的 Employees 表的结构如图 T2.2 所示。

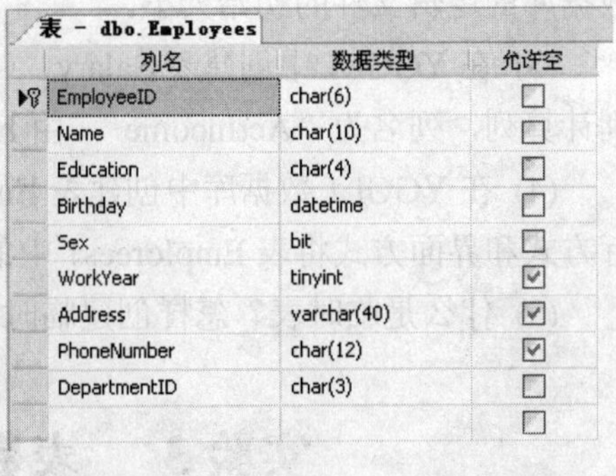

表 - dbo.Employees

列名	数据类型	允许空
EmployeeID	char(6)	☐
Name	char(10)	☐
Education	char(4)	☐
Birthday	datetime	☐
Sex	bit	☐
WorkYear	tinyint	☑
Address	varchar(40)	☑
PhoneNumber	char(12)	☑
DepartmentID	char(3)	☐
		☐

图 T2.2 Employees 表的结构

按同样的操作过程，创建表 Departments 和表 Salary。

② 删除表。

在“对象资源管理器”中展开“数据库”，选择其中的“YGGL”。展开“YGGL”选择其中的“Employees”，右击鼠标，在弹出的快捷菜单中选择“删除”菜单项，打开“删除对象”窗口。

在“删除对象”窗口中单击“显示依赖关系”按钮，打开“Employees 依赖关系”窗口。在该窗口中确认表“Employees”可删除后，单击“确定”按钮，返回“删除对象”

窗口。在“删除对象”窗口，单击“确定”按钮，完成表“Employees”的删除。

按同样的操作过程也可以删除表 Departments 和 Salary。

(5) 使用 T-SQL 语句创建表

在“查询分析器”窗口中输入以下 T-SQL 语句：

```
USE YGGL
GO
CREATE TABLE Employees
(    EmployeeID      char(6)        NOT NULL      PRIMARY KEY,
     Name            char(10)       NOT NULL,
     Education       char(4)        NOT NULL,
     Birthday        datetime       NOT NULL,
     Sex             bit            NOT NULL      DEFAULT 1,
     WorkYear        tinyint        NULL,
     Address         varchar(40)    NULL,
     PhoneNumber     char(12)       NULL,
     DepartmentID    char(3)        NOT NULL
)
GO
```

单击快捷工具栏的“执行”图标，执行上述语句，即可创建表 Employees。

按同样的方法也可以创建表 Departments 和 Salary，并在“对象资源管理器”中查看结果。

4．思考题

(1) 在 YGGL 数据库存在的情况下，使用 CREATE DATABASE 语句新建数据库 YGGL，查看错误信息。

(2) 创建数据库 YGGL1，使用界面方式或 ALTER DATABASE 语句尝试修改 YGGL1 数据库的逻辑文件的初始大小。

(3) 在 YGGL1 中创建表 Salary1（参照表 Salary 的结构），表 Salary1 比表 Salary 多一列计算列，列名为“ActIncome”，由 InCome-OutCome 得到。

(4) 在 YGGL1 数据库中创建表 Employees1（结构与 Employees 相同），分别使用命令行方式和界面方式将表 Emplorees1 中的 Address 列删除，并将 Sex 列的默认值修改为 0。

(5) 什么是临时表？怎样创建临时表？

实验 3　表数据插入、修改和删除

1．目的和要求

- 学会在“对象资源管理器”中对数据库表进行插入、修改和删除数据操作；
- 学会使用 T-SQL 语句对数据库表进行插入、修改和删除数据操作；
- 了解数据更新操作时要注意数据完整性。

2．实验内容

(1) 实验题目

分别使用“对象资源管理器”和 T-SQL 语句，向在实验 2 中建立的数据库 YGGL 的 3

个表 Employees、Departments 和 Salary 中插入多行数据记录，然后修改和删除一些记录。使用 T-SQL 进行有限制的修改和删除。

(2) 实验准备

首先，了解对表数据的插入、删除、修改都属于表数据的更新操作。对表数据的操作可以在“对象资源管理器”中实现，也可以由 T-SQL 语句实现。

其次，要掌握 T-SQL 中用于对表数据进行插入、修改和删除的命令分别是 INSERT、UPDATE 和 DELETE（或 TRANCATE TABLE）。要特别注意，在执行插入、修改、删除等数据更新操作时，必须保证数据完整性。

此外，还要了解使用 T-SQL 语句在对表数据进行插入、修改及删除时，比在“对象资源管理器”中操作表数据更为灵活，功能更强大。

在实验 2 中，用于实验的 YGGL 数据库中的 3 个表已经建立，现在要将各表的样本数据添加到表中。样本数据分别如表 T3.1、表 T3.2 和表 T3.3 所示。

表 T3.1　Employees 表数据样本

编号	姓名	学历	出生日期	性别	工作时间	住址	电话	部门号
000001	王林	大专	1966-01-23	1	8	中山路 32-1-508	83355668	2
010008	伍容华	本科	1976-03-28	1	3	北京东路 100-2	83321321	1
020010	王向容	硕士	1982-12-09	1	2	四牌楼 10-0-108	83792361	1
020018	李丽	大专	1960-07-30	0	6	中山东路 102-2	83413301	1
102201	刘明	本科	1972-10-18	1	3	虎距路 100-2	83606608	5
102208	朱俊	硕士	1965-09-28	1	2	牌楼巷 5-3-106	84708817	5
108991	钟敏	硕士	1979-08-10	0	4	中山路 10-3-105	83346722	3
111006	张石兵	本科	1974-10-01	1	1	解放路 34-1-203	84563418	5
210678	林涛	大专	1977-04-02	1	2	中山北路 24-35	83467336	3
302566	李玉珉	本科	1968-09-20	1	3	热和路 209-3	58765991	4
308759	叶凡	本科	1978-11-18	1	2	北京西路 3-7-52	83308901	4
504209	陈林琳	大专	1969-09-03	0	5	汉中路 120-4-12	84468158	4

表 T3.2　Departments 表数据样本

部门号	部门名称	备　注	部门号	部门名称	备　注
1	财务部	NULL	4	研发部	NULL
2	人力资源部	NULL	5	市场部	NULL
3	经理办公室	NULL			

表 T3.3　Salary 表数据样本

编　号	收　入	支　出	编　号	收　入	支　出
000001	2100.80	123.09	108991	3259.98	281.52
010008	1582.62	88.03	020010	2860.00	198.00
102201	2569.88	185.65	020018	2347.68	180.00
111006	1987.01	79.58	308759	2531.98	199.08
504209	2066.15	108.00	210678	2240.00	121.00
302566	2980.70	210.20	102208	1980.00	100.00

3. 实验步骤

(1) 在“对象资源管理器”中初始化数据库 YGGL 中所有表的数据

① 在“对象资源管理器”中展开“数据库 YGGL”项→选择要进行操作的表“Employees”，右击鼠标，在弹出的快捷菜单上选择“打开表”菜单项，进入“表数据窗口”。

在此窗口中，表中的记录按行显示，每个记录占一行。用户可通过“表数据窗口”向表中加入表 T3.1 中的记录，输完一行记录后将光标移到下一行即保存了上一行记录。插入数据后的 Employees 表数据窗口如图 T3.1 所示。

表 - dbo.Employees

	EmployeeID	Name	Education	Birthday	Sex	WorkYear	Address	PhoneNumber	DepartmentID
▶	000001	王林	大专	1966-1-23 0:00:00	True	8	中山路32-1-508	83355668	2
	010008	伍容华	本科	1976-3-28 0:00:00	True	3	北京东路100-2	83321321	1
	020010	王向容	硕士	1982-12-9 0:00:00	True	2	四牌楼10-0-108	83792361	1
	020018	李丽	大专	1960-7-30 0:00:00	False	6	中山东路102-2	83413301	1
	102201	刘明	本科	1972-10-18 0:0...	True	3	虎距路100-2	83606608	5
	102208	朱俊	硕士	1965-9-28 0:00:00	True	2	牌楼巷5-3-106	84708817	5
	108991	钟敏	硕士	1979-8-10 0:00:00	False	4	中山路10-3-105	83346722	3
	111006	张石兵	本科	1974-10-1 0:00:00	True	1	解放路34-1-203	84563418	5
	210678	林涛	大专	1977-4-2 0:00:00	True	2	中山北路24-35	83467336	3
	302566	李玉珉	本科	1968-9-20 0:00:00	True	3	热和路209-3	58765991	4
	308759	叶凡	本科	1978-11-18 0:0...	True	2	北京西路3-7-52	83308901	4
	504209	陈林琳	大专	1969-9-3 0:00:00	False	5	汉中路120-4-12	84468158	4
*	NULL	NULL	NULL	NULL	NULL	NULL	NULL	NULL	NULL

图 T3.1 向 Employees 表中插入数据

② 用同样的方法向 Departments 表和 Salary 表中分别插入表 T3.2 和 T3.3 中的记录。

注意：插入的数据要符合列的类型。试着在 tinyint 型的列中插入字符型数据（如字母），查看发生的情况。

bit 类型的列在以界面方式插入数据时，只能插入 True 或 False。其中 True 表示 1，False 表示 0。

不能插入两行有相同主键的数据。例如，如果编号 000001 的员工信息已经在 Employees 中存在，则不能向 Employees 表再插入编号为 000001 的数据行。

【思考与练习】

将 3 个样本数据表中的数据都存入到数据库 YGGL 的表中。

(2) 在“对象资源管理器”中删除和修改数据库 YGGL 中的表数据

① 在“对象资源管理器”中删除表 Employees 的第 1 行和 Salary 的第 1 行。注意进行删除操作时作为两表主键的 EmployeeID 的值，以保持数据完整性。

在“对象资源管理器”中选择表 Employees，右击鼠标，在弹出的快捷菜单中选择“打开表”菜单项→在打开的“表数据”窗口，选中要删除的行，右击鼠标，在弹出的快捷菜单中选择“删除”菜单项。Salary 表中数据删除方法相同。

② 在“对象资源管理器”中将表 Employees 中编号为 020018 的记录的部门号改为 4。

在“对象资源管理器”中选择表 Employees→在其上单击鼠标右键→选择“打开表”菜单项→将光标定位至编号为 020018 的记录的 DepartmentID 字段，将值 1 改为 4。将光标移出本行即保存了修改。

(3) 使用 T-SQL 命令插入表数据。

① 向表 Employees 中插入步骤 2 中删除的一行数据，启动“查询分析器”→在“查

询分析器”窗口中输入以下 T-SQL 语句：

```
USE YGGL
GO
INSERT INTO Employees VALUES('000001', '王林', '大专', '1966-01-23', 1 , 8,
                                     '中山路 32-1-508', '83355668', '2')
```

单击快捷工具栏的“！执行”按钮，执行上述语句，在验证操作是否成功时可以在“对象资源管理器”中打开 Employees 表观察数据的变化。

② 向表 Salary 插入步骤（2）中删除的一行数据：

```
INSERT INTO Salary(EmployeeID, InCome, OutCome)
          values('000001', 2100.8, 123.09)
```

【思考与练习】

INSERT INTO 语句还可以通过 SELECT 子句添加其他表中的数据，但是 SELECT 子句中的列要与添加表的列数目和数据类型都应一一对应。假设有另一个空表 Employees2，结构和 Employees 表相同，使用 INSERT INTO 语句将 Employees 表中数据添加到 Employees2 中。语句如下：

```
INSERT INTO Employees2   SELECT * FROM Employees
```

查看 Employees2 表中的变化。

(4) 使用 SQL 语句修改和删除表数据。

① 使用 SQL 命令修改表 Salary 中的某个记录的字段值：

```
UPDATE Salary
    SET InCome = 2890
    WHERE EmployeeID = '000001'
```

执行上述语句，将编号为 000001 的员工收入改为 2890。

② 将所有员工收入增加 100 元：

```
UPDATE Salary
    SET InCome = InCome +100;
```

执行完上述语句，打开 Salary 表查看数据的变化，如图 T3.2 所示。可见，使用 SQL 语句操作表数据比在界面管理工具中操作表数据更为灵活。

表 - dbo.Salary

	EmployeeID	InCome	OutCome
▶	000001	2200.8	123.09
	010008	1682.62	88.03
	020010	2960	198
	020018	2447.68	180
	102201	2669.88	185.65
	102208	2080	100
	108991	3359.98	281.52
	111006	2087.01	79.58
	210678	2340	121
	302566	3080.7	210.2
	308759	2631.98	199.08
	504209	2166.15	108
*	NULL	NULL	NULL

图 T3.2 修改 Salary 表中的数据

③ 使用 SQL 命令删除表 Employees 中编号为 000001 的员工信息：

```
DELETE FROM Employees
    WHERE EmployeeID= '000001'
```

④ 删除所有女性员工信息：

```
DELETE FROM Employees
    WHERE Sex=0
```

⑤ 使用 TRANCATE TABLE 语句删除表中所有行：

```
TRUNCATE TABLE Salary
```

执行上述语句，将删除 Salary 表中的所有行。

注意：实验时一般不要轻易执行这个操作，因为后面实验还要用到这些数据。如要查看该命令的效果，可建一个临时表，输入少量数据后进行操作。

4．思考题

使用 INSERT、UPDATE 语句将实验 3 中所有对表的修改恢复到原来的状态，方便在以后的实验中使用。

实验 4　数据库的查询和视图

实验 4.1　数据库的查询

1．目的与要求

- 掌握 SELECT 语句的基本语法；
- 掌握子查询的表示；
- 掌握连接查询的表示；
- 掌握 SELECT 语句的 GROUP BY 子句的作用和使用方法；
- 掌握 SELECT 语句的 ORDER BY 子句的作用和使用方法。

2．实验准备

- 了解 SELECT 语句的基本语法格式；
- 了解 SELECT 语句的执行方法；
- 了解子查询的表示方法；
- 了解连接查询的表示；
- 了解 SELECT 语句的 GROUP BY 子句的作用和使用方法；
- 了解 SELECT 语句的 ORDER BY 子句的作用。

3．实验内容

(1) SELECT 语句的基本使用

① 对于实验 2 给出的数据库表结构，查询每个员工的所有数据。

新建一个查询，在“查询分析器”窗口中输入如下语句并执行：

```
USE YGGL
GO
SELECT   *
    FROM Employees
```

【思考与练习】

用 SELECT 语句查询 Departments 和 Salary 表中的所有的数据信息。

② 用 SELECT 语句查询 Employees 表中每个员工的地址和电话。

```
SELECT   Address,   PhoneNumber
    FROM Employees
```

【思考与练习】

a. 用 SELECT 语句查询 Departments 和 Salary 表的一列或若干列。

b. 查询 Employees 表中的部门号和性别，要求使用 DISTINCT 消除重复行。

③ 查询 EmployeeID 为 000001 的员工的地址和电话。

```
SELECT   Address,   PhoneNumber
      FROM     Employees
      WHERE    EmployeeID = '000001'
GO
```

【思考与练习】

a. 查询月收入高于 2000 元的员工号码。

b. 查询 1970 以后出生的员工的姓名和住址。

c. 查询所有财务部的员工的号码和姓名。

④ 查询 Employees 表中女员工的地址和电话，使用 AS 子句将结果中各列的标题分别指定为地址、电话。

```
USE YGGL
GO
SELECT   Address AS 地址,   PhoneNumber AS 电话
      FROM     Employees
      WHERE    Sex = 0
```

【思考与练习】

查询 Employees 表中男员工的姓名和出生日期，要求将各列标题用中文表示。

⑤ 查询 Employees 表中员工姓名和性别，要求 Sex 值为 1 时显示为“男”，为 0 时显示为“女”。

```
SELECT Name AS 姓名,
      CASE
          WHEN Sex= 1 THEN '男'
          WHEN Sex= 0 THEN '女'
             END AS 性别
    FROM Employees
```

【思考与练习】

查询 Employees 员工的姓名、住址和收入水平，2000 元以下显示为低收入，2000～3000 元显示为中等收入，3000 元以上显示为高收入。

⑥ 计算每个员工的实际收入。

```
SELECT   EmployeeID，实际收入= InCome - OutCome
      FROM Salary
```

【思考与练习】

使用 SELECT 语句进行简单的计算。

⑦ 获得员工总数。

```
SELECT COUNT(*)
    FROM Employees
```

【思考与练习】

a. 计算 Salary 表中员工月收入的平均数。

b. 获得 Employees 表中最大的员工号码。

c. 计算 Salary 表中所有员工的总支出。

d. 查询财务部员工的最高和最低实际收入。

⑧ 找出所有王姓员工所在的部门号。

```
SELECT   DepartmentID
    FROM     Employees
    WHERE   Name LIKE '王%'
```

【思考与练习】

a. 找出所有其地址中含有“中山”的员工的号码及部门号。

b. 查找员工号码中倒数第二个数字为 0 的姓名、地址和学历。

⑨ 找出所有收入在 2000～3000 元之间的员工号码。

```
SELECT EmployeeID
    FROM Salary
    WHERE InCome BETWEEN 2000 AND 3000
```

【思考与练习】

找出所有在部门“1”或“2”工作的员工的号码。

注意：了解在 SELECT 语句中 LIKE、BETWEEN…AND、IN、NOT 及 CONTAIN 谓词的作用。

⑩ 使用 INTO 子句，由表 Salary 创建“收入在 1500 元以上的员工”表，包括编号和收入。

```
USE YGGL
GO
SELECT EmployeeID as  编号, InCome as  收入
    INTO   收入在 1500 以上的员工
    FROM   Salary
    WHERE   InCome > 1500
```

【思考与练习】

使用 INTO 子句，由表 Employees 创建“男员工”表，包括编号和姓名。

(2) 子查询的使用

① 查找在财务部工作的员工的情况。

```
USE YGGL
GO
SELECT  *
    FROM    Employees
    WHERE   DepartmentID =
            (SELECT DepartmentID
                FROM     Departments
                WHERE   DepartmentName = '财务部'
            )
```

【思考与练习】

用子查询的方法查找所有收入在 2500 元以下的员工的情况。

② 查找财务部年龄不低于研发部员工年龄的员工的姓名。

```
USE YGGL
GO
SELECT  Name
    FROM    Employees
    WHERE   DepartmentID   IN
        (SELECT   DepartmentID
            FROM Departments
            WHERE DepartmentName = '财务部'
        )
    AND
    Birthday !> ALL
        (SELECT Birthday
            FROM Employees
            WHERE DepartmentID IN
                (SELECT   DepartmentID
                    FROM    Departments
                    WHERE   DepartmentName = '研发部'
                )
        )
```

【思考与练习】

用子查询的方法查找研发部比所有财务部员工收入都高的员工的姓名。

③ 查找比所有财务部的员工收入都高的员工的姓名。

```
USE YGGL
GO
SELECT Name
    FROM    Employees
    WHERE   EmployeeID   IN
        (SELECT EmployeeID
            FROM    Salary
            WHERE   InCome >ALL
                (SELECT InCome
                    FROM    Salary
                    WHERE   EmployeeID   IN
                        (SELECT   EmployeeID
                            FROM    Employees
                            WHERE   DepartmentID =
                                (SELECT   DepartmentID
                                    FROM    Departments
                                    WHERE   DepartmentName = '财务部'
                                )
                        )
                )
        )
```

【思考与练习】

用子查询的方法查找所有年龄比研发部员工年龄都大的员工的姓名。

(3) 连接查询的使用

① 查询每个员工的情况及其薪水的情况。

```
USE YGGL
GO
SELECT   Employees . * ,   Salary . *
     FROM     Employees , Salary
     WHERE   Employees.EmployeeID = Salary.EmployeeID
```

【思考与练习】

查询每个员工的情况及其工作部门的情况。

② 使用内连接的方法查询名字为“王林”的员工所在的部门。

```
SELECT DepartmentName
     FROM Departments JOIN Employees
               ON Departments. DepartmentID=Employees. DepartmentID
     WHERE Employees.Name='王林'
```

【思考与练习】

a. 使用内连接方法查找出不在财务部工作的所有员工信息。

b. 使用外连接方法查找出所有员工的月收入。

③ 查找财务部收入在 2000 元以上的员工姓名及其薪水情况。

```
USE YGGL
GO
SELECT Name,   InCome,   OutCome
     FROM     Employees , Salary , Departments
     WHERE   Employees.EmployeeID = Salary.EmployeeID
          AND   Employees.DepartmentID = Departments.DepartmentID
          AND   DepartmentName = '财务部'
          AND   InCome > 2000
```

【思考与练习】

查询研发部在 1976 年以前出生的员工姓名及其薪水详情。

(4) 聚合函数的使用

① 求财务部员工的平均收入。

```
USE YGGL
GO
SELECT   AVG(InCome) AS '财务部平均收入'
     FROM     Salary
     WHERE   EmployeeID   IN
          (SELECT EmployeeID
               FROM     Employees
               WHERE   DepartmentID =
                    (SELECT   DepartmentID
                         FROM     Departments
                         WHERE   DepartmentName = '财务部'
                    )
```

```
        )
```

【思考与练习】

查询财务部员工的最高和最低收入。

② 求财务部员工的平均实际收入。

```
USE YGGL
GO
SELECT AVG(InCome-OutCome) AS '财务部平均实际收入'
      FROM    Salary
      WHERE   EmployeeID   IN
            (SELECT   EmployeeID
                  FROM    Employees
                  WHERE   DepartmentID =
                        (SELECT DepartmentID
                              FROM    Departments
                              WHERE   DepartmentName = '财务部'
                        )
            )
```

【思考与练习】

查询财务部员工的最高和最低实际收入。

③ 求财务部员工的总人数。

```
USE YGGL
GO
SELECT   COUNT( EmployeeID )
      FROM    Employees
      WHERE   DepartmentID =
            (SELECT   DepartmentID
                  FROM    Departments
                  WHERE   DepartmentName = '财务部'
            )
```

【思考与练习】

统计财务部收入在 2500 元以上员工的人数。

(5) GROUP BY、ORDER BY 子句的使用

① 查找 Employees 表中男性和女性的人数。

```
SELECT Sex, COUNT(Sex)
      FROM Employees
      GROUP BY Sex;
```

【思考与练习】

a. 按部门列出在该部门工作的员工的人数。

b. 按员工的学历分组，排列出本科、大专和硕士的人数。

② 查找员工数超过 2 人的部门名称和员工数量。

```
SELECT Employees.DepartmentID, COUNT(*) AS  人数
      FROM Employees, Departments
      WHERE Employees.DepartmentID=Departments.DepartmentID
      GROUP BY Employees.DepartmentID
```

```
        HAVING COUNT(*)>2
```

【思考与练习】

按员工的工作年份分组，统计各个工作年份的人数，如工作1年的多少人，工作2年的多少人。

③ 将各员工的情况按收入由低到高排列。

```
USE YGGL
GO
SELECT    Employees . *, Salary . *
     FROM     Employees, Salary
     WHERE    Employees. EmployeeID = Salary.EmployeeID
     ORDER BY    InCome
```

【思考与练习】

a. 将员工信息按出生时间从小到大排列。

b. 在ODER BY子句中使用子查询，查询员工姓名、性别和工龄信息，要求按实际收入从大到小排列。

4. 思考题

SELECT语句中各个子句使用的顺序有没有严格的要求？

实验4.2　视图的使用

1. 目的和要求

- 熟悉视图的概念和作用；
- 掌握视图的创建方法；
- 掌握如何查询和修改视图。

2. 实验准备

- 了解视图的概念；
- 了解创建视图的方法；
- 了解并掌握对视图的操作。

3. 实验内容

(1) 创建视图

① 创建YGGL数据库上的视图DS_VIEW，视图包含Departments表的全部列。

```
USE YGGL
GO
CREATE VIEW DS_VIEW
     AS SELECT *    FROM Departments
```

② 创建YGGL数据库上的视图Employees_view，视图包含员工号码、姓名和实际收入三列。

使用如下SQL语句：

```
CREATE VIEW Employees_view(EmployeeID, Name, RealIncome)
AS
     SELECT Employees. EmployeeID, Name, InCome-OutCome
```

```
        FROM Employees, Salary
        WHERE Employees. EmployeeID= Salary. EmployeeID
```

【思考与练习】

a. 在创建视图时 SELECT 语句有哪些限制？

b. 在创建视图时有哪些注意点？

c. 创建视图，包含员工号码、姓名、所在部门名称和实际收入这几列。

(2) 查询视图

① 从视图 DS_VIEW 中查询出部门号为 3 的部门名称。

```
SELECT DepartmentName
    FROM DS_VIEW
    WHERE DepartmentID='3'
```

② 从视图 Employees_view 查询出姓名为“王林”的员工的实际收入。

```
SELECT RealIncome
    FROM Employees_view
    WHERE Name='王林'
```

【思考与练习】

a. 若视图关联了某表中的所有字段，此时该表中添加了新的字段，视图中能否查询到该字段？

b. 自己创建一个视图，并查询视图中的字段。

(3) 更新视图

在更新视图前需要了解可更新视图的概念，了解哪些视图是不可以修改的。更新视图真正更新的是与视图关联的表。

① 向视图 DS_VIEW 中插入一行数据：“6, 广告部, 广告业务”。

```
INSERT INTO DS_VIEW    VALUES('6', '广告部', '广告业务')
```

执行完该命令后，使用 SELECT 语句分别查看视图 DS_VIEW 和基本表 Departments 中发生的变化。

尝试向视图 Employees_view 中插入一行数据，看看会发生什么情况。

② 修改视图 DS_VIEW，将部门号为 5 的部门名称修改为“生产车间”。

```
UPDATE DS_VIEW
    SET DepartmentName='生产车间'
    WHERE DepartmentID='5'
```

执行完该命令后，使用 SELECT 语句分别查看视图 DS_VIEW 和基本表 Departments 中发生的变化。

③ 修改视图 Employees_view 中员工号为“000001”的员工的姓名为“王浩”。

```
UPDATE Employees_view
    SET Name='王浩'
    WHERE EmployeeID='000001'
```

④ 删除视图 DS_VIEW 中部门号为“1”的一行数据。

```
DELETE FROM DS_VIEW
    WHERE DepartmentID='1'
```

为了便于以后的操作，请将删除的数据尽快恢复到原来状态。

【思考与练习】

视图 Employees_view 中无法插入和删除数据，其中的 RealIncome 字段也无法修改，为什么？

(4) 删除视图

删除视图 DS_VIEW。

```
DROP VIEW DS_VIEW
```

(5) 使用界面方式操作视图

① 创建视图。启动“SQL Server Management Studio”→在“对象资源管理器”中展开“数据库”→“YGGL”→选择其中的“视图”项，右击鼠标，在弹出的快捷菜单上选择“新建视图”菜单项。在随后出现的添加表窗口中，添加所需要关联的基本表。在视图窗口的关系图窗口显示了基表的全部列信息。根据需要在窗口中选择创建视图所需的字段。完成后单击“保存”按钮保存。

② 查询视图。新建一个查询，输入 T-SQL 查询命令即可和查询表一样查询视图。

③ 删除视图。展开 YGGL 数据库→“视图”→选择要删除的视图→右击选择“删除”选项，确认即可。

4. 思考题

总结视图与基本表的差别。

实验 5　T-SQL 编程

1. 目的与要求

- 掌握用户自定义类型的使用；
- 掌握变量的分类及其使用；
- 掌握各种运算符的使用；掌握各种控制语句的使用；
- 掌握系统函数及用户自定义函数的使用。

2. 实验准备

- 了解 T-SQL 支持的各种基本数据类型；
- 了解自定义数据类型使用的一般步骤；
- 了解 T-SQL 各种运算符、控制语句的功能及使用方法；
- 了解系统函数的调用方法；
- 了解用户自定义函数使用的一般步骤。

3. 实验内容

(1) 自定义数据类型的使用

① 对于实验 2 给出的数据库表结构，再自定义一数据类型 ID_type，用于描述员工编号。在“查询分析器”窗口中输入如下语句并执行：

```
USE YGGL
GO
```

```
EXEC sp_addtype 'ID_type',
        'char(6)','not null'
GO
```

注意：不能漏掉单引号。

【思考与练习】

在“对象资源管理器”窗口中展开“数据库”→“PXSCJ”→“可编程性”→右击“类型”，选择“新建”菜单项，在“新建数据类型”窗口中使用界面方式创建一个用户自定义数据类型。

② 在YGGL数据库中创建Employees3表，表结构与Employees类似，只是EmployeeID列使用的数据类型为用户自定义数据类型ID_type。

```
USE YGGL
GO
CREATE TABLE Employees3
(       EmployeeID      ID_type,                    /*定义字段 EmployeeID 的类型为 ID_type */
        Name            char(10)     NOT NULL,
        Education       char(4)      NOT NULL,
        Birthday        datetime     NOT NULL,
        Sex             bit          NOT NULL DEFAULT 1,
        WorkYear        tinyint      NULL,
        Address         varchar(40) NULL,
        PhoneNumber     char(12)     NULL,
        DepartmentID    char(3)      NOT NULL,
        PRIMARY KEY(EmployeeID)
)
GO
```

(2) 变量的使用。

① 对于实验2给出的数据库表结构，创建一个名为female的用户变量，并在SELECT语句中使用该局部变量查找表中所有女员工的编号、姓名。

```
DECLARE @female bit
SET @female=0
/*变量赋值完毕，使用以下的语句查询*/
SELECT EmployeeID, Name
    FROM Employees
    WHERE Sex=@female
```

② 定义一个变量，用于获取号码为102201的员工的电话号码。

```
DECLARE @phone char(12)
SET @phone=(  SELECT PhoneNumber
                 FROM Employees
                 WHERE EmployeeID='102201')
SELECT @phone
```

执行完该语句后，可以得到变量phone的值。

③ 查询全局变量@@VERSION的值。

```
SELECT @@VERSION
```

【思考与练习】

定义一个变量，用于描述 YGGL 数据库中的 Salary 表员工 000001 的实际收入，然后查询该变量。

(3) 运算符的使用

① 使用算数运算符“-”查询员工的实际收入。

```
SELECT InCome-OutCome
    FROM Salary
```

② 使用比较运算符“>”查询 Employees 表中工作时间大于 5 年的员工信息。

```
SELECT *
    FROM Employees
    WHERE WorkYear > 5
```

【思考与练习】

熟悉各种常用运算符的功能和用法，如 LIKE、BETWEEN 等。

(4) 流程控制语句

① 判断 Employees 表中是否存在编号为 111006 的员工，如果存在则显示该员工信息，不存在则显示“查无此人”。

```
IF EXISTS(SELECT Name FROM Employees WHERE EmployeeID= '111006')
    SELECT * FROM Employees WHERE EmployeeID= '111006'
ELSE
    SELECT '查无此人'
```

【思考与练习】

判断姓名为“王林”的员工实际收入是否高于 3000 元，如果是则显示其收入，否则显示“收入不高于 3000 元”。

② 假设变量 X 的初始值为 0，每次加 1，直至 X 变为 5。

```
DECLARE @X INT
SET @X=1
WHILE @X<5
BEGIN
    SET @X=@X+1
    PRINT 'X='+CONVERT(char(1),@X)
END
GO
```

【思考与练习】

使用循环输出一个用“*”组成的三角形。

③ 使用 CASE 语句对 Employees 表按部门进行分类。

```
USE YGGL
GO
SELECT   EmployeeID , Name, Address, DepartmentID=
    CASE DepartmentID
        WHEN 1   THEN   '财务部'
        WHEN 2   THEN   '人力资源部'
        WHEN 3   THEN   '经理办公室'
        WHEN 4   THEN   '研发部'
        WHEN 5   THEN   '市场部'
```

```
        END
        FROM      Employees
```

【思考与练习】

使用 IF 语句实现以上功能。

(5) 自定义函数的使用

① 定义一个函数实现如下功能：对于一个给定的 DepartmentID 值，查询该值在 Departments 表中是否存在，若存在返回 0，否则返回-1。

```
CREATE FUNCTION CHECK_ID(@departmentid char(3))
RETURNS integer AS
BEGIN
     DECLARE @num int
     IF EXISTS (SELECT departmentID FROM departments
                    WHERE @departmentid =departmentID)
          SELECT @num=0
     ELSE
          SELECT @num=-1
     RETURN @num
END
GO
```

② 写一段 T-SQL 程序调用上述函数。当向 Employees 表插入一行记录时，首先调用函数 CHECK_ID 检索该记录的 DepartmentID 之值在表 Departments 的 DepartmentID 字段中是否存在对应值，若存在，则将该记录插入 Employees 表。

```
USE YGGL
GO
DECLARE @num int
SELECT @num=dbo.CHECK_ID('2')
IF @num=0
     INSERT Employees
          VALUES('990210','张英' ,'本科', '1982-03-24', 0, 4, '南京镇江路 2 号', '8497534', '2')
GO
```

【思考与练习】

自定义一个函数，能够计算一个数的阶乘。

(6) 系统内置函数的使用

① 求一个数的绝对值。

```
SELECT ABS(-123)
```

【思考与练习】

a. 使用 RAND()函数产生一个 0～1 的随机值。

b. 使用 SQUARE()函数获得一个数的平方。

c. 使用 SQRT()函数返回一个数的平方根。

② 求财务部员工的总人数。

```
SELECT COUNT( EmployeeID ) AS 财务部人数
    FROM Employees
    WHERE DepartmentID =
```

```
        ( SELECT DepartmentID
            FROM Departments
            WHERE DepartmentName = '财务部')
```

【思考与练习】

a. 求财务部收入最高的员工姓名。

b. 查询员工收入的平均数。

c. 聚合函数如何与 GROUP BY 函数一起使用？

③ 使用 ASCII 函数返回字符表达式最左端字符的 ASCII 值。

```
SELECT ASCII('abc')
```

【思考与练习】

a. 使用 CHAR()函数将 ASCII 码代表的字符组成字符串。

b. 使用 LEFT()函数返回从字符串'abcdef'左边开始的 3 个字符。

④ 获得当前的日期和时间。

```
SELECT getdate()
```

查询 YGGL 数据库中员工号为 000001 的员工出生的年份：

```
SELECT YEAR(Birthday)
    FROM Employees
    WHERE EmployeeID= '000001';
```

【思考与练习】

a. 使用 DAY()函数返回指定日期时间的天数。

b. 列举出其他的时间日期函数。

c. 使用其他类型的系统内置函数。

4. 思考题

在 T-SQL 语句中包含哪些元素？

实验 6　索引和数据完整性的使用

1. 目的与要求

- 掌握索引的使用方法；
- 掌握数据完整性的实现方法。

2. 实验准备

- 了解索引的作用与分类；
- 掌握索引的创建方法；
- 理解数据完整性的概念及分类；
- 掌握各种数据完整性的实现方法。

3. 实验内容

(1) 建立索引

① 使用 CREATE INDEX 语句创建索引。

对 YGGL 数据库的 Employees 表中的 DepartmentID 列建立索引。

```
USE YGGL
GO
CREATE INDEX depart_ind
    ON   Employees (DepartmentID)
GO
```

在 Employees 表的 Name 列和 Address 列上建立复合索引。

```
CREATE INDEX Ad_ind
    ON Employees(Name, Address)
```

对 Departments 表上的 DepartmentName 列建立唯一非聚集索引。

```
CREATE UNIQUE INDEX   Dep_ind
    ON Departments (DepartmentName)
```

【思考与练习】

a. 索引创建完后在对象资源管理器中查看表中的索引。

b 了解索引的分类情况。

c. 使用 CREATE INDEX 语句能创建主键吗？

d. 什么情况下可以看到建立索引的好处？

② 使用界面方式创建索引。

使用界面方式在 Employees 表的 PhoneNumber 列上创建索引。

启动 SQL Server Management Studio，在“对象资源管理器”中展开数据库 YGGL，展开表“Employees”，右击“索引”，选择“新建索引”菜单项。在新建索引的窗口中填写索引的名称和类型，单击“添加”按钮，在列表框中选择要创建索引的列。最后“新建索引”窗口如图 T6.1 所示，单击“确定”按钮即完成创建工作。

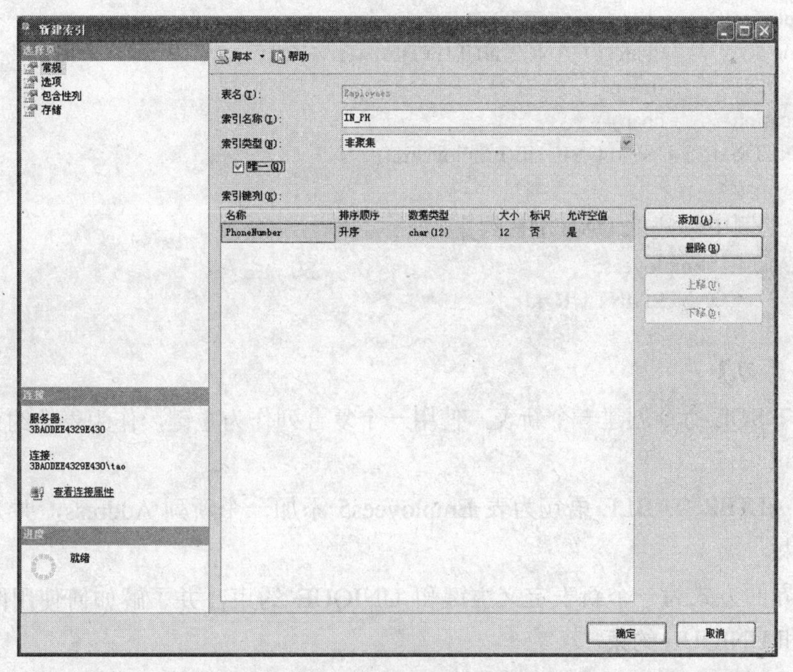

图 T6.1 “新建索引”窗口

【思考与练习】

a. 使用界面方式创建一个复合索引。

b. 在 Employees 表的表设计窗口中选择 Address 列，右击选择“索引/键”菜单项，在新窗口中为 Address 列创建一个唯一索引。

c. 创建一个数据量很大的新表，查看使用索引和不使用索引的区别。

(2) 重建索引

重建表 Employees 中的所有索引。

```
ALTER INDEX ALL
    ON Employees REBUILD
```

【思考与练习】

重建表 Employees 中的 EmployeeID 列上的索引。

(3) 删除索引

使用 DROP INDEX 语句删除表 Employees 上的索引 depart_ind，使用如下 SQL 语句：

```
DROP INDEX depart_ind ON Employees
```

【思考与练习】

a. 使用 DROP INDEX 一次删除 Employees 表上的多个索引。

b. 使用界面方式删除表 Departments 上的索引。

(4) 数据完整性

① 创建一个表 Employees5，只含 EmployeeID、Name、Sex 和 Education 列。将 Name 设为主键，作为列 Name 的约束。对 EmployeeID 列进行 UNIQUE 约束，并作为表的约束。

```
CREATE TABLE Employees5
(
    EmployeeID    char(6)     NOT NULL,
    Name          char(10)    NOT NULL PRIMARY KEY,
    Sex           tinyint,
    Education     char(4),
    CONSTRAINT UK_id UNIQUE(EmployeeID)
)
```

② 删除上例中创建的 UNIQUE 约束。

```
ALTER TABLE  Employees5
    DROP  CONSTRAINT UK_id
GO
```

【思考与练习】

a. 使用 T-SQL 命令创建一个新表，使用一个复合列作为主键，作为表的约束，并为其命名。

b. 使用 ALTER TABLE 语句为表 Employees5 添加一个新列 Address，并为该列定义 UNIQUE 约束。

c. 使用界面方式为一个新表定义主键和 UNIQUE 约束，并了解如何使用图形向导方式删除主键和 UNIQUE 约束。

③ 创建新表 student，只考虑号码和性别两列，性别只能包含男或女。

```
CREATE TABLE student
```

```
(   号码      char(6)    NOT NULL,
    性别      char(2)    NOT NULL
          CHECK(性别 IN ('男', '女'))
)
```

【思考与练习】

向该表插入数据，性别列插入“男”和“女”以外的字符，查看会发生什么情况。

④ 创建新表 Salary2，结构与 Salary 相同，但 Salary2 表不允许 OutCome 列大于 Income 列。

```
CREATE TABLE Salary2
(
    EmployeeID     char(6)     NOT NULL,
    Income         float       NOT NULL,
    OutCome        float       NOT NULL,
    CHECK(Income>OutCome)
)
```

【思考与练习】

a. 向表中插入数据，查看 OutCome 的值比 Income 值大时会发生什么情况。

b. 创建一个表 Employees6，只考虑学号和出生日期两列，出生日期必须晚于 1980 年 1 月 1 日。

⑤ 对 YGGL 数据库中的 Employees 表进行修改，为其增加“DepartmentID”字段的 CHECK 约束。

```
USE YGGL
GO
ALTER TABLE Employees
    ADD CONSTRAINT depart CHECK (DepartmentID >=1 AND DepartmentID <=5)
```

【思考与练习】

测试 CHECK 约束的有效性。

⑥ 创建一个规则对象，用以限制输入到该规则所绑定的列中的值只能是该规则中列出的值。

```
CREATE RULE list_rule
    AS @list IN ('财务部', '研发部', '人力资源部', '销售部')
GO
EXEC sp_bindrule 'list_rule', 'Departments.DepartmentName'
GO
```

【思考与练习】

a. 建立一个规则对象，限制值在 0～20 之间。然后把它绑定到 Employees 表的 WorkYear 字段上。

b. 删除上述建立的规则对象。

⑦ 创建一个表 Salary3，要求所有 Salary3 表上 EmployeeID 列的值都要出现在 Salary 表中，利用参照完整性约束实现，要求当删除或修改 Salary 表上的 EmployeeID 列时，Salary3 表中的 EmployeeID 值也会随之变化。

```
CREATE TABLE Salary3
(
    EmployeeID     char(6)     NOT NULL PRIMARY KEY,
```

```
    InCome          float          NOT NULL,
    OutCome         float (8)      NOT NULL,
    FOREIGN KEY(EmployeeID)
        REFERENCES Salary(EmployeeID)
            ON  UPDATE  CASCADE
            ON  DELETE   CASCADE
)
```

【思考与练习】

a. 创建完 Salary3 表后，初始化该表的数据与 Salary 表相同。删除 Salary 表中一行数据，再查看 Salary3 表的内容，看看会发生什么情况。

b. 使用 ALTER TABLE 语句向 Salary 表中的 EmployeeID 列上添加一个外键，要求当 Empolyees 表中要删除或修改与 EmployeeID 值有关的行时，检查 Salary 表有没有与该 EmployeeID 值相关的记录，如果存在则拒绝更新 Employees 表。

c. 在“对象资源管理器”中建立 Departments、Employees 和 Salary 三个表之间的参照关系。

4. 思考题

索引和数据完整性的作用是什么？

实验 7　存储过程和触发器的使用

1. 目的与要求

- 掌握存储过程的使用方法；
- 掌握触发器的使用方法。

2. 实验准备

- 了解存储过程的使用方法；
- 了解触发器的使用方法；
- 了解 inserted 逻辑表和 deleted 逻辑表的使用。

3. 实验内容

(1) 存储过程

① 创建存储过程，使用 Employees 表中的员工人数来初始化一个局部变量，并调用这个存储过程。

```
USE YGGL
GO
CREATE PROCEDURE TEST @NUMBER1 int OUTPUT
AS
BEGIN
    DECLARE @NUMBER2 int
    SET @NUMBER2=(SELECT COUNT(*) FROM Employees)
    SET @NUMBER1=@NUMBER2
END
```

执行该存储过程，并查看结果：

```
DECLARE @num int
EXEC TEST @num OUTPUT
SELECT @num
```

② 创建存储过程，比较 2 个员工的实际收入，若前者比后者高就输出 0，否则输出 1。

```
CREATE PROCEDURE COMPA @ID1 char(6), @ID2 char(6), @BJ int OUTPUT
AS
BEGIN
    DECLARE @SR1 float, @SR2 float
    SELECT @SR1=InCome-OutCome FROM Salary WHERE EmployeeID=@ID1
    SELECT @SR2=InCome-OutCome FROM Salary WHERE EmployeeID=@ID2
    IF @ID1>@ID2
        SET @BJ=0
    ELSE
        SET @BJ=1
END
```

执行该存储过程，并查看结果：

```
DECLARE @BJ int
EXEC COMPA '000001', '108991', @BJ OUTPUT
SELECT @BJ
```

③ 创建添加员工记录的存储过程 EmployeeAdd。

```
USE YGGL
GO
CREATE    PROCEDURE EmployeeAdd
(
    @employeeid char(6),@name char(10), @education char(4), @birthday datetime,
    @workyear tinyint, @sex bit,@address char(40) ,@phonenumber char(12),
    @departmentID char(3)
)   AS
    BEGIN
        INSERT INTO Employees
            VALUES( @employeeid , @name, @education, @birthday, @workyear,
                @sex, @address, @phonenumber, @departmentID )
    END
    RETURN
GO
```

执行该存储过程：

```
EXEC EmployeeAdd '990230','刘朝', '本科', '840909', 2, 1,'武汉小洪山 5 号', '85465213', '3'
```

④ 创建一个带有 OUTPUT 游标参数的存储过程，在 Employees 表中声明并打开一个游标。

```
USE YGGL
GO
CREATE PROCEDURE em_cursor @em_cursor cursor VARYING OUTPUT
    AS
    BEGIN
        SET @em_cursor = CURSOR    FORWARD_ONLY STATIC
            FOR
                SELECT * FROM Employees
```

```
            OPEN @em_cursor
        END
GO
```

声明一个局部游标变量，执行上述存储过程，并将游标赋值给局部游标变量，然后通过该游标变量读取记录：

```
DECLARE @MyCursor cursor
EXEC em_cursor @em_cursor = @MyCursor OUTPUT                    /*执行存储过程*/
FETCH NEXT FROM @MyCursor
WHILE (@@FETCH_STATUS = 0)
    BEGIN
        FETCH NEXT FROM @MyCursor
    END
CLOSE @MyCursor
DEALLOCATE @MyCursor
GO
```

⑤ 创建存储过程，使用游标确定一个员工的实际收入是否排在前 3 名。结果为 1 表示是，结果为 0 表示否。

```
CREATE PROCEDURE TOP_THREE @EM_ID char(6), @OK bit OUTPUT
AS
BEGIN
    DECLARE @X_EM_ID char(6)
    DECLARE @ACT_IN int, @SEQ int
    DECLARE SALARY_DIS cursor FOR                              /*声明游标*/
            SELECT EmployeeID, InCome-OutCome
                FROM Salary
                ORDER BY InCome-OutCome DESC
    SET @SEQ=0
    SET @OK=0
    OPEN SALARY_DIS
    FETCH SALARY_DIS INTO @X_EM_ID, @ACT_IN              /*读取第一行数据*/
        WHILE @SEQ<3 AND @OK=0                             /*比较前三行数据*/
        BEGIN
            SET @SEQ=@SEQ+1
            IF @X_EM_ID=@EM_ID
                SET @OK=1
            FETCH SALARY_DIS INTO @X_EM_ID, @ACT_IN
        END
    CLOSE SALARY_DIS
    DEALLOCATE SALARY_DIS
    END
```

执行该存储过程，并查看结果：

```
DECLARE @OK BIT
EXEC TOP_THREE '108991',@OK OUTPUT
SELECT @OK
```

【思考与练习】

a. 创建存储过程，要求当一个员工的工作年份大于 6 年时将其转到经理办公室工作。

b. 创建存储过程，根据每个员工的学历将收入提高 500 元。

c. 创建存储过程，使用游标计算本科及以上学历的员工在总员工数中所占的比例。

d. 使用命令方式修改存储过程的定义。

e. 使用命令方式删除存储过程 TOP_THREE。

(2) 触发器

对于 YGGL 数据库，表 Employees 的 DepartmentID 列与表 Departments 的 DepartmentID 列应满足参照完整性规则，即：

- 向 Employees 表添加记录时，该记录的“DepartmentID”值在 Departments 表中应存在。
- 修改 Departments 表的“DepartmentID”字段值时，该字段在 Employees 表中的对应值也应修改。
- 删除 Departments 表中记录时，该记录的“DepartmentID”字段值在 Employees 表中对应的记录也应删除。

① 向 Employees 表插入或修改一个记录时，通过触发器检查记录的 DepartmentID 值在 Departments 表是否存在，若不存在，则取消插入或修改操作。

```
USE YGGL
GO
CREATE TRIGGER EmployeesIns ON dbo.Employees
    FOR INSERT , UPDATE
AS
BEGIN
    IF ((SELECT DepartmentID from inserted)   NOT IN
                (SELECT DepartmentID FROM Departments))
        ROLLBACK                              /*对当前事务回滚，即恢复到插入前的状态*/
END
```

② 修改 Departments 表“DepartmentID”字段值时，该字段在 Employees 表中的对应值也做相应修改。

```
USE YGGL
GO
CREATE TRIGGER DepartmentsUpdate ON dbo.Departments
    FOR UPDATE
    AS
    BEGIN
        UPDATE Employees
            SET DepartmentID=(SELECT DepartmentID FROM   inserted)
            WHERE   DepartmentID=(SELECT DepartmentID FROM deleted)
    END
GO
```

③ 删除 Departments 表中记录的同时删除该记录“DepartmentID”字段值在 Employees 表中对应的记录。

```
CREATE TRIGGER DepartmentsDelete ON dbo.Departments
    FOR DELETE
    AS
```

```
    BEGIN
        DELETE FROM Employees
            WHERE   DepartmentID=(SELECT DepartmentID FROM deleted)
    END
GO
```

④ 创建 INSTEAD OF 触发器，当向 Salary 表中插入记录时，先检查 EmployeeID 列上的值在 Employees 中是否存在，如果存在则执行插入操作，如果不存在则提示“员工号不存在”。

```
CREATE TRIGGER EM_EXISTS ON Salary
    INSTEAD OF INSERT
    AS
    BEGIN
        DECLARE @EmployeeID char(6)
        SELECT @EmployeeID= EmployeeID
            FROM inserted
        IF(@EmployeeID IN(SELECT EmployeeID FROM Employees))
            INSERT INTO Salary SELECT * FROM inserted
        ELSE
            PRINT '员工号不存在'
END
```

向 Salary 表中插入一行记录查看效果：

```
INSERT INTO Salary VALUES('111111',2500.3,123.2)
```

⑤ 创建 DDL 触发器，当删除 YGGL 数据库的一个表时，提示“不能删除表”，并回滚删除表的操作。

```
USE YGGL
GO
CREATE TRIGGER table_delete
    ON DATABASE
    AFTER DROP_TABLE
    AS
        PRINT '不能删除该表'
        ROLLBACK TRANSACTION
```

【思考和练习】

a. 对于“YGGL”数据库，表 Employees 的“EmployeeID”列与表 Salary 的“EmployeeID”列应满足参照完整性规则，请用触发器实现两个表间的参照完整性。

b. 当修改表 Employees 时，若将 Employees 表中员工的工作时间增加 1 年则将收入增加 500 元，增加 2 年则增加 1000 元，依次增加。若工作时间减少则无变化。

c. 创建 UPDATE 触发器，当 Salary 表中 InCome 值增加 500 时，OutCome 值则增加 50。

d. 创建 INSTEAD OF 触发器，实现向不可更新视图插入数据。

e. 创建 DDL 触发器，当删除数据库时，提示“无法删除”并回滚删除操作。

4．思考题

存储过程和触发器分别在什么样的情况下使用？

实验 8　备份恢复与导入/导出

实验 8.1　数据库的备份

1．实验目的

- 掌握在“对象资源管理器”中创建命名备份设备的方法；
- 掌握在“对象资源管理器”中进行备份操作的步骤；
- 掌握使用 T-SQL 语句对数据库进行完全备份的方法。

2．实验准备

了解在“对象资源管理器”中创建命名备份设备和进行数据库完全备份操作的方法。

3．实验内容

(1) 在“对象资源管理器”中对数据库进行完全备份

① 在“对象资源管理器”中创建备份设备。

以系统管理员账号登录 SQL Server→打开“对象资源管理器”→展开“服务器对象”→在“服务器对象”中选择“备份设备”项，右击鼠标，在弹出的快捷菜单中选择“新建备份设备”菜单项，打开如图 T8.1 所示的“备份设备”窗口。

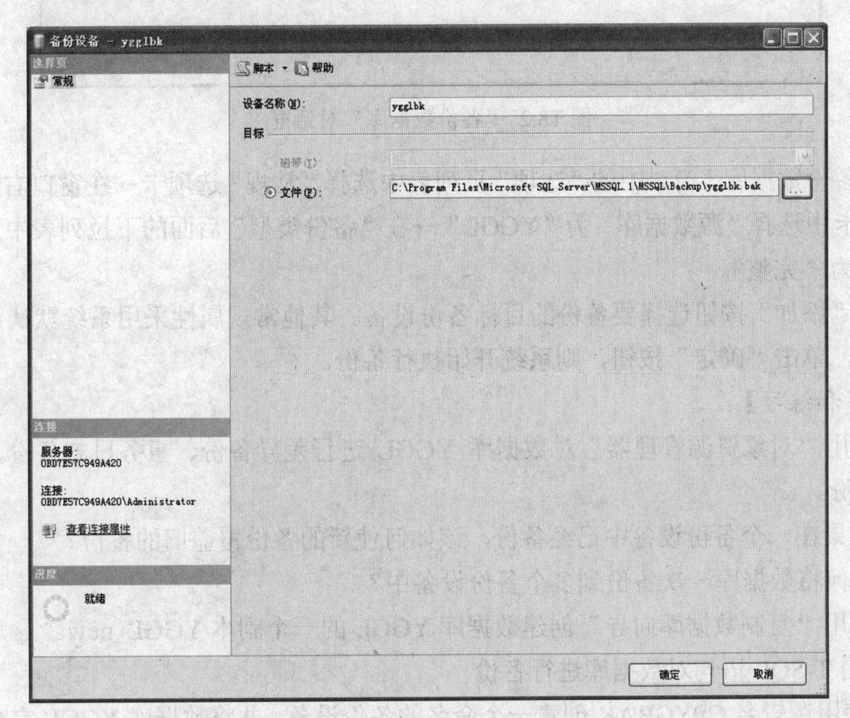

图 T8.1 “备份设备”对话框

在“备份设备”窗口的“常规”选项卡中分别输入备份设备的名称（如 ygglbk）和完整的物理路径名（可通过该文本框右侧的□按钮单击选择路径）→输入完毕后，单击“确定”按钮，完成备份设备的创建。

② 在“对象资源管理器”中进行数据库完全备份。

在“对象资源管理器”中展开“服务器对象”→选择其中的“备份设备”项，右击鼠标，在弹出的快捷菜单上选择“备份数据库”菜单项→打开如图 T8.2 所示“备份数据库”窗口。

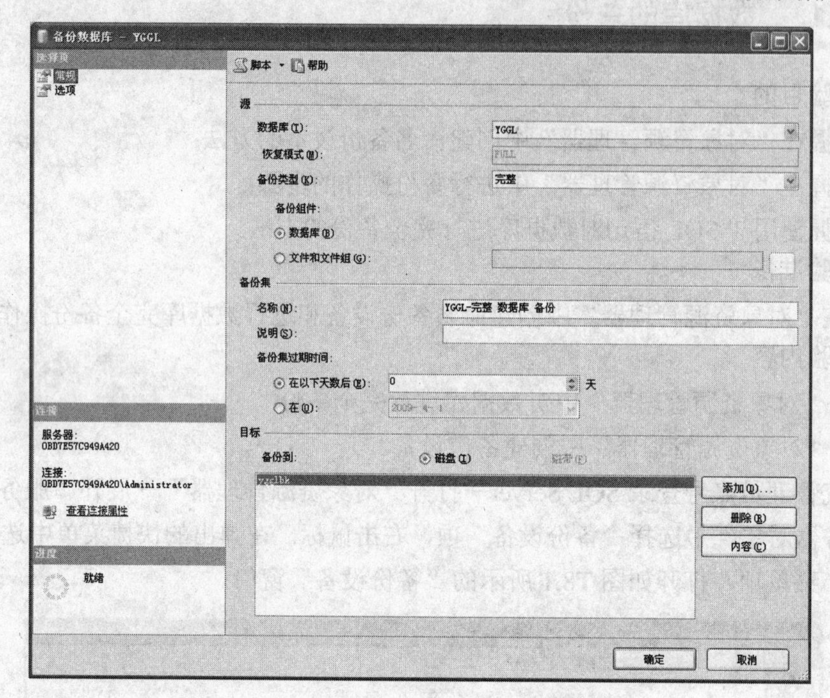

图 T8.2 “备份数据库”对话框

在“备份数据库”窗口中的“选项”页列表中选择“常规”选项卡→在窗口右边的“常规”选项卡中选择“源数据库”为“YGGL”→在“备份类型”后面的下拉列表中选择“备份类型”为“完整”。

单击“添加”按钮选择要备份的目标备份设备。其他常规属性采用系统默认设置。设置完成后，单击“确定”按钮，则系统开始执行备份。

【思考和练习】

a. 使用“对象资源管理器”对数据库 YGGL 进行差异备份、事务日志备份、文件和文件组备份。

b. 如果在一个备份设备中已经备份，该如何使新的备份覆盖旧的备份？

c. 如何将数据库一次备份到多个备份设备中？

d. 使用“复制数据库向导”创建数据库 YGGL 的一个副本 YGGL_new。

(2) 用 T-SQL 语句对数据库进行备份

① 使用逻辑名 CPYGBAK 创建一个命名的备份设备，并将数据库 YGGL 完全备份到该设备。在“查询分析器”窗口中输入如下的语句并执行：

```
USE master
GO
EXEC sp_addumpdevice 'disk' , 'CPYGBK', 'E:\CPYGBK.bak'
```

```
BACKUP DATABASE YGGL TO CPYGBK
```

执行结果如图 T8.3 所示。

```
消息
已为数据库 'YGGL'，文件 'YGGL' (位于文件 1 上)处理了 184 页。
已为数据库 'YGGL'，文件 'YGGL_log' (位于文件 1 上)处理了 1 页。
BACKUP DATABASE 成功处理了 185 页，花费 0.276 秒(5.491 MB/秒)。
```

图 T8.3 备份数据库 YGGL

② 将数据库 YGGL 完全备份到备份设备 test，并覆盖该设备上原有的内容。

```
EXEC sp_addumpdevice 'disk' , 'test', 'E:\test.bak'
BACKUP DATABASE YGGL TO test WITH INIT
```

③ 创建一个命名的备份设备 YGGLLOGBK，并备份 PXSCJ 数据库的事务日志。

```
EXEC sp_addumpdevice 'disk' , 'YGGLLOGBK' , 'E:\YGGLlog.bak'
BACKUP LOG YGGL TO YGGLLOGBK
```

【思考与练习】

a. 写出将数据库 YGGL 完全备份到备份设备 CPYGBK，并覆盖该设备上原有的内容的 T-SQL 语句，执行该语句。

b. 使用差异备份方法备份数据库 YGGL 到备份设备 CPYGBK 中。

c. 备份 YGGL 数据库的文件和文件组到备份设备 CPYGBK 中。

4. 思考题

分别使用界面方式和命令方式备份数据库 YGGL 到临时备份设备中。

实验 8.2 数据库的恢复

1. 实验目的

- 掌握在“对象资源管理器”中进行数据库恢复的步骤；
- 掌握使用 T-SQL 语句进行数据库恢复的方法。

2. 实验准备

- 了解在“对象资源管理器”中进行数据库恢复的步骤；
- 了解使用 T-SQL 语句进行数据库恢复的方法。

3. 实验内容

(1) 在“对象资源管理器”中对数据库进行完全恢复

数据库恢复的主要步骤如下：

启动 SQL Server“对象资源管理器”→选择“数据库”文件夹→在“数据库”上单击鼠标右键，选择“还原数据库”→在所出现的窗口中填写要恢复的数据库名称，在“源设备”栏中选择备份设备（如 CPYGBAK），此时在设备集框中将显示该设备中包含的备份集，选择要恢复的备份集，单击“确定”按钮即可恢复数据库。

(2) 使用 T-SQL 语句恢复数据库

① 恢复整个数据库 YGGL。

```
RESTORE DATABASE YGGL
    FROM CPYGBK
```

```
        WITH REPLACE
```

② 使用事务日志恢复数据库 YGGL。

```
RESTORE DATABASE YGGL
        FROM CPYGBK
        WITH NORECOVERY, REPLACE
GO
RESTORE LOG YGGL
        FROM YGGLLOGBK
```

4．思考题

(1) 如何恢复数据库中的部分数据？

(2) 使用“对象资源管理器”中附加数据库的方法将从其他服务器中复制来的数据库文件附加到当前数据库服务器中。

(3) 使用 SQL Server 导入和导出向导将 Employees 表中部门号为 3 的员工信息导出成 Excel 文件。

实验 9　数据库的安全性

实验 9.1　数据库用户的管理

1．实验目的

- 掌握 Windows 登录名的建立与删除方法；
- 掌握 SQL Server 登录名的建立与删除方法；
- 掌握数据库用户创建与管理的方法。

2．实验准备

- 了解 Windows 身份验证模式与 SQL Server 身份验证模式的原理；
- 了解数据库用户的建立与删除方法。

3．实验内容

(1) Windows 登录名

① 使用界面方式创建 Windows 身份模式的登录名

第 1 步：以管理员身份登录到 Windows，选择“开始”→打开“控制面板”中的“性能和维护”→选择其中的“管理工具”→双击“计算机管理”，进入“计算机管理”窗口。

在该窗口中选择“本地用户和组”中的“用户”图标右击，在弹出的快捷菜单中选择“新用户”菜单项，打开“新用户”窗口，新建一个用户 zheng。

第 2 步：以管理员身份登录到 SQL Server Management Studio，在“对象资源管理器”中选择“安全性”→右击“登录名”，在弹出的快捷菜单中选择“新建登录名”菜单项。在“新建登录名”窗口中单击“添加”按钮添加 Windows 用户名 zheng。选择“Windows 身份验证模式”，单击“确定”按钮完成。

② 使用命令方式创建 Windows 身份模式的登录名。

```
USE master
```

```
GO
CREATE LOGIN [0BD7E57C949A420\zheng]
    FROM WINDOWS
```

说明： 0BD7E57C949A420 为计算机名。

【思考与练习】

使用用户 zheng 登录 Windows，然后启动 SQL Server Management Studio，以 Windows 身份验证模式连接。看看与以系统管理员身份登录时有什么不同。

(2) SQL Server 登录名

① 使用界面方式创建 SQL Server 登录名。

在对象资源管理器的“安全性”中，右击“登录名”，在弹出的快捷菜单中选择“新建登录名”菜单项。在“新建登录名”窗口中输入要创建的登录名 yan，并选择“SQL Server 身份验证模式”，输入密码，将“用户在下次登录时必须更改密码”的选项去掉，如图 T9.1 所示，单击“确定”按钮完成创建。

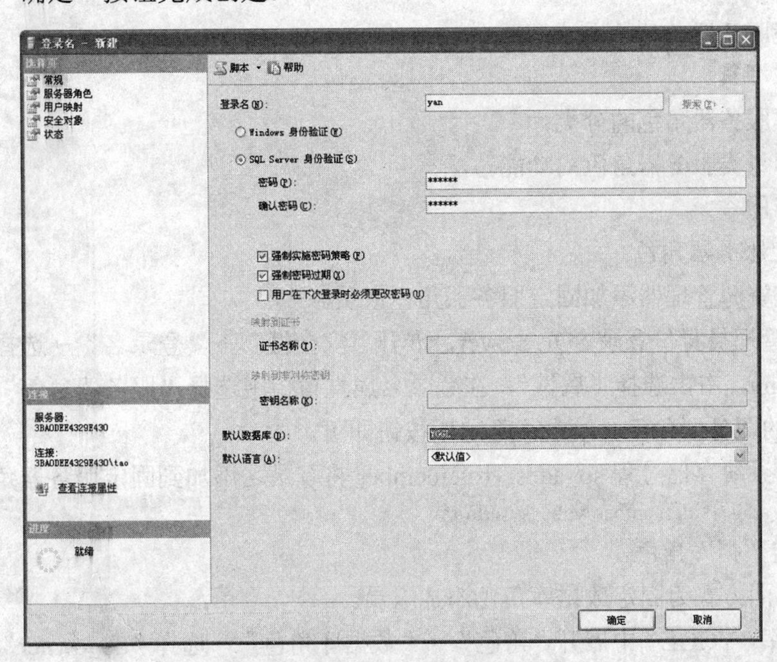

图 T9.1 新建 SQL Server 登录名

② 以命令方式创建 SQL Server 登录名，语句如下：

```
CREATE LOGIN yan
    WITH PASSWORD='123456'
```

【思考与练习】

在资源管理器中重新连接数据库引擎，使用 SQL Server 身份验证模式登录，登录名使用 yan，查看与使用 Windows 系统管理员身份模式登录时的不同。

(3) 数据库用户

① 使用界面方式创建 YGGL 的数据库用户。

在“对象资源管理器”中选择数据库 YGGL 的“安全性”→右击“用户”，在弹出的快捷菜单中选择“新建用户”菜单项，在“数据库用户”窗口中输入要新建的数据库用户的用户名 yan，输入使用的登录名 yan。“默认架构”填写 dbo，单击“确定”按钮。

② 使用命令方式创建 YGGL 的数据库用户，语句如下：

```
USE YGGL
GO
CREATE USER yan
    FOR LOGIN yan
    WITH DEFAULT_SCHEMA=dbo
```

4．思考题

分别使用界面方式和命令方式删除数据库用户。

实验 9.2　服务器角色的应用

1．实验目的

- 掌握服务器角色的用法。

2．实验准备

- 了解服务器角色的分类；
- 了解每类服务器角色的功能。

3．实验内容

(1) 固定服务器角色

① 通过资源管理器添加固定服务器角色成员。

以系统管理员身份登录 SQL Server，展开“安全性”→“登录名”→选择要添加的登录名（如 yan），右击选择“属性”，在登录名属性窗口中选择“服务器角色”选项卡，选择要添加到的服务器角色，单击“确定”按钮即可。

② 使用系统存储过程 sp_addsrvrolemember 将登录名添加到固定服务器角色中。

```
EXEC sp_addsrvrolemember 'yan', 'sysadmin'
```

(2) 固定数据库角色

① 以界面方式为固定数据库角色添加成员。

在数据库“YGGL”中展开“角色”→“数据库角色”→选择“db_owner”，右击鼠标，在弹出的快捷菜单中选择“属性”菜单项，进入“数据库角色属性”窗口，单击“添加”按钮可以为该固定数据库角色添加成员。

② 使用系统存储过程 sp_addrolemember 将 YGGL 的数据库用户添加到固定数据库角色 db_owner 中，语句如下：

```
USE YGGL
GO
EXEC sp_addrolemember 'db_owner', 'yan'
```

(3) 自定义数据库角色

① 以界面方式创建自定义数据库角色，并为其添加成员。

以系统管理员身份登录 SQL Server 2005→在“对象资源管理器”中展开“数据库”→选择要创建角色的数据库（如 YGGL），展开其中的“安全性”→“角色”，右击鼠标，在弹出的快捷菜单中选择“新建”菜单项→在子菜单中选择“新建数据库角色”菜单项，在新建窗口中输入要创建的角色名 myrole，如图 T9.2 所示，单击“确定”按钮。

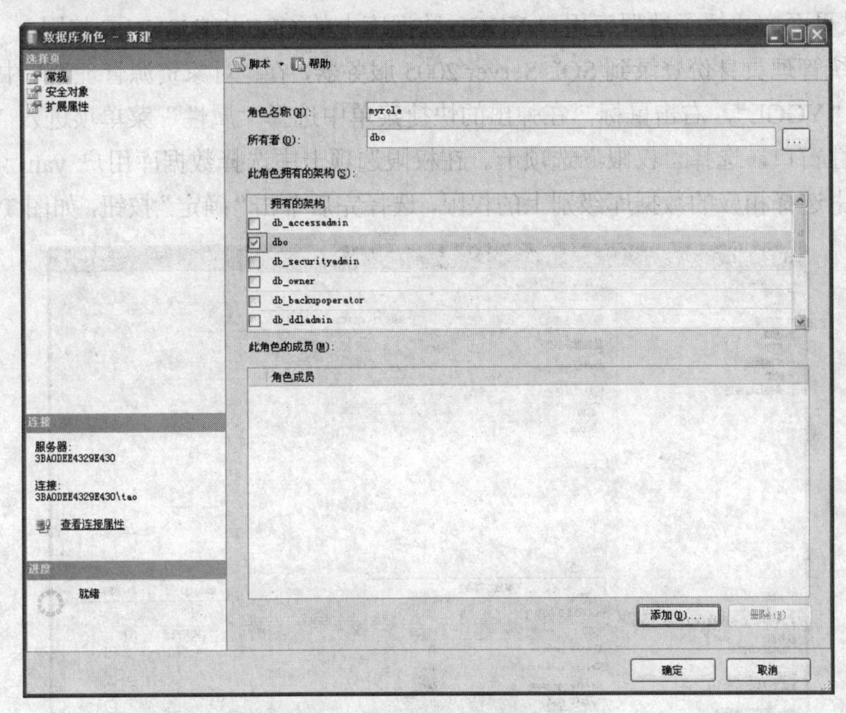

图 T9.2 新建自定义数据库角色

在新建的角色 myrole 的属性窗口中单击“添加”按钮可以为其添加成员。

② 以命令方式创建自定义数据库角色。

```
USE YGGL
GO
CREATE ROLE myrole
    AUTHORIZATION dbo
```

4. 思考题

(1) 在“对象资源管理器”中为数据库角色 myrole 添加成员。

(2) 如何在“对象资源管理器”中删除数据库角色成员 myrole?

实验 9.3 数据库权限管理

1. 实验目的

- 掌握数据库权限的分类；
- 掌握数据库权限授予、拒绝和撤销的方法。

2. 实验准备

- 了解数据库权限的分类；
- 了解数据库权限授予、拒绝和撤销的方法。

3. 实验内容

(1) 授予数据库权限

① 以界面方式授予数据库用户 YGGL 数据库上的 CREATE TABLE 权限。

以系统管理员身份登录到 SQL Server 2005 服务器，在“对象资源管理器”中展开“数据库”→“YGGL”，右击鼠标，在弹出的快捷菜单中选择“属性”菜单项进入 YGGL 数据库的属性窗口，选择“权限”选项卡。在权限选项卡中选择数据库用户 yan，在下方的权限列表中选择相应的数据库级别上的权限，选择完后单击“确定”按钮，如图 T9.3 所示。

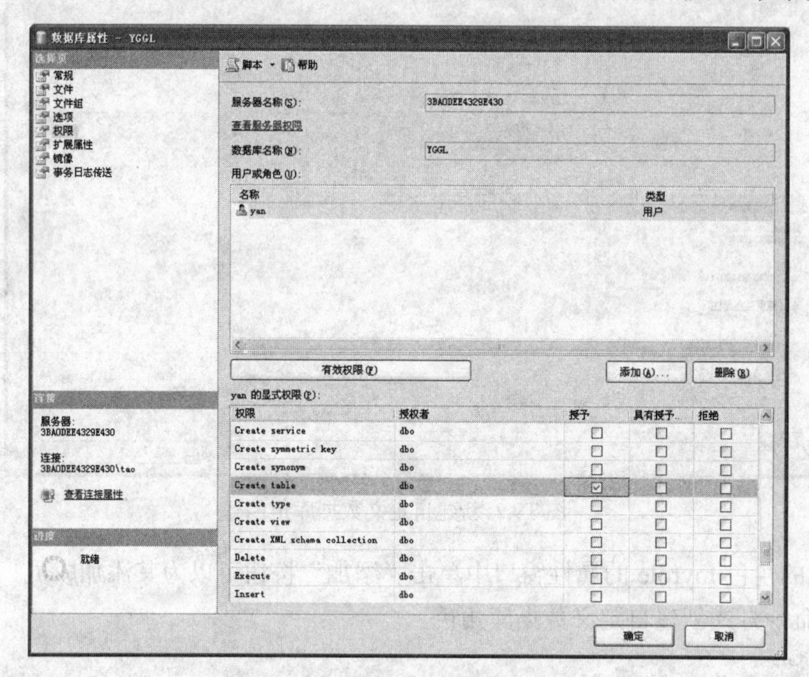

图 T9.3 授予 CREATE TABLE 权限

② 以界面方式授予数据库用户在 Employees 表上的 SELECT、DELETE 权限。

以系统管理员身份登录到 SQL Server 2005 服务器，找到 Employees 表，右击选择“属性”菜单项进入表“Employees”的属性窗口，选择“权限”选项卡，单击“添加”按钮添加要授予权限的用户或角色，然后在权限列表中选择要授予的权限。

③ 以命令方式授予用户 yan 在 YGGL 数据库上的 CREATE TABLE 权限。

```
USE YGGL
GO
GRANT CREATE TABLE
    TO yan
GO
```

④ 以命令方式授予用户 yan 在 YGGL 数据库上 Salary 表中的 SELECT、DELETE 权限。

```
USE YGGL
GO
GRANT SELECT, DELETE
    ON Salary
    TO yan
```

```
GO
```

【思考与练习】

a. 授予用户权限后，以该用户身份登录 SQL Server，新建一个查询，查看能否使用相应的权限。

b. 创建数据库架构 yg_test，其所有者为用户 yan。接着授予用户 wei 对架构 yg_test 进行查询、添加的权限。

(2) 拒绝和撤销数据库权限

① 以命令方式拒绝用户 yan 在 Departments 表上的 DELETE 和 UPDATE 权限。

```
USE YGGL
GO
DENY DELETE, UPDATE
    ON DepartmentsTO yan
GO
```

② 以命令方式撤销用户 yan 在 Salary 表中的 SELECT、DELETE 权限。

```
REVOKE SELECT, DELETE
    ON Salary
    FROM yan
```

【思考与练习】

a. 使用界面方式拒绝用户 yan 在 Employees 表中的 INSERT 权限，并撤销其在数据库 YGGL 中的 CREATE TABLE 权限。

b. 如何使用命令方式拒绝多个用户在表 Employees 中的 SELECT、DELETE 权限？

4. 思考题

使用界面方式创建一个数据库架构，并授予用户 yan 访问该架构的权限。

实验 10　SQL Server 2005 与 XML

1. 目的与要求

- 掌握 SQL Server 中使用 XML 类型列或变量的方法；
- 掌握 XQuery 的基本用法；
- 掌握 FOR XML 子句的用法。

2. 实验准备

- 了解 XML 的基本语法；
- 了解 XML 数据类型；
- 了解插入 XML 数据的方法；
- 了解 XQuery 查询的基本用法；
- 了解 FOR XML 子句的用法。

3. 实验内容

(1) XML 代码的编写

编写一段 XML 代码，并保存为 Employ.xml 文件，文件中存储员工的信息。新建一个文本文档，在其中输入以下语句。

```
<?xml version="1.0" encoding="UTF-8"?>
<员工信息>
    <员工>
    <姓名 编号="000001">王林</姓名>
    <学历>大专</学历>
    <出生日期>1966-01-23</出生日期>
    </员工>
    <员工>
    <姓名 编号="010008">伍容华</姓名>
    <学历>本科</学历>
    <出生日期>1976-03-28</出生日期>
    </员工>
</员工信息>
```

保存文件，文件名为 Employ.xml。

【思考与练习】

编写一段有关学生信息的 XML 代码。

(2) XML 数据的导入

使用 xml 数据类型定义一个表 tableA，并向表中插入一行数据。

创建表 tableA 使用如下语句：

```
USE YGGL
GO
CREATE TABLE tableA
(
    num int NOT NULL PRIMARY KEY,
    info   xml   NOT NULL
)
```

插入数据行的代码如下：

```
INSERT INTO tableA values(1, '<员工信息><姓名 编号= "000001">王林</姓名>
                                <学历>本科</学历></员工信息>')
```

【思考与练习】

使用行集函数 OPENROWSET 将 Employ.xml 文件中的 XML 数据插入到表 tableA 中。

(3) XML 数据类型方法的使用

使用 XML 数据类型方法查询 XML 实例中的 XML 数据，并掌握 XQuery 语言的基本用法。

① 声明一个 XML 变量并将有关员工信息的 XML 数据分配给它，再使用 query()方法对文档指定 XQuery 来查询<姓名>子元素。

```
DECLARE @xmldoc xml
SET @xmldoc=' <公司>
    <员工信息>
    <员工>
        <姓名 编号= "000001">王林</姓名>
        <性别>男</性别>
        <年龄>43</年龄>
```

```
        </员工>
        <员工>
            <姓名 编号="000002">陈燕</姓名>
            <性别>女</性别>
            <年龄>25</年龄>
        </员工>
        </员工信息>
    </公司>'
    SELECT @xmldoc.query('/公司/员工信息/员工/姓名') AS 员工姓名
```

【思考与练习】

使用 query()方法查询“编号”属性值为“000001”的员工的“姓名”节点。

② 使用 value()方法从 XML 数据中查询出元素的第一个“编号”值，并赋给 char 类型的变量。

```
DECLARE @xmldoc xml
DECLARE @number char(6)
SET @xmldoc=' <公司>
    <员工信息>
    <员工>
        <姓名 编号= "000001">王林</姓名>
        <性别>男</性别>
        <年龄>43</年龄>
    </员工>
    <员工>
        <姓名 编号="000002">陈燕</姓名>
        <性别>女</性别>
        <年龄>25</年龄>
    </员工>
    </员工信息>
</公司>'
SELECT @number=@xmldoc.value('(/公司/员工信息/员工/姓名/@编号)[1]', 'char(6)')
SELECT @number AS 员工编号
```

【思考与练习】

使用 value()方法返回“陈燕”的编号值。

③ 使用 XML DML 语句在一段员工信息数据中一个节点的后面添加一个节点。

```
DECLARE @xmldoc xml
SET @xmldoc='<员工信息>
                <姓名 编号= "00000">王林</姓名>
                <性别>男</性别>
                <年龄>46</年龄>
            </员工信息>'
SELECT @xmldoc AS 插入节点前数据
SET @xmldoc.modify('insert <出生日期>1991-02-10</出生日期> after (/员工信息/性别)[1]')
SELECT @xmldoc 插入节点后数据
```

【思考与练习】

a. 使用 modify()方法删除 XML 数据中的一个节点。

b. 使用 modify()方法修改“姓名”节点的“编号”属性值为“000003”。

c. 使用其他的 XML 数据类型方法对 XML 数据进行操作，例如，使用 exist()方法判断一个 XML 变量中是否存在某个属性。

(4) FOR XML 子句的使用

① 查询 YGGL 数据库的 Employees 表中工作时间大于 3 年的员工信息，并将结果使用 FOR XML RAW 模式返回为<row>元素，元素的属性名和值为表中各列的列名和列值。

```
USE YGGL
GO
SELECT *
    FROM Employees
    WHERE WorkYear>3
    FOR XML RAW
```

【思考与练习】

a. 使用 FOR XML RAW 模式将 Employees 表中数据显示为 XML 类型，并指定根元素名为"<员工信息>"。

c. 使用 FOR XML AUTO 模式将查询结果返回为嵌套的 XML 树形式。要求使用表名作为元素名称，FROM 子句中的每一个表都被表示为一个 XML 元素，使用列名作为属性名。

② 使用 FOR XML PATH 模式查找学历为硕士的员工信息，使用<硕士员工>作为父级元素名，"联系电话"作为<硕士员工>的属性。<硕士员工>元素下是<员工信息>元素，<编号>、<姓名>和<工作时间>作为<员工信息>的子元素。

```
SELECT PhoneNumber AS '@联系电话',
        EmployeeID AS '员工信息/编号',
        Name AS '员工信息/姓名',
        WorkYear AS '员工信息/工作时间'
    FROM Employees
    WHERE Education= '硕士'
    FOR XML PATH('硕士员工')
```

运行结果如下：

```
<硕士员工 联系电话="83792361       ">
  <员工信息>
    <编号>020010</编号>
    <姓名>王向容      </姓名>
    <工作时间>2</工作时间>
  </员工信息>
</硕士员工>
<硕士员工 联系电话="84708817       ">
  <员工信息>
    <编号>102208</编号>
    <姓名>朱俊        </姓名>
    <工作时间>2</工作时间>
  </员工信息>
</硕士员工>
<硕士员工 联系电话="83346722       ">
  <员工信息>
    <编号>108991</编号>
```

```
        <姓名>钟敏          </姓名>
        <工作时间>4</工作时间>
    </员工信息>
</硕士员工>
```

【思考与练习】

a. 使用 FOR XML PATH 模式查询实际收入大于 2000 元的员工信息，使用员工的实际收入作为<员工信息>元素的属性。

b. 比较 FOR XML PATH 模式和 FOR XML EXPLICIT 模式的不同之处。

4．思考题

如何使用 FLWOR 表达式查询 XML 数据？

附录 A

PXSCJ 数据库样本数据

表 A.1 学生信息表（XSB）样本数据

学 号	姓 名	性 别	出生时间	专 业	总学分	备 注
081101	王林	男	1990-02-10	计算机	50	
081102	程明	男	1991-02-01	计算机	50	
081103	王燕	女	1989-10-06	计算机	50	
081104	韦严平	男	1990-08-26	计算机	50	
081106	李方方	男	1990-11-20	计算机	50	
081107	李明	男	1990-05-01	计算机	54	提前修完《数据结构》，并获学分
081108	林一帆	男	1989-08-05	计算机	52	已提前修完一门课
081109	张强民	男	1989-08-11	计算机	50	
081110	张蔚	女	1991-07-22	计算机	50	三好生
081111	赵琳	女	1990-03-18	计算机	50	
081113	严红	女	1989-08-11	计算机	48	有一门课不及格，待补考
081201	王敏	男	1989-06-10	通信工程	42	
081202	王林	男	1989-01-29	通信工程	40	有一门课不及格，待补考
081203	王玉民	男	1990-03-26	通信工程	42	
081204	马琳琳	女	1989-02-10	通信工程	42	
081206	李计	男	1989-09-20	通信工程	42	
081210	李红庆	男	1989-05-01	通信工程	44	已提前修完一门课，并获得学分
081216	孙祥欣	男	1989-03-19	通信工程	42	
081218	孙研	男	1990-10-09	通信工程	42	
081220	吴薇华	女	1990-03-18	通信工程	42	
081221	刘燕敏	女	1989-11-12	通信工程	42	
081241	罗林琳	女	1990-01-30	通信工程	50	转专业学习

表 A.2 课程表（KCB）样本数据

课 程 号	课 程 名	开 课 学 期	学 时	学 分
101	计算机基础	1	80	5
102	程序设计与语言	2	68	4
206	离散数学	4	68	4
208	数据结构	5	68	4

续表

课程号	课程名	开课学期	学时	学分
210	计算机原理	5	85	5
209	操作系统	6	68	4
212	数据库原理	7	68	4
301	计算机网络	7	51	3
302	软件工程	7	51	3

表A.3 成绩表（CJB）样本数据

学号	课程号	成绩	学号	课程号	成绩	学号	课程号	成绩
081101	101	80	081107	101	78	081111	206	76
081101	102	78	081107	102	80	081113	101	63
081101	206	76	081107	206	68	081113	102	79
081103	101	62	081108	101	85	081113	206	60
081103	102	70	081108	102	64	081201	101	80
081103	206	81	081108	206	87	081202	101	65
081104	101	90	081109	101	66	081203	101	87
081104	102	84	081109	102	83	081204	101	91
081104	206	65	081109	206	70	081210	101	76
081102	102	78	081110	101	95	081216	101	81
081102	206	78	081110	102	90	081218	101	70
081106	101	65	081110	206	89	081220	101	82
081106	102	71	081111	101	91	081221	101	76
081106	206	80	081111	102	70	081241	101	90

附录B

全局变量

@@CONNECTIONS：返回自上次启动 SQL Server 以来连接或试图连接的次数。

@@CPU_BUSY：返回自上次启动 SQL Server 以来 CPU 的工作时间，单位为 ms（基于系统计时器的分辨率）。

@@CURSOR_ROWS：返回连接上最后打开的游标中当前存在合格行的数量。SQL Server 可以异步填充大型键集和静态游标，大大提高性能。可调用@@CURSOR_ROWS，以确定当它被调用时，符合游标行的数目被执行了检索。

@@DATEFIRST：返回 SET DATEFIRST 参数的当前值，SET DATEFIRST 参数指明所规定的每周第一天：1 对应星期一，2 对应星期二，依次类推，7 对应星期日。

@@DBTS：为当前数据库返回当前 timestamp 数据类型的值。该 timestamp 值保证在数据库中是唯一的。

@@ERROR：返回最后执行的 T-SQL 语句的错误代码。

@@FETCH_STATUS：返回被 FETCH 语句执行的最后游标的状态，而不是任何当前被连接打开的游标状态。

@@IDENTIIY：返回最后插入的标识值。

@@IDLE：返回 SQL Server 自上次启动后闲置的时间，单位为 ms（基于系统计时器的分辨率）。

@@IO_BUSY：返回 SQL Server 自上次启动后用于执行输入和输出操作的时间，单位为 ms（基于系统计时器的分辨率）。

@@LANGID：返回当前所使用语言的本地语言标识符（ID）。

@@LANGUAGE：返回当前使用的语言名。

@@LOCK_TIMEOUT：返回当前会话的当前锁超时设置，单位为 ms。

@@NAX_CONNECTIONS：返回 SQL Server 上允许的同时用户连接的最大数。返回的数不必为当前配置的数值。

@@MAX_PRECISION：返回 decimal 和 numeric 数据类型所用的精度级别，即该服务器中当前设置的精度。

@@NESTLEVEL：返回当前存储过程执行的嵌套层次（初始值为 0）。

@@OPTIONS：返回当前 SET 选项的信息。

@@PACK_RECEIVED：返回 SQL Server 自上次启动后从网络上读取的输入数据包数目。

@@PACK_SENT：返回 SQL Server 自上次启动后写到网络上的输出数据包数目。

@@PACKET_ERRORS：返回自 SQL Server 上次启动后，在 SQL Server 连接上发生的网络数据包错误数。

@@PROCID：返回当前过程的存储过程标识符（ID）。

@@REMSERVER：当远程 SQL Server 数据库服务器在登录记录中出现时，返回它的名称。

@@ROWCOUNT：返回受上一语句影响的行数。

@@SERVERNAME：返回运行 SQL Server 的本地服务器名称。

@@SERVICENAME：返回 SQL Server 正在其下运行的注册表键名。若当前实例为默认实例，则@@SERVICENAME 返回 MSSQLServer；若当前实例是命名实例，则该函数返回实例名。

@@SPID：返回当前用户进程的服务器进程标识符（ID）。

@@TEXTSIZE：返回 SET 语句 TEXTSIZE 选项的当前值，它指定 SELECT 语句返回的 text 或 image 数据的最大长度，以字节为单位。

@@TIMETICKS：返回每个时钟周期的微秒数。

@@TOTAL_ERRORS：返回 SQL Server 自上次启动后，所遇到的磁盘读/写错误数。

@@TOTAL_READ：返回 SQL Server 自上次启动后读取磁盘（不是读取高速缓存）的次数。

@@TOTAL_WRITE：返回 SQL Server 自上次启动后写入磁盘的次数。

@@TRANCOUNT：返回当前连接的活动事务数。

@@VERSION：返回 SQL Server 当前安装的日期、版本和处理器类型。

《SQL Server 2005 教程》读者意见反馈表

尊敬的读者：

感谢您购买本书。为了能为您提供更优秀的教材，请您抽出宝贵的时间，将您的意见以下表的方式（可从 http://www.hxedu.com.cn 下载本调查表）及时告知我们，以改进我们的服务。对采用您的意见进行修订的教材，我们将在该书的前言中进行说明并赠送您样书。

姓名：________ 电话：________

职业：________ E-mail：________

邮编：________ 通信地址：________

1．您对本书的总体看法是：

□很满意 □比较满意 □尚可 □不太满意 □不满意

2．您对本书的结构（章节）：□满意 □不满意 改进意见________

3．您对本书的例题 □满意 □不满意 改进意见________

4．您对本书的习题 □满意 □不满意 改进意见________

5．您对本书的实训 □满意 □不满意 改进意见________

6． 您对本书其他的改进意见：

____

7．您感兴趣或希望增加的教材选题是：

____

请寄：100036 北京万寿路 173 信箱职业教育分社收

电话：010-88254571 E-mail:gaozhi@phei.com.cn